当代中国科学家学术谱系丛书

丛书主编　王春法

上海交通大学出版社
SHANGHAI JIAO TONG UNIVERSITY PRESS

内容提要

本书系《当代中国科学家学术谱系丛书》之一。本书选择水稻、小麦、玉米、大豆、棉花五大主要农作物为代表，在借鉴农史研究方法和成果的基础上，从学术渊源、师承授受的角度，以主要机构为立足点进行大量资料收集和采访工作，并在此基础上梳理出当代中国农学家学术谱系。重点分析了各谱系的源流及传承关系、学术传统与学术风格，介绍了典型代表人物，并在国际比较的基础上探讨了中国农学学术谱系的特点、优势与不足，以及影响其形成和发展的经济和社会因素等。

图书在版编目(CIP)数据

当代中国农学家学术谱系/刘荣志，向朝阳，王思明主编．—上海：上海交通大学出版社，2016

(当代中国科学家学术谱系丛书)

ISBN 978-7-313-14484-3

Ⅰ．①当… Ⅱ．①刘…②向…③王… Ⅲ．①农学—学术思想—谱系—中国—现代 Ⅳ．①S3

中国版本图书馆 CIP 数据核字(2016)第 158360 号

当代中国农学家学术谱系

主　　编：刘荣志　向朝阳　王思明

出版发行：上海交通大学出版社　　地　　址：上海市番禺路 951 号

邮政编码：200030　　电　　话：021-64071208

出 版 人：韩建民

印　　制：上海景条印刷有限公司　　经　　销：全国新华书店

开　　本：710mm×1000mm　1/16　　印　　张：25.25

字　　数：433 千字

版　　次：2016 年 7 月第 1 版　　印　　次：2016 年 7 月第 1 次印刷

书　　号：ISBN 978-7-313-14484-3/S

定　　价：99.00 元

版权所有　侵权必究

告读者：如发现本书有印装质量问题请与印刷厂质量科联系

联系电话：021-59815625

《当代中国科学家学术谱系丛书》
编委会

主　　　　　编： 王春法

副　　主　　编： 郭　哲　罗　晖　韩建民

编 委 会 成 员： 田　洺　袁江洋　张大庆　胡化凯　向朝阳

编委会办公室成员： 周大亚　毕海滨　宫　飞　薛　静　马晓琨

尚少鹏　李兴川　张屹南　刘春平　黄园淅

“当代中国农学家学术谱系”
课题组成员名单

顾　　问：刘成果　赵方田

主 持 人：向朝阳　王思明　刘荣志

主　　编：刘荣志　向朝阳　王思明

执行主持：刘荣志　周雪松　夏如兵

主要成员（按姓氏笔划排序）：

王思明　卢　勇　冯　琦　毕海滨　向朝阳　刘荣志

李付广　李建生　李厥桐　沈志忠　宋晓轩　张文忠

张法瑞　张爱民　陈　阜　周雪松　信乃诠　侯文胜

夏如兵　谢　军　谢建华

执 笔 人：夏如兵　刘荣志　周雪松　卢　勇

总　序

中国现代科学制度系由20世纪初叶从西方引入的,并在古老而年轻的中国落地生根、开花结果。百余年来,一代又一代中国科技工作者尊承前贤、开慈后学,为中国现代科技的初创、进步,并实现跨越式发展作出了巨大贡献。可以说,中国现代科技的发展史,就是一部中国科技工作者代际传承、接续探索的奋斗史。今天,我们站在建设创新型国家的历史新起点上,系统梳理百余年来中国现代科技发展的传承脉络,研究形成当代中国科学家学术谱系,对于我们深刻理解中国现代科技发展规律和科技人才成长规律,对于加快建设人才强国和创新型国家,无疑是十分重要和必要的。

一

学术谱系是指由学术传承关系(包括师承关系在内)关联在一起的、不同代际的科学家所组成的学术群体。在深层意义上,学术谱系是学科学术共同体的重要组成单元,是学术传统的载体。开展当代中国科学家学术谱系研究,旨在深入探讨各门学科或主要学科分支层面上学术谱系的产生、运作、发展以及在社会中演化的历史过程及一般趋势,促进一流学术谱系及科学传统在当代中国生根、成长。

学术谱系研究具有重要的学术价值。它突破了以往科学史研究的边界,涉及由学术谱系传承过程中数代科学家所构成的庞大的科学家群体,而且在研究时段上要考察历时达数十年乃至近百年的学术谱系发生发展过程。为了实现这一目标,研究者必须将人物研究、科学思想史研究与关于科学家群体的社会学解析(群体志分析)结合起来,将短时段的重要事件描述、中时段的谱系运作方式研究与长时段的学术传统探讨乃至学科发展研究结合起来。

学术谱系研究还具有突出的现实意义。它有助于探讨现行体制下科技人才成长规律,回答“钱学森之问”;有助于加快一流学术传统在当代中国的移植与本土化进程,有助于一流学术谱系的构建,也有助于一流科技人才的培养。

二

当代中国科学家学术谱系研究,以科学家和科学家群体为研究对象,通过综合运用科学史、科学哲学和科学社会学的理论和方法,分别从短时段、中时段和长时段多种视角审视学术谱系的产生与发展过程,画出谱系树。在此基础上,就学术谱系的内部结构、运作机制、相关学术传统及代际传承方式展开深入研究,同时与国外先进学术谱系展开比较研究,并结合国情提出相关政策建议。

具体来说,当代中国科学家学术谱系的主要研究内容,应包括以下五个方面:(1)结合学科发展史,对学科内科学家进行代际划分和整体描述,找出不同代际之间科学家之间主要的学术传承关系,描述学术传承与学科发展、人才成长的内在联系;(2)识别各学科中的主要学术谱系,归纳提炼出代表性谱系的学术思想和学术传统;(3)研究主要学术谱系中代表性科学家在相关学科发展中的地位与作用;(4)着眼于学术谱系发展趋势,分析相关学科发展的突出特点、主要方向以及潜在突破点;(5)与国外相关学术谱系开展比较研究。

三

如何开展当代中国科学家学术谱系研究?首先要广泛而扎实地收集史

料，在保证真实性的基础上，尽可能做到详尽、全面。史料收集可采用文献研究、访谈、网络数据库等方法，其中以文献研究方法为主。如采用访谈方法，必须结合历史文献记录对访谈的内容进行验证，以免因访谈对象的记忆错误或个人倾向而导致史实上的分歧问题。

其次，确定代际关系。划分代际关系是适当把握学科整体学术谱系结构的重要前提。可以学科史、师承关系和年龄差距这三方面依据为参考。学科史有助于了解学科发展早期同代际学者的分布以及彼此之间的合作关系。师承关系是划定不同代际的基本依据，但由于科学家的学术生涯长达 50 年左右，对其早期弟子与晚期弟子应作必要区分。此时，则需要参考年龄因素，可以 25 年为代际划分的参考依据。

再次，初步识别并列出所研究领域内的所有谱系。对所研究的学科进行一个概略性的介绍，包括该学科在我国移植和发展的大致情况、所包含的分支领域和主要学术谱系等。依据适当理由对不同代际科学家进行划分，描述不同代际科学家之间的总体学术传承关系。尽可能全面、系统地列出所有能够辨识的学术谱系，绘制出师承世系表。

第四，开展典型谱系研究。从经过初步识别的学术谱系中选出若干具有典型意义的重点谱系进行深入研究，理清谱系发展过程中的主要事实。典型谱系的研究可按短、中、长三个时段推进。典型谱系的研究要以事实为基础，但不能仅仅停留在史实上，而要在史实基础上进行提炼(特别是在中时段和长时段研究中)，通过提炼找出规律性的东西。

第五，与国内外相关学术谱系进行比较研究。选择与所选典型谱系相似方向和相同源头的国外学术谱系进行比较研究，主要考察内容可包括学术传统差别、人才培养情况差别、总体学术成就差别、外部发展环境差别等。

第六，提出研究建议。结合在典型学术谱系研究和比较研究中总结出的促进学术谱系健康成长的经验和阻碍、制约学术谱系发展的教训，给出相关研究和工作建议，以推动一流科学传统在我国的移植与本土化进程，促进我国科学文化和创新文化的发展。

四

中国科协是科技工作者的群众组织，是党领导下的人民团体。广泛动员组织科技界力量开展当代中国科学家学术谱系研究，梳理我国科技发展各领域学术传承的基本脉络，探究现代科技人才成长规律，对科协组织而言，既是职责所系，也是优势所在。

为此，自2010年5月起，中国科协调研宣传部先后在数学、物理、化学、天文学、生物学、光学、医学、药学、遗传学、农学、地理学、动物学、植物学等学科领域，启动当代中国科学家学术谱系研究，相关研究成果就此陆续出版。我们期待，本套丛书的出版将带动学界同行进一步深入探讨新中国成立前后、"文革"前后，以及改革开放以来我国科学家学术传承的不同特点，探讨中国科学家学术谱系与国外科学家学术谱系之间的区别和联系，探讨国外科学传统（英、美、德、日、法以及苏联传统）的引入与本土研究兴起之间的内在关联，从而为我国科技发展更好遵循现代科技发展规律和科技人才成长规律，实现新发展新跨越提供有益的思考和借鉴。

本套丛书的研究出版是一项专业性的工作，也是一项开创性的工程。感谢各有关全国学会的大力支持，感谢中国科技史学界同行们的热情参与，也感谢上海交通大学出版社的辛勤付出。正是有了各方面的积极工作和密切协作，我们更有信心把这项很有价值的工作持续深入地开展下去。

是为序。

王春法

2016年5月23日

目　录

绪 言

本书旨在从学术渊源、师承授受的角度，在借鉴农史研究方法和成果的基础上，构建当代中国农学学术谱系，并通过与国外典型农学学术传统相比较，评估中国农学学术传统的特点、优势与不足，分析科学传统塑造对农学学科质量提高和一流农学人才培养的影响，从学术谱系的角度为建设人才强国和创新型国家提出对策建议。

一、研究意义

“谱系”(genealogy)的概念源自谱牒学，是指以家族血脉构建起来的一个“人群系统”，其最大的特征不是同一性，而是相似性。所谓“学术谱系”就是学术共同体所自觉认同的范式在时间上的延续和传递，由这个学术“家族”成员所共同构成的领袖和元典认同、话语范型、知识体系、信念、价值、学理、尺度等要素构成，即由这个学术“家族”成员的研究活动及成果所构成。在国外，尤其是学术水平较高的国家，学术谱系明显存在，学科的创立和发展与学术谱系呈现出同构的关系，学科发展水平越高，学术谱系就越有显著性。近现代西方科学的发展也表明：学术谱系不仅客观存在，而且是学术赖以积累、传承、发展的基本形式和形态。而当前中国学术研究的某些领域之所以状况不佳，正同缺乏这种谱系性的继承和建构有关。

学术谱系反映了一个国家学术传统的形成和发展历程。先进的学术传统是一个国家能否长期维持其科技竞争力的关键所在。一个国家的科学发展状况，不仅取决于其科技队伍的规模以及科学成果在现阶段的产出情况，还要看它是否拥有严谨的科学体系和充满创造活力的科学传统；而先进科学传统的形成和传承，关键在于学术谱系的构建。

我国是农业大国，具有悠久的农耕文化史。我国人民在长期实践中积累了丰富经验，形成了传统的农业科学技术体系，出现了贾思勰、王祯、徐光启等一批杰出农学家，留下了《齐民要术》《农政全书》等珍贵的农业典籍，被亚洲、欧美许多国家广为研究，为人类文明做出了重要贡献。丁颖、梁希、金善宝、袁隆平等一大批近现代农学家，在自己的学科领域潜心研究、创立机构、培养人才，积累了丰富的学术理论，形成了独特的学术风格和良好的学术传统，为发展我国现代农业科学事业做出了重要贡献。因此，当代农学领域的学术谱系不仅客观存在，而且在农学学科发展和农学人才培养方面发挥了重要作用。基于此，开展本课题研究具有重要的学术价值和社会价值，具体体现在以下 3 个方面：

1. 开展学术谱系研究是贯彻落实《国家中长期人才发展规划纲要》的具体体现

《国家中长期人才发展规划纲要》提出我国人才发展的总体目标是“培养和造就规模宏大、结构优化、布局合理、素质优良的人才队伍，确立国家人才竞争比较优势，进入世界人才强国行列，为在本世纪中叶基本实现社会主义现代化奠定人才基础”。中国学术的大发展离不开学术谱系的建构，学术大师和一流人才的出现更离不开学术的薪火相传。通过认真梳理当代中国农学家学术谱系，挖掘老一辈农业科学家的奋斗足迹，宣传他们为农业科学事业发展建立的丰功伟绩，以及忠于祖国、热爱人民，追求真理、坚持理想，艰苦奋斗、敢于胜利，锐意进取、开拓创新，淡泊名利、无私奉献的崇高精神，有利于在农学界发扬爱贤纳才、齐心奋进的优良传统和作风，构建充满创造活力的学术传统，造就一批又一批世界一流的农业科学人才。开展学术谱系研究，对于建设创新型学术体系，最终实现创新型国家的目标也具有重要意义。

2. 开展学术谱系研究是加快推进农业科技创新、建设创新型国家的必然要求

学术谱系首先是与学术传承、学术积累和学术发展相联系，而学术积累和学术传承是学术研究不可缺少的条件。因此，学术谱系的意义和价值首先在于维系学术的连续性，并为学术积淀提供内在逻辑和学术建制的双重保障。国内外科学发展的实践证明，一流创新型学术成果的形成，必定建立在学术积累和传承的基础之上。而学术谱系具有学术的“家族性”形式和结构以及自我的“生产机制”，一旦形成，将对学术的积累和延续，特别是良性的延伸、持续是极为有利的。通过研究农学家学术谱系，昭彰他们在学科创建和发展中的开创性贡献，总结重要的学术理论，弘扬充满创造活力、勇于探索、独立创新、献身科学的科学精神，有助于总结学科发展规律，传承杰出农学家的学术思想和科学精神，营造浓厚的学术氛围，形成具有强烈探求精神和持续创造力的学术共同体，借此提升农业科

学研究的自主创新能力，不断涌现原创性、突破性的研究成果。

3. 开展学术谱系研究是弘扬学术传统、营造风清气正学术氛围的客观需要

学术谱系的建构，对于学派形成、学风健康弘扬、学术人才培养具有至关重要的意义。通过梳理学术谱系，整合团体的力量，才能发扬光大中国五千年文化传承的大传统，改变近代中国学术谱系断裂、断层的状况，有效抑制学术失范，有利于形成优良的学术传统，开创新的学派，更有利于在世界范围内进行不同文明的对话。总之，农学学术研究迫切需要梳理出清晰的谱系代群，以便于研究的传承和延续。

鉴于中国农学家学术谱系研究匮乏，农学学科综合交叉日益明显等现状，本研究拟结合农学学科分化演进的时间序列，阐述具有典型代表性的中国农学家的研究成果，总结中国农学学术传统的优势与不足，并在此基础上结合社会发展背景进行国内外比较研究，以期得出中国农学学术传统的主要影响因素，为提高农学学科水平和培养一流农学人才提出相应对策建议。

二、国内外研究概况

目前，国内外关于学术谱系的研究主要集中在人文社会科学领域，尤其是哲学、文学、历史学和经济学诸学科。杨矗、何中华、汪丁丁等分析了当前学术谱系缺失的现状及其导致的学术危机，指出学术谱系和学术传统对于学科发展和学术创新的重要意义。自从法国哲学家福柯（Michael Foucault）在20世纪70年代提出“谱系学”的历史分析方法后，国内外众多学者运用这一方法在人文社科领域的众多方面进行了后现代主义的分析，形成了一批新成果。作为一种历史分析方法，福柯谱系学理论尽管不是纯粹学科谱系的研究，但其否定线性历史的历史观和注重从微观角度审视历史事件的分析方法，对于本研究的开展颇具启发意义和理论借鉴价值。

与社会科学领域的研究相比，当前学术界对自然科学学术谱系的研究比较薄弱。乌云其其格等在《谱系与传统：从日本诺贝尔奖获奖谱系看一流科学传统的构建》（《自然辩证法研究》，2009年07期）一文中，从学术谱系的角度分析了日本物理学家获得诺贝尔奖与先进的科学传统之间的必然联系，探讨了日本先进科学传统成功构建的过程和原因，指出构建或重构充满活力的学术传统是当前中国科学发展亟待解决的问题。

目前，我国农业领域尚没有开展中国农学家学术谱系研究，相关的论著多散

见于有关农学专家传记和农业史研究之中，如已出版的有《中国科学技术专家传略(农学编)》《学科思想史丛书·农学思想史》及部分学会史。其中，《中国科学技术专家传略(农学编)》以翔实可靠的史料、通俗生动的文字记述了中国重要农业科技专家的传略，总结他们对农业科学研究做出的重大贡献，弘扬他们高尚的道德风范，以此记述中国当代农业科学技术发展史实，总结当代农业科学发展中的经验教训。《学科思想史丛书·农学思想史》在深入研究古今中外著名农学代表人物及农学著作、重要农学分支学科和流派基本理论与思想的基础上，梳理了农学思想发生、发展的基本脉络，构建出了农学思想发展体系的框架，以较丰富的材料论述了重要农学理论、观点的发生、发展和演变历史。另外，2008 年出版的《中国农学会史》虽然涉及大量农业专家，但却未从农学家学术谱系的角度加以研究。总之，尽管上述研究视角不同，但都为开展农学家学术谱系研究奠定了基础。

三、研究目标和研究思路

1. 研究目标

通过对当代农业科技和教育资源的调查研究，梳理 20 世纪中国农学家学术谱系，分析其源流与传承关系、学术传统与学术风格，在国际比较的基础上探讨当代中国农学家学术谱系的特征和特点，中国农学学术传统的优势与不足，以及影响农学学术传统形成和发展的经济和社会因素，为以后的农业科技创新及创新团队建设提供历史借鉴和政策建议。

2. 研究思路

采用历史学、科学传播学和社会学的研究方法，在广泛的历史文献资料研究及相关机构和人物采访调查的基础上，梳理现代中国农学家学术谱系的发展情况。

所谓“学术谱系”是一定学术发展的渊源和传承关系，这种关系至少包括以下 3 个方面：①学术队伍的传承；②机构任务与学术资源的传承；③思想观念、学术理论和学术风格的传承。本研究旨在通过对这 3 个方面历史发展过程的考察，梳理对中国现代农学有创建之功的开拓者、传承学术传统并继往开来的学术领军人物及众多在农业领域有突出贡献的专家学者情况，分析农学领域学术传承的形成、发展背景及影响因素，并在国际比较的基础上探讨加快农业科技创新和科学团队建设的政策建议。

四、研究范围和对象

1. 研究范围

广义的农学包括农、林、牧、渔、蚕桑、养蜂等多个生产部类，即便狭义的农学也涵盖农艺、植保、园艺等七个一级学科和数十个二级学科。考虑课题时间、人力及物力因素，相关研究难以全面展开。根据有关专家的建议，作为本类研究的启动项目，以农学学科中农作物学为切入点，选取水稻、小麦、棉花、大豆、玉米等关乎国计民生的大宗农作物作为研究重点(包括这些作物的遗传、育种、栽培、品种资源、生理生态等)。为反映中国现代农学的发展全貌，在研究中将先对整个中国农学的学科发展、研究机构及研究队伍情况进行总结和梳理。

2. 研究对象

根据科研成果和学术成就及其在当代农学发展中的地位和作用，明确入选农学家和研究机构的标准。具体来说，包括以下 3 个方面：

(1) 入选人物。主要针对中国现代农学有创建之功的开拓者、遵循这些学术传统继往开来的学术领军人物及众多在农学领域有突出贡献的专家学者，包括院士、国家级各类人才、国家级奖励获得者、《中国科学技术专家传略》等重要传记的入传者等。

(2) 入选机构。主要针对相关研究领域内的国家重点学科、国家重点实验室、国家工程技术中心等。

(3) 列入研究对象的上述人物和机构，必须呈现出学术传承的谱系特征。

3. 时间跨度

虽然课题以当代中国农学为题，但考虑到学术发展的连续性和传承性，本研究没有以 1949 年为分界点，而是以中国现代农学的创建为原点，梳理不同谱系的发展过程和源流关系。

五、资料来源

通过查阅图书、期刊、网络、档案和手稿等多种渠道资源，广泛收集相关原始文献和研究资料，充分利用高等院校、研究院所以及公共图书馆的书籍资料。资料主要来源于南京农业大学中华农业文明研究院资料中心，其前身为金陵大学农史研究室，有着 90 余年的学术积累。该中心除藏有农业古籍库、普通书库和期刊库外，还拥有国内唯一的民国农业资料库。

通过搜集整理文献资料，梳理出具有代表性的专家学者所属学术谱系情况，并追本溯源，厘清人员、机构之间的渊源关系。在全面总结各学科学术谱系概况的基础上，选取具有代表性、重要性、典型性的机构和人物进行重点调查和深入分析。访谈主要包括以下 6 个方面：一是学科代际传承问题；二是专家所属学术谱系的信息，请专家回顾在研究过程中对本人影响最大的人物或机构，其师承、优秀同门等情况；三是学术谱系传承的精神支点，请专家谈本学科（行业）得以顺利传承的根本因素，以期了解支撑这一谱系的精神支点；四是影响学术谱系的主要因素，请专家从宏观层面谈影响优良学术谱系传承、发扬、演化的主要因素，从社会背景、文化背景和经济发展背景等多个方面进行考察；五是国内外情况对比，请专家将本学科（专业）发展及学术谱系情况与国外情况进行对比，包括发展优势和不足；六是相关建议，请专家就学术传统构建、高层次人才培养问题提出相关政策建议。

第一章　20 世纪中国农学发展概况

20 世纪中国农学学科的形成与发展，经历了初期的引进、移植到重构和本土化再到体系化和自主创新等几个阶段。在一个多世纪的时间里，中国农学各学科经历了从无到有，从零散到比较完备，甚至部分学科达到世界先进水平的发展历程，取得了举世瞩目的学术成就。20 世纪中国农学取得的成就，有赖于农学研究机构的形成和发展、农学人才队伍的形成和不断壮大。

第一节　20 世纪中国农学学科的形成与发展

一、近代中国农学的形成与初步发展

鸦片战争以后，内忧外患日益严重，中国社会各界人士为寻求“富国强兵”，进行了艰苦的探索。兴办洋务、发展工商业谋求“富国强兵”梦想的破灭，使一批士绅逐渐认识到“农实为工商之本”，积极鼓励兴农，强调农本，并主张通过引进西学改变中国农业的落后面貌。随着一批国外农业科学技术的引进和国内农事试验、农业教育的兴办，中国传统农业和传统农学朝着近代化的方向走出了第一步。

（一）清末近代农学的出现

近代农学知识最早是于 19 世纪 90 年代中期至 20 世纪初在我国广泛传播。清光绪二十三年(公元 1897 年)四月，罗振玉在上海创办了我国第一份农学杂志《农学报》。至光绪三十二年(公元 1906 年)停刊，《农学报》十年共出版 315 期，发表了大量的近代农学文章，内容涉及农学通论、作物栽培、园艺、植物保护、土壤肥料、畜牧兽医、蚕桑蜂茶、农具、林业、水产等方面。《农学报》上翻译的文章，

大多来自日本、英国、美国、墨西哥、法国、荷兰等国的农书和报刊,基本反映了19世纪后期世界农业的科技水平。1900—1903年,罗振玉又主持编辑了《农学丛书》,共收录农书235篇,其中西方近代农学著作占60%以上。1903年,范迪吉等人翻译日本《普通百科全书》共100册,其中大多数是日本农业学校的教科书。

近代农学的产生主要表现在以下5个方面:

1. 近代机械农具的引进和改良

1880年前,天津、南通等地已有农机和缫丝机械的引进,但较多的引入是在19世纪中后期。至1910年,各地引进、使用的农机具已有碾米机、轧花机、制茶机、纺纱机、割草机、畜力农机等多种。同时,国人也开始改良和创制农机具。这些变化反映了我国农具向半机械化、机械化方向发展的趋势。

2. 农事试验场的创办

近代农业科学技术离不开科学试验,农事试验场的建立,是我国近代农学萌芽的重要标志。我国最早的农业科学试验机构是1898年在上海成立的育蚕试验场和1899年在淮安成立的饲蚕试验场。1901—1906年,长沙、保定、济南、太原、福州、奉天(沈阳)等处先后建立起综合性试验场。1906年,在京师成立了全国性农事试验场——农工商部农事试验场,主要对国内外选购的不同作物种子进行试验。

3. 农业教育的兴办

我国最早的农业中等专科学校是林迪臣于1897年5月创办的浙江蚕学馆。1898年张之洞在武昌创办湖北农务学堂,这是最早的农务学堂,内设农、蚕两科,兼办畜牧。1905年,清政府取消科举,批准建立京师大学堂农科大学,这是中央设立农科大学的开端。据1910年5月清政府学部奏报,1907—1909年,全国已有农业学堂95所,学生6 068人,这些学校包括高、中、初三个级别,含农、林、蚕、渔、兽医各科。农业学堂的建立,为传播近代农学知识、培养近代农业技术人才起到了极为重要的作用,也为近代农业教育奠定了基础。

4. 农学会的创办

农学会是“戊戌变法”期间学习西方农业而创建的一种农业组织。1897年罗振玉等人在上海发起的“务农会”是我国最早的农学会。此后,江苏、福建、江西、山东、河北、陕西等省纷纷成立农学会。他们采用新法,购进外国种子、农具进行试验,具有农技改良、推广的性质。

5. 农业公司的创立

1897年后,合股经营、资本雄厚、以从事商品生产为目的的农业公司开始出现。各公司的经营业务范围包括垦殖、树艺、植树、蚕种、种桑、畜牧、渔业、灌田、制茶等多个方面。据不完全统计，到1912年，全国各地共成立农业公司171个。

（二）近代的选种育种科技

中国近代的育种事业发端于19世纪末，最初是从陆地棉的引种开始。此后，中国的作物育种开始向近代化方向迈进。但直至20世纪初，作物育种仍以传统方法为主，育种手段粗放，没有出现采用近代科学方法育成的新品种。20世纪20年代前后，随着一些在国外攻读农学的留学人员归国效力，外国育种专家来华讲学或担任顾问，国内一些著名大学开始与美国大学进行校际合作，近代作物育种理论和技术开始系统应用到育种工作中，中国的作物育种工作逐渐走向科学发展轨道。从30年代开始，育种工作进一步发展，主要表现在育种技术日益进步，育种机构纷纷成立，育种人才逐渐增多，特别是中央农业实验所和全国稻麦改进所的成立，改变了我国作物育种界分散凌乱的状况，使全国的育种事业得到统一、协调发展。同时，近代的农学家结合国情，对西方育种理论和方法进行了本土化改造，为作物育种的后期发展打下了坚实的基础。

1. 水稻的选种育种

19世纪末20世纪初，上海、安徽、山东、辽宁、黑龙江等地开始引进日本水稻品种。1914年，北洋政府农商部对各地送检稻种进行检定，这是中国近代最早一次由政府组织进行的水稻品种检定。1919年，南京高等师范农科举行品种比较试验，率先采用近代作物育种技术开展稻作育种，培育出了“改良江宁洋籼”和“改良东莞白”两个优良品种。这是中国近代有计划进行水稻良种选育的开端。1925年至1926年，东南大学、中山大学先后将纯系育种和杂交育种方法应用于稻作育种。此后，各地稻作育种机构纷纷成立，至1930年已发展到110个，稻作育种呈现出大发展的局面。1931年，中央农业实验所成立，1935年全国稻麦改进所成立，成为统筹各地力量开展大规模育种的指挥机关。1931年至1937年是近代水稻育种的鼎盛时期，全国各地选育出很多优质高产的水稻良种。1937年抗日战争爆发，中央农业实验所、一部分农业技术推广机关及农业院校迁往西南地区，继续进行水稻品种的改良及示范推广工作。

纯系育种是当时最普遍的水稻育种方法，绝大多数水稻品种都是通过纯系方法育成的。1926年，中山大学丁颖将野生稻与当地栽培水稻自然杂交，于1931年育成第一个杂交种“中山一号”，开创了我国水稻杂交育种的新纪元。至

1946 年全国选育的水稻良种已达 300 个以上，大量推广并收到实效的有 100 个以上。其中 20 世纪 30 年代育成的“南特号”“胜利籼”“万利籼”等品种在 50 年代仍作为大面积推广的优良品种。随着新品种的育成，良种的示范推广工作也随之展开，并取得了一定的经济效益。

2. 小麦的选种育种

小麦是我国最早运用近代科学选育良种的作物之一。早期主要由金陵大学、中央大学等院校进行良种选育。进入 30 年代，中央农业实验所成立后，小麦良种选育和推广工作得到发展，这一时期选育出很多小麦良种。抗战爆发后，育种工作的重心转向西南各省。在育种方法上，美国作物育种专家洛夫(H. H. Love)倡导的纯系育种法和生物统计方法的普遍采用，成为小麦育种工作的转折点。

最先开展近代小麦育种研究的是金陵大学。1914 年夏，该校美籍教授芮思娄(J. H. Reisner)在南京附近农田中选取小麦单穗进行良种选育。经过七八年试验，育成“金大 26 号”。这是近代科学育种方法在我国的最早运用，并取得了成功。1925 年由沈宗瀚主持，在南京通济门外农田中选取小麦单穗开展良种选育，1934 年育成纯系品种“金大 2905”。该品种成熟早、抗倒伏，并具有较强的抗锈病性能，1934—1937 年在长江流域的推广面积达 8.7 万公顷(1 公顷＝10 000 平方米)，抗战期间又推广到四川、广西等省，是当时粮食作物中推广面积最大的一个品种。此外，金陵大学还与各地试验场合作育成“金大南宿州 61 号”“金大南宿州 1419 号”“金大开封 124 号”等小麦良种。中央大学的麦作试验始于 1919 年南京高等师范农科时期。1920 年，该校在南京明故宫建立小麦试验场，1921 年于南京大胜关设立农事试验场，试验由邹秉文、原颂周、金善宝主持。他们从搜集到的小麦农家品种中选取了“南京白壳”“武进无芒”“姜堰黄皮”“江东门”等优良品种。其中“江东门”早熟性极为明显，且此特性遗传力强，至今仍是重要的早熟种质资源。30 年代后期，金善宝对从国内征集的小麦品种和国外引入的 1 000 多份材料进行了深入细致的观察、评鉴，从中选育出“碧玉麦”“矮粒多”和“中大 2419”等优良品种，其中“中大 2419”表现优良，于 1942 年在长江中下游及西南、华南地区大面积推广，表现出明显的增产性能，在 50 年代中后期至 60 年代初，成为我国种植面积最大的小麦良种之一，每年推广面积超过 467 万公顷。除金陵大学和中央大学外，国立西北农学院、河南大学农学院、浙江大学农学院、齐鲁大学农学院、燕京大学农学院、山西太谷铭贤学校等也都开展了小麦育种研究，取得了较好的成绩。

1931 年，中央农业实验所(简称“中农所”)征集美国小麦品种 207 个、苏联品种205个，在黄河及长江流域采集小麦单穗3 959个。次年，该所在洛夫指导下进行小麦区域试验，涉及8省39处。1932年秋，中农所与中大、金大合作购买世界小麦品种1 700余个，采用纯系育种，选出优质品种“25H112”。1934年，中农所技正沈骊英将该种与“金大2905”杂交，并移至成都进行区域试验，表现良好，遂定名为“中农28”，于1939年开始推广。在沈骊英的主持下，中农所还进行了其他杂交育种试验。在抗病育种方面，中农所经过多年试验，发现云南弁定大麦能完全抗赤霉病，其他抗病品种还有“平坝130”“息峰139”“遵义136”等，同时发现红壳小麦比白壳小麦更具抗病性。此外，浙江省种麦改良场、山东农事试验场等农事试验机关也先后选育出小麦良种。

3. 棉花的选种育种

美棉(陆地棉)是我国近代作物育种中最早从国外引入的新种。近代棉花品种改良的成绩主要归功于美棉的引种。

美棉最早于清同治四年(公元1865年)引入上海种植。1892—1893年，湖广总督张之洞从美国购运棉籽分发给湖北棉农种植。1896年，张謇创办大生纱厂，开始引种美棉。1904年，清政府农工商部也从美输入大量美棉种籽，分发给江苏、浙江、湖北、湖南、四川、山东、河北、河南及陕西等省的棉农进行种植，品种为“乔治斯”“皮打琼”“奥斯亚”及“银行存折棉”等。1914年，张謇出任北洋政府农商部总长，开办了4个部属棉业试验场，从美国输入“脱字棉”试种。在此期间，山东、江苏等省也曾引入美棉，美棉种植量明显增加，如湖北省1918年美棉产量已达80余万担。

但由于美棉引进之初，多未经驯化和提纯，数年间质量退化严重。有鉴于此，上海华商纱厂联合会于1919年成立植棉改良委员会，在浙江、江苏等省26处进行棉花品种改良试验，对从美国农业部购得的“京字棉”(King)、“爱字棉”(Acala)、“脱字棉”(Trice)、“杜兰哥棉”(Durango)、“哥伦比亚棉”(Columbia)、“隆字棉”(Lone Star)、“埃及棉”(Egyptian)及“海岛棉”(Sea Island)等8个品种观察比较。是年8月，美国农业部专家顾克(O. T. Cook)来华，认为“脱字棉”和“爱字棉”最适于中国栽培，其中“脱字棉”在黄河流域较优，而“爱字棉”适合长江流域，并对这两个品种的栽培技术做了研究指导。由此，这两个棉种成为20年代中国的主要棉种。

1931年，美国育种家洛夫受聘来华，任中央农业实验所总技师。从1933年起，中农所从国内外征集了31个美棉品种，由洛夫主持，在江苏、浙江、安徽等省12处联合试验。1935年洛夫回国后，由冯泽芳主持，直至1937年抗日战争爆发。在此次棉花品种区域试验中，发现“斯字棉 4 号”在黄河流域表现最好，“德字棉 531 号”在长江流域最佳，两者产量和品质均优于“脱字棉”和“爱字棉”。自此，这两个品种成为 30 年代中期至 50 年代初最主要的推广棉种。“斯字棉”和“德字棉”的推广方法与过去有很大不同，采用推广之前先行繁殖，渐次扩大推广面积的方法，并推行棉种管理制度，严密监测推广过程中的棉种纯度，防止良种在推广过程中优良种性的退化，保证了棉种质量。

1939 年，我国又从美国引进“珂字棉”，40 年代引进“岱字棉”。经试种，其产量、品质均优于“德字棉 531 号”。尤其是“岱字棉 15 号”，衣分高、纤维品质好。新中国成立后，“岱字棉”取代了“斯字棉”和“德字棉”，成为种植面积最大的棉种。

此外，烟草、大豆、高粱、玉米、粟等也进行了品种改良育种，取得了一定成绩。

4. 玉米育种的发展

玉米大约在 16 世纪初期引入中国，已有 480 多年的种植历史[①]。我国玉米常年种植面积在 2 000 万公顷左右，仅次于水稻和小麦，居粮食作物第三位；在世界上，种植面积仅次于美国，居第二位。玉米在中国分布地区很广，除东北、华北和西南等主产区之外，几乎中国各省、直辖市、自治区都可种植。由于我国幅员辽阔，具有多样的气候生态环境，玉米在长期的自然选择和人工选择中，形成了极丰富的地方品种资源。在 1949 年以前，全国各地长期种植的玉米都是地方品种。

(1) 我国近代玉米育种工作的启蒙和创建期(1926—1949)

我国近代的玉米育种工作开始于 1926 年，迄今已有 70 余年的历史。最早从事玉米育种的学者是南京金陵大学农学院的王绶、郝钦铭、翁德齐和孙仲逸，他们从 1926 年起开始进行玉米育种，分离自交系并组配杂交种作为教学之用。该校北平燕京分场的卢纬民也于 1929 年起进行玉米育种工作。1930 年南京中央大学农学院赵连芳、金善宝与丁振麟也开始了玉米育种工作，至 1934 年已有自交系 500 余份，并选出其中 40 余系作杂交之用。同年，金善宝发表了《近代玉米育种法》一文，首次系统地介绍了美国的近代玉米育种方法。河北省立保定农学院的杨允奎于 1930 年以后也开始了玉米育种研究。1931 年山西省铭贤学校在太谷进行美国玉米品种引种试验，从中选出“金皇后”品种，于 1936 年在山西平定、汾阳等县进行区域试验并开始试种，之后“金皇后”成为该省的主要玉米品种，并流传到华北和东北部分地区。新中国成立后，又流传到西南和东南各省，

① 刘纪麟. 玉米育种学[M]. 北京：中国农业出版社，2002：144 - 145.

成为20世纪50—60年代中期栽培面积最大的玉米品种之一。

范福仁于1936—1943年在广西省农事试验场进行了较系统的玉米自交系选育和杂交组配试验，先后从广西、云南、贵州以及美国征集了413份玉米品种分离自交系，于1941—1942年对111份单交种和178份双交种进行了多点比较试验，育成了一些有利用价值的自交系和双交种。张连桂和李先闻从1936年起在四川省农业改进所进行玉米育种工作，征集了四川各县玉米农家品种132份分离自交系，于1939—1940年进行顶交种比较试验，选出配合力较高的系21份，于1942年进行单交种比较试验，并配制双交组合，于1943—1945年进行双交种比较试验，育成“458”“452”“411”和“404”等4个双交种。该所还于1936年从美国引进“可利”品种，经过8年繁殖选择已驯化为适应当地条件的优良品种，并在彭县、崇宁等地推广种植。1938年，吴绍骙、蒋德麒从美国带回玉米杂交种共64份，于1938—1940年由中央农业实验所主持，分别在成都、贵阳、昆明、柳州等地进行了比较试验，鉴定出有利用价值的“Wise 696”和“Cornell 29 - 3”等杂交种。抗日战争期间，从事玉米育种研究者还有成都金陵大学农学院的郝钦铭、张学明和吴绍骙等。1941年，西北农学院王绶等与西北区推广繁殖站合作，开展玉米地方品种改良和自交系选育工作，育成了武功白玉米和武功综交白玉米。杨允奎自1942年起，以四川地方早熟玉米品种为主要材料开始分离自交系，至1946年进行测交组合比较试验，根据试验结果选出10个亲缘相异的优系，经过两代混粉，于1947年育成“川大20”综合品种。1947—1948年，吴绍骙、郑廷标在南京金陵大学农学院进行了硬粒型与马齿型品种间杂交组合比较试验，获得较好的增产效果。1947—1949年，陈启文等在山东曹县等地进行玉米品种试验，并开始自交系育种工作。原华北农事试验场于1939年起从事玉米农家品种的改良，选出了“华农1号”和“华农2号”两个玉米品种，此后曾在华北部分地区推广种植。

1926—1949年是我国近代玉米育种的启蒙和创建时期，对玉米品种的改良和自交系杂交种的选育都曾取得一些成果。特别是广西农事试验场的试验规模较大，效果较佳，但因处于抗日战争和解放战争时期，受经费和条件的限制，这些成果都未能在生产上广泛应用。

(2) 我国玉米杂种优势的广泛利用期(1949年以后)

我国玉米杂种优势在生产上的利用于新中国成立后才得到实现和发展。1949年底，中央农业部召开了全国农业工作会议，1950年春又召开了华北农业技术会议，提出了全国玉米改良以及杂交种的推广方案，并委托吴绍骙和李竞雄分别指导山东省和东北地区的玉米品种改良和生产工作。这段时期,全国一些主要的农业科学研究所(简称"农科所")和农业院校相继开展了品种间杂交育种和自交系选育,先后育成了一批品种间杂交种,例如山东省的"坊杂2号""齐玉25",河北省的"白头霜×大红袍",河南省的"小粒红×东岗黄马牙",东北地区的"大金顶×铁岭黄马牙",湖北省的"大籽黄×金皇后"等,并在生产上同步推广种植。

我国玉米杂种优势的利用,大致可以分为三个阶段:1954—1959年以推广间杂交种为主;1960—1970年以推广双交种为主;1971年以后则以推广单交种为主。但各个地区间发展是不平衡的,因此各类杂交种(包括一部分顶交种、综合品种和三交种)的利用往往是交叉的,不是单一品种的,而且有主次之分。根据1978年的统计,杂交种推广面积为1 363.6万公顷,占全国玉米播种面积的69.8%,在杂交种中单交种占67.75%,此后单交种的推广面积迅速扩大。根据1986年23个省、直辖市、自治区不完全统计,推广杂交种1 298万公顷,其中单交种占98.6%。

(三)土壤肥料科技

1840年以后,我国的土壤肥料科技在继承和发展传统技术的同时,也在逐渐引进西方科技。在土壤研究方面,已由过去认土、治土、改土的传统方法,发展到用近代科学方法研究和改良土壤。在肥料使用方面,化学肥料逐步引进我国,并进行小规模的自制,开始了由过去单纯施用有机肥发展到有机肥与无机肥相结合使用的时期。

1. 土壤科学

我国近代土壤科学滥觞于1897年成立的务农会及其创办的《农学报》对西方近代土壤知识的译介和传播。此后,直隶农事试验场、北京农工商部农事试验场以及奉天农事试验场等农事试验机关先后进行了一些土壤调查和试验工作。京师大学堂农业化学系开设了《土壤学》《土壤改良论》等课程。晚清时期这些单位在近代土壤科学知识传播方面做了一些有益的工作,使当时的人们对土壤的形成、土壤中物质与能量的交换、土壤性质和土壤分类等知识有了初步的认识。

民国时期我国土壤科学事业得到较大的发展,主要标志是成立了专门机构,开展广泛的土壤调查,运用近代科学方法进行大范围的土壤肥力试验,并开展了一系列土壤方面的研究。

我国首次大范围的土壤调查是1930年由金陵大学农业经济系教授卜凯发起的。为研究中国土地利用问题，他邀请美国加利福尼亚大学土壤学教授萧氏(C. F. Shaw)来金陵大学讲授高等土壤学课程，并采用抽样调查方法调查长江流域、黄河流域及淮河流域的土壤。1931年2月，萧氏发表了题为《中国土壤概观之实在考察》(又名《中国土壤》)的调查报告，将中国三大流域的土壤划分为9个区域。是年，萧氏辞归，由中央地质调查所组织土壤研究室承接此项工作，并请潘得顿(R. L. Pendleton)主持调查，范围扩大到东三省、绥远、山西以至广东中部等地，历时三载。至1934年，改由梭颇(James Thorp)继任，调查范围扩及陕、甘、宁、青、川、滇、黔等省。1935年，《全国七百五十万分之一土壤图说》编成，并在牛津第三次国际土壤学会开会时发表。1936年12月，梭颇汇集数年来的调查成果著成《中国之土壤》一书。该书把美国的土壤分类体系及命名应用到我国土壤研究中，是第一部全面系统地介绍中国土壤的学术专著。

1942年，中央地质调查所土壤研究室李庆奎、朱莲青、马溶之、侯光炯等在连续多年对各地土壤调查工作的基础上，对梭颇的《中国之土壤》一书加以修订补充，著成《中国之土壤概述》。至此，我国大规模的土壤调查基本告一段落。通过多年实地调查，基本查清了我国土壤资源的种类、性质，并对生产上存在的问题提出了改进措施。

地力测定能够揭示各种土壤中氮(N)、磷(P)、钾(K)的含量情况，有助于确定各农作区域肥料需求状况，进而有针对性地指导施肥。中央农业实验所委任留美归来的张乃凤主持，自1935年起进行了我国第一次大范围的地力测定。这次测定的结果表明：各省土壤均最缺乏氮素，其次是磷，钾再次之，以华中、华南和西北为典型代表。长江上游、淮河流域及长江以南，有许多地方既缺磷，又缺氮。这次地力测定结果显示了农家肥料的施用不足。在地力试验的基础上，中央农业实验所土壤肥料系还探讨了土壤类型与三要素需要程度的关系。

此外，民国时期还开展了对水稻土、冬水田、砂田等的研究。1945年，已筹备10年的中国土壤学会正式成立，基本会员50多人，1949年底发展到100人左右。

2. 肥料技术

晚清时期，传统的积肥技术在农业生产中仍占据着统治地位。1904年，化学肥料开始传入我国，主要品种为硫酸铵。但从全国范围看，化学肥料当时在农业生产上的应用微乎其微。直到1925年，化学肥料在广东、福建等沿海、沿江省市得以逐步推广使用。1925年全国化肥消费量为20 000吨，1935年增加为

92 000 吨。当时施用的化肥中氮、磷、钾肥种类齐全，主要有硫酸铵、过磷酸钙、硫酸钾、氯化钾、硝酸钠、硝酸铵、磷酸铵、三元复合肥等 10 余个品种，使用最广泛的是氮肥，其中又以硫酸铵为主。当时这些化肥全靠外国进口，直到 1937 年，中国才结束了化肥完全依靠进口的局面。1937 年 2 月 5 日，中国第一家化学肥料厂——永利公司卸甲甸硫酸铵厂，在邹秉文等人的帮助下在南京建成。

我国引进化学肥料后的 20 多年间，作为科学施肥基础的肥料试验却没有同步进行。直到 20 世纪 30 年代初，卜内门、爱礼司两洋行自筹经费，组织专家在河北、江苏、安徽、浙江、福建、广东、山东等省率先开展肥料试验。这次试验共进行稻作试验 34 个，分别试验氮、磷、钾肥在水稻生产上的肥效。自 1933 年 12 月起，中央农业实验所开始从事土壤肥料方面的研究，先后进行了“小麦盆栽三要素试验”“小麦田间氮肥适量试验”“三要素肥效试验”“硫酸铵辅佐农家肥料试验”。在此基础上，中农所进行了“不同作物需要肥料三要素之比较研究”。通过多年施用化肥的实践，当时的专家学者已认识到肥料三要素对农作物的影响各不相同：氮肥有助于叶苗生长，增加蛋白质含量；磷肥有助于果实生长，并有促进成熟的功效；钾肥则对茎秆生长有利，并能增加淀粉、糖及纤维含量。

20 世纪 30 年代，我国学者已认识到有机肥料与化学肥料各有特点。40 年代初期，学者之间进行了化学肥料问题的论战。由于化肥产量远远不能满足生产需要，而我国历来有施用有机肥料的传统。因此，当时提出了“有机肥与化肥相结合，以有机肥为主，化肥为辅”的新的施肥原则。为了更好地利用有机肥，一些农学家发明了积制有机肥的新方法，如 30 年代国立浙江大学农学院土壤肥料学教授刘和发明的有机肥料活化新方法，通过加温加压，对豆饼、棉子粉、菜子饼等进行活化后，肥效可提高 40%以上。1937 年，中山大学农学院教授彭家元和陈禹平发现了一种好气性纤维菌，将其用于制造堆肥，大大缩短了堆肥腐熟时间，提高了肥效。

（四）近代的病虫害防治科技

1. 虫害防治

清末虫害防治的重点是治蝗。技术上主要采用传统的防治方法，如种植抗虫作物、合理轮作、深耕冬灌等农业措施，放鸭治虫、益鸟治虫等生物防治措施，以及应用烟草、苦参、巴豆、百部、雷公藤及各种油类等药物防治措施。在药物防治方面，清末出现了新进展。何刚德在《抚郡农产考略》（1903 年）一书中最早记载用胆矾(硫酸铜)和石灰配制成硫酸铜石灰合剂能防治李树病虫害,用硫磺熏烟防治果树虫害,用草木灰、石灰防治作物病害等治虫措施。

民国初年起,中国近代的害虫防治事业开始起步,许多研究防治机构相继成立。其中,江苏昆虫局、浙江昆虫局和中农所植物病害系建树较多、贡献较大。

江苏省昆虫局于民国十一年(公元1922年)成立,至民国二十年(公元1931年)停办,10年间的主要工作是:①提倡驱治蚊蝇;②在江北研究和防治棉虫和蝗虫;③在苏南研究和防治水稻螟虫、桑虫;④采集制作和收藏昆虫标本;⑤收集与收藏昆虫图书;⑥举办治螟讲习会。

浙江省昆虫局于民国十三年(1924年)成立,至民国二十六年(公元1937年)停办。这13年的主要工作是:①全省水稻害虫研究与防治;②桑虫的研究与防治;③柑橘害虫的研究与防治;④植物病害的研究与防治;⑤建立标本室;⑥收藏昆虫图书;⑦全省治虫方法推广;⑧举行治虫讲习会;⑨开办治虫人员养成所;⑩建立杀虫剂实验室;⑪出版《昆虫与植物》刊物等。

中央农业实验所植物病虫害系,自民国二十二年(公元1933年)成立至抗日战争前停办。该所在5年间的工作主要有:①水稻螟虫的研究与防治;②迁移蝗的研究与防治;③棉虫的研究与防治;④玉米螟的调查与防治;⑤松毛虫的研究与防治;⑥蔬果害虫的研究与防治;⑦积谷害虫的研究与防治;⑧麦类黑穗病、小麦线虫病及粟黑穗病的研究与防治。

中国近代杀虫药剂的研制大致可分为土产杀虫药剂、混合药剂和化学药剂三个阶段。1938年,中农所孙云沛研制成功砒酸钙,用于防治棉花大卷叶虫等咀嚼式口器的昆虫。四川省农业改进所在抗战爆发后成立了药剂制造厂,成为中国化学杀虫药剂的研制主力。1939—1949年,该所研制成功多种生产上急需的杀虫药剂,主要有砒酸钙、硫酸烟碱、滴滴涕、六六六等。

农业措施防治害虫的方法一直是我国农民治虫的主要措施,近代科学理论的传入赋予了这一古老方法以新的内容。如:1935年,黎国焘提出防治广西三化螟的农业措施;1938—1940年,邱式邦提出广西沙塘玉米螟、豆荚螟的防治方法,中央大学农学院邹钟琳提出水稻螟虫的农业防治方法等。在生物防治方面,民国时期的农学家对天敌昆虫,如瓢虫、草蛉、寄生蜂、寄生蝇以及寄生性菌类,进行了详细观察记录,为后来的生物防治研究奠定了基础。

在水稻螟虫的防治方面,植保学者提出了采除卵块、点灯诱蛾、拔除枯心苗和白穗、烟草治螟等防除方法,在生产上取得了显著效益。在棉花害虫的研究上,吴福祯成绩最显著。从20世纪20年代初开始,他就逐渐透彻研究了地老虎、金刚钻等害虫的生活习性及防治方法。中农所植物病虫害系和中央棉产改进所棉虫股成立后，均由吴氏主持领导，派人赴各地调查棉虫分布及发生情况，设立田野试验室进行防治试验。对于江浙一带发生的严重金刚钻危害，吴福祯在30年代首创了“拍蛾、摘头、拾落花落果”的防治方法，实践证明极为有效。药剂防治上，除虫菊浸出液、硫酸烟精、中农砒酸钙效力最佳。在棉蚜的防治上，经多次试验，发现烟草水及棉油乳剂效果最佳。1937年，吴福祯将其所创虫害防治方法应用于冀、鲁、豫、晋、苏五省4.4万公顷棉田上，取得了增产皮棉29 800担的好成绩。1923年，根据红铃虫在室内结茧越冬的习性，吴福祯创造了密室驱杀越冬幼虫的方法。1926年，吴福祯又发明堆草诱杀地老虎的防治措施，效果极佳。蝗灾一直是我国重要的自然灾害，民国以来，蝗患仍很严重。中农所成立后，派人赴山东、河北、河南、江苏等省调查研究，弄清蝗虫发生规律及分布情况，为治蝗工作打下了基础。1934年6月5日，实业部会同中农所召开七省参加的治蝗会议，制定了治蝗的具体办法，决定成立中央治蝗委员会；治虫方法上，除继续采用传统方法外，还发明了油杀法、毒饵法、六六六治蝗等新方法。

2. *病害防治*

光绪二十四年(公元1898年)，京师大学堂开设农科，聘请日本专家三宅市郎讲授植物病理学，成为中国农业院校开设病理学的开端。民国时期，一些学成归来的学者开始在一些高等院校开设植物病理学课程。1916年，邹秉文在金陵大学讲授植物病理学，并撰写《植物病理学概要》一书；邓叔群在中央大学授课。20世纪20年代后期，朱凤美自日本回国后，在浙江大学农学院讲授植物病理课。30年代初期，俞大绂自美回国后，在金陵大学讲授植物病理学，1934年转至清华大学。这一时期岭南大学何畏冷及涂治、中山大学林亮东、北方农科大学林榕等也开设了植物病理学课程。这些学者为植物病理学学科的建立和发展进行了开拓性的工作。同时，他们在真菌分类、麦类病害、棉花病害等研究工作中也取得了相当不错的成绩。

黑穗病是麦类病害中最严重的病害。民国八年(公元1919年)秋，邹秉文首次以近代科学方法——温汤浸种法，指导农民对黑穗病进行防治，初见成效。其后，金陵大学采用碳酸铜粉拌种的方法防治此病，这种方法简便实用，流传很广。自民国二十二年(公元1933年)起，中农所开展了对麦类黑穗病的防治研究，采用接种法对“金大26号”等10个小麦优良品种进行腥黑穗病抗性观察。经不断试验比较，总结出一套防治方法，即选育抗病品种、焚毁病株、选用无病种子、药液洗种消毒、温汤浸种、冷渍温浸法。

棉花切叶病是民国时期棉田的主要病害之一,分布极为广泛。中央棉产改进所作物病害研究室沈其益与美国学者顾克合作,对该病的病原菌及传播和防治方法进行了研究。沈氏通过笼罩试验得出结论:该病是由盲椿象科昆虫侵害所致,并通过比较证明用稀释20～30倍的棉油乳剂防治效力最佳。沈其益的研究改变了以往认为切叶病是由于棉株生理不能适应环境所致的错误认识,为该病的科学防治提供了依据。民国二十九年(公元1940年),中农所周绍模和云南宾川棉作试验场胡才昌发表了对棉花缩叶病和卷叶病的研究报告,认为缩叶病是叶跳虫危害的结果,而卷叶病系黄蓟马为害所致。卷叶病的防治方法:一是喷洒烟草水及硫酸铜烟精直接杀灭黄蓟马;二是冬耕灌水。对于缩叶病,杨演提出可用波尔多液喷施防治。杨演还首次证实民间常用的棉籽温水浸种及用汞制剂"谷乐生"处理种子,具有防治棉苗炭疽病的效果。

(五)近代的畜牧兽医科技

清末我国开始翻译介绍近代畜牧科技著作,宣传近代畜牧科技知识,并进行了国外牧草良种和畜禽良种的引种试验。民国时期,我国的畜牧科技在畜种改良、饲养管理、家畜繁殖等方面有重要发展;兽医科技的发展则主要表现在生物药品的研制、传染病的防治和兽医技术的推广等方面。

1. 畜禽品种的引进与改良

鸦片战争后,一些国外优良猪种逐渐进入中国,如约克夏、巴克夏、杜洛克、波中、切斯特白、泰姆华斯等品种。1907年,留美归国学者陈振先在奉天农事试验场任场长,曾引进过少量的巴克夏猪种,对东北土种猪进行改良。自此以后,各农业院校、农场相继引入外国猪种以改良中国猪种。如:1919年,广东岭南大学引进巴克夏猪;1923年,北平燕京大学农科引进泰姆华斯、波中、约克夏猪;1924年,陈宰均在青岛李村建立新型猪场,引入巴克夏猪;1927年,中央大学从日本引进巴克夏猪等。1928年,留美博士冯锐在河北定县主持用波中猪通过杂交改良定县本地猪的工作,对杂交一代的性能进行了比较试验。1930—1933年,共培育杂种改良猪16 740头在民间推广。1936年夏,中央大学畜牧兽医系在许振英主持下进行中国猪种改良。先后从美国进口巴克夏猪、约克夏猪、切斯特白猪、波中猪、汉普夏猪和杜洛克猪,将其中一部分作纯种繁殖,另一部分用于级进杂交。至1941年,因经费紧张而告停。

近代最早将奶牛引入中国的是外国侨民。1893年,上海安福奶棚首次将奶牛与当地黄牛杂交,使黄牛由单一的役用向乳肉兼用方向发展。1897 年,上海川沙县引入黄白花公牛,与当地黄牛级进杂交,后代被饲养挤奶,开创了中国农民饲养杂交奶牛的历史。后又引入荷兰黑白花奶牛参与杂交改良,成果显著,川沙由此成为奶牛种质资源的供应地。其他较早引入奶牛的有青岛、东北、四川等地。据统计,发展到 1926 年,全国已有各种奶牛约 1 万头;1949 年,奶牛总数共 4 万头,主要分布在京、沪、宁、汉、杭、成、渝等大城市。

近代较大规模的耕牛改良工作始于抗战爆发后。在国民政府农林部的主持下,1941—1943 年分别在江西临川、湖南零陵、广西桂林、四川南川、贵州湄潭、河南洛川设立 6 个耕牛繁殖场(后合并为 4 个)和 1 个西北役用改良场,以提高牛的体尺、体重和挽拉能力为选育改良目标。经过 6 年的选育,川、湘、陕、黔四省种用黄牛达到了预定标准。抗战期间,这些耕牛繁殖场共繁殖耕牛近万头,与民间耕牛配种 5 万余头。

最早引入外国绵羊美利奴羊改良本地绵羊的尝试始于光绪十八年(公元 1892 年)。1904 年,陕西高宪祖、郑尚真等在安塞县设立牧场,从国外购入美利奴羊数百只,改良陕西绵羊。1906 年,奉天农事试验场成立,从日本引入美利奴羊 32 只,后又从美国引入数百只。此后,山西铭贤学校、南京中央种畜场、西北种畜场、四川家畜保育所、农林部西北羊毛改进处、乌鲁木齐迪化种畜场、伊犁种羊场等先后从国外引入优良羊种,品种有美利奴、兰布里、考力代、雪洛夏普、普瑞考斯等。这些优良羊种引入后,与各地土种绵羊杂交繁殖,改良了土种绵羊,提高了产毛量和羊毛品质。

产蛋率高的来航鸡是近代最早引进的鸡种,也是引进最多的品种。1913 年,冯焕文在江苏无锡创办荡口鸡场,引入白色来航鸡等品种。1924 年,陈宰均于青岛李村农事试验场建种禽场,推广来航鸡。1928 年,养鸡专家王兆泰在河北定县从事鸡种改良,同时在北平创立华北种鸡学会。30 年代各农业院校、农事试验场及新型畜牧企业大都饲养繁殖来航鸡,也有少量的洛岛红、芦花洛克、黑色奥品顿、白色华恩道等其他鸡种。近代最早的鸡种改良试验始于 1922 年,附设于通州潞河中学的潞河乡村服务部鸡场,用白来航鸡与本地鸡种杂交,F1 再与白来航鸡回交,结果回交一代产卵量大大提高。山西太谷铭贤学校进行了白来航鸡与土种鸡的杂交育种试验,杂交后代的产品性能虽不如来航鸡,但初产日龄、平均卵重、产卵量均较土种鸡大幅提高。

引进国外优良畜禽品种以改良中国固有品种是近代畜牧界人士的共识。近代的畜禽改良基本采取单一杂交的方式,目的是使后代既具有高产性能,又具备耐粗饲性能。虽然近代的畜禽改良工作未能育成性状相对稳定的标准品种，但在生产上取得了良好的经济效益，也为新中国的畜禽事业留下了数量可观的、不同杂交程度的杂种群。

2. 近代畜禽繁殖与饲养管理技术

动物的遗传育种学是近代新发展起来的一门学科，它以解剖学、生理学、遗传学、胚胎学为基础。我国当时在这一领域开展的具体研究很少，主要的研究工作是繁殖育种知识的引进和介绍。如1924年的《家畜生殖谈》，较详细地介绍了家畜精卵细胞的形成和受精过程；熊德邻的《乳牛生殖器之解剖及生理》，系统介绍了乳牛生殖器的构造、功能和生理变化；祖维显的《鸡之遗传》，介绍了鸡的羽毛遗传规律等。其次，根据新的遗传育种理论，当时学者还对我国传统的繁殖育种技术进行了综合和总结，如各刊物发表了大量关于猪、鸡、牛、马、羊、兔等的繁殖法，辨别良种猪法，农家选牛经验等文章。

人工授精技术也在这一时期传入中国。这一技术产生于18世纪末。1918年鲁农在《中华农学会丛刊》第一期发表《马匹人工授精技术》一文。其后，又有吴谦、李秉权、成之、朱先煌等先后对这一新技术作了较完整系统的介绍。1933年，新疆伊犁种羊场聘请苏联专家开展了大规模的人工授精试验，至1944年，已实现完全采用人工授精技术配种。1935年后，国民政府军政部句容种马场亦开始试用这一技术。1942—1943年，吕高辉在成都华西大学奶牛场使用简易材料制造授精器具，对牛、羊实施人工授精。西北羊毛改进处于1943年在甘肃永昌采用人工授精方法，用来布里公羊为民众母羊配种。翌年，河西推广站举办人工授精技术训练班。1948年，中央畜牧实验所在浙江硖石镇用考力代种公羊对湖羊进行改良，采用人工授精方式配种800余头；1948—1949年，对约克夏猪进行乐纯种繁殖。

近代饲养试验研究工作始于东南大学农科。1921年，东大农科畜牧系成立后，开始引入乳牛、猪、鸡进行饲养试验，之后的专家学者在饲养、饲料、营养等方面做了许多工作，为近代中国畜牧业实行科学饲养提供了科学依据。

3. 兽医科技

20世纪30年代以前，中兽医在我国一直占据着主导地位。30年代以后，以推广生物药品为技术防疫核心的西兽医开始发展壮大，逐步形成了中兽医治病、西兽医防疫的格局。

兽疫防治是近代兽医科技工作的重点。1934年初，中农所对江苏等19个省的家畜传染病及死亡情况进行调查；同年，中农所上海兽疫防治所开展全国兽疫调查，通过详细观察家畜传染病症状和病变，结合细菌诊断，提出了防治措施和治疗方法。1941 年，中央畜牧实验所彭文和、郭英俊等对四川、湖南、贵州、云南、陕西等地兽疫进行调查；西北兽疫防治处吴信法对西北地区主要传染病的种类和分布情况进行了调查。

近代畜禽传染病的防治手段主要是使用生物药品。我国于 20 年代初开始制造生物药品防治畜禽传染病。1924 年，北京中央防疫处首创马鼻疽诊断液及犬用狂犬疫苗。此后，一些留学归国专门人才在商品检验局设立制造所，研制疫苗和血清。1930 年，青岛商品检验局血清制造所创立，由留日归国学者王沚川主持，这是我国自己创建的第一个专业性生物药品制造厂。1931 年，上海商品检验局筹建上海血清厂，于 1932 年建成，由商品检验局副局长蔡无忌直接领导，程绍迥担任第一任主任。这两个血清厂成功制造出抗牛瘟、狂犬病、猪瘟、猪肺疫、鸡瘟等传染病的疫苗和血清。此后，两厂技术人员赴各地交流、推广血清制造技术。1936 年中央农业实验所畜牧兽医系血清厂成立，广东、青海、江西、四川、湖南、贵州、湖北、陕西、河南、广西、浙江等地兽疫防治机构也纷纷设立血清厂。各地兽疫防治机构利用血清控制畜禽传染病的恶化，使用疫苗进行预防注射，使传染病得到不同程度的控制。

近代兽疫防治工作从无到有，这是一大进步。但由于政府支持不力、人员稀缺，近代兽疫防治工作开展有限，收效甚微，各种传染病依然在全国猖狂流行。

中国近代农学出现于 19 世纪 90 年代“戊戌变法”前后，它的发展大致可分为四个阶段：第一个阶段是从 1890 年到 1910 年，主要是以引进和搬用西方近代农业科学技术、翻译西方近代农学书刊和创建近代农业学校为主，这是中国近代农学的萌芽时期；第二个阶段是从 1911 年到 1927 年，中国农学开始同近代实验科学相结合，从完全照搬外国经验转向结合中国实际，从单纯传播外国书本知识转向进行田间试验，开始了作物育种试验并取得了初步成果，这是中国近代农业科学技术的初步发展时期；第三个阶段是从 1928 年至 1936 年，中央农业实验所等全国性的农业科学研究机构的大量建立，农业科学研究和农业推广工作的普遍开展，以研究稻麦增产为中心的科学研究工作取得了明显的成绩，是这一阶段的主要标志，这是中国近代农学较大发展的时期；第四阶段是从 1937 年至 1949 年，这个时期战火连年，农业生产遭到严重破坏，人民处在水深火热之中，农学的发展处于极其困难的局面，这是近代农业科技艰难发展的时期。

经过这四个阶段，近代农学在我国有了一定的发展，具体表现是：引进了一批西方近代农业科学技术；建立了一批农业研究机构和农业院校；培养了一批农业中高级人才;编著了一批农业科学著作;育成一批新的品种;仿制和研制了一批化肥、农药、农业机械;建成了一批以泾惠渠为代表的应用近代科技建设和管理的大型灌溉工程。

二、现代中国农学的发展①

新中国成立后,农业科学技术研究紧密结合生产和科技发展的需要,取得了一批重要科技成果。1978年党的十一届三中全会后,中国农学领域认真贯彻执行"科学技术必须面向经济建设,经济建设必须依靠科学技术和努力攀登科技高峰"的战略方针,按照"面向经济建设主战场,发展高技术及其产业化和加强基础性研究"三个层次的战略布局,逐步形成了重大科技攻关、高技术研究开发及其产业化、基础性研究、软科学研究、引进国际先进技术和科技成果推广等六大重点研究领域,并取得了一大批重要科技成果。据不完全统计,从1978—1997年各省、自治区、直辖市确认的科技成果近4万项,其中受到国家、部委奖励的重大科技成果4 185项。这些科技成果不仅有很高的科技水平,而且也产生了巨大的经济社会效益。根据中国农业科学院农业经济研究所估算,科技进步对农业增产的贡献率在"五五"计划期间(1976—1980)为27%;在"六五"计划期间(1981—1985)为35%;在"七五"计划期间(1986—1990)由于农业物质投入猛增,实际突破性的科技成果少等原因,科技进步贡献率下降到30%左右;到了"八五"计划期间(1991—1995)科技进步贡献率上升到35%;"九五"计划期间科技进步贡献率提高到40%左右,其中种植业约为30%,畜牧业为42%,渔业为45%。农业科技进步和贡献率不断提高为我国农业和农村经济的持续稳定发展做出了重大贡献。

(一)作物品种资源调查研究

我国是世界上作物种质资源最丰富的国家之一。在50年代中期的农业合作化高潮中,我国就曾在全国范围内大规模地进行作物品种资源征集活动,共得到53种作物近21万份品种资源,其中蔬菜地方品种约1.5万份,分散在各地保存,但这些资源材料在"文化大革命"期间受到严重损失。1979年开展了第二次全国性作物品种资源的补充征集工作,先后组织了对西藏、云南等地农作物品种

① 信乃诠.50年中国农业科技成就[J].世界农业,1999(7):21-23.

资源的综合考察，以及对全国野生稻、野生大豆、野生猕猴桃、野生油菜、近缘野生小麦，连云港璐稻，贵州野生荞麦，重点地区牧草、饲料品种资源等的专项考察，共得到60多种作物的品种资源11万份，其中不少是稀有名贵品种和失而复得的地方品种。至1999年，我国已保存160种作物、28种160属400多种（含亚种）580个变种、448类型的33万份品种资源。在组织对云南作物品种资源的考察中，共征集到水、陆、籼、粳、糯等栽培稻1 919份，野生稻材料2 051份，获得了稻种类型、分布、演变等新资料。通过同工酶测定，表明云南稻种的酯酶类型几乎包含其他地区所有的类型，进一步论验证了云南是世界水稻起源地之一的学说。收集到的普通小麦材料分别属于68个变种，其中8个变种在我国首次发现，有15个变种国外尚未报道过；发现了玉米、豆类、麻类、蔬菜、柑橘、茶叶、桑树等作物的一些新种、亚种及地方品种新类型，如单果重2.5千克以上的版纳黄瓜，号称“辣椒之王”的涮辣等，都是未报道过的珍贵品种资源。通过对全国野生稻考察，发现有6个省、区的139个县（市）有野生稻，基本查清了我国普通野生稻、药用野生稻和疣粒野生稻的分布。在江西东乡（北纬28°14′）发现了普通野生稻，从而把我国普通野生稻分布界限向北推移3°。对全国野生大豆的考察，共采集植株标本4 000多份，种子5 000多份，发现了白花、细叶新类型，具有高蛋白（含量55.37%）、抗病性强、分枝多、结荚多等优良性状，大大丰富了我国大豆基因库，并为研究大豆起源、演化和分类提供了宝贵材料。对西藏农作物品种资源的考察，共搜集到30多种作种品种资源标本14 787份，种子（种茎）7 710份。同时，还加强国外作物品种资源引种工作，1979—1997年共引进各种作物品种资源8万多(次)。全国共组织编写18种作物品种资源目录和13种作物品种志。“六五”规划以来，通过国家科技攻关计划的实施，对21万份品种资源进行了主要性状鉴定，包括抗病虫、抗寒性、耐旱性、抗盐性及子粒品质分析，获得了一批品质优良、抗性好的品种资源。同时，把同工酶技术应用于作物品种资源研究，RFLP、AFLP、SSR等分子标记及原位杂交等新技术在我国已经起步，在水稻、小麦、玉米、大豆和棉花指纹图谱的绘制和重要性状基因的标记方面取得了重要进展。

此外，通过国家科技攻关计划的实施，已建成国家库种质管理数据库、种质特性评价数据库、国内外种质交换数据库、野生种质圃管理数据库和西宁国家复份库管理数据库，还建成了国家作物种质资源电子地理信息系统，首次在电子计算机上成功绘制出84种主要农作物种质地理分布图272幅，为作物多样性研究提供了依据。

（二）作物遗传育种

新中国成立以后，农业科技工作者通过各种方法和途径，培育出一批早熟、高产、优质、抗逆性强、适应性广的各种作物新品种、新组合。据初步统计，1949—1998 年全国共育成并推广 41 种大田作物品种 5 600 多个，果树、蔬菜等 36 种园艺作物品种 516 个，其中推广面积在 6.7 万公顷以上的品种有 365 个。

早在 50 年代，广东省首先选育出水稻“矮脚南特”，接着通过杂交途径开展矮化育种，于 1959 年育成耐肥、抗倒、高产的籼稻矮秆良种“广陆矮”，随后又相继选育出“珍珠矮”“广陆矮 4 号”“广二矮”等适合不同成熟期、不同类型的 50 多个矮秆良种，实现了水稻矮秆品种熟期类型配套，这是我国水稻育种史上的第一次突破，技术水平在国际上处于领先地位。1972 年，中国农业科学院和湖南省农业科学院共同组织全国杂交水稻科研协作，1973 年实现了“三系”配套的重大突破，这是水稻发展史上一个新飞跃，不仅为提高水稻产量开辟了新途径，而且为自花授粉作物利用杂种优势育种闯出了新路子，极大地丰富了遗传育种理论。1981 年，杂交水稻协作组荣获国家特等发明奖。这一科研成果在国际上 5 次获奖，受到高度评价。

小麦是我国仅次于水稻的第二大粮食作物。1949 年小麦每公顷只有 637.5 千克，随后一批抗锈、丰产新品种选育，特别是“南大 2419”和“碧蚂 1 号”的推广，深受各地群众欢迎。据 1959 年统计，“南大 2419”和“碧蚂 1 号”种植面积分别为 467 万公顷和 600 万公顷，接着选育的“碧蚂 4 号”“农大 183”“华北 187”等品种得到大面积推广。60 年代，选育出抗病、丰产的“济南 2 号”“北京 8 号”“石家庄 54”“阿夫”“阿勃”等，在北方冬麦区推广。70 年代，又选育出“泰山 4 号”“丰产 3 号”“郑引 1 号”“大 139”“北京 10 号”“东方红 3 号”等。由于以矮秆、抗锈、丰产性好的良种取代原有品种，每次换种都使小麦单产有较大幅度的提高。90 年代进一步加强抗病育种协作攻关，又育成一批抗锈、高产小麦新品种，如“宝丰 7728”“徐州 2962”“75-5112”“冀麦 17”“丰抗 2 号”“丰抗 8 号”“丰抗 13”等，为小麦生产做出了贡献。

玉米杂交种选育取得了突破。50 年代初，我国玉米生产主要利用品种间杂交种；进入 60 年代后，以利用单交种为主，双交种、三交种、顶交种相结合，综合利用杂种优势；到 90 年代后期推广面积达 0.17 亿公顷，占播种面积的 85%以上，平均单产提高到 5 100 千克/公顷。高蛋白玉米、高油玉米、甜玉米等杂交种选育取得新的进展，在优质、特用玉米生产中发挥了作用。1960 年前后，国内育成了第一批双交种，如山东省农业科学研究所育成了“双跃3号”“双跃4号”；北京农业大学育成了“农大3号”“农大7号”；华北农业科学研究所育成了“春杂5号”“春杂12号”；吉林省农业科学院育成“吉双83”；河南省新乡地区农业科学研究所育成了“新双1号”等。到20世纪60年代中期，双交种已在生产上大面积种植。1968年后，我国育成了第一批单交种，其中有河南新乡地区农业科学研究所的“新单1号”、中国科学院遗传研究所的“群单105”、广西玉米研究所的“小英雄”、丹东市农业科学研究所的“丹玉6号”、中国农科院作物科学研究所的“中单2号”等。此后各省、直辖市相继育成了许多高产抗病的单交种在生产上推广，使单交种的种植面积迅速扩大，成为生产上利用的主要杂交种类型。

棉花从引种阶段过渡到自育阶段，效果显著。新中国成立初期，农业部从美国引入“岱字棉15”“斯字棉”和“珂字棉”等品种，使产量提高15%，绒长增长2～4毫米；1956—1960年，以“岱字15”更换“斯字棉”和“德字棉”，使产量提高10%～20%，绒长增长2～3毫米；1964—1968年，以“岱字15”复壮种进行更新，推广“洞庭1号”和“光叶岱字棉”等，使产量提高20%，部分地区绒长增加0.5毫米；1974—1979年，主要推广我国自育品种，如“沪棉1号”“岱红岱”“邢台6871”“沪棉204”“南道5号”“徐州142”“河棉1号”“江苏棉1号”“鄂棉1号”“86-1”“中棉所3号”“中棉所7号”和“陕棉40”等，使产量提高10%～30%；1980年以来，培育出“鲁棉1号”“中棉所10号”“中棉所12号、16号、17号、19号”等，使棉花产量大幅度提高。

其他作物，如甘蓝型油菜三系配套，选育出“秦油2号”新组合，已大面积推广。大豆、花生、甘蔗、烟草、茶叶、麻、果树、蔬菜等新品种的选育与推广，也取得了显著的经济效益和社会效益。此外，在作物育种方法和育种理论上也有新突破。如水稻起源、小麦分类、水稻品种对光温条件反应特性，小麦品种及其系谱的分析，太谷核不育小麦、光敏核不育水稻的发现、鉴定及利用研究；通过染色体加倍使小麦与黑麦杂交育成的异源八倍体小黑麦，采用小麦与偃麦草杂交育成的“小偃967”“小偃4号”“小偃6号”等。

（三）耕作栽培技术

新中国成立初期，农业科学工作者深入农村，研究总结作物高产栽培技术和多熟制的经验，因地制宜地进行推广，对农业增产起了重要作用。1952年，华北农业科研机构组织到河北、山西等省总结群众生产经验，推广耕作保墒、密植、施肥、防止春霜冻害、防止倒伏，以及麦棉、麦玉米等间套复种保证两季丰收的栽培技术。浙江省系统总结了水稻育秧、改制，发展双季稻的经验。华东农业科研机构总结劳模陈永康单季粳稻“三黄三黑”的经验，直接促进了农业的增产。

进入60年代，通过在全国范围开展的以密植为中心的作物丰产栽培研究，逐步把群众生产经验总结提高，上升到理论，提出了“植物群体概念”，对指导农业生产起了很好的作用。

70年代后，随着高产栽培技术和多熟制研究工作的深入，我国对作物生长发育与外界条件的关系，田间作物群体与个体的关系，营养生长与生殖生长的关系，都有了进一步了解。学者专家认识到提高作物产量，必须掌握规律，采取相应的技术措施，实现区域化、规格化和指标化栽培，创造出作物高产奇迹。据报道，1978年青海省香日德农场春小麦0.26公顷平均单产15 195千克/公顷；1979年西藏自治区日喀则地区农科所冬小麦高产试验田，平均单产13 065千克/公顷；江苏省苏州地区三熟制田平均单产16 823千克/公顷。

80年代，随着作物生产栽培技术水平的提高，多熟制发展很快。从北向南，小麦玉米两熟、小麦棉花两熟、稻麦两熟、双三熟（稻稻麦、稻稻油等）的面积达到0.27亿公顷。90年代，水稻、小麦、玉米、棉花等高产模式化栽培技术体系及生产管理决策系统发展很快。到90年代末，全国复种指数已达到156%左右，最高地区达到250%。间种、套种面积也有很大增长。大体上，全国现有耕地的三分之一、播种面积的三分之二实行多熟制。

（四）土壤肥料

新中国成立初期，我国土壤科学工作者结合开垦、兴修水利和地区开发情况，对三江平原、江汉平原、黄淮海平原、黄土高原、内蒙古、新疆、青海等地进行了大量的土壤调查和综合考察，为这些地区的土壤开发利用和综合治理提供了重要的科学依据。1958年，全国开展了以耕地为主要对象的第一次全国土壤普查，初步调查和评定了农业土壤资源，总结了农民鉴别、利用和改良土壤的经验，编制出农业土壤图、土壤肥力图、土壤改良图、土壤利用现状图和农业土壤志。1978年，开展了更加全面深入的第二次全国土壤普查，发现约有半数以上的土壤有机质含量在0.5%～2.0%之间，碱解氮含量在100毫克/千克以下，表明土壤潜在养分含量低。各省（直辖市、自治区）50%的土壤速效磷含量在10毫克/千克以下。缺钾土壤主要分布在长江以南地区，尤以华南地区分布最广。土壤普查为合理利用和治理我国土壤环境提供了依据。

在土壤普查的基础上，针对不同类型的低产土壤（盐碱土、红黄壤、低产水稻土、风沙土等），我国开展了大规模的综合治理，取得了很大进展。新疆维吾尔自治区焉耆北大渠灌区、宁夏回族自治区灵武农场等通过竖井排灌种稻、水旱轮作培肥等措施，有效控制了大面积盐渍化，实现了改土增产；辽宁省盘锦地区在滨海盐土上种稻 6.7 万公顷，种芦苇 5.3 万公顷；河南省人民胜利渠 4 万公顷土壤，河北省曲周 1.5 万公顷土壤，山东省陵县、禹城 1.5 万公顷土壤，实行井渠结合，井灌井排、抽咸补淡等灌排措施；农林牧结合与改土培肥结合成为综合治理的样板，南方红黄壤改良利用和低产水稻土改良也取得了重大进展。

增施化肥对土壤培肥和农业增产起着重要作用。从 1958 年开始组织的全国化肥试验网，先后在不同地区对不同土壤和不同作物（粮、棉、油、豆、糖、茶、烟、果、菜等）进行试验，在氮磷钾肥效、化肥品种、施用期、氮肥利用率、氮肥与磷或钾肥配比、微肥应用等方面都取得了重要成果。1960 年，学者开始研究增施磷对低产土壤和豆科作物的作用，禾本科作物氮磷配合以及磷肥有效施用条件和方法；1970 年起，研究提高氮肥利用率技术，总结出氮肥深施、球肥深施、配方施肥等技术，提高肥效 20%～30%。

新型肥料品种研制与开发有了重要进展，复混肥施用量占化肥施用总量的 20%，各种专用有机肥在果树、蔬菜、花卉种植中使用，深受用户欢迎。50 年代研究推广花生、大豆以及紫云英、苕子根瘤菌肥。在紫云英北移和草木樨南引过程中，接种根瘤菌起了关键作用。近年来，我国南方红壤荒山和北方黄土高原大面积飞播根瘤菌拌种豆科牧草成功，效果显著。

（五）农田灌排

从 50 年代开始，农业学者对水稻、小麦、玉米、棉花等作物需水量和灌溉制度进行研究，初步明确了水稻需水量一季稻为 7 500～12 000 立方米/公顷，双季稻为 12 000～15 000 立方米/公顷，并明确了小麦返青、分蘖、拔节、孕穗开花、乳熟到成熟期的需水比例。在南方稻区，总结出浅灌技术，建立了早稻浅-深-浅的灌溉制度；对小麦、玉米、棉花在不同地区生育期需水量、土壤适宜含水量、地上水利用量、有效降水及灌溉制度等方面的研究均有不少成果。

在我国自然条件下，小麦需水量 3 750～6 000 立方米/公顷，应在冻前、返青、孕穗至抽穗、灌浆期灌水。棉花在开花到吐絮期需水最多，约占总需水量的

40%～50%，每次灌水定额为300～525立方米/公顷。通过几种主要作物的灌溉研究，得出的基本结论是：作物产量越高，需水量越大，但不是成线性关系；作物产量越高，需水系数越小。这对高产灌溉合理用水提供了科学依据。

先进的农业技术和灌溉制度要求先进的灌溉技术相配合。60年代北方广泛进行了小麦畦灌和玉米、棉花沟灌的试验研究，取得了适合当地沟畦规格和控制沟畦水量的方法，以及田间渠系的合理布置方案。1982年农业科技研究人员将系统工程学和最优化决策理论应用到灌溉水资源合理利用研究方面，提出灌溉水管理的科学报告。90年代，研究推广了节水灌溉技术、渠道防渗技术、低压管道输水技术，推广面积达533万公顷，可提高水利用率30%～40%。微灌技术开始在果树、蔬菜、花卉等高附加值经济作物上应用。

排水科研工作发展也很快。全国在灌区建设中总结出"防洪当先，排为基础"的经验，并结合低洼易涝地区，先抓治河、防洪，研究推广暗管排水技术，防渍增产效果比较明显，并在南方地区应用推广。

（六）作物病虫草害综合防治

新中国成立后不久，科技人员深入蝗区，对蝗虫种类、发生规律、生物学特性和防治技术进行了系统研究，总结提出"改治并举"的治蝗策略，同时结合兴修水利、开垦荒地、植树造林等措施，基本控制了蝗虫危害，不少昔日的蝗虫窝，今日已变成米粮川。我国2 000多年前就有水稻螟虫的记载。1929年，螟虫灾害爆发，仅浙江省稻谷损失率就高达53%。新中国成立后，受螟虫危害，全国每年减产稻谷50亿千克左右。经研究，农业专家提出农业防治和化学防治相结合的办法，常年防治0.06亿～0.13亿公顷，螟虫损失率由10%～15%控制到1%左右。小麦条锈病是一种毁灭性的病害，1950年在全国范围内大流行，1964年再度大爆发，受害面积约8 000万公顷，占麦田总面积的32%。从1956年起组织协作研究，初步摸清了小麦条锈病的流行规律，提出"以抗病品种为主，药剂防治和栽培措施为辅"的综合防治策略，30多年来基本控制了小麦条锈病的危害。至此，我国在研究鉴定生理小种和品种抗锈性等方面达到世界先进水平。黏虫是一种远距离迁飞害虫，到90年代我国在突破黏虫越冬和迁飞两项关键问题方面取得了重大进展，为发展我国昆虫生态学做出巨大贡献，为稻褐飞虱、稻纵卷叶螟、小地老虎等迁飞害虫的研究提供了宝贵经验。同时，全国在水稻白叶枯、棉花枯萎病、棉铃虫、马铃薯环腐病、小麦吸浆虫等害虫防治方面，也取得了可喜的成果。

我国是开展"以虫治虫"和"以菌治虫"最早的国家。公元304年晋《南方草木状》中就有黄猄蚁防治橘园害虫的记载，但有组织地开展生物防治研究是在20世纪50年代之后，由农业部组织在全国范围内对重要农作物主要害虫天敌资源进行了调查，并进行了分类鉴定，出版了各类天敌资源图集。据统计，我国有姬小蜂科天敌900多种，捕食性瓢虫380多种，寄生蝇400多种，农田蜘蛛150多种，蚜茧蜂100种以上。同时，也开展了农业害虫生物防治研究，取得了重要进展。50年代，南方柑橘产区研究应用大红瓢虫防治吹绵介壳虫，山东省研究引进日光蜂防治苹果棉蚜。70年代以来，利用赤眼蜂防治松毛虫、玉米螟、稻螟等均取得良好的效果；利用苏云金杆菌制剂(Bt)和白僵菌防治多种农林害虫效果稳定，已大面积推广；利用农用抗菌素防治病虫草害也有新的进展。

农药剂型筛选和施药技术同样取得了明显进展。20世纪50年代开始应用有机氯；60年代和70年代应用有机磷类和氨基甲酸酯类；80年代应用除虫菊酯性杀菌剂、除草剂和杀鼠药等一、二代抗凝血剂；90年代高效、低毒、低残留化学农药品种已达150多种，并且在施药技术方面有很大进步，飞机和地面超低量喷雾技术得到应用，在节省劳力、提高工效、减少环境污染方面成效显著。

（七）畜禽品种资源和品种改良

我国畜禽品种资源丰富，20世纪50年代开展了畜禽品种资源调查，特别对各地猪的品种进行了调查，整理编写出《祖国的优良家畜品种》《中国猪种介绍》等专著。1979—1984年，由中国农业科学院畜牧研究所主持，各省、市、自治区科研、教学、生产部门参加，完成了全国家畜家禽和特种经济动物品种资源的收集，发现具有特殊性状的品种272个，其中马、驴共45个，牛46个，羊46个，猪66个，家禽50个，骆驼、兔共7个，特种经济动物共12个，已编辑出版了5部《中国家畜家禽品种志》。

同时，我国还开展畜禽优良品种选育工作。50年代对杂种猪群进行整群、选择和提高。在此基础上培育成功哈尔滨白猪、新淮猪、上海白猪、北京黑猪、东北花猪、伊犁白猪、新疆白猪、汉中白猪、泛农花猪、赣州白猪、山西黑猪等10多个肉脂兼用新品种。进入80年代，我国从国外引进大约克夏猪、杜洛克猪、汉普夏猪和丹麦长白猪等肉用型品种，杂交利用和培育商品瘦肉猪取得了成效。目前已培育出商品瘦肉型猪新品系9个，瘦肉率达63%左右，料肉比由5∶1下降到3∶1,接近国际先进水平。1953年培育成功新疆细毛羊。1967年培育的东北细毛羊通过国家鉴定后,又培育出甘肃高山细毛羊、山西细毛羊、青海细毛羊。80年代联合攻关,培育出中国美利奴细毛羊,使我国细毛羊培育进入世界领先行列。1972年成立了中国黑白花奶牛育种协作组和全国西门塔尔牛、草原红牛、水牛、牦牛繁育科研协作组,两组联合攻关,取得了重要进展。中国黑白花奶牛产奶量为6 504千克,西门塔尔牛产奶量为3 525千克(最高达8 400千克),达到世界先进水平。肉牛杂交育种中,畜牧专家利用意大利的皮埃蒙特与南阳黄牛杂交,其杂种商品牛肥育244天,体重达479千克,日增重960克;皮埃蒙特与西门塔尔和黄牛杂一代杂交的三交种商品肉牛,经321天肥育,体重可达415千克。由此表明,肉牛改良可以提高其生产性能。此外,我国在家禽优良品种选育上取得了重要进展。蛋鸡有"京白938""京红939"等,肉鸡有"浦江1号""浦江2号""白壳1号""青壳1号"等;肉鸭有"北京鸭双桥组合""北京鸭Z型组合"等。

家畜繁殖研究也取得重要进展。80年代初,绵羊精液冷冻技术在一般生产条件下,一次受胎率可达56%,奶牛冷冻精液受胎率达到50%~55%,这两项指标均已达到世界先进水平。从1971年开始,我国开展了奶牛胚胎移植试验,首次实现鲜胚胎移植成功;1980年,实现绵羊冷冻胚胎移植成功;1983年,实现奶牛冷冻胚胎移植成功。在这些基础上,诞生了中国第一头试管奶牛,对发展家畜生产具有重要现实意义。

此外,人工授精技术广泛应用于家禽、兔、蜂、鹿等动物,并取得成效。随着畜禽育种工作的开展,精液由常温保存到低温保存,进而发展到液氮(−196℃)长期保存,使畜禽繁殖技术跨入一个崭新的阶段。

(八)牧草改良和饲料营养

新中国成立后,广泛地开展了牧草品种资源调查,共收集到各种草种近6 000种,选育出优良草种35个,如"公农1号"紫花苜蓿、新疆大叶苜蓿、陕西渭南苜蓿、杂种苜蓿等。此外,还驯化筛选出羊草、无芒雀麦、红豆草、沙打旺等40多个优良品种,应用于草原生产。这些牧草品种已被编写在《全国牧草、饲料作物品种资源名录》一书中。80年代初,进行了北方重点牧区草场资源调查,已绘制出现状图、类型图,为北方重点牧区的建设与合理利用提供了依据。

在饲料营养科学研究方面,早在50年代就研究推广了青贮饲料。60年代,筛选出一批高产优质的青绿多汁饲料作物品种，并研究提出高产栽培技术措施。70年代，研究纤维素酶、担子菌分解和人工瘤胃液处理粗饲料，为提高其营养价值取得一定进展；藻类和单细胞蛋白饲料研究也取得进展；饼粕经处理后去毒效果达60%～90%，同时还研究了反刍动物加喂无机氮补充蛋白质的效果。80年代以来，在对棉菜子饼脱毒利用研究中，学者研制出5个系列共53种饲料配方，直接用于饲料生产。随着饲料工业的发展，1996年饲料产量已达5 610万吨，其中配合饲料5 118万吨，浓缩饲料419万吨，添加剂预混料73万吨。1992年，我国学者研制编写出《中国饲料成分及营养价值表》，并相继制定了《鸡的饲料标准》《猪的饲料标准》《奶牛饲料标准》《肉牛饲料标准》和《中国美利奴羊饲料标准》等国家标准和一批地方标准。

（九）畜禽疫病防治

我国在50年代初期，研制出安全有效的牛瘟兔化山羊化弱毒疫苗和猪瘟兔化绵羊化弱毒疫苗，仅用6年的时间就消灭了牛瘟、猪瘟。1976年，在联合国粮农组织和西欧经济共同体召开的会议上，一致认为中国的猪瘟兔化弱毒疫苗为控制和消灭欧洲的猪瘟起了重要作用。

1968—1983年，我国研制成功的马传染性贫血病弱毒疫苗是国际兽医科学的创举。据1982年底统计，全国13个省、市、自治区已免疫注射200万匹马次，使这种毁灭性病毒基本得到了控制。我国研制的牛肺疫兔化弱毒菌苗和兔化绵羊化适应菌苗综合防治措施，控制了全国牛肺疫流的流行；研制的“羊M5号”和“猪S2号”鲁氏弱毒菌苗、羊痘鸡胚化弱毒疫苗、鸡马立克氏弱毒疫苗、禽霍乱弱毒疫苗、貂瘟弱毒疫苗等多种疫苗，有效地控制和消灭了这些疫病。此外，各地还对家畜血吸虫病、囊虫病、弓形体病、旋毛虫病、牛羊肝片吸虫病等进行了研究，查明了各种病的流行规律，提出了有效的诊断技术和防治方法，基本控制了这些病的发生和危害。在畜禽普通病的治疗方面，已查明了白肌病、牛甘薯黑斑病中毒、马霉玉米中毒的病因，提出了有效的防治方法，基本控制了这些病的发生。有效的疫病防治工作，使畜、禽死亡率由新中国成立初期的32%和49%，到70年代分别下降到12%和20%，到90年代分别下降到8%和18%，为畜牧业的发展做出了重要贡献。

新中国成立后，我国农业学者还继承和发扬了中兽医学的传统，编写出系统的学术专著，如《中兽医诊断学》《兽医中药学》《中兽医针灸学》《中兽医治疗学》

《新编中兽医学》等，重编、校正《元亨疗马牛驼经全集》等；还整理出版了一批兽医古书，如《司牧安骥集》《痊骥通玄论》《养耕集》《牛经备要医方》等。70年代后，在深入总结传统兽医针灸术的基础上，学者把传统兽医学与现代科学技术结合起来，创造了电针、水针、磁穴、电子捻针、激光针、微波针等新的针灸技术。据1979—1981年统计，用各种针灸法治疗马、牛、羊、猪、骆驼的各种疾病，总有效率达69%，凸显出针灸术的重要作用。

（十）农业气象

20世纪50年代中期，我国农业学者从整理史书入手，开展了24节气和古代物候的研究，撰写了一些专著。60年代以来，根据农业气候统计原理，我国农业学者对光、热、水资源进行了基本分析，编辑出版了《中国农业气候资源图集》和《中国主要农林作物气候资源图集》，为合理利用农业气候资源、调整作物布局、建设商品生产基地提供了基础资料。1982年后，我国组织研究力量进行了东部十大山系调查，取得了宝贵资料，为合理开发利用亚热带丘陵山地提供了科学依据。在系统开展农业气候区划研究的基础上，农业学者先后编写出《中国农业气候区划》《中国农林作物区划》《中国牧区畜牧气候区划》《中国农作物种植制度气候区划》等专著，并荣获国家科学技术进步奖。

在农业气象灾害方面，我国在50年代对华南橡胶树防寒措施进行了系统的观测调查，找出了宜林区，为橡胶树种植区推到北纬18°以北地区提供了重要科学依据。70年代后，北方旱地农业研究与开发取得了重大进展，逐步形成具有中国特色的旱农模式和农林牧综合发展技术体系，在旱地集水节灌、旱作覆盖技术、水肥耦合模式理论等方面取得新突破。学者们系统地开展了低温冷害的研究，初步摸清了发生规律和气候特征，提出了冷害类型、危害机理、预报方法和防御技术，还摸清了小麦干热风的地区分布，并提出了有效的防御措施。小麦干热风防御技术已在河南、新疆等8个省市区推广，面积达333万公顷，取得了明显的经济效益。

在农田小气候研究方面，50年代初期我国开展了农田灌溉小气候效应、农田蒸发和水热平衡理论方法的研究，取得了一些科研成果。60年代，随着种植制度的变革，全国开展了间套、复种小气候规律研究，为多熟制的发展提供了理论依据。进入70年代，设施农业发展很快，研究人员重点研究了光、温、风等及其调控技术，取得了重要进展。80年代，对柴达木盆地春小麦高产的气候生态特征及光能利用进行了研究，揭示出气温较低、光合功能期长有利于子粒灌浆和干物质积累等规律，使高产田达到 13 500～15 000 千克/公顷。

在农业气象预报研究方面，50 年代后期我国开展了作物播种期、收获期预报和农业气象灾害预报方法等研究，并取得较好进展。70 年代后，我国利用电子计算机技术进行作物产量与气候模式研究，实用效果较好。江苏省对水稻生长与产量形成过程进行数据模拟；辽宁省用秋温自变量建立了玉米生长动态统计模式；河南省对冬小麦叶、茎、穗和群体干物重建立动态统计模式，并进行最终产量预报。近年来，我国还利用卫星遥感技术预报作物产量，其精度在 86%以上。

大气中温室气体变化将导致全球气候变化，并对农业产生重要影响，这是世界所关注的热点问题。我国农业、气象科学工作者，应用多种研究方法，全面系统地研究了气候变化对农业的影响，特别是对主要作物生产、布局和种植制度的影响，并提出相关对策，为国家、部门提供了决策依据。

此外，各地农业气象科技人员还开展了畜牧气象、林业气象和渔业气象的研究，并取得了可喜进展，为各业发展提供了科学依据。

（十一）生物技术

1970 年以来，我国生物技术研究进展较快。目前已有 60 多种植物通过花培、组培获得成功。其中利用花药育成的“中花 8 号、9 号、14 号”等水稻新品种，推广面积达 27 万公顷以上，“京花 1 号”等小麦新品种种植面积达 6.7 万公顷。有 20 多种植物通过原生质体培养获得再生植株，其中烟草新品系已用于田间示范，快繁和脱毒技术已广泛用于生产。70 年代初，采用茎尖脱毒培养技术解决马铃薯退化取得成功，并先后在内蒙古、黑龙江等省区建立了马铃薯原种场，为全国各地提供了脱毒种薯。1988 年，脱毒马铃薯种植面积已达 26.5 万公顷，增产在 50%以上，取得明显的经济效益。广东省建立的香蕉无毒苗快繁基地，已生产销售了 400 万株无毒苗。无毒苗一般增产 20%～25%，并出口港澳地区和日本。兰花快繁生产线已在甘肃省落成。柑橘、苹果、葡萄等已建立无毒苗种苗基地，开始商品化、产业化生产。

基因工程育种也发展得很快。我国已经研制出多种转基因作物，如转基因抗虫棉、转基因抗黄矮病小麦、转基因抗青枯病马铃薯、转基因抗除草剂水稻等，其中转基因抗虫棉已通过审定，进入大田示范推广阶段。水稻基因组研究也取得了重大突破,已绘制出基因图,居国际先进水平。

家畜胚胎工程是80年代发展起来的一门新技术。我国新鲜胚胎已在绵羊、奶山羊、奶牛、黄牛、兔、猪等家畜体上移植成功。冷冻胚胎移植技术已用于奶牛、黄牛、绵羊、山羊和家兔等。试管羊、试管兔和试管牛也相继问世。近年来,在胚胎分割技术上,已研究生产了半胎牛、半胎羊和四胎牛后代。研究人员应用精子为载体和胚胎注射方法,将猪生长激素基因导入猪胚内,经产仔存活后检测表明外源基因已嵌合到染色体上,得到了转基因猪,其遗传转化率达2.98%,略高于国外同类实验1%左右的水平。

在水产方面,我国培育的“异育银鲫”具有明显的生长优势,现养殖面积已达2.7万公顷,从而使诱导雌核发育技术进入了实用阶段。1985年以后,我国在转基因鱼技术上获得了成功,先后培育出转基因镜鱼、转基因鲫鱼等,有些已用于生产;还应用“原种性反转,雄体同配体”技术路线,培育出数百尾莫桑比克罗非鱼、超雄鱼,生产出几十万尾金雄鱼,并经过湖北、福建和四川等地饲养,增长优势明显。就其数量和规模而言,该技术已进入世界先进行列。

此外,在单克隆抗体研制方面,我国已成功地研制出马铃薯Y病毒、烟草花叶病毒、黄瓜花叶病毒和青枯病细菌单克隆抗体;成功研制出鸡的一些抗病毒、细菌和寄生虫的单克隆抗体,为疫病的诊断和防治提供了依据;还成功地研制出3个不同品种的幼畜腹泻基因工程疫苗,如K88-K99双价苗等。经过10万头母猪和100万头仔猪试验示范表明,使用该疫苗可以显著降低仔猪腹泻所引起的死亡率,目前该疫苗已经进入商品化生产阶段。

(十二)信息技术

我国信息技术在农业上的应用起步于20世纪70年代中期,经过“六五”和“七五”计划攻关后,在研究内容上进一步拓宽,参加单位和人员大量增加,各类课题达数百项。截至1989年底,已获得科技成果约200项,几乎遍及农业科学的各个领域。

在农业信息系统方面,“七五”计划以来,我国共建成农业数据库71个。这些数据库主要有:中国农林文献数据库、中国农业文摘数据库、中国农作物种质资源数据库、农副产品深加工题录数据库、农牧渔业科技成果数据库、中国畜牧业综合数据库、全国农业经济统计资料数据库等,这些数据库的运行和服务取得了一定的社会经济效益。与此同时,我国还引进了联合国粮农组织的农业系统数据库(AGRIS)、国际食物信息数据库(IFIS)、美国农业部农业联机存取数据库(AGRICOLA)、国际农业生物中心数据库(ABI)。这4个大型农业数据库的引进,对改进和发展我国的农业数据库建设、提供大量的国际农业信息资源起到了重要作用。

在统计分析程序和模拟模型软件方面,研究人员用MCZI/50微型计算机对遗传距离类平均法聚类和模糊聚类进行了对比分析,研制出作物产量气候的统计模拟模型,成功地开发出作物产量气候分析预报系统AP-CS。同时利用土壤普查资料,建立了含有土壤剖面数据库、值分析程序库和绘图程序三部分的"土壤普查、分类制图的计算机处理系统";还研制和开发出一批农业应用软件,如遗传育种程序包、鸡猪饲料配方软件包、农业结构系统分析NJFI等,并已推广应用。

在农业过程控制、监测和农业专家系统方面,研制出使用单板机或微机控制试验温室的装置以及粮仓巡检系统、饲料生产微机控制系统、面粉厂自动化控制系统等。依据人工智能原理,这些系统能科学地储存、应用农业科技知识与生产实践经验,辅助指导小麦、玉米和家蚕新品种选育,使农业生产向定量化、模式化方向发展。

在农业生产实践应用方面,我国开发出水稻、小麦、棉花、油菜等生产管理决策系统,在江苏、湖南、湖北、河南等省已推广应用,增产效果显著。我国开发的饲料配方软件包在各地推广应用后,饲料成本一般可降低0.02元/千克左右。一个年产万吨的饲料厂,每年可降低成本20万元以上。此外,应用茶叶烘干微机控制系统,不仅可减轻劳动强度,节约能源,而且可以保证产品质量,使茶叶提高一个等级,产量可提高10%左右。而在剑麻加工中使用计算机控制系统,可提高麻条产量15%~40%,提高理麻工效12%~15%,每年单机可省工时4 000个,综合经济效益显著。

(十三)宏观发展战略

农业自然资源调查和农业区划是重要的基础工作。早在1953年各省、区就开展了农业区划工作,1955年研究提出了《中国农业区划初步意见》。中国科学院地理研究所对农业区划的理论和方法进行了研究,编写出《中国农业区划方法论研究》一书。1963年,江苏省根据本地区的自然条件、社会经济条件和农业生产特点,划分为徐淮、里下河、沿海、镇扬和太湖6个一级农业区和45个二级农业区，对分类指导农业生产起到了积极作用。在1978年全国科学大会上，我国把农业自然资源调查和农业区划列入《八年科技发展规划纲要》重点项目108项中的第1项。1979年，从中央到各省、地、县都成立了农业区划委员会及其办事机构，在全国开展了大规模的、比较全面系统的和多学科的调查，对我国农业自然资源的数量、质量、时空分布及变化规律做出了科学评价。在此基础上，学者研究提出了《中国综合农业区划》，把全国划分为10个一级农业区和38个二级农业区，还研究提出种植业、林业、畜牧业、渔业和气候、水利、能源、农机区划，以及21种作物种植业区划等，分别评述了发展方向、目标、途径和措施，为农业生产综合发展提供了科学依据。

80年代，根据农村经济"两个转化"和实现"翻两番"的需要，我国组织开展了中国农业发展战略研究，按专题和重点地区共选定10个课题，分别提出了研究报告。中国农业科学院还开展了我国农业现代化和国外农业现代化经验的研究，围绕粮食和经济作物发展研究，提出了综合报告。同时，农业学者开展了我国中长期食物发展战略研究，在分析历史和现状的基础上，划分了食物发展阶段，提出了符合中国国情的食物消费模式，重点表述了实现小康生活的食物消费与营养水平，并对2020年发展进行了预测和展望。该报告受到国务院的高度重视，国务院在此基础上颁发了《九十年代中国食物结构改革与发展纲要》。此外，我国在加速农业现代化建设，提高农业持续发展和综合生产力水平，以及农业现代化理论、道路、模式等方面的研究也取得了一批重要科技成果。

改革开放以来，由于科学技术的巨大进步和物质投入的增加，我国提高了农业综合生产能力，结束了主要农产品长期短缺的历史，使农民生活从温饱迈向了小康，极大地提高了我国农业的国际地位。从粮食生产看，世界谷物总产量从1978年的15.80亿吨，到1996年达到19.90亿吨，年平均增长率为1.44%；而我国同期谷物总产量从3.05亿吨增加到5.05亿吨，年平均增长率高达3.64%，是世界同期增长速度的2.5倍以上。从肉类和水产品生产看，世界肉类和水产品总产量从1978年的4 834万吨和7 238万吨，到1996年分别增加到1.94亿吨和1.13亿吨，年平均增长率分别为16.74%和3.12%；而我国同期肉类和水产品总产量从856.3万吨和465.5万吨，分别增加到5 915万吨和2 813万吨，年平均增长率达到32.82%和28.02%，分别是世界同期增长速度的近2倍和近9倍。

到20世纪末，我国主要农产品总产量居世界位次为：粮食居第1位，其中小麦、水稻居第1位，玉米居第2位，大豆居第3位；棉花居第1位；油料居第1位；

猪牛羊肉居第1位;禽肉居第1位;水产品居第2位。我国农业的高速发展,为世界农业做出了重要贡献。

第二节 中国农学研究机构的演进

中国的农学在西方影响下,开始逐步从“经验农学”走向“实验农学”,农业科研活动也从农事操作中独立出来,专业化、规范化、体系化的农学研究机构相继出现。农业科技研究机构在推动我国农业技术进步中起着基础性和决定性作用。

一、近代农学研究机构

近现代农学离不开科学试验,从清末开始,民间和官办的各类农业试验机构开始出现。早期有1898年上海成立的育蚕试验场、1899年淮安成立的饲蚕试验场等。光绪二十七年(公元1901年),湖南省在长沙北门外先农坛设农务局,辟文昌阁、铁佛寺一带官地为农务试验场,这是我国最早设立的官办农事试验场。1902年,直隶省于保定设立农务局后,在城西成立直隶农事试验场,并附设农务学堂。1903年,商部成立后,行文各省号召设立农事试验场,各地先后响应。如山东省当年在济南东郊成立农事试验场,聘请日本人为技师;同年,山西省在太原创办农事试验场,占地12公顷;1904年,江西省设江西地方农事试验场于南昌,后改称“江西省农业试验场”,并设茶业试验场于修水,棉作试验场于九江。此后数年,奉天、福建、广西、江苏、广东、四川、新疆、河南、陕西、湖北、浙江、贵州、甘肃、安徽等省纷纷设立农事试验场,作为农业科研的主要机构。

1906年3月,商部奏请拨官地兴办农事试验场,获准于北京西直门外乐善园官地成立全国性的农业科研机构——农工商部直属农事试验场,面积超过66公顷,场内设农林、蚕桑、畜牧等科,各科都进行各自的试验。如农林科曾把各省选送和从国外购进的各种作物种子进行栽培试验;蚕桑科进行桑树繁殖、国内外蚕种比较试验等。1909年11月,农工商部通饬各省仿照京师设立农事试验场,在政府倡导下,各省、府、州、县共成立农事试验场40余处。至1911年,各省已有农事试验场、讲习所、农业学校、农会、木植局、垦务所100多处。这些农事试验机构虽囿于当时的条件而绩效甚微，但它们的出现标志着中国近代农业科研已正式起步。

辛亥革命后，1912年农林部成立，1914年农林部与商部合并为农商部，省设农业厅，县设实业课。北洋政府时期，政府一面接管前清遗留下来的农事试验机构，同时又创设新的机构。中央方面，北洋政府接管前清农工商部农事试验场，改称“中央农事试验场”，直属农商部。此后，在正定、南通、武昌、北京、彰德5处设棉业试验场，在安徽祁门设茶业试验场，于北京天坛、山东长清、湖北武昌3处设立林业试验场，在张家口、北京西山、安徽观阳石门山设种畜试验场。各地省立、县立农业试验场在这一时期也有长足的发展。1916年，除农商部中央农事试验场外，省以上的综合试验场已有18处。至1917年时，中央、省、县各级农事试验场共有113处①。1912年至1927年各地共设立试验场约251处。这一时期虽然各地成立的农事试验场为数颇多，但由于政局动荡、技术人才缺乏、经费不足，各省农事试验场“数年以来所费不赀，而于农事尚无明效大验”②。

与政府设立的各级农事试验场相比，20世纪20年代农业院校在农业科技研究与推广中发挥了更大的作用，各类农业院校一般均设有实验和推广基地。1919年南京高等师范（东南大学、中央大学前身）农科在南京成贤街设农场，1920年设小麦试验场，1921年设棉作改良推广委员会，从事水稻、小麦、棉花等作物的改良与推广。金陵大学农科1920年成立棉业推广部，从事棉花育种和美棉驯化工作。

1930年代中央农业实验所和全国稻麦改进所的成立，标志着近代农学进入了新阶段。此后，政府从中央到地方构建起较为完善的试验与推广网络，健全、统一的全国农业科研体系开始形成。从此，全国农业改进开始走上有组织、有规划的发展轨道。

南京国民政府时期，全国各省农业科研机构也在原有基础上有较大增加。1930年后，苏、浙、闽、皖、赣、湘、粤、桂、川、豫等省先后设立农业试验场，大多“采用新法，参酌地方情形，从事实地试验”③。据《中国经济年鉴》的统计，各省、市设立的农事试验场，1926年仅10个，1930年已发展到110个。至抗日战争前，已基本形成全国农业改良研究体系。据中农所1934年的调查，全国691所

① 唐启宇. 近百年来中国农业之进步[M]. 国民党中央党部印刷所，1933.
② 农商部. 政事[J]. 农商公报. 1914(5).
③ 沈鸿烈. 全国之农业建设[J]. 中农月刊，1943，4(1)：1－7.

农事机关中，农业研究机构共有 278 所，其中国立 32 所、省立 131 所、县立 61 所、私立及团体所设 54 所①。

1937 年抗日战争爆发后，中农所与全国稻麦改进所均迁往后方，全国农业研究重心转移到西南。国家级的农业科研机构主要是中央农业实验所。1938 年 1 月，全国稻麦改进所并入中农所。为协助后方各省办理农业改进工作，中农所分派各系技术人员前往四川、湖南、广西、云南、贵州等省，分别设立工作站。1940 年农林部成立，并在西南、西北设立 9 个推广繁殖站。中农所划归农林部，是全国农林技术的总枢纽机关。同时在后方各省设立工作站，后方各省也普遍设立农业管理和研究机构。西南省份如湖南、广西、贵州、云南、四川、西康均设立农业改进所或稻麦改进所，作物育种为其核心工作。

抗战胜利后，迁往后方的农业科研机构纷纷回迁，战时遭受破坏的各级科研机构又陆续恢复重建，还增设了一些新的机构。至 1947 年，国民政府农林部直属各类科研机构已达 54 个，其中中央农业实验所依然是全国农业科研的中心。各省也根据战后的新形势，纷纷成立农业改进所，并逐步恢复因战争而停顿的试验场。

抗日战争时期，一批知识分子到革命根据地延安，有些是农业科技工作者。1938 年，这些科技人员开始办起了边区农业试验站、光华农场。1942 年，延安自然科学院成立了农业系。

二、现代农学研究机构②

新中国的成立为中国农业科学研究组织体系的构建提供了文化环境、政治前提和经济基础。60 年来，中国农业科技组织体系的建设历经波折，逐步形成了齐全的专业化农业科技研究组织体系，基本适应了中国经济社会的发展状况，为中国农业科技的发展提供了强大的组织支撑。

新中国成立后，政府十分重视农业科技事业，开始大力整顿和改组原有农业科研机构，划分于国务院各部门隶属。属于农业部的大区级研究所有 7 处、部直属的专业所 7 个、试验场 2 个、筹备处 2 个。同时，还设立了省(直辖市、自治区)级试验场(站)193 处，业务由大区行政领导。除农业部外，教育部所属高等农业

---

① 赵连芳. 全国农业建设技术合作运动[J]. 中华农学会报，1935(139)：10 - 19.

② 唐旭斌. 中国农业科技组织体系 60 年[J]. 科学学研究，2010，28(9).

院校、中国科学院、林业部、农垦部、食品工业部、水产部、第一机械工业部、水利部、化学工业部、粮食部都有所属农业科研机构和农业科研人员。为了适应经济发展需要，统一领导全国的农业科研工作，1957年3月1日，中央在北京成立了中国农业科学院。中国农业科学院是在华北农业科学研究所和原农业部领导的6个大区研究所以及11个专业研究所基础上建立的。与此同时，50年代初，各省（直辖市、自治区）还普遍建立了省、地两级农业科研机构，有些省和自治区还建立了省、地两级的林业和水产科学研究所。

1958年“大跃进”运动后，农业研究组织经历了扩充、收缩和调整的过程。1958年8月，农业部将原属中国农科院的6个大区所下放给所在省领导，划归地方建制。同年，中国农科院又成立了蔬菜、养蜂等15个研究所（室）；全国29个省、自治区、直辖市都成立了农业科学研究所，省辖的地（市、州）也相继成立了农业科学研究所。1959年，中国农科院又成立了大豆、花生等8个研究所。两年内，中国农科院新增了23个专业所。同时，在“大跃进”时期，农垦、林业、水产等部的研究机构以及农业教育方面也都有很大扩充。农业科研机构总规模的急剧膨胀不仅造成了农业研究决策的极度分散，也造成了农业科研人、财、物的极大困难。为此，1960年中国农科院又对其研究所及人员进行了大幅度下放削减，林业、水产、农机等和农业教育也同时收缩精简。1961年，在“调整、巩固、充实、提高”方针指导下，国家对中国农科院的研究机构进行了恢复和充实。到1965年，中国农科院的研究机构由1960的24个增加到33个，职工人数达6 364人，科技人员达3 284人。林业、水产、农垦等部被精简的科研机构也有所恢复和发展。1963年1月，农业部成立了农业科技事业管理局，林业、水产、农垦各部也相继成立农业科技事业管理局、科技司或科学技术委员会，完善和加强了农业科技工作的管理。

“文化大革命”期间，中国农业科技组织遭到了严重摧残，科研机构建制被撤销下放，高等农业院校也停课，停止招生和科研工作。“开门办学”的提出使得学校下迁或办分院，科研人员接受贫下中农再教育。科研工作基本停顿，大批图书资料、仪器、设备丢失或损坏，许多珍贵物质资源材料损失。1972年春，在周恩来总理支持下，农林部召开了全国农村科技座谈会，并举办了农、林、牧、渔方面的科技成果展览。座谈会指出：对下放所不能不管，下放所要承担任务，仪器、资料不得分散毁坏。座谈会后，一些下放所的情况有所好转，科研工作逐步得到恢复和加强。

1977年4月，中央批准了农林部《关于加强农村科教工作和调整农业科学教育体制的报告》。此后，一些下放地方的研究所收回到中国农林科学院，搬出北京的研究所也搬回，华北农业大学、华南热带作物学院等 6 所高等农业院校收归农业部领导，农业机械化研究所也得到恢复和重建。到 1977 年，省级研究所的职工人数已接近 1966 年的规模，地、县两级研究所的人数超过了 1966 年的规模。

1978 年 3 月，全国科学大会召开后，农业科技和农业教育的建制陆续恢复的同时，又新建了一些农业科研机构。同年 12 月，党的十一届三中全会后，中国农科院下迁到外地的研究所全部搬回北京，下放给地方管理的研究所，收回实行以部为主的领导体制，完全恢复了中国农科院的原有建制，各省、自治区、直辖市农业科学院和其他专业研究机构，也恢复了建制或着手新建工作。1980 年 8 月，国家科委和农业部共同发出《关于加强农业科研工作的意见》，该文件对部属、省级、地市级、农业高校以及其他农业科研机构的工作提出了明确指导意见。为贯彻中央关于全国农业科研体系建设的指导思想，农业部在全国建设 9 大科研测试中心，经过几年建设，初步形成了中央和地方两级管理的门类齐全的农业科研体系。到 1985 年，全国农业科研单位共 1 428 个，比 1979 年的 597 个增长了约 1.4 倍，科技人员达到 10.2 万人，比 1979 年的 2.2 万人增长了约 3.6 倍。

与此同时，“文革”后，中央还加强了农业研究组织的宏观管理，探索了农业科技体制改革。农业部于 1979 年成立了农业部科学技术委员会，负责全国农业科技工作的规划和计划，评审科技成果和国际科技合作奖励项目。随后，农业部又成立了全国农业科技管理研究会，参与了农业科技管理相关条例、规定的制定，并开展了农业科技管理的软科学研究。林业部也于 1980 年成立科学技术委员会。

伴随经济体制改革的步伐，农业科研单位开始探索农业科技成果市场化，促进农业科技与经济相结合，并于 1984 年后进行了试点工作。1985 年，中共中央颁布了《关于科学技术体制改革的决定》，指引整个农业科研体系开展全方位的改革。全国各级农业科研机构引进市场机制和竞争机制，推行各种形式的承包责任制试点，开拓市场，加快技术成果商品化，探索新的劳动人事制度和分配制度。1995 年 5 月，中央发布《关于加速科学技术进步的决定》，要求按照“稳定一头，放开一片”的方针，大力推进农业和农村科技进步。各地农业科研机构根据国家需求和国际农业科技发展趋势，调整、改建和新建一批新兴学科、交叉学科和综合学科的科研机构。同时，进一步调整研究所的方向、任务，突出重点，将主要科技力量面向经济建设主战场，以各种形式加速科技成果转化为现实生产力。

1999年，中共中央、国务院颁布《关于加强技术创新，发展高科技，实现产业化的决定》，要求通过分类改革，加强国家创新体系建设，推动一批有面向市场能力的科研机构向企业化转制。国务院办公厅先后转发两个科技部等部门关于科研机构改革的文件。2001年11月，国土资源部、水利部、国家林业局、中国气象局4个部门98个公益类科研机构启动改革；2002年10月，农业部、国家粮食局、供销合作社等9个部门107个公益类科研机构进行改革。到2005年，农业部所属科研机构69个，转为非营利机构的30个（涉及32个机构）。其中，中国农业科学院研究机构40个，转为非营利机构18个，转为企业12个，转为农业事业单位4个，进入大学4个，核定为非营利机构编制2 852人，占原在职职工总数的34.6%；中国水产科学研究院科研机构14个，转为非营利机构6个，转为企业6个，转为农业事业单位2个，核定为非营利机构编制755人，占原在职职工总数的22.2%；中国热带农业科学院科研机构15个，转为非营利机构6个，转为企业4个，转为农业事业单位5个，核定为非营利机构编制820人，占原在职职工总数的22%。

截至2005年，全国地市级以上（含地市级）国有独立的农林科技和文献信息机构共计1 432个。按机构服务的行业划分，种植业607个、林业203个、畜牧业69个、渔业81个、农林牧渔服务业354个、农林牧渔水利机械制造业90个、农业科学研究与试验发展业15个、环境管理业4个，其余9个散布在农林产品加工业和其他农林相关行业。主要的农业科研机构按所属层次划分，部属的所级农林科研机构87个、省属（自治区、直辖市）的所级科研机构472个、地市属的农林科研机构811个。全国农林科研机构从业人员11.53万人，其中从事科技活动人员7.19万人，科学家和工程师4.58万人。全国普通高等农业院校共74所，其中大学、专门学院32所，专科学校42所。普通农业高等学校中，教学与科研人员共计39 145人，其中科学家和工程师36 906人。农学在校人数30万人，研究生近3.6万人。

第三节 中国农业科研队伍概况

中国的农业科研人员主要集中在地市级以上的农业研究和开发机构，以及各类高等院校中。高等院校是农学人才培养的主要基地，同时承担着农业科学研究尤其是基础性研究和部分农业技术推广工作;而各级种类农业科研机构中的农业科技人员是中国农业科学研究,特别是应用研究与技术推广的主力军。

一、农业科研机构农业科技人员状况①

(一)总量情况

2010年全国地市级以上农业研究与开发机构(不含科技情报机构)共有1 100个。年末在岗人数95 300人,其中科技人员66 320人,占在岗人员的69.59%(见表1-1)。

表1-1 全国农业科研机构科技人员构成情况

	年末在岗人员数/人	科技人才数/人	职称				学历				
			高级/人	中级/人	初级/人	其他/人	博士研究生/人	硕士研究生/人	大学本科/人	大学专科/人	中专及以下/人
合计	95 300	66 320	18 909	20 914	13 695	12 802	4 241	11 837	25 840	12 563	11 839
种植	63 743	46 041	13 321	14 241	9 060	9 419	3 064	8 399	17 815	8 372	8 391
农机	6 445	4 298	1 157	1 407	1 121	613	19	299	2 193	1 191	596
畜牧/兽医	10 504	7 261	2 167	2 411	1 553	1 130	626	1 429	2 662	1 293	1 251
农垦	7 811	3 767	808	1 196	770	993	210	759	1 222	689	887
渔业	6 797	4 953	1 456	1 659	1 191	647	322	951	1 948	1 018	714

(二)素质情况

1. 全国农业科研机构农业科技人员以中、高级职称科技人员为主

截至2010年底,具有正高级职称的农业科技人员占全国农业科研机构农业科技人员的6.84%②;具有副高级职称的农业科技人员占全国农业科研机构农业科技人员的21.67%;具有中级职称的农业科技人员占全国农业科研机构农业科技人员的31.53%(见表1-2)。

---

① 农业科研机构科技人员包括农业部和各省、自治区、直辖市、地区(市)属的具有法人地位的国有独立研究机构和转制研究机构中从事科技活动的人员。统计范围包括从事农业科技研发和推广工作的人员。

② 正高级人员比例:依据2005年1 078个地区级以上农业科研机构评估数据中正高级比例占高级专业技术人员比例和近五年科研机构人员增加比例推算。

表1-2 全国农业科研机构农业科技人员职称分布情况

	农业科技人才数量/人	占农业科技人才总数的比重/%
正高级	4 538	6.84
副高级	14 371	21.67
中级	20 914	31.53
初级	13 695	20.65
其他	12 802	19.30

2. 全国农业科研机构农业科技人员以本科学历以上为主

截至2010年底,具有博士、硕士、本科学历的农业科技人员数量共占全国农业科研机构农业科技人员的63.21%,大学专科及以下学历人员数量占全国农业科研机构农业科技人员的36.79%(见表1-3)。

表1-3 全国农业科研机构农业科技人员学历分布情况

	农业科技人员数量/人	占农业科技人员总数的比重/%
博士研究生	4 241	6.39
硕士研究生	11 837	17.85
大学本科	25 840	38.96
大学专科	12 563	18.94
中专及以下	11 839	17.85

(三)结构情况

1. 全国农业科研机构农业科技人员以从事种植业为主

截至2010年底,从事种植业的农业科技人员占全国农业科研机构农业科技人员的69.42%。从事种植、农机、畜牧/兽医、渔业、农垦五大行业的人员数量比例为12.22∶1.14∶1.93∶1.32∶1(见表1-4)。

表1-4 全国农业科研机构农业科技人员从事行业分布情况

	农业科技人员数量/人	占农业科技人员总数的比重/%
种植	46 041	69.42
农机	4 298	6.48

（续表）

	农业科技人员数量/人	占农业科技人员总数的比重/%
畜牧/兽医	7 261	10.95
渔业	4 953	7.47
农垦	3 767	5.68

2. 按区域划分，全国农业科研机构农业科技人员分布以华东区和中南区为主

华东区和中南区两区农业科技人员占全国农业科研机构农业科技人员的45.65%（见表1-5）。

表1-5　全国农业科研机构农业科技人员地区分布情况

	农业科技人员数量/人	占农业科技人员总数的比重/%
华北区	10 793	16.27
东北区	9 778	14.74
华东区	15 057	22.70
中南区	15 221	22.95
西南区	8 488	12.80
西北区	6 983	10.53

注：本次统计根据全国农业科研机构（包括农业部属、省属、地市级科研机构）所在地，按行政区划分类统计。

3. 按各省划分，全国农业科研机构农业科技人才分布北京地区比重最大

截至2010年底，北京地区农业科技人员3 838人，占全国农业科研机构农业科技人员的5.79%，而西藏地区只有413人，占全国农业科研机构农业科技人员的0.62%。北京地区科技人员比重最大的主要原因是部属主要科研机构都设在北京（见表1-6）。

表1-6　全国农业科研机构农业科技人员各省分布情况

	农业科技人员数量/人	占农业科技人员总数的比重/%
北京	3 838	5.79
天津	794	1.20
河北	1 750	2.64

（续表）

	农业科技人员数量/人	占农业科技人员总数的比重/%
山西	2 437	3.67
内蒙	1 974	2.98
辽宁	2 842	4.29
吉林	3 422	5.16
黑龙江	3 514	5.30
上海	1 141	1.72
江苏	2 849	4.30
浙江	2 460	3.71
安徽	1 125	1.70
福建	1 932	2.91
江西	1 773	2.67
山东	3 777	5.70
河南	2 844	4.29
湖北	2 228	3.36
湖南	2 726	4.11
广东	3 605	5.44
广西	2 321	3.50
海南	1 497	2.26
重庆	1 151	1.74
四川	2 472	3.73
贵州	1 457	2.20
云南	2 995	4.52
西藏	413	0.62
陕西	1 247	1.88
甘肃	2 408	3.63
青海	596	0.90
宁夏	524	0.79
新疆	2 208	3.33

（四）农业科研机构科技人员队伍的变化特点

1. 农业科研机构从业人员数呈下降趋势，但科技人才总量呈逐步增长态势

在深化科技体制改革的大背景下，农业科研机构从业人员总数逐年大幅减少，到 2000 年逐步稳定，呈现小幅减少趋势。但近年来，随着国家农业科技政策环境的不断好转，科技人才逐步增加。据统计，2005 年我国农业科研机构科技人才总量为 59 170 人，比 2000 年增长 8.2%；到 2010 年则达到 66 320 人，增加 7 150 人，年均增加 1 430 人，科技人才总量比 2005 年增长 12.1%（见图 1-1）。

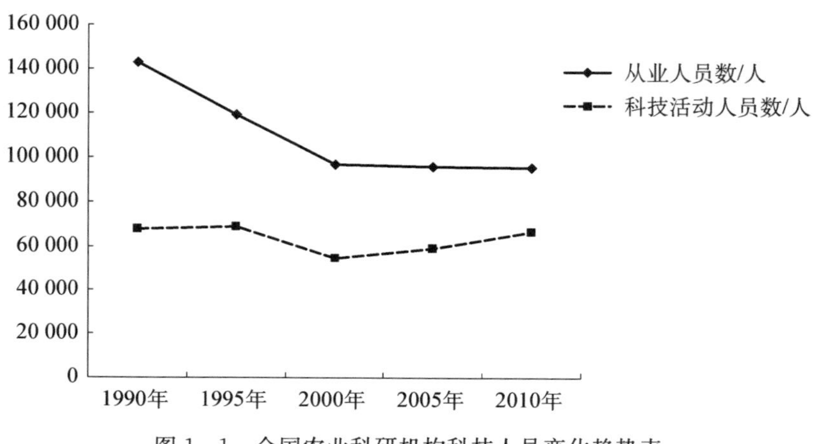

图 1-1　全国农业科研机构科技人员变化趋势表

2. 人才越来越受到各科研单位重视，高层次、高水平的科研人员增长较快

据统计，自 2000 年起，高层次、高水平的农业科技人才逐步发展壮大，到 2010 年，全国农业科研机构科技人员中具有高级专业技术职务人员达到 18 909 人，中级达到 20 814 人，分别比 2005 年增长 69.4%和 50.8%。博士、硕士学位人员增长更快，分别比 2005 年增长 176%和 145%（见表 1-7）。

表 1-7　全国农业科研机构农业科技人员专业技术职务和学位学历变化情况

年度	高级职称/人	中级职称/人	博士/人	硕士/人	大学/人
1995 年	11 351	21 627	258	2 542	24 466
2000 年	10 612	17 247	652	2 530	19 708
2005 年	11 163	13 800	1 537	4 822	23 386
2010 年	18 909	20 814	4 241	11 837	25 840

3. 高层次、高水平科技人才结构性差异较大，种植业科技人才一枝独秀，农机最缺，农垦和渔业行业次之

从职称结构来看，到2010年底，我国农业科研机构农业科技人才中具有高级职称18 909人，中级职称20 814人；其中种植业科技人员中具有高级职称13 321人，中级职称14 241人，分别占总数的70.45%和68.42%，显著高于其他行业。从学历结构来看，我国农业科研机构农业科技人才中具有博士学位4 241人，硕士学位11 837人；其中种植业科技人员中具有博士学位3 064人，硕士学位8 399人，分别占总数的72.25%和70.96%；而农机行业中具有博士学位19人，硕士学位299人，仅占全国总数的0.45%和2.53%，明显低于其他行业。

二、高等院校农业科技人员状况

（一）高等院校农业科技人员总量概况

截至2010年年底，全国共有127所涉农高等院校，其中本科以上涉农高校36所，高职院校91所。共有在岗人员103 377人，其中农业科技与推广人员39 412人，农业科技人才资源占涉农高校在岗人员总量的38.1%(见表1-8)。

表1-8 全国高等院校农业科技人员情况

		年末在岗人员数/人	科技人才数/人	职称					学历				
				正高级/人	副高级/人	中级/人	初级/人	其他/人	博士研究生/人	硕士研究生/人	大学本科/人	大学专科/人	中专及以下/人
合计		103 377	39 412	9 091	12 805	12 507	3 882	1 127	12 481	12 528	11 706	1 780	917
种植	研发	—	9 786	2 085	3 226	3 268	774	433	3 609	2 978	2 739	299	161
	推广	—	2 152	255	748	781	288	80	200	647	1 114	118	73
农机	研发	—	2 328	334	790	866	253	85	592	820	722	122	72
	推广	—	514	48	144	195	125	2	60	112	297	35	10
畜牧/兽医	研发	—	3 723	813	1 310	1 176	282	142	1 525	1 148	924	77	49
	推广	—	1 400	162	407	578	206	47	134	415	768	56	27

（续表）

		年末在岗人员数/人	科技人才数/人	职称					学历				
				正高级/人	副高级/人	中级/人	初级/人	其他/人	博士研究生/人	硕士研究生/人	大学本科/人	大学专科/人	中专及以下/人
农垦	研发	—	370	69	111	165	23	2	92	192	76	9	1
	推广	—	333	49	125	119	28	12	58	136	131	7	1
渔业	研发	—	1 499	260	496	615	116	12	607	535	301	45	11
	推广	—	227	44	93	58	29	3	54	79	91	2	1
其他	研发	—	15 797	4 808	5 052	4 221	1 489	227	5 391	5 189	3 823	924	470
	推广	—	1 283	164	303	465	269	82	159	277	720	86	41

（二）素质情况

1. 高校农业科技人员以中、高级职称科技人员为主

截至 2010 年底，具有正高级职称的农业科技人员占总数的 23.1%①，具有副高级职称的人员占总数的 32.5%，两者合计占总数的 55.6%（见表 1－9）。

表 1－9　具有中、高级职称的科技人员比例

按专业技术职务分组	农业科技人员/人	比重/%	累计百分比/%
正高	9 091	23.1	23.1
副高	12 805	32.5	55.6
中级	12 507	31.7	87.3
初级	3 882	9.8	97.1
其他	1 127	2.9	100
合计	39 412	100	

2. 高校农业科技人员以博士和硕士学历为主

截至 2010 年底，具有博士、硕士学历的农业科技人员数量占总数的 63.5%，大学本科学历及以下人员数量占 36.5%（见表 1－10）。

① 正高级人员比例：依据 2005 年 1 078 个地区级以上农业科研机构评估数据中正高级比例占高级专业技术人员比例和近五年科研机构人员增加比例推算。

表1-10 农业科技人员学历情况

按学历分组	农业科技人员/人	比重/%	累计百分比/%
博士	12 481	31.7	31.7
硕士	12 528	31.8	63.5
本科	11 706	29.7	93.2
专科	1 780	4.5	97.7
其他	917	2.3	100
合计	39 412	100	

(三)结构情况

1. 高校农业科技人员以种植业方面的研究比例最高

从事种植、农机、畜牧/兽医、渔业、农垦五大行业的比重分别为30.3%、7.2%、13.0%、4.4%和1.8%(见表1-11)。

表1-11 农业科技人员从事行业分布情况

按从事行业分组	农业科技人员/人	比重/%
种植	11 938	30.3
农机	2 842	7.2
畜牧/兽医	5 123	13.0
渔业	1 726	4.4
农垦	703	1.8
沼气	250	0.6
其他	16 830	42.7
合计	39 412	100

2. 农业科技人员按地区分布

中部地区占48.1%,东部地区占31.6%,西部地区最低,为20.3%(见表1-12)。

表 1-12　农业科技人员地区分布情况

地区类别	高校数量/所	百分比/%	农业科技人员数/人	百分比/%	校均科技人员数/人
东部地区	40	31.5	12 464	31.6	312
中部地区	43	33.9	18 967	48.1	441
西部地区	44	34.6	7 981	20.3	181
合计	127	100	39 412	100	310

3. 农业科技人员按学校类型分布

教育部所属大学人数最多，占总数的 47.7%，省市所属本科院校农业科技人员占总数的 33.2%，而 91 所涉农高职院校农业科技人员只占总数的 19.1%（见表 1-13）。

表 1-13　农业科技人员所在学校类型情况

学校类型(1)	接受调查的高校数/所	百分比/%	农业科技人员数/人	百分比/%	校均科技人员数/人
教育部所属大学	9	7.2	18 813	47.7	2 090
省市所属本科院校	27	21.2	13 086	33.2	485
涉农高职院校	91	71.6	7 513	19.1	83
合计	127	100	39 412	100	310

（四）高校农业科技人员分布特征

根据涉农高等院校的办学定位不同，可分为含农业本科专业的综合性大学、以农业本科专业学生培养为主的教育部直属农林大学和省（市）所属的农林本科院校、以农业专科学生培养为主的高等职业技术学院，以及含农林高职专业的综合性专科院校五种类型。从隶属关系和办学层次看，又可分为教育部所属大学、省（市）农业本科院校和省（市）涉农高职院校三种类型。此次调研对象中，含农业本科专业的综合性大学和教育部所属的农业本科大学 10 所，占调查院校总量的 8%；各省（市）所属的农业本科院校 26 所，占 20.5%；农业高职院校 32 所，占 25.2%；含农业专业的综合性高职院校 59 所，占 46.3%。

1. 不同类型高等院校农业科研与推广定位不同

高等院校的办学目标和培养对象各自不同，作为高等农业院校均以农业教育、农业科研和农业推广为己任，不同层次高校在农业科研与农业推广的任务，以及由此决定的农业科技人员资源分布有所不同。值得关注的是：与中央和省市、地方的农业科研院所不同，高校的主要任务是通过各种理论教学和实践教学活动培养未来的农业科技人员，在涉农高校的教职员工总量中，特别是本科以上的涉农院校，纯农业科研人员、技术推广人员和纯教学型的教师所占比例都很少，农业高校的多数教师肩负教学和科研双重任务。

涉农综合性大学和教育部所属农林大学因师资力量雄厚，教师承担的农业科研与推广任务要明显多于地方本科院校。在高校农业科技人员资源总量中，涉农综合性大学和农林大学农业科技人员所占比重远高于地方农林本科院校，教师以高端的基础科研和农业科研为主要任务，属于科研教学型教师。农业科技人员总量达到18 124人，平均每所综合性大学的农业科技人员2 075人，教育部所属农林大学平均每校1 419人。这些大学虽然数量不多，却是培养高精尖农业高级人才的最重要基地。由于师资力量充实，专门从事农业科研的科技人员占涉农高校农业科技人员资源总量的46%。

值得关注的是：省属农林本科院校以承担本科教学为主，同时肩负为地方农业经济发展和技术进步承担基础科研、应用科研和农业技术推广的多重任务，其科学研究和技术推广覆盖农业领域的高端、中端和低端三个层面，是地方农业与技术发展的重要支撑力量。这些学校的教师中多为教学科研型人才，平均每校兼有农业技术研发与推广活动的教师529人，这批院校的农业科技人员占涉农高校农业科技人员总量的35%，占各院校在岗职工总人数的44.1%。

高职院校以培养技能型的应用人员为主要任务，涉农教师在教学中侧重于技能应用教育，所从事的农业科研与农业技术推广任务明显少于综合性院校和地方本科院校，且主要从事相对简单的农业技术研究和推广任务。调查结果显示：涉农高职院校数量虽然占所有被调查院校的71.5%，但教师中农业专业技术人员仅占高校农业科技人员总量的19.1%；特别是含有农业专科的综合性高职院校，其农业科技人员占被调查农业科技人员总量的7.1%，占该批学校在岗人员总数的12.4%。农林高职院校平均每校兼有参加农业技术活动人员147人，综合性高职院校涉农专业少，从事农业科学研究的教师更少，每校平均兼有从事农业技术活动人员仅为48人。

综上所述，不同层次、不同类型的高等院校承担的教学、科研任务不同，农业科技人员的分布比重亦有很大差距；部属农林大学、部属和省属综合性大学、地方性本科院校和高等职业技术学院的农业科技人员资源具有梯次逐次减少的结构特征。

2. 高等院校农业科技人员呈现高学历与高职称的发展趋势

从受调查的127所高校中可以看到,高校农业科技人员资源呈现高学历和高职称的发展趋势。其中,具有博士学历和硕士学位的农业科技人员比例已经接近32%,两者已经占据高校农业科技人员资源的63.5%;具有副高以上职称的农业科技人员已经达到55.6%。这批拥有扎实理论功底、接受过正规的中/高端农业科学基础研究和应用研究熏陶、具有丰富教学科研经验、正在肩负我国农业科学研究和开发应用的高校高级农业科技人员,是我国农业科研战线的重要骨干力量。

3. 涉农高校农业科技人员从事研究开发比重远大于技术推广人员比重

从127所涉农高校农业科技人员从事工作的性质归类,属于研发的科技人员占85%,从事技术推广的科技人员仅占15%。其中,正高职称科技人员中从事研发的占92%,从事技术推广的仅占8%;副高职称的科技人员从事研发的占85.8%,从事技术推广的仅占14.2%;博士学历农业科技人员中,从事研发的占94.7%,从事技术推广的仅占5.3%;硕士学历农业科技人员中,从事研发的占86.7%,从事技术推广的仅占13.3%。

分业别统计,从事种植、农机、渔业和沼气的科技人员,在研发领域的比重都超过80%。从事畜牧/兽医研发的科技人员虽然也占近四分之三的比重,但其从事技术推广的科技人员相对比前述业别比重更高,占27.3%,与种植和农机推广人员相比,分别要高出9个百分点以上。统计数据同时显示:属于农垦的科研人员中,从事技术推广和从事研发的人员比例接近各占一半,这与农垦系统科技人员为适应规模化、集约化生产应用的需要,较多从事基层技术推广工作的情况相符。

从农牧渔各主要业别从事研发的科技人员横向比重看:从事种植业研发的科技人员占29.2%,从事畜牧业的占11.1%,从事农机研发、渔业研发、新能源(沼气)研发的人员比重都很小,说明农业研发领域仍以种植业和畜牧业为主要研究领域。

4. 涉农高校科技人员的职称与学历层次同研发呈正比例,同推广呈反比例变化

统计数据显示:在农业科技研发人员中,职称和学历越高,从事研发的人员所占比重越高。从初级、中级、副高、正高按职称排列,研发人员所占比重分别占75.7%、82.4%、85.8%和92%;从本科、硕士、博士按学历排列,研发人员所占

比重分别为73.3%、86.7%和94.7%，呈逐级递增趋势；相反，从事农业技术推广的科技人员，职称和学历越高所占比例越低。仍按上述职称排列，从初级到高级职称的推广人员所占比重分别为24.3%、17.6%、14.2%和8%，本科、硕士、博士学历从低到高所占比重分别为26.7%、13.3%、5.3%，呈逐级降低趋势。上述情况不仅反映了学校教学科研与推广编制和人员比例安排存在制度偏差，同时突出反映了涉农高校教师中重研究开发、轻技术推广的客观现实。

5. 高等院校农业科技人员分布比例与农业产业结构趋同

根据2010年统计年鉴相关数据，2009年我国农业产业结构仍以种植业和畜牧业为主要产业，农、牧、渔三业的产值比重分别为55%、35%和10%。根据127所高校农业科技人员研究与服务的领域统计，从事种植类和农业机械研究推广的科技人员占农牧渔业科技人员的68.3%；从事畜牧/兽医类开发研究的科技人员占23.7%；从事渔业研究和技术推广的农业科技人员占8%。说明高校农业科技人员的比重与现阶段农业产业结构的发展具有一致性，科研开发与技术推广人员结构与农业经济发展相适应，种植业科技人员在大农业的内部结构中仍然占据三分之二的比重。

6. 高等院校农业科技人员地区分布符合区域经济发展需要

此次调查中抽选的高等院校在地区范围内大致平衡，按照东、中、西三类地区划分，抽取的涉农院校比例，东部、中部和西部分别占被调查院校总量的31.5%、33.9%和34.6%。从农业科技人员的地区分布看，中部地区的涉农院校科技人员比重最高，占48.1%，东部地区占31.6%，西部地区占20.3%，这与我国中部地区农业大省多，东部科研教学力量强、农业科技人员相对多于西部有关，从高校农业科技力量的分布看，也符合农业区域经济发展的需要。

第二章　中国水稻科学家学术谱系

第一节　20世纪中国水稻科学发展概况

20世纪中国水稻科学家学术谱系贯穿于中国水稻科学的发展过程中，正是由于一个多世纪来的水稻科学的蓬勃发展，造就了一批又一批的水稻科学家，他们之间又形成了传承关系，共同构建了中国水稻科学家学术谱系。

中国近代水稻科学发端于19世纪末，到21世纪的今天，发展了大约一个多世纪，这期间主要科学力量集中在水稻育种事业上，所取得的成就也较其他作物显著。

一、水稻科学的萌芽时期(19世纪末—1919)

我国近代的水稻科研活动，发端于晚清的农事试验。晚清时期中央及地方已有某些农事试验场的设置，并进行水稻试验活动。限于当时的社会历史条件，真正意义上的水稻科学并未展开，水稻科学家学术谱系更是无从谈起，但一系列条件却为谱系的建立奠定了基础。

19世纪末—1919年是我国运用近代科学方法进行水稻选种育种的萌芽时期。尽管近代农业科技已初步传入中国，新型的农业试验场和农业学校已经出现，近代意义上的农业改良开始起步，但西方遗传育种理论尚未在中国传播，科学的育种制度尚未建立，有成绩的专业育种机构和育种专业人才尚未出现，用近代科技选育的水稻良种尚未育成[①]。

作为水稻选种育种的开创时期，在这个时期里的主要成就是进行了引种和

---

① 夏如兵. 中国近代水稻育种科技发展研究[M]. 北京：中国三峡出版社，2009：34.

水稻品种的选种、育种试验，但也只是开始于少数农事试验机构和农业院校。如1897年上海"农务会"成立，不久便从日本引进水稻在浙江瑞安种植①；1903年芜湖农务局曾"输入日本早稻种子名女郎者，从事试种"②。

政府或地方有关机构也进行过一些良种改良工作。1914年，北洋政府农商部曾行文各省指示在新谷登场时将各县稻种检齐送部。农商部根据各地送检稻种进行检定，将最优良稻种开列清单，分发各省试种。这是我国近代最早由政府组织进行的稻种检定工作③。但若不考虑性能高低、各地风土等因素，仅凭稻种很难判定水稻品种的优劣，因此意义不大，可见这一时期水稻科学的不成熟。

这一阶段政府已认识到传统技术的局限，开始主动接受西方近代农学，并设立了近代意义上的新型农业试验机构。但由于对近代科学技术缺乏全面、系统的认识，技术引进处于模仿阶段，加之西方育种理论和技术尚未成熟，此时的水稻育种方法还以传统方式为主。只有少数机构开始进行引种和品种比较试验，并注意到选择和保持纯度的重要性。因此，尚未用近代技术选育出可供推广的优良稻种④。

二、水稻科学的创始时期(1919—1930)

辛亥革命以后，随着西方科技成果的不断传入，在广大知识分子的努力下，水稻科学在民国时期初具规模，一些较有影响的水稻科研活动依次开展，并取得一定的成果。20世纪中国水稻科学家学术谱系也在这个时期创始，不同学术谱系的创始人物在这个时期出现。

1. 近代水稻科学的产生

我国用科学的育种方法改良稻种的工作，由南京高等师范学校农科首创，广东农业专门学校继起。从1919年起以后的10年，主要在江苏、广东两省开展，是我国水稻育种的起步阶段。

我国稻作育种真正按近代作物育种技术初步走上有计划、有目的、有程序的轨道是从1919年开始的。1919年南京高等师范农科在南京成贤街设农场，置

---

① 中国农业博物馆.中国近代农业科技史稿[M].北京：中国农业科技出版社，1996：46.

② 李文治.中国近代农业史资料(第一辑)[M].北京：生活·读书·新知三联书店，1957：897.

③ 郭文韬，曹隆恭.中国近代农业科技史[M].北京：中国农业科技出版社，1989：128.

④ 夏如兵.中国近代水稻育种科技发展研究[M].北京：中国三峡出版社，2009：36.

稻田约1公顷，由原颂周主持，从各省征集水稻良种数十个进行品种比较试验；1921年，南京高等师范改组为东南大学，稻麦改良工作仍由原颂周主持，周拾禄、金善宝分别司理田间实际工作。经5年试验，培育出“改良江宁洋籼”与“改良东莞白”两个优良纯系，这是中国运用近代育种技术育成的第一代水稻良种，1925年开始在南京、镇江、昆山、芜湖、当涂等地推广，品质与产量都表现优越①。这是第一次早期育种试验，方法尚显幼稚，还有一些不足，但具有开拓性意义，而且也取得了成功。

1925年，东南大学农科(中央大学农科前身)大胜关农事试验场首先采用美国康乃尔大学作物育种教授洛夫博士所倡导的穗行纯系育种法于水稻育种，我国水稻育种由此进入纯系育种的新时期。

金陵大学稻作育种发轫于1924年，最初仅有品种比较试验，以后亦采用纯系育种法并育成改良水稻新品种“金大1386”②。

1928年，改组后的中央大学农学院于昆山成立稻作试验场，各省乃至各国水稻品种均有收集，成为长江流域的稻作育种中心。1929年，该场育成“中大帽子头”，在30年代被全国稻麦改进所列为推广种，在苏、皖、湘等省推广种植1.3万公顷，是近代第一个大规模推广的水稻良种③。

广东稻作试验亦开始较早。1920年后，原就职于南京高等师范农科的邓植仪回广东主持农事试验场及农业专门学校(中山大学农学院前身)，开始了广东省的稻作育种。1926年，中山大学丁颖在广州附近的犀牛尾泽地等处发现野生稻，移回种植研究，并与当地栽培的水稻自然杂交，育成“中山一号”，开创了我国水稻杂交育种之先河。1927年，开办了南路稻作育种分场。

这段时期内水稻育种形成两个中心：一为中央大学农学院，系长江流域稻作育种中心；另一为中山大学农学院，系珠江流域稻作育种中心，育成的水稻良种数量并不多，且分布集中，大面积推广的也仅是“中大帽子头”，这段时期属于近代水稻科学的奠基时期。

2. 水稻学术谱系初步创立

随着国外育种家来华指导和中国留学生的学成归国，国外最先进的育种理论和技术被系统地传入我国。水稻科学家学术谱系的开创性人物也相继出现。

---

① 周拾禄. 三十年来之中国稻作改进(上)[J]. 中国稻作，1948(1).

② 孙仲逸. 本校改良水稻“1386”[J]. 农林新报，1935(12-14).

③ 夏如兵. 中国近代水稻育种科技发展研究[M]. 北京：中国三峡出版社，2009：37.

1925年以后,美国育种学家洛夫与海斯(H. K. Hayes)及英国剑桥大学教授、生物统计专家韦适(J. Wisharf)等先后数度来华讲学、任职,传授西方近代育种技术,改进我国作物育种工作①。我国著名稻作育种工作者丁颖、赵连芳等也先后学成归国,为培养稻作育种人才、改进稻作育种事业做出了积极的贡献。

这一时期我国水稻科学家实现了从无到有,而且很多科学家具有开创性意义的成就。如丁颖于1924年从日本学成归来后担任中山大学农学院教授,主持开展中山大学南路稻作试验场水稻育种,"是为我国第一个稻作育种场"②,还开创了野生稻与栽培稻远缘杂交育种的先河,育成第一个杂交种"中山一号",有"中国稻作之父"之称。

原颂周 1911年毕业于美国爱荷华州立大学,是中国近代运用遗传学原理开展水稻育种的首创者之一,主持稻麦改良工作,用近代育种技术培育出第一代水稻良种。

周拾禄 1921年于南京高等师范农科毕业后就在大胜关农业试验场从事水稻试验研究,对"改良江宁洋籼"和"改良东莞白"的育成做出了贡献;1924年提出洛夫所倡导的穗行纯系育种法适合于我国的稻麦育种。

赵连芳 1928年完成《水稻连锁遗传》论文,在美国获得博士学位后归来,赴广西主持稻作改进,为广西开创了水稻育种工作。1929年任中央大学农学院教授,积极发展昆山稻作试验场,使其成为早期长江流域水稻改良中心;提出应在日出之前或傍晚时进行水稻去雄等关键技术。

沈宗瀚 1918年于北京农业专门学校毕业,1927年在美国获得博士学位(导师洛夫)后归来,执教于金陵大学农学院,并主持该院的小麦、高粱、水稻等作物育种。

卢守耕 1918年于北京农业专门学校毕业后回到浙江省工作,同样对水稻科学的发展做出了卓越的贡献。

顾　复 1920年日本留学归来,1925年担任中央大学农学院副教授,在太湖流域粳稻育种上成就突出。江苏昆山稻作试验场于1929年改组后,由顾复担任场长。

---

① 咸金山.我国近代稻作育种事业述评[J].中国农史,1988(1).

② 赵连芳.抗战下我国稻作建设[J].农业推广通讯,1942(7).

三、水稻科学的发展时期(1930—1949)

1930年以后,中国水稻科学进入了一个新阶段,其主要标志为:中央农业实验所(中农所)等全国性农业研究机构的成立和各省农事试验场(包括稻作试验场)的创办。这个时期水稻科学家人才辈出,育成许多优良稻种,并且大面积推广,水稻纯系育种方法得以改进,水稻杂交育种技术获得发展。水稻科学家学术谱系也进入发展时期,水稻科学家的源流与传承关系开始明确,学术传统与学术风格得到继承。

1. 水稻科学蓬勃发展

从30年代初起,各省的农事试验场纷纷建立。据民国时期《中国经济年鉴》的资料显示,各省市设立的农事试验场由1926年的6个,到1930年已发展到110个。南方各省的稻作试验场主要用纯系育种法从事水稻品种改良,从此优良稻种辈出①。据中农所1934年的调查,全国691所农事机关中,农业研究机构共有278所,其中国立32所,省立131所,县立61所,私立及团体所设54所②。

1928年,中央大学农学院在昆山设立,拥有占地超过17.3公顷的稻作试验场。1930年由赵连芳任中大农艺系主任后,该场成为我国长江流域各省稻作改进技术中心。江苏省除中大和金大的农学院之外,还由顾复主持苏州稻作试验场,并在松江、高邮设立分场,进行籼粳稻育种工作。

广东省以中山大学农学院为中心开展育种工作,1930年成立石牌稻作试验总场,以后又陆续成立沙田、东江、韩江等试验分场,稻作育种规模日益扩大;浙江省于1930年成立农林局,1931年于杭州试验总场及五夫分场分别进行稻作育种,浙江大学农学院亦于此时开展稻米改进工作③。

1932年,中央农业实验所在南京成立,品种试验的规模进一步扩大,该所广为搜集国内外水稻品种进行比较观察④。1935年,同样在南京成立了全国稻麦改进所,实施全国稻麦改进方案。自此,全国稻麦改进事业有了统一的领导,稻作改进事业得到加强,稻作育种工作也有了比较稳定的基础。1938年1月,全国稻麦改进所并入中农所。

---

① 孙义伟.本世纪前五十年我国水稻育种的产生和发展[J].中国农史,1987(3).

② 赵连芳.全国农业建设技术合作运动[J].中华农学会报,1935(139).

③ 郭文韬,曹隆恭.中国近代农业科技史[M].北京:中国农业科技出版社,1989:134.

④ 中国农业博物馆.中国近代农业科技史稿[M].北京:中国农业科技出版社,1996:47.

1937 年抗日战争爆发以后,中农所及一些农业技术推广机关和农学院相继迁居西南、西北各地,继续进行水稻品种改良工作。中农所的赵连芳、周拾禄、潘简良曾在川、滇、湘三省举行稻种检定调查。在以后的七八年时间内,各机关的一个重要工作是从事农业技术推广。

1938 年 1 月,贵州成立省立农业改进所,皮作琼任所长;四川、湖南继之,分别由赵连芳、孙恩麟任所长;原广西省立农事试验场由马保之任场长。

1936—1938 年,全国稻麦改进所与 12 省 28 个试验场合作举行"全国各地著名稻种比较试验",为我国大规模稻作区域试验之肇始。此次试验评选出不少有示范推广价值的优良品种。其中成绩最显著者为"南特号"(原名"赣早籼1 号"),从 1938年起在江西、湖南示范推广,1948 年推广面积达 6.66 万公顷,是新中国成立以前全国分布最广、成效十分显著的改良稻种。

2. 学术谱系发展形成

丁颖 1930 年育成"竹占一号",创造了"小区移栽法"来代替洛夫的"纯系株行法",水稻纯系育种法不断完善并得到普及,成为近代中国水稻育种法的主流。1941 年,丁颖担任农林部西南作物品种繁育场场长。

顾复 1929 年担任江苏昆山稻作试验场场长后,主持育成 314 号晚粳稻良种,为太湖流域粳稻区的优良代表种,后担任中山大学教授。

周拾禄 1933 年从日本学成回国后任中央大学农学院教授。1936 年,全国稻麦改进所成立,他被任命为技正,主持水稻改良工作。抗战爆发后被调昆明任中农所云南工作站站长。解放战争期间,他组织华兴鼐、傅胜发、蒋德麒、俞履圻、汤玉庚等人保护中农所财产和试验资料。

沈宗瀚在金陵大学培养了一批人才,如杨显东、孙仲逸、黄瑞采、章锡昌、庄巧生、李家文、金阳镐。1934 年离开金大转到中央农业实验所任总技师兼农艺系主任,1938 年升任中农所所长兼麦作杂粮系主任,1943 年赴美出席联合国战后世界粮农会议,会后被聘为该会技术顾问。

赵连芳 1934 年以后转入国家农业行政和科研机构,担任全国经济委员会农业处处长,在中央农业实验所农艺系稻麦两部分工作的基础上,建立全国稻麦改进所,兼任稻作组主任及全国稻米检验处处长。1936 年随中央农业实验所迁到重庆,担任技术主任兼稻作系主任;同杨允奎等筹建了四川省稻麦改进所,任所长并兼任设在成都的四川工作站主任,后者是他的工作重点。

卢守耕 1925 年应邀担任浙江省公立农业专门学校(浙江大学农学院前身)教员、讲师兼农场副主任;1930 年赴美国康奈尔大学研究院深造,1933 年回国后担任中央农业实验所技正兼全国稻麦改进所技正;1936 年担任浙江大学农学院院长兼农艺系教授。

莫定森 1927 年从法国学成归来后至 1939 年,任中央大学农学院副教授、农艺系主任。从 1932 年开始一直到 1949 年,坚持在浙江省工作,历任浙江省农业改良总场稻麦场主任、稻麦改良场场长、浙江省农林改良场副场长、浙江省农业改进所所长并兼抗战大学农学院院长等职。

汤文通 1929 年于中央大学农艺系毕业,在导师赵连芳领导下,从事水稻、高粱等作物的遗传与生理学研究,并进行育种工作;还主持过当时全国规模最大、设备最佳的昆山稻作试验。1935 年赴美深造,后在福建从事科研工作,1946 年赴台。

杨开渠 1931 年从日本学成归来,1932 年春应聘到杭州浙江省自治专修学校任教员,并开始在杭州试种双季稻。1935 年春,应聘到四川重庆的乡村建设学院任教授,是四川稻田改制和种植双季稻最早的研究者和倡导者。1936 年秋,转到成都四川大学任教授,主持稻作研究室工作。

杨允奎 1933 年于美国获得博士学位回国,1936 年应四川省建设厅厅长卢作孚之请,创办四川省稻麦试验场,任场长;不久该场易名为四川省稻麦改进所,任所长。1938 年,该所并入新组建的四川省农业改进所,任副所长。

祖德明 1929 年于河北大学农科毕业,1936 年从日本学成回国,任母校河北农学院遗传学教授。抗战期间,为边区政府的农业生产做出了很大贡献。

徐天锡 1929 年于金陵大学农学院毕业(导师沈宗瀚),1934 年赴美国留学,回国后到 1940 年期间主要在广西从事水稻试验研究和推广工作。

马保之 1929 年毕业于金陵大学农学院(导师沈宗瀚),后留学美国康乃尔大学、英国剑桥大学,1934 年学成归国任中央农业实验所技正、中央农业实验所广西工作站主任、广西农事试验场场长。1940 年 4 月,创办广西柳州高级农业职业学校,并任校长。

沈学年 1930 年金陵大学农艺系毕业(沈宗瀚即是其四哥兼导师),1932 年到南京中央大学农学院任助教,1933 年受聘于金陵大学任讲师。1934 年去美国康乃尔大学研究院学习,获硕士学位。1935 年回国,即应聘在西北农林专科学校(后改名为“西北农学院”),工作 10 余年,历任副教授、教授、系主任和院农场主任。1946 年任浙江大学农学院(后改建为“浙江农业大学”)教授。

杨守仁 1937 年于浙江大学农学院农艺系毕业(导师卢守耕、赵连芳),1937 年至 1945 年任中央农业实验所技术助理员、技佐、技士,在此期间曾兼任湖南省农业改进所衡阳稻场主任等职。

程侃声 1931 年毕业于北平大学农学院农学系，受到汪厥明、王善佺等老师教导。1931 至 1933 年担任北平大学农学院农艺系助教。

杨立炯 1937 年中央大学农学院毕业(导师周拾禄)，后到中央农业实验所全国稻麦改进所工作，不久参加皖南农家稻种检定工作。

卜慕华 1936 年毕业于浙江大学农学院(导师肖辅)，1937 年到中央农业实验所稻作系参加育种研究工作。

黄耀祥 1937 由广东搬到云南的中山大学毕业后(导师丁颖)，经丁颖推荐到云南省第一农事试验场从事稻麦育种工作。1940 年调回广东省稻作改进所，先后任技士、技正，开创了水稻矮化育种研究。

谢国藩(湖南省第一农事试验场)从枚县"红毛谷"中选成的"万利籼""黄金籼"(1931—1936 年)，胡仲紫(湖南省第二农事试验场)从"湘潭选粘"中选出的"胜利籼"(1932—1937 年)，都是在之后进行了大面积推广的良种，尤其是"胜利籼"，1942 年已在湖南省推广超过 6.66 万公顷。前南昌农事试验场、江西省农业院技士叶常丰(导师赵连芳)和许传桢(导师赵连芳)两人育成的"南特号"，1948 年推广面积达 6.66 万公顷，是近代推广面积最大的水稻良种(湖南省在 1931 年前后由第一、第二农事试验场在长沙、衡阳、常德分湘中、湘南和滨湖三区进行水稻育种工作)。

周泰初先后育成了"中农 4 号"(1938—1941 年)和"中农 34 号"(1939—1945 年)，这两个品种的选育主要还是采用洛夫的纯系育种法。

潘简良等在 1939—1940 年，撰文介绍了一种新的水稻去雄技术——温汤去雄法。这一技术是美国的乔登(Jodon)在 1934—1938 年试验成功的，自此之后，这一方法一直是水稻杂交中的常用去雄技术，沿用至今。

梁光商的《水稻人工交配法之研究》(1936)全面综述了 20 世纪以来水稻杂交育种的国内外相关研究进展，不仅反映了中山大学农学院历年杂交育种的试验成果，而且是对国内外水稻杂交育种的历史发展、杂交育种理论与技术进展的最系统、最翔实的概括和总结①。

管相桓等中国育种工作者在借鉴外国经验的同时，结合自己的实践，还对籼粳稻的不同特性、品种间杂交着粒率、应用光照处理调整亲本抽穗期、加速育种世代进程以及鉴定杂种后裔之特性等均有广泛而深入的探讨，为水稻杂交育种

① 夏如兵. 中国近代水稻育种科技发展研究[M]. 北京：中国三峡出版社，2009：43.

做出了新的贡献[①]。

徐冠仁曾发表《水稻植物学特征的遗传学研究》和《不同类型水稻杂交的不孕性》这两篇文章，分别获得1943年和1945年全国应用科学成果三等奖和二等奖。另外，管相桓于1946年发表了《栽培稻芒之连锁遗传》一文，揭示了水稻芒性与叶鞘色、米粒色等10对基因无连锁关系，获1946年国家应用科学二等奖[②]。

四、水稻科学的繁荣时期(1949—)

新中国成立以来，我国农业上最引人注目的成就是以占世界7%的耕地养活占世界23%的人口，其中，水稻新品种的选育与生产利用起到了重要的作用。我国50年代后期矮秆水稻和70年代初杂交水稻的育成是水稻育种的两次重大突破，促使我国水稻平均每公顷单产在70年代中期和80年代中期先后跃上3 750千克和4 500千克的水平。其后，随着良种的推广应用，到90年代初期，每公顷单产又进一步提高到6 000千克的水平，2007年达到7 050千克。伴随着水稻科学发展，水稻科学家学术谱系也进入繁荣时期，水稻科学家百花齐放、百家争鸣，体现了严谨务实和充满创造活力的科学传统，传承关系清晰，不同的学术传统与学术风格基本形成。

新中国成立后至50年代中后期，我国通过大规模的地方品种评选和新品种的省间引种，普及了高秆良种，期间水稻单产年均4.48%的增长率主要靠稻田耕作制度改革、水稻丰产经验总结推广和优良品种的大规模推广应用。该时期育种主要靠系选法，原产江西、湖南、广东、浙江等省的优良品种的跨省应用发挥了重要作用。早籼的“南特号”“早籼503”“陆财号”和“广场1”“广场3”等，中籼的“万利籼”“胜利籼”和“中农4号”等，晚籼的“塘埔矮”和“浙场3号”等，中、晚粳的“桂花球”和“黄壳早廿日”等，晚粳的“10509”和“老来青”等的推广应用，改变了生产上品种多、杂、乱的现象[③]。

50年代，江苏陈永康的一季晚粳、吉林省崔竹松的北方一季稻、湖南省李呈桂的双季稻等栽培先进经验在全国总结推广，对全国大面积水稻增产起了推动

---

① 沈志忠．近代中国水稻品种改良探析[J]．江海学刊，2010(6)．

② 洪锡钧．四川省解放前的遗传育种研究[J]．中国农史，1990(2)．

③ 周少川，王家生，李宏，黄道强，谢振文．我国水稻育种的回顾与思考[J]．中国稻米，2001(2)．

作用。

1956 年“矮脚南特”、1957 年“台中在来 1 号”和 1959 年“广场矮”（黄耀祥育成）的相继育成，标志着我国的矮化育种处于世界领先地位。60 年代中期至 70 年代初期，南方各省区先后基本实现品种矮秆化。1961—1984 年，我国水稻单产 24 年保持年均 4.11%的增长率。

我国水稻杂种优势利用研究始于 1964 年袁隆平发现雄性不育株。1970 年，李必湖（导师袁隆平）在海南崖县南红农场发现一株花粉败育的野生稻，为我国水稻雄性不育系的选育打开了突破口。1973 年，我国成功实现籼稻杂交水稻三系配套，1976 年籼型杂交稻开始在全国大面积推广，成为世界上第一个将杂种优势应用于水稻生产的国家。2011 年 8 月，袁隆平指导的“Y 两优 2 号”百亩“超级稻”试验田，单产达到每公顷 13 899 千克，创中国大面积水稻单产最高纪录。

第二节　中国水稻科学家的主要学术谱系

我国重要水稻科学家的学术谱系见表 2－1 所示。

表 2－1　重要水稻科学家的学术谱系情况

	丁颖谱系	杨守仁谱系	杨开渠谱系	袁隆平谱系
学术思想领袖	丁颖	杨守仁	杨开渠	袁隆平
国外的源头	1924 年获东京帝国大学农学部学士学位	1947—1951 年就读于美国威斯康星大学，导师托里，获硕士、博士学位。	1930 年毕业于日本东京帝国大学农学部农实科	—
师承关系	略（见下文）	略（见下文）	略（见下文）	略（见下文）
学术大本营	华南农学院	沈阳农学院农学系	四川农业大学水稻研究所	湖南省农科院水稻所
学术传统与研究纲领	野生稻、水稻基因组学与分子育种	籼粳稻杂交育种、粳稻杂交育种	水稻栽培、再生稻	籼型杂交水稻

一、丁颖开创的华南水稻科学家学术谱系

丁颖(1888—1964),广东茂名人,1912 年毕业于广东高等师范学校,1924 年毕业于日本东京帝国大学农学部,曾任中国农业科学院研究员、院长。他运用生态学观点对稻种的起源、演变、稻种分类、稻作区域划分、农家品种系统选育以及栽培技术等进行了较系统的研究,将中国稻作区域划分为地域分明、种性清楚的 6 个稻作带,并指出温度是决定稻作分布的最主要生态因子指标,对指导生产有重要作用。在国际上首次将野生稻抗御恶劣环境的种质转育到栽培稻种中,育成的"中山一号"在生产上应用达半个世纪。选育水稻优良品种 60 多个,创立了水稻品种多型性理论,为品种选育、良种繁育和品种提纯复壮工作奠定了理论基础。1955 年,被选聘为中国科学院院士(学部委员)。

(一)丁颖学术成就与学术思想简介

1. 论证中国栽培稻种起源于中国

中国稻作文化历史悠久,已众所周知,但稻作起源于何时?发祥于何地?在丁颖以前则众说纷纭,莫衷一是。1884 年瑞士的康多勒(A. D. Candolle)认为,普通栽培稻起源于中国至孟加拉一带;前苏联瓦维洛夫(Николай Иванович Вавилов)主张印度起源说;1944 年宇野园空在《马来稻作之仪记》中认为,中国稻种起源于印度。这不但涉及稻种演化、传播、系统发育等理论问题,也是对中国稻作文化的认识问题。丁颖根据古籍记载和出土遗踪,从历史学、语言学、古生物学、人类学、植物学以及籼粳稻种的地理分布等方面进行了系统的考察研究,论证了中国水稻起源于公元前 3 000 多年前的神农时代,扩展于公元前 26—22 世纪的黄帝禹稷的时代。稻作栽培奠定于公元前 1122—274 年间的周代,中国稻作文化有其独立的演变系统。丁颖还根据古人类的迁徙和稻的语系,提出栽培稻种的传播途径为:一是由中国传至东南亚和日本等地;二是由印度经伊朗传入巴比伦,再传至欧美等国;三是澳尼民族(Austronisian)从大陆传至南洋。他认为,中国稻种不仅起源于中国的野生稻,而且是世界稻种传播中心之一。丁颖的上述学术见解,现在已成为越来越多学者的共识。

2. 提出栽培稻种的籼粳两个亚种和品种分类体系

丁颖对我国栽培稻种的演变与分类有精湛的研究和独创性的见解。1928

年，日本加藤茂范根据稻种的形态、杂种结实率及血清反应，将栽培稻种分为两大群，分别定名为印度型亚种和日本型亚种，即粳稻为日型亚种，籼稻为印型亚种。这种分类法既忽视了中国 2 000 多年前已有的分类和定名，也没有反映两者的系统发育关系及其在地理气候环境条件下的演变形式或过程。比如公元 121 年许慎的《说文解字》中已有秈（稴、籼）为"稻之不粘者"，粳（秔、稉）为"稻之粘者"的记述。为了正确反映籼粳的亲缘关系、地理分布和起源演化过程，丁颖把籼稻定名为"籼亚种"，粳稻定名为"粳亚种"。表面看来只是一字之差，但其科学内涵则有很大不同，因而引起了国内外学者的极大注意。

对于水稻分类方法，丁颖强调必须符合生产实际，才有利于育种与栽培的应用。例如，反映气候生态型的耐光、耐阴、耐寒、耐热等特性，反映生物间生态平衡的抗病、虫等特性，反映生理生态特点的苗、株、穗、粒等形态特征等因素均与品种选育和栽培措施关系密切，应列为分类标准。因此，他提出了以我国栽培稻种系统发育过程为基础的五级分类法：第一级为籼粳亚种，籼亚种为基本型，粳亚种为变异型；第二级为晚季稻与早、中季稻的气候生态型，晚季稻为基本型，早、中季稻为变异型；第三级为水、陆稻地土生态型，水稻为基本型，陆稻为变异型；第四级为粘、糯稻的淀粉性质变异性，粘为基本型，糯为变异型；第五级为品种的栽培特性与形态特征。丁颖对收集到的 6 000 多份栽培品种进行了分类研究，并把它们保存下来，为以后良种选育工作提供了丰富的原始材料。我国第一个矮秆良种"广场矮"，就是利用保存下来的农家品种"矮仔粘"的矮秆基因而育成的。

丁颖富有创见的稻种分类研究和种质资源保存，对我国稻作研究发展有深远意义。

3. 运用生态学观点划分我国稻作区域

稻作区域的划分对指导我国水稻生产和科研有重要意义。学者从 20 世纪 20 年代起对此就有所探索（周拾禄，1928；赵连芳，1947），但划分的依据不一，且偏于长江以南稻区，未能反映全国稻作区域的全貌。鉴于此，丁颖从植物地理分布与环境条件相统一的生态学观点出发，以光、温、雨、湿等气候因子为基础，以品种类型为标志，结合土壤因子、病虫等生物因子以及种植制度、耕作方法等人为因素进行综合研究，把全国划分为六大稻作带：①华南双季稻作带；②华中单双季稻作带；③华北单季稻作带；④东北早熟稻作带；⑤西北干燥稻作带；⑥西南高原稻作带。这种划分比较切合实际，对发展我国水稻生产和组织全国科学研究有指导作用。丁颖特别把当时稻谷产量仅占全国总产 0.3%的西北干燥地区划为一个稻作带，并指出该带具有雨量少、光照足、昼夜温差大、病虫害较少、水稻容易高产稳产的特点，随着灌溉条件的改善，增产潜力甚大。后来新疆垦区的水稻单产水平超过华中、华南稻区，证明了这一观点的科学性。

4. 重视农家品种的利用，提出区制选种法，开创野生稻利用研究

丁颖是我国最早从事水稻育种的先驱者之一。他十分重视地方品种的利用，认为我国农民在长期生产实践中培育出来的地方品种是祖国的宝贵财富，对它们的某些性状加以改造利用，是改良现有品种或选育新品种最现实有效的途径。他在《水稻纯系育种之理论与实施》(1936)、《水稻纯系育种法之研讨》(1944)等文章中提出水稻品种多型性理论，即凡是在一个地区长期栽培的地方品种，其群体必然存在占半数以上、能代表该品种的产量、品质和其他特性水平的个体——基本型，以保证品种群体的种性。基于这种观点，他在从事地方品种的系统选育时，创造性地提出自己的"区制选种"法，即在选育过程中采取农家惯用的栽培管理方法，以该地方品种的原种为对照，采用小区种植法进行产量鉴定。选育出来的良种，最后送回原产地或类似地区进行试种示范。他与同事运用此法先后育出许多优良品种在原产地区推广，其中种植范围较广的有"白谷糯16""黑督 4 号""东莞白 18""南特 16""齐眉 6 号""竹占 1 号"等 68 个品种。

丁颖还开创了野生稻与栽培稻远缘杂交育种的先河。1933 年，他从多年生普通野生稻与竹粘天然杂交后代中选育出"中山一号"新品种。"中山一号"抗逆性强、适应性广，曾在华南地区种植了半个世纪。丁颖还用印度野生稻(wild kargea)与栽培稻品种杂交育成了"银印 20""东印 1 号""暹黑 7 号"等品种。他在 1931—1933 年间对野生稻的研究中，就发现有花药不开裂与花粉发育不完全的雄性不育现象，这是我国水稻雄性不育研究的最早发现。

5. 我国水稻栽培学的奠基人

丁颖认为，开展作物栽培研究要掌握三方面的规律，即作物自身的生长发育规律，与作物生长发育有关的环境条件变化规律和作物生长发育与环境条件相互关系的规律。水稻增产途径归根结底是改良种性和改善环境条件，以协调好品种种性与环境条件的关系。他研究了水稻灌溉用水(1929)、吸肥特性(1932)、开花习性、产量相关(1936)等问题之后，于 1955—1959 年间，对与水稻产量形成密切有关的分蘖消长、幼穗发育和谷粒充实等过程作了深入研究。所得结果一方面可从技术措施与穗数、粒数、粒重的关系上找出共性的结果，为人工控制苗、株、穗、粒实现计划产量目标提供理论依据；另一方面也可根据水稻在生长发育进程中的现象来检验技术措施的合理性，为总结群众经验提供科学办法。这对

发展农业生产、科研与教育均有裨益。

丁颖根据水稻既需水又需“旱”的特性，以及水旱交替对稻田土壤的物理性、化学性和微生物活动的促进作用，指出实行水旱轮作，做到“以田养田”“以小肥生大肥”是今后水稻高产稳产的一个重要途径。

丁颖曾进行了多年的水稻周期播种试验，这一工作加深了他从生态学角度开展水稻品种栽培研究的观点。他晚年亲自主持的“中国水稻品种对光、温反应特性的研究”就是一项规模宏大的科研项目。他组织了12个协作单位，选用各稻区有代表性品种157个，在8个省(自治区)的10个试点进行历时3年的实验，取得了空前浩瀚的科学数据，并根据部分资料整理成专题论文于1964年在“北京科学讨论会”上宣读。不幸的是，丁颖还来不及对这项研究进行全面总结，就谢世了，遗留下来的工作由后人完成。这项研究验证了丁颖关于中国稻种起源、演变、稻作区域划分和品种分类的学术见解是符合实际的，并在分类上补充了品种光温反应型与熟性关系，把全国水稻品种分为14种光温反应型，为地区间的引种原则、育种目标以及一些特殊品种资源的利用，提出了具体的科学依据。

丁颖从事稻作科学研究、农业教育事业40余年，在国内外发表论文著作140多篇，其中《中国稻作起源与演变》《中国水稻品种对光温反应特性的研究》和《水稻分蘖、幼穗发育的研究》获1978年全国科学大会奖励。他培养了全国著名水稻科学家55人，主持编写的《中国水稻栽培学》(1961)更是一部反映我国当代水稻栽培科学水平的巨著，也是他生前竭力倡导、身体力行、开展学科大协作的集体智慧结晶。

(二) 以丁颖为中心的华南水稻科学家学术谱系

华南水稻科学家学术谱系见图2-1所示。

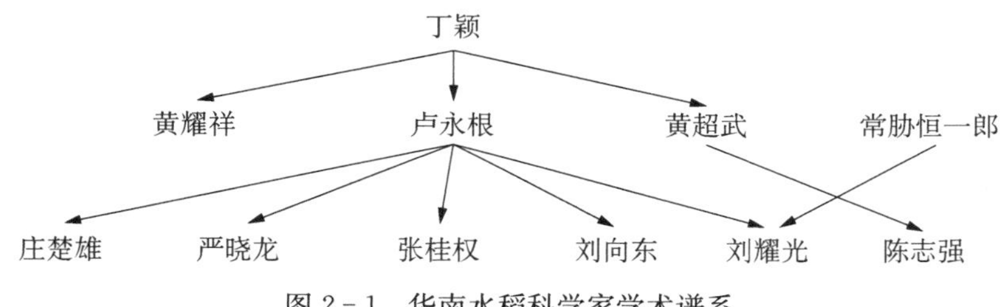

图2-1　华南水稻科学家学术谱系

该谱系的开创者丁颖(1888—1964),著名的农业科学家、教育家、水稻专家,是中国现代稻作科学主要奠基人。1926年他在广州东郊发现野生稻,随后论证了中国是栽培稻种的原产地之一。他首先把水稻划分为籼粳两个亚种,并运用生态学观点,按籼—粳、晚—早、水—陆、粘—糯的层次对栽培品种进行分类;在生产上培育了多个优良品种,对提高产量和品质做出了贡献。晚年主持水稻生态研究,主编《中国水稻栽培学》;出任中国农业科学院院长后,每年带领科技人员到各稻区实地考察、总结经验,为发展我国水稻生产和科技事业呕心沥血、鞠躬尽瘁,是备受中国人民崇敬的农业科学家。

丁颖重视农业教育,倡导理论联系实际和教学、科研、生产三结合,为国家培养了大量的不同层次的教师和科技人才。他尊重人才,爱护人才,任人唯贤。"学农、爱农、务农"是丁颖经常对师生进行教育的一句名言,也是他身体力行的座右铭。他的言传身教,对青年学生巩固专业思想,树立深入基层、艰苦朴素、踏实工作的作风起到了潜移默化的作用。

黄耀祥、卢永根和黄超武是该谱系的第二代核心人物(见表2-2)。

表2-2 以丁颖为中心的华南水稻科学家学术谱系

第一代	丁颖
第二代	黄耀祥、卢永根、黄超武
第三代	张桂权、严晓龙、刘向东、庄楚雄、刘耀光、陈志强

黄耀祥(1916—2004) 水稻遗传育种及其应用基础理论研究专家,广东省农业科学院研究员。1939年毕业于国立中山大学农学院,受教于丁颖教授。50年代总结提出作物生态育种决策,开创水稻矮化育种,促进了我国籼稻矮秆化,居国际领先地位,被誉为"中国半矮秆水稻之父"。70年代发现和利用新的具有sd-g的矮性基因源,开创丛生快长高光效高产株型育种,达到穗数和穗重在较高水平上的结合,使稻谷产量大大提高。80年代以来先后开创的"半矮秆早长"和"半矮秆根深早长"株型模式构想,培育出特高产、超高产大穗型的水稻新品种,是水稻育种的重大突破,获国家发明二等奖。晚年又育成超高产特优质水稻品种在生产中推广。主持育成50多个推广面积较大的良种,创造了巨大社会效益,并为"中国超级稻"育种奠定了坚实基础。1995年当选为中国工程院院士。

卢永根(1930—) 1953年毕业于华南农学院农学系,1962—1965年任丁颖助手,现为华南农业大学教授。60年代初研究稻作遗传资源,划分我国水稻品种的光温生态型和气候生态型;70 年代后,从事水稻遗传学的研究。根据矮生性遗传方式和等位关系,把我国现有主要籼稻矮源分为 2 类 4 群。对水稻的质核互作雄性不育性进行基因分析,发现它们的育性恢复基因是相同的 Rf1 和 Rf2; Rf 为不完全显性,有剂量效应。发现栽培稻的杂种不育性和亲和性最少由 6 个基因座的花粉不育基因控制,提出"特异亲和基因"新概念;首次建立原产我国三个野生稻种的粗线期核型。1993 年当选为中国科学院院士。

张桂权、严晓龙、刘向东、庄楚雄、刘耀光、陈志强等是该谱系第三代水稻科学家(见表 2-2)。

张桂权(1957—　)　卢永根的第一大弟子,研究领域为水稻分子育种。1983 年和 1991 年毕业于华南农业大学作物遗传育种专业,分别获硕士和博士学位。现任广东省植物分子育种重点实验室主任,国务院学位委员会学科评议组成员,中国遗传学会理事,中国遗传学会植物遗传与基因组委员会副主任,中国作物学会分子育种分会理事会理事,广东省遗传学会副理事长,《华南农业大学学报》编委会副主任兼副主编。长期从事作物遗传育种学科的科研工作,主要研究方向是植物分子育种,专长于水稻基因组学和分子设计育种。先后获省部级科学技术奖一等奖 1 项、二等奖 2 项、三等奖 3 项。在国内外学术刊物上发表了学术论文 100 多篇,其中 SCI 收录论文 20 多篇。主持和参加了 10 个水稻新品种的选育,并在华南地区大面积推广应用。1997 年被农业部评为部级"有突出贡献的中青年专家",1998 年入选教育部的"跨世纪优秀人才培养计划",1999 年获广东省第五届"丁颖科技奖",2000 年获国务院政府特殊津贴,2001 年荣获广东省"五一劳动奖章",2005 年被聘为"广东省特聘教授"(珠江学者)。

严晓龙　卢永根的第二大弟子,研究领域为植物营养遗传、水稻分子育种,已去世。

刘向东　卢永根的第三大弟子,主要研究领域为水稻资源保护与利用。1985 年 6 月毕业于华南农业大学作物遗传育种专业,获学士学位;1991 年 6 月在福建农学院获硕士学位;1995 年 5 月在华南农业大学获博士学位。先后主持国家自然科学基金 5 项,在国内外学术刊物发表学术论文 100 多篇,其中被 SCI 收录论文 24 篇。

庄楚雄　卢永根的第四大弟子,主要研究方向为水稻对逆境应答反应的研究、水稻表观遗传学的研究。现为华南农业大学生命科学学院院长、广东省高等学校植物功能基因组与生物技术重点实验室副主任。

刘耀光(1954—　)　卢永根的研究生,后留学日本。主要研究领域为水稻育性发育方面的分子生物学、分子遗传学和新型水稻不育系及其杂交制种体系研制。1982年华南农学院作物遗传育种专业毕业;1985—1988年,留学日本香川大学,并获硕士学位;1988—1991年,留学日本京都大学,学习植物遗传学专业博士课程,并获博士学位;1991—1993年,在日本三井植物生物技术研究所做博士后研究;1996年7月回国。现兼任全国遗传学会植物遗传和基因组学专业委员会成员,中国科学院植物生理生态研究所植物分子遗传国家重点实验室学术委员会委员。在国际著名学术刊物发表论文30多篇,参加编写著作2部,获日本发明专利1项,申请中国专利2项,有21篇论文被SCI收录。1997年度国家杰出青年基金资助获得者;2001年获国务院政府特殊津贴;2002年12月被聘为教育部"长江学者奖励计划"特聘教授。

陈志强 黄超武的学生,华南农业大学副校长,植物航天育种研究中心主任,兼任广东省农作物品种审定委员会副主任委员,广东省农学会副会长。在广东率先开展水稻航天育种研究,从形态学、细胞学、分子生物学等多角度、多层次揭示水稻空间诱变机理和性状的变化规律,以及空间诱变特异种质诱变成因;率先利用空间诱变技术成功选育出高产优质抗病水稻新品种"华航一号",在广东省及华南稻区累计推广种植500多万亩;选育的优质高产广适两系杂交稻新品种"培杂泰丰"分别于2004、2005年通过广东省和国家品种审定,并被农业部认定为第一批超级稻主推品种。近年来,先后选育出优质高产两系杂交稻"培杂航七""培杂88""培杂航香""培杂130"及优质高抗水稻品种"胜巴丝苗""华航丝苗""金航丝苗""红荔丝苗"等一批航天育种新品种,并在生产上大面积应用推广;创建了一批航天诱变新种质,并获得4项新品种保护权。

二、杨守仁开创的东北水稻科学家学术谱系

(一)杨守仁学术成就与学术思想简介

杨守仁(1912—2005),江苏丹阳人,著名水稻科学家和农业教育家。于1933年9月考入国立浙江大学农学院。1937年6月以全院唯一甲等生毕业,进入中央农业实验所稻作系工作。后随所西迁长沙,又转迁四川。曾兼任湖南省衡阳稻场主任,参加湘米改进委员会工作,主持"南特号"水稻良种的大面积推广工作。在成都,他主持了西南五省水稻良种的区域试验,并参与了川南地区双季稻制度的创建工作。

1945年抗日战争刚结束，杨守仁赴台湾参加接管糖业试验所等工作，后被任命为嘉义支所所长。1947年他考取公费留美，于该年年底到达威斯康星大学深造，期间提出了“田间试验缺区估计新方法”（杨氏公式），被导师托里（J. H. Torrie）教授留为助教，先后获威斯康星大学硕士和博士学位，1951年谢绝导师挽留归国。先在位于青岛的山东大学农学院任教授，1952年院系调整后转至济南的山东农学院，1953年春奉命支援边疆，被调到今天的沈阳农业大学，任一级教授，并被国家批准为首批可招收作物栽培专业的博士生导师。杨守仁曾获国家科技进步二等奖和重点科技攻关奖，1998年获何梁何利基金科学与技术进步奖。

1. 弘扬传统种稻经验，发展栽培科学

杨守仁比较全面科学地阐明了我国不仅有悠久的传统经验而且又有所创新。他是东北三省水稻生产的积极宣传倡导者，是我国水稻高产栽培理论体系的始创者。新中国成立以来，他除坚持“北粳南引”的研究外，曾多次向有关方面建议先在长江流域下游各地推行籼稻改粳稻，以满足京、沪、宁、杭各大中城市的需要。在水稻栽培生理生态方面，除以现代科学阐明“稀播培育壮秧”“育苗先育根”“肥田宜稀”“用粪犹用药”和“节水种稻”等传统种稻经验外，他很强调“水稻的半水生性”“水层在水稻栽培上的作用”“源足、库大、流畅”和“根粗与抗旱性的关系”等观点。后来他对穗大的物质基础及其不利一面等的相关研究，对水稻的高产乃至更高产也有明显的指导作用。特别是对水稻栽培的促控技术，尤具有独到见解。他认为叶色变化规律在水稻栽培上至关重要，是水稻高产量、高效益的中心问题，但叶色变化并不是目的，促进或控制要审时度势地运用，达到生长稳健、内外协调从而获得高产的长势和长相。他从各地的实践中总结出“促中可以有控、控中可以有促”的新经验。

2. 籼粳稻杂交育种、水稻理想株形育种及水稻超高产育种的开拓者

杨守仁一生心系水稻育种，在实践中开拓创新，探索出一条别人没有走过的育种科学路线，即籼粳稻杂交育种—水稻理想株形育种—水稻超高产育种。

杨守仁从栽培稻的两个亚种——籼稻和粳稻，的杂交入手，选育新品种。籼粳稻杂交没有远缘杂交通常所遇到的不可交配性，但它仍具有远缘杂交所遇到的后代结实率偏低和性状不易稳定两大困难。杨守仁反复应用物理的、化学的和生物的多种方法来试图克服这两大困难，最后得出“以生物学的方法，即多次杂交是最为有效可靠的方法”的结论。这是克服籼粳稻杂交育种所遇到的困难的关键性技术。他首创的复交和回交、复交中有针对性地改正缺点和扩大遗传

基础优点的方法，是目前国内外籼粳稻杂交育种仍在应用的方法。

株形育种是指以特定的植物形态及植物机能为选择指标，借以提高光能利用率从而提高产量的一种理论和方法。1967 年，杨守仁发现了矮秆植株也可以生成大穗，并由此预料将来水稻的单产还有可能大大提高。这启发他向提高光能利用的理想株形育种的方向努力。此后的研究重点，又从籼粳稻杂交育种的基础研究转向水稻理想株形育种的基础研究。他明确指出水稻理想株形育种是矮化育种的进一步发展，是形态与功能兼顾的高光效育种，并对水稻理想株形提出耐肥抗倒、生长量大和谷草比大等三项要求，为后代的选择提出了简单实用的标准。

随后，他又主持了穗大的物质基础及其不利一面的研究，认为穗大必然秆粗，秆粗直接影响分蘖力，间接影响每亩穗数。如果秆子偏高，对每亩穗数的影响就更大。这就由水稻理想株形育种的基础研究开始走向水稻超高产育种的基础研究。

（二）以杨守仁为中心的水稻科学家学术谱系

杨守仁，著名水稻学家和农业教育家，沈阳农业大学一级终身教授，国务院政府特殊津贴最早获得者，在水稻界享有极高声望。

杨守仁在沈阳农业大学素有严师风骨、良师风范和大师风采的声誉，他对科研论文字词句、段落结构和内容表述要求极为严谨、缜密和准确，体现了稻界泰斗事必求是、理必求真和辩证出新的科学精神，甚至在耄耋之年仍虚心学习、诲人不倦、辛勤耕耘、科教育人。杨守仁较早建立了国家超级稻育种科技创新团队，并指导团队在水稻研究方面取得了突破性进展。特别是在科学研究、人才培养和科研团队建设方面显示出来的管理智慧，值得后来者研究、思考和学习。

杨守仁在水稻科学家学术谱系的传承中起到了十分重要的作用。纵观杨守仁生平，虽然他不是水稻科学家学术谱系的最早开创者，但他可谓是承前启后、更进一步的水稻科学家，功不可没。杨守仁的主要成就前面已经提及。他执教 40 余载，从 1951 年开始，先在山东大学农学院任教，1952 年院系调整转至济南的山东农学院，1953 年调到现在的沈阳农业大学，同年被聘为教授，1957 年创建学校稻作研究室。1980 年开始招收博士生，是我国第一批招收“作物栽培学及耕作学”博士生的导师。

杨守仁在浙江大学便得到过系主任卢守耕先生的教导。毕业时随即被当时位于南京孝陵卫的中央农业实验所派来的周拾禄先生选中，前往该所稻作系，在赵连芳主任领导下任助理员。杨守仁大学毕业后在中农所工作了8年，这使他有机会亲聆我国水稻界前辈赵连芳、卢守耕、周拾禄等先生的教诲，并得到同辈胡仲紫、柯象寅、吴鸿元等先生的帮助。1945年抗日战争刚结束，杨守仁转赴台湾参加接收工作，也是陪同卢守耕先生接管台湾省糖业试验所。1947年公费留学美国，师承威斯康星大学的托里教授攻读硕士、博士，读完了以农艺为主系、植物生理和植物病理为辅系的研究生高级课程。早年接受的学术传承与他承前启后在弘扬我国水稻科学方面做出一番特殊贡献，是大有关系的。

杨守仁从1951年春归国后，执教半个世纪，坚持教书育人、为人师表，为人才培养、学科发展、教材建设和实验室建设做出了巨大贡献。他主讲过作物栽培学、作物育种学、农作物高产理论与实践、植物生理、生物统计、农业气象等本科和硕士、博士研究生课程，培养了一批又一批学术带头人、优秀业务骨干。先后招收培养硕士生9名、博士生8名，更由于著述颇丰，培训、讲学频繁，直接、间接的学生早已是“桃李满天下”。他热爱党的教育事业，年过九秩，仍十分关心研究生和青年教师的成长，为研究生授课，指导青年教师开展科研活动，深受学生和教师们的爱戴。

杨守仁1957年在中国农科院提供的1万元资助下创建了沈阳农学院稻作研究室，是国内较早建立的水稻专职科研团队，后逐渐成为我国北方特别是东北地区稻作科学研究中心、学术交流中心和人才培养中心。杨守仁在水稻科学家学术谱系中作为第二代的传承者，在学术传承方面做出了杰出的贡献，因此在以他为中心的水稻科学家学术谱系中具有开创之功(见表2-3)。

表2-3　以杨守仁为中心的水稻科学家学术谱系

第一代	杨守仁(把握大方向，开创籼稻粳稻杂交；80—90年代理想株型“沈农1033”；90年代以后开始超高产育种，以沈农265为主；栽培与育种结合)
第二代	杨振玉(杂种优势利用创始人)、杨胜东(首先育出半矮秆直立穗品种“辽粳5号”)、李玉福(杂交育种)、张龙步(超高产育种)、谈松(杂交育种)、沈锡英(籼粳稻杂交)、高佩文(栽培)、曹炳晨(教学)等
第三代	陈温福(超高产育种)、徐正进(超高产育种理论与技术)、王伯伦(栽培)、邵国军(杂交育种)、华泽田(优势育种)等
第四代	张忠旭(优势育种)、张文忠(超高产栽培)、王术(栽培)、马殿荣(种质资源)、王嘉宇(分子育种)、徐海(优势育种)、韩勇(杂交育种)等

杨振玉 1953—1957年就读于沈阳农业大学农学系，毕业后一直在辽宁省农科院稻作研究所从事水稻杂交稻育种工作，是我国北方杂交粳稻的奠基者，杂交粳稻学科的带头人。70年代初，首创"籼粳架桥"制恢技术，育成C57、C418等高配合力的粳型恢复系，率先攻克国际上长期未能解决的粳稻杂种优势难关，使我国成为世界上最先应用杂交粳稻的国家。

张龙步 1953—1957年就读于沈阳农学院农学系，与杨振玉是同学。作为杨守仁的助手，张龙步以常规品种为主，利用传统杂交方法进行高产育种，内容涉及籼粳稻杂交、水稻理想株型、北粳南引、水稻超高产四大前沿水稻育种领域。

沈锡英 1957年从沈阳农学院农学系毕业，被杨守仁选中，成为他1958—1964年间的唯一助手。在1985年的水稻国际交流会上，杨守仁对与会的国内外专家说："我们曾从多方面探索克服籼粳稻杂交结实率偏低和性状不易稳定两大难点，在座的沈锡英同志在这方面曾付出多年的劳动。"沈锡英在籼粳稻杂交育种方面贡献较为突出。

高佩文 杨守仁从辽宁省盐碱地利用研究所调来的水稻科学家，当时有人认为高佩文年龄已经50有余，这样调入不太合适。杨守仁反驳说："我搞水稻育种的时候已经40岁了，高佩文在辽宁的稻区搞了多年的水稻研究，她的经验比我们任何人都丰富。"高佩文在抗旱节水方面的造诣颇深，在之后担任助手期间，结合杨守仁的理论在盐碱地水稻高产栽培方面发挥了更大的作用。

李玉福 1965年毕业于沈阳农学院土壤农化系。毕业后同样在辽宁省农科院稻作研究所从事水稻杂交育种工作。他结合杨胜东"辽粳5"成果，创立了辽粳系列(如"辽粳454""辽粳294"等)，抗病力较强。他的主要研究思想为理想株型与杂种优势利用的育种路线。

陈温福 杨守仁在"文革"后招收的第一个硕士研究生(1982—1984)，也是他的第一个博士研究生(1984—1987)。杨守仁对这位弟子寄予了很高的希望。陈温福至今还清楚地记得入学后在先生家里的第一次谈话中，恩师对他的约法三章："一是，立即改学并学好英语(陈温福原是学日语的)，因为国际上的科学文献大多数是用英文撰写的；二是，作物栽培和作物育种两个专业的课程都要学，因为只有博，才能专；三是，必须学会种稻，因为不会种稻，就做不好稻作科学研究。"1980年全校招收的5名研究生选择了5个研究方向。杨守仁对陈温福的教学方案做得极为细致，他邀请农学院遗传育种教研室的余建章、杜鸣銮和陈瑞清专门为陈温福开设高级作物育种课。三位教授分别给一个学生上课，这在沈阳农大的历史上绝无仅有。这种类似英国牛津、剑桥大学的导师式教学方式,夯实了陈温福的遗传育种的基础。陈温福于2009年当选为中国工程院院士。

徐正进 1984—1987年在沈阳农学院农学系攻读硕士,1990—1993年攻读博士。在恩师杨守仁的引领下,20多年来一直从事籼粳稻杂交、理想株型及超高产育种的应用基础研究,是陈温福最重要的合作者。在沈阳农业大学水稻研究所这个团队取得的很多成果中,陈温福是领导者,而排名第二的学者几乎都是徐正进,相关论文与陈温福互为第一作者。在科研分工时,陈温福承担着课题的整体设计和育种实践,而徐正进则注重做基础理论研究和成果总结。

何绍桓 杨守仁的第一位水稻研究生,供职于吉林农业大学,从事吉林省水稻高产稳产规范化栽培技术研究,对苏打盐碱地种稻有特殊研究。

曹炳晨 较早运用从日本引进的基因定位技术进行遗传育种,主要从事作物遗传育种的教学和研究工作。

王伯伦 本科(1978—1982)、硕士(1982—1985)均师从杨守仁,主要继承了杨守仁的水稻栽培研究,在水稻模式化栽培、水稻品质生理、作物生长模拟、计算机咨询决策系统等方面取得重大进展。

邵国军 1978—1982年就读于沈阳农学院农学系,硕士(1993—1996)师从杨守仁和曹炳晨(曹炳晨是其品种系谱研究及育种的启蒙老师),博士(2002—2005)师从王伯伦。邵国军长期从事水稻常规育种研究工作,后继承李玉福的杂交选育方法,领衔辽粳系列品种的选育,近年研究重点转为杂交粳稻育种。

华泽田 硕士(1993—1996)师从王伯伦,方向为遗传育种;博士(2002—2005)师从陈温福,方向为栽培与耕作。长期致力于水稻优势育种的理论与实践,尤以两系法亚种间杂种优势利用研究成就突出,同时也涉足水稻高产节水栽培技术研究、水稻不同生育型环境因子模拟的研究。

以上为这一谱系水稻科学家的第二代、第三代。多数直接师从杨守仁或受其影响较大,传承了杨守仁的学术思想或机构任务等,并将其发扬光大,在科研工作中将其进一步细化。第二代以杨守仁的助手为主,并参与培养第三代(第三代直接师从杨守仁)。第二、三代均为目前水稻科学家中的领军人物,是杨守仁的接班人,并直接培养出第四代学术骨干。如:

崔　杰 师从杨振玉,现在加拿大留学,从事水稻广亲和恢复系杂交优势利用研究。

张铁龙 师从杨振玉,目前担任河北省发展和改革委员会农经处处长。

张忠旭 师从陈温福,2009年博士毕业。虽非杨振玉正式弟子,但却传承其衣钵，从事杂交粳稻育种。目前主持辽宁农科院稻作研究所杂优二室工作，从事北方杂交粳稻异交结实机制及高产制种技术研究。

高士杰 师从张龙步，1999年博士毕业。吉林省农业科学院作物育种研究所研究员，专长于对直立穗型水稻研究及高粱优质高效育种技术研究。

陈 健 先后师从杨守仁(硕士)和陈温福(博士)，目前担任辽宁省农村经济委员会副主任。

张文忠 师从张龙步，2001年获得博士学位，沈阳农业大学水稻研究所党支部书记、教授、博导。专长于水稻高产栽培生理与遗传育种研究。

王 术 师从王伯伦，1993—1996年攻读硕士学位，1996—1999年攻读博士学位。现为沈阳农业大学农学院教授、博士生导师，从事水稻栽培生理与杂交育种研究。

王彦荣 师从陈温福，2001年获得博士学位。辽宁省农科院稻作研究所研究员，从事水稻杂交稻育种工作。

马殿荣 师从陈温福，2009年获得博士学位。沈阳农业大学农学院副教授，研究方向为水稻种质资源创新及高产育种，从事杂草稻遗传多样性及其对稻田生态系统影响的研究。

王嘉宇 师从徐正进，2006年获得博士学位。沈阳农业大学水稻研究所副研究员，专长于水稻种质改良与创新的遗传学基础研究及水稻分子育种研究。

徐 海 师从徐正进，沈阳农业大学水稻研究所副研究员，专长于籼粳稻亚种特性及其利用基础研究，从事杂交粳稻育种工作。

李金泉 师从徐正进，目前作为卢永根院士的助手，在广东省植物分子育种重点实验室从事科研和遗传学教学工作及水稻基因资源的发掘与利用研究。

李金峰 师从王伯伦，黑龙江八一农垦大学教授，主要从事水稻栽培和育种的教学与科研工作。

郑桂萍 师从王伯伦，2004年获得博士学位。黑龙江八一农垦大学教授，专业特长为作物生理与生化，从事土壤水分对寒地水稻产量与品质影响的研究。

邱福林 师从徐正进、邵国军(硕士生导师)和程式华(博士生导师)，在菲律宾国际水稻研究所(IRRI)任客座研究员，从事水稻遗传基础与杂种优势关联性研究。

韩 勇 师从邵国军、王伯伦，在辽宁农科院稻作研究所从事辽粳系列水稻品种超高产育种研究。

以上为杨守仁学术谱系的第四代，均间接师从杨守仁或受其影响，属于杨守仁的再传弟子。他们是青年水稻科学家中的带头人，最具活力和科研创新力，肩负着继往开来的重任，逐渐成为科研的中坚力量和学科带头人(见表 2-4)。

表 2-4　以杨守仁为中心的水稻科学家学术谱系

第一代	周拾禄、卢守耕、赵连芳
第二代	杨守仁
第三代	杨振玉、张龙步、沈锡英、高佩文、李玉福、曹炳晨、谈松、张文忠
第四代	高士杰、邵国军、何绍桓、权太勇、王伯伦、陈温福、华泽田、郭玉华、徐正进
第五代	崔杰、张铁龙、张忠旭、邱福林、韩勇、王先俱、王术、李金峰、郑桂萍、韩勇、陈健、王彦荣、马殿荣，王嘉宇、徐海、李金泉

张龙步等曾就杨守仁的多彩人生及突出成就撰文叙述；有关杨守仁学术思想和教育思想研究，王琦等曾在《沈阳农业大学学报(社会科学版)》“农学家研究”栏目刊发，论及他的学术思想和教育思想；于洪飞则从严师风骨、良师风范、大师风采 3 个方面回忆杨守仁在科学研究、人才培养和科研团队建设方面显示出来的管理智慧。尤其在陈温福主编的《稻之梦——杨守仁教授纪念文集》中，汇集了诸多杨守仁学生的缅怀恩师的纪念性文章，从不同角度诠释了杨守仁的学术和教育生涯。上述多代人才辈出的局面说明杨守仁学术谱系的枝繁叶茂，影响意义之深远。

(三) 学术理论与学术资源的传承

杨守仁对栽培、育种均有深入研究，后来分成以陈温福、徐正进为代表的育种学派和以王伯伦为代表的栽培学派。杨守仁利用生物统计学方法研究，开创了籼粳杂交育种、理想株型育种、超高产育种，奠定了北方水稻育种栽培的理论体系。他是北方水稻研究的开山鼻祖，率先开创了籼粳杂交、理想株型及超高产育种稻作研究领域。沈阳农业大学及辽宁农科院水稻研究所的研究实际上都是在杨守仁研究领域内的精进与完善，或者把他来不及实现的思想具体化，所以也均尊杨守仁为他们学术思想的引领者，自己为杨守仁学术谱系的传承者。日本 1981 年开始超高产育种研究，杨守仁在 1987 年就提出超高产育种，在我国是最早开始研究的学者。我国 1996 年正式启动超级稻研究，但在杨守仁主持下的沈阳农业大学水稻研究所 80 年代中期已经开始了先行研究。

杨守仁一生桃李满天下。虽然正式弟子不多，但沈阳农业大学和辽宁农科院颇有成就的水稻科学家都自认为是他的传承者。可以说，辽宁水稻研究的理论未脱离其框架。杨守仁不赞同把栽培、育种分开，主张建立稻作学，他认为把育种和栽培分开是对学生的不负责任，也是对研究人员的不负责任，因此，他当时提出，“轻视栽培，轻视良种与良法相结合，栽培与育种各搞各的、互不通气，恐怕是今后需要有所改进的一个问题”。

正如邵国军所说，“目前辽宁省水稻研究，理论未离开杨守仁，技术未离开杨胜东，杂交稻未离开杨振玉”。杨守仁先生的理论指导意义一直都在影响着几代人的水稻研究工作。杨胜东通过籼粳稻亚远缘杂交，于 1976 年选育成功“高光效直立穗、理想株型”水稻新品种“辽粳五号”。沈阳农业大学水稻研究所在国内首先开始这方面研究，从土壤、光照、抗病、抗倒伏等角度论证出直立穗型的优势，现在南北都开始种植直立穗型品种。杨振玉将杨守仁思想具体化，创立北方杂交稻及南方两系品种选育，在籼粳稻杂交，特别是南北品种交流方面首屈一指。杨振玉在杂交稻理论方面受教于杨守仁，并进一步推陈出新，认为北方粳稻也可以杂交，研究出的“黎优 57 号”是第一个大面积推广的杂交稻品种。他通过杂交选育恢复系，首创了籼粳架桥制恢技术，攻克了粳稻杂种优势难关。

沈阳农业大学水稻研究所以常规稻为主，育种与栽培并重，同时研究遗传与生理，在水稻超高产育种生理基础、超高产育种理论与方法方面，居于世界先进水平。辽宁农科院稻作研究所也研究常规稻，但杂交稻更为擅长，栽培与育种并行研究。

（四）思想观念与学术风格的传承

作为新中国的农业教育家，杨守仁衷心拥护党的德、智、体全面发展的教育方针。他常讲，“教书不能误人子弟，要为人师表，严谨治学，弘扬正气，言传身教”。他认为“教不严，师之惰”是我国传统教育经验，并常以“业精于勤”“行成于思”“知之者不如好之者”等古训来鼓励人们。在宁夏，至今仍流传着 1963 年他在那里所说的“搞育种先要搞栽培，搞栽培先要走江湖”的名论。几十年来，他直接和间接所带的学生已遍布华夏各地，不少已担当起一方面的重任。他发扬浙江大学“求是”的校训，做到了敢于坚持真理，说老实话。在新中国成立初期。他认为苏联的“5 分制”未必就比“百分制”好；在“大跃进”中，他坚持反对那种“人有多大胆，地有多大产”的浮夸风；在所谓“三年自然灾害”时期，他认为主要原因不是自然灾害而是人为所造成的。1984 年在连年丰收声中，他预感到轻视农业必将遭到又一次惩罚，为此连续写了四篇《粮食危言》，力陈粮食生产的极端重要性。他的那种异乎寻常的爱国爱民之心，经常跃立于纸上，这些无疑都为他的学生做出了好的表率。

杨守仁作为农业教育家，善于把新旧教育思想相结合。杨守仁在高中读的是师范科，并曾在实验小学当过一年小学教师。因此他对"教书育人"异常重视，倡导"尊师爱生"，许多师生都感受过他的恩泽。徐正进在回忆恩师杨守仁时说，杨先生经常引导他多写文章，提醒他在某些领域应该多发表文章，有时亲自把做好的文献卡片送给他，鼓励他，因此徐正进发表的学术论文数量和质量在学校名列前茅。徐正进回忆：大到科研选题、确定技术路线和研究方案，小到论文的遣词造句、标点符号，都浸透着杨先生的心血。杨守仁在徐正进博士答辩会上赠送他墨宝，勉励他应该做"必古人之所未及，后世之不可无，而后为之"的事业。杨守仁就是这样，经常教导、勉励学生既能脚踏实地，又能志存高远。陈温福在回忆恩师杨守仁时说，先生作为新中国的农业教育家，一生热爱党的教育事业。他对杨先生律己范人的教育家风范感悟颇深。先生经常告诫他们"教书不能误人子弟，误人子弟如杀人父兄；教师要为人师表，言传身教，严谨治学，弘扬正气"。先生始终坚持"严是爱，松是害，教不严，师之惰"的教育传统，要求学生专而能博，学而能思，理论联系实践。杨先生是这样说的，也是这样做的。杨守仁凡是参加学术活动必带陈温福出席。陈温福也在出席各种学术活动中，深切感受着承载水稻研究发展命运的大师们做人、做事和做学问的风范。

何绍桓回忆杨守仁时说："农业的现代化和开发任重道远，要下大力量，要有多方面的知识和较长的时间，但杨先生深信：勤劳智慧的中国人民是永远能养活我们自己的！"

徐正进谈杨守仁对其的主要影响是"全身心投入的敬业精神，亲自下田，可以说每时每刻想着水稻"。杨守仁指导有方，经常带领学生下田，一边讲地理，一边讲稻作史；同时鼓励学生参加各种会议及活动，但是必须有书面报告且亲自批改。每年水稻研究所的大事记，都手写成册。因其收徒极其严格，亲自出卷阅卷，答错扣分，故杨守仁直接招收的博士较少，但其指导过的学生数不胜数。而徐正进对学生的影响则是要把工作当成兴趣来做，在工作中找到一种乐趣。不仅要在上班时间做科研，下班时间也要有兴趣做，这样才能把科研做好。

王伯伦谈杨守仁对其的主要影响是"认真、严谨、亲切，注重实际调研"，他是在试验田中认识杨先生的。杨守仁先生秉持生命不息、工作不止的精神，一直工作到不能动。王伯伦现在也着重培养学生的动手能力，其对学生的实干能力十分看重;同时注重实验数据,每一步都要有数据。

担任杨守仁助手时间最长的是张龙步。徐正进认为张龙步有老黄牛精神,不争名逐利,少说多做,不用语言责备,而用亲身行动感染学生,在沈阳农业大学具有承上启下的作用。很多杨守仁的学生,包括陈温福和徐正进都接受过他的具体指导,陈温福等人均称其为"张老师"。

(五) 机构任务的传承

1. 沈阳农业大学稻作研究室(沈阳农业大学水稻研究所)

沈阳农业大学水稻研究所前身为沈阳农业大学稻作研究室,成立于1957年,目前是国家级重点学科"作物栽培学与耕作学"、农业部"作物生理生态遗传育种重点开放实验室""北方粳稻育种重点实验室"及"教育部省部共建北方超级稻育种重点实验室"的核心实验室。近年已成为我国北方特别是东北地区稻作科学研究中心、学术交流中心和人才培养中心。

1953年,杨守仁从山东农学院调到沈阳农学院。已逾不惑之年的杨守仁对水稻研究的痴迷精神,受到当时张克威院长的由衷赞赏。张克威不仅当年就聘他为沈阳农学院教授,请他主讲作物育种学,还批准他着手筹建稻作研究室。

建研究室首先要有实验用地、实验工人,还要有设备仪器。在这个研究室的装备上,张克威从不吝啬,他划给杨守仁的实验地是农学系里占地面积最大的。从1953年到1960年,仅张克威批给他的购置仪器设备经费就有5万元。

在杨守仁的领导下,经过几代人的不懈努力,形成了年龄结构、职称结构、知识结构及学历结构合理的学术梯队,包括教职员工12人,其中正高级5人、副高级5人、中级2人;9人拥有博士学位,4人为博士生导师,4人为归国留学人员。水稻研究所长期从事籼粳稻杂交、理想株型及超高产育种等基础和应用基础研究,其中粳型常规超级稻研究是其优势研究领域,目前处于国内外领先地位。单位成立以来,先后承担国家科技攻关、国家自然科学基金、"863"计划等国家及省部级科研项目50多项,研究成果先后获国家科技进步二等奖、辽宁省科技进步一等奖等省级以上科技奖励12项;在国内外重要刊物和学术会议发表论文300篇,出版专著4部;共培养研究生100余名,其中博士生30余名。

近年来,水稻研究所还与IRRI开展了全球水稻分子育种合作研究,与日本和韩国开展了水稻产量潜力及超级稻穿梭育种研究。最近20年来,水稻研究所直接和间接育成水稻新品种18个,累计推广面积超过650万公顷,增产稻谷40

多亿千克，产生经济效益50多亿元。

2. 辽宁省农业科学院院属机构辽宁省稻作研究所

辽宁省稻作研究所是专门从事北方粳稻研究和产业开发的省级专业所，是北方杂交粳稻工程技术中心、国家水稻改良中心沈阳分中心、国家水稻加工技术研发中心辽宁分中心、国家水稻原原种繁育基地、辽宁省农业科研重点研究所。稻作所下设杂交稻育种、常规稻育种、旱稻育种、生物技术和栽培技术等五个专业研究室。

新中国成立后，辽宁省水稻科学研究工作是由各地区农业试验站分散进行的。为了加强领导、统筹兼顾，辽宁省农业厅1956年决定，把熊岳农业试验站盘山水稻试验区并入正在沈阳东陵筹建的辽宁省农业综合试验站。

1957年1月，盘山水稻试验区负责人周毓珩率领员工20人到沈阳报到，在省综合试验站作物系成立了稻作组，是辽宁省稻作研究的源头。1958年3月，在省农业综合试验站的基础上，正式成立了辽宁省农业科学研究所。稻作仍是作物系内的专业组，业务工作主要开展了搜集整理品种资源、新品种系统选育、对群众丰产经验特别是对育苗、直播技术等进行调查研究。

1959年6月，辽宁省决定将省农业科学研究所改建为中国农业科学院辽宁分院，成立稻麦研究所，隶属于辽宁分院。当年8月，中国农科院辽宁分院成立大会明确了辽宁分院有8个直属专业研究所、3个系、10个研究室和1个研究组，稻作研究室是10个研究室之一。1960年2月，稻作研究室正式改名为“中国农科院辽宁分院稻作研究所”。1961年2月，中国农科院辽宁分院与沈阳农学院合并，稻作研究所又改名为“稻作研究室”。1965年4月中国农科院辽宁分院与沈阳农学院分开，稻作研究室又恢复为“稻作研究所”，设育种和栽培两个研究室。

1972年，辽宁省革命委员会决定恢复中国农科院辽宁分院建制，由熊岳搬回沈阳东陵原址，改名为“辽宁省农业科学院”。1973年冬，盖成了种子库、农机库等简易平房。1974年冬，800平方米宿舍在苏家屯振兴里建成，租房分散住在邻近老乡家的23户职工，搬进了新居。1976年，随着1 500平方米试验楼的建成，干部人数由“文革”前的27人增加到39人。同时，调整了所内机构，科技方面设科技科，常规育种、杂优利用、栽培技术三个研究室及化验室、试验队；行政方面设办公室、人保科、计财科、总务科。

1992年底，由国家计划委员会(简称“计委”)、国家农业部和省计委共同拨款建设的2 163平方米试验大楼完工，管理机构基本保持原有规模，杂优利用研究分为三系研究室和两系研究室，栽培分为栽培生理和栽培技术研究室，并增加了生物技术研究室。职工人数增加到 101 人，其中高级职称人员 10 人。1996 年 2 月，为了加强北方地区杂交粳稻的研制、开发和推广一体化，省机构编制委员会同意设立辽宁省北方杂交粳稻工程技术中心，“中心”与“所”一套机构两块牌子。1997 年被省政府评为辽宁省农业科研重点研究所，三系育种和常规育种为重点研究室。2001 年由国家农业部批准，成为国家水稻改良中心沈阳分中心。

2006 年由于水稻生产发展需要，科研任务日益增加，根据辽宁省人事聘用制改革精神，机构进行了相应调整。全所设有常规育种、杂优育种、旱稻育种、栽培技术、生物技术等 5 个研究室和 1 个高新技术产品开发中心，行政管理机构精简为科技科、计财科和综合办公室。

三、杨开渠开创的四川水稻科学家学术谱系

（一）杨开渠学术成就与学术思想简介

杨开渠(1902—1962)[①]，自号“顽石”，浙江诸暨人，著名水稻学家和农业教育家。靠半工半读在杭州甲种工业学校毕业。后因身处“白色恐怖”中于 1927 年 7 月离杭州经上海去日本东京。杨开渠在东京经短期补习日语后，抱着科学救国的理想考入帝国大学农学部农实科。农实科毕业后被留在育种研究室做研究工作。1931 年“九一八”事变后，他出于民族义愤毅然辞谢了老师近藤万太郎的挽留，于同年冬回到祖国。

1932 年春，杨开渠应聘到杭州浙江省自治专修学校任教员，讲授“农学大意”等课程，并开始在杭州试种双季稻。1935 年春，经金善宝先生介绍，应聘到四川重庆的乡村建设学院任教授，讲授稻作学、麦作学。他提出了改革四川稻田耕作制度，种植双季稻、旱稻的建议，并重点继续进行双季稻、再生稻的研究。

1936 年秋，杨开渠转到成都四川大学任教授，主讲稻作学，并主持稻作研究室工作，开始了他一生中研究工作最繁重、也是取得成就最多的时期。新中国成立后，杨开渠任四川大学农艺系主任，不久又任四川大学农学院副院长，1956 年四川农学院建立后任院长。

1. 坦诚建议，推广双季稻的研究和发展

杨开渠是四川稻田改制和种植双季稻最早的研究者和倡导者，带着在杭州

---

① 中国科学技术协会. 中国科学技术专家传略—农学编·综合卷 1[M]. 中国农业科技出版社，1996.

试种双季稻成功的经验来到了四川。他首先收集各地的温度、雨量等有关气象资料，进行比较分析，发现重庆及长江沿岸的某些自然条件竟比浙江的温州、杭州还要好，适宜种植双季稻。他节假日到农村访问调查，接着自己在校内做试验，认定重庆及四川的其他一些地区可以种植双季稻。当时主持四川省稻麦改良场的杨允奎采纳了他的建议，便在川南泸县的试验分场侧重开展双季稻的试验研究。经示范栽培成功之后，逐步在农村推广，使四川稻田改制迈出了第一步，也为以后由一季稻改种双季稻打下了良好的基础。

为了使双季稻取得更大的效益，促进稻田改制顺利发展，杨开渠对双季稻的品种、最适开花期及其温度指标、播种期、秧田期、种植密度、施肥等方面进行了长期的研究。杨开渠得出：早、中熟品种做连作晚稻种植，可以推迟播种期，培育适龄壮苗，并能在9月中旬抽穗开花，获得较好的产量。杨开渠用早、中熟品种作双季连作晚稻栽培品种的指导性意见使我国双季稻栽培向北推进到北纬30°，甚至更远的地区，使连作晚稻取得了较稳定的产量。

2. 潜心研究，为发展再生稻奠基

再生稻是利用头季稻收割后，稻茬上的腋芽萌发成苗，再收获一次的稻谷，四川农民称为“抱孙谷子”。我国农民利用再生稻已有1 000多年的历史，但多系任其自生，故产量甚低，更未见有人刻意加以研究。杨开渠于1935年开始在四川研究双季稻的同时，想到再生稻在头季稻收割后60—70天便可再收获，省时、省工，在双季稻发展还未成熟的地区或一季早中稻冬水田区有增产的实际意义，于是便用籼稻品种材料对再生稻进行了系统研究。他明确地指出：首先要选择头季稻、再生稻产量都高产的品种；在栽培技术上要高留桩，保留2、3节位的芽，保持休眠芽的生活力并促进其萌发；而保持休眠芽生活力及其萌发的关键在于头季稻收割前的施肥管理。

1957年在武汉市召开的中、苏、朝、越四国水稻科学技术会议上，他做了《再生水稻研究》论文的报告，受到与会专家的一致肯定。他不仅在我国开拓了水稻研究新领域，提出了增产的新途径，也是世界上最早系统研究再生稻的学者之一，他所发表的一系列论文也是世界上迄今较系统和完整的论著。

（二）以杨开渠为中心的水稻科学家学术谱系

杨开渠毕生致力于高等农业教育和水稻科研事业，最早研究并倡导在四川省、长江流域栽培双季稻，解决了连作晚稻的品种和栽培技术问题；最早在我国开拓再生稻的研究,选育出水稻品种 10 余个,其中"川大粳稻"曾被列为全国优良品种之一,"跃进 3 号""跃进 4 号"都曾作为连作晚稻优良品种,在四川省大面积推广栽培。

杨开渠早年留学日本,后成为一代著名水稻科学家和水稻学科的开创者之一。1931 年冬回到祖国,便开始他为人师表、教书育人、发展学科的教研生涯。杨开渠执教近 30 载:1932 年春,杨开渠应聘到杭州浙江省自治专修学校任教员;1935 年春,应聘到四川重庆的乡村建设学院任教授;1936 年秋,杨开渠转到成都四川大学任教授,主讲稻作学,并主持稻作研究室工作;新中国成立后,杨开渠任四川大学农艺系主任,不久又任四川大学农学院副院长,1956 年建立四川农学院后任院长。杨开渠 1936 年开创的四川大学农学院稻作室,是现今四川农业大学水稻研究所的前身,较早地建立了国家水稻育种科技创新团队。他虽辞世较早,但桃李芬芳、传承兴盛,建立了以其为肇始的学术谱系,在水稻科学的学术传承及后续优秀人才培养中起了关键的创建和推动作用。因此,杨开渠也是我国第一代的水稻科学家(见表 2-5)。

表 2-5　以杨开渠为中心的水稻科学家学术谱系

第一代	杨开渠(最早在长江流域倡导种植双季稻,并解决了连作晚稻的品种和栽培技术问题;开拓了再生稻研究,以川粳稻为重点)
第二代	李实蕡(栽培、再生稻)
第三代	周开达(杂交育种)、孙晓辉(栽培、再生稻)、黎汉云(常规育种)、田彦华(栽培)等
第四代	李平(转基因)、李仕贵(杂交育种)、徐正君(远缘杂交)、马均(栽培)等
第五代	陈学伟(抗病育种)、邓其明(转基因)、王玉平(杂交育种)、郑爱萍(抗病育种)等

李实蕡　师从杨开渠,1948 年毕业于四川大学农艺系,曾任四川农学院水稻研究室主任(1964—1987)、农学系副主任。他利用自马里带回的一批水稻良种,主持了籼亚种内地理上远距离品种间杂交育种,育成冈型不育系和冈型杂交稻、籼亚种内品种间杂交培育雄性不育系及冈、D 型杂交稻;育成早稻"蜀丰 1 号"及其再生稻。1986—1988 年主持"四川再生稻研究及利用"项目,较好地解决了稳定高产的配套技术,使再生稻成为稳定的水稻生产力。

李实蕡主要从事水稻栽培技术方面的研究,作为水稻研究室第二代的领导人,基本传承了杨开渠的衣钵,后期重视对杂交稻育种的研究,而且大力支持周开达等人开拓新的领域。

傅淡如　师从杨开渠，1955年毕业于四川大学农学系，后担任杨开渠助手。曾担任四川农学院院长助理、农学系主任、职业技术师范学院副院长。长期从事作物栽培学的教学和水稻方面的研究工作，专长水稻栽培。

孙晓辉　师从杨开渠，曾担任四川农业大学校长(1986—1992)，水稻再生稻与栽培专家。

周开达　1960年毕业于四川农学院，后担任李实蕡助手，长期从事作物育种与教学工作，在杂交稻育种理论、方法及应用方面做出了重大贡献。他首创了籼亚种内品种间杂交培育雄性不育系的技术和方法，培育出冈、D型杂交稻，提出亚种间重穗型水稻育种的新理论和方法；在两系法水稻育种方面，应用生态育种技术，创造了“光敏不育系生态育种方法和技术”，解决了长江中上游地区两系杂交稻选育的困难，该方法已成为两系杂交稻选育的常用方法。1999年，当选中国工程院院士。

黎汉云　1958年武汉大学生物系毕业，后担任李实蕡助手。曾任四川农业大学水稻研究所三系研究室主任、研究员。60年代初从事水稻常规育种，70年代起一直从事水稻杂种优势利用研究和教学。在30多年的研究中，首创聚合杂交与早代配合力相结合、人工制保选育不育系的育种新方法；在研究杂交稻性状遗传规律、分析亲本优势的基础上，创造性地组配强优势杂交稻新组合；利用国外优良品种进行复合杂交，早代配合力测定、分离世代单株品质、稻瘟病和配合力鉴定、选育恢复系的育种新方法，促进了杂交水稻科学技术的发展。

田彦华　1960年毕业于四川农学院，后担任李实蕡助手，水稻栽培耕作学专家。

胡延玉　在四川农学院毕业后任李实蕡助手。作物遗传育种专家，在作物遗传育种、植物细胞学和作物栽培方面具有很高的学术造诣。

黄国寿　在四川农学院毕业后任李实蕡助手。水稻育种专家，在水稻显矮资源——粳D1半矮生性的遗传分析、恢复系6326及其系列杂交水稻的选育与利用等方面贡献较大。

李仁端　在四川农学院毕业后任李实蕡助手。水稻育种专家，在光敏核不育水稻选育、水稻广亲和基因与颖尖色和恢复基因的遗传重组等方面贡献较大。

李家修　1957年毕业于贵州省农学院，1959年考取杨开渠的研究生，是杨开渠招收的第一个研究生。现为贵州大学农学院作物栽培专业教授。

严文贵　师从李实蕡，1981年四川农学院毕业，1984年获得四川农业大学植物遗传育种学硕士学位，1992年获得美国阿肯色大学植物遗传育种学博士学位。1996 至今任美国农业部农业研究服务署国家水稻研究中心研究员，从事资源、遗传、育种等领域的研究。他应用分子遗传学的最新成就，结合育种学、杂草科学和遗传工程，发明了杂种优势利用的新育种技术，使杂交水稻进入一个新的里程。

以上均为水稻科学家学术谱系的第三代，不少人属于李实蕡的同辈，但孙晓辉、黎汉云等人均在李实蕡、周开达领导的水稻所从事研究工作，故统归为第三代。第三代水稻科学家或师从杨开渠或师从李实蕡，传承了杨开渠、李实蕡的学术思想、机构任务等，但更胜前人，在杂交育种方面取得重大突破，他们也是目前水稻科学家中的领军人物——第四代的培养者。

汪旭东 师从周开达，1990 年硕士毕业，四川省青年学术带头人、四川省学术与技术带头人，先后担任过水稻所副所长、四川省水稻育种攻关组组长、四川省农作物品审会水稻专业委员会副主任等职；主持了“高配合力优良杂交水稻恢复系‘蜀恢 162’选育与应用”项目。

李　平 1987—1989 年攻读硕士，师从胡延玉；1992—1994 年攻读博士，师从周开达、朱立煌。现为四川农业大学水稻所所长，主要从事水稻遗传育种、水稻分子生物学及水稻生物技术方面的研究。

吴先军 1992—1995 年攻读硕士，师从李平（四川大学）；1995—1998 年攻读博士，师从周开达。现任四川农业大学水稻所党总支副书记。在水稻中发现并提出杂种“早代稳定”现象，建立了一套利用早代稳定材料快速选育水稻新品种的技术体系；主要承担水稻种质资源创新、水稻发育生物学、水稻生物技术育种和亚种间重穗型杂交稻超高产育种等研究内容。

李仕贵 1987—1990 年攻读硕士，师从任正隆；1995—1998 年攻读博士，师从周开达、朱立煌，但杂种优势利用研究方面工作传承自黎汉云。现任四川农业大学水稻研究所副所长。在杂交稻和超级杂交稻育种研究方面取得重大突破，主研育成了大穗型高配合力水稻优良不育系“冈 46A”、重穗型突破型恢复系“蜀恢 527”等。

马炳田 师从周开达，2002 年获得博士学位。长期从事植物基因工程、植物病理学、遗传与抗性育种、分子生物学等方面的基础与应用研究工作。

邓晓建 1993 年硕士毕业，1997—2000 年攻读博士，师从周开达、朱立煌。主要从事水稻遗传育种、分子生物学（水稻重要功能基因发掘、克隆和功能分析）、稻米品质改良等方面研究。

王文明 师从周开达，1997 年获得博士学位，在中国科学院遗传所博士后出站后去美国。现作为特聘教授主持水稻所水稻广谱持续抗病研究室工作。

刘永胜 师从周开达，1994 年获得博士学位，现为四川大学生命科学院教授；主要致力于水稻复杂农艺性状基因分离和功能研究、番茄色素积累的分子调控机制及转基因生物安全等研究工作。

任光俊 师从周开达，2001 年获得博士学位，现任四川省农科院副院长。主要从事杂交水稻遗传育种和研究工作，主持育成优良恢复系“成恢 448”及其系列组合、优质杂交香稻“川香优”系列组合。

徐正君 师从孙晓辉，1986—1988 年获四川农业大学农学硕士学位；于 1988 年赴日本北海道大学攻读博士学位，1994 年获得农学博士学位。长期从事植物分子生理学与逆境生物学方面的基础与应用研究工作，在植物激素诱导基因与逆境反应基因的克隆和分析方面取得了显著成绩。

马　均 师从田彦华，2002 年获得博士学位，长期从事作物栽培、生理科研与教学工作，在水稻超高产机理与栽培技术、水稻抗逆栽培生理与节水抗旱技术和水稻机插秧技术等研究方面成绩突出；主持完成的“水稻超高产强化栽培技术体系”项目成果居国际领先水平，已成为四川省水稻主推技术。

以上为水稻科学家学术谱系的第四代，是目前水稻科学研究队伍中的领军人物。他们是以周开达为核心水稻科学家的接班人，并直接培养出第五代学术骨干，传承了杂交育种技术，并结合水稻分子生物学及水稻生物技术等将其开拓到新的领域。

郑爱萍 师从李平，1998—2004 年先后获四川农业大学农学硕、博士学位。现为水稻所研究员，主要从事农作物的抗病虫研究，开展作物真菌病害的分子生物学与基因组学，真菌病原菌与作物互作机制及有益农用微生物杀虫基因资源挖掘、评价和应用研究。

邓其明 师从李平，1999—2005 年获四川农业大学理学（生物化学与分子生物学方向）硕、博士学位。现在四川农业大学水稻研究所任职，从事水稻分子育种工作，专长为抗稻瘟病、抗白叶枯病及优质育种方面研究。

李双成 师从李平，2001—2007 年获四川农业大学农学硕、博士学位。现为水稻所副研究员，主要从事水稻生殖生物学、基因克隆以及基因工程方面的研究。

王世全 师从李平，1999—2003 年获四川农业大学农学硕、博士学位。现为水稻所副研究员，主要从事水稻基因组数据的分析和开发应用，同时开展基因工程和基因克隆工作。目前从事水稻抗虫育种、植物基因组等方面的工作。

陈学伟 1997—2000 年攻读硕士学位，师从李仕贵；于 2003 年在中国科学院遗传与发育生物所获得博士学位，2004 年赴美从事博士后研究工作。主要研究方向是利用遗传学、分子生物学、植物病理学、生物化学、生物信息学等多学科知识和技术手段，对水稻抗病虫害及其他重要农艺性性状控制基因的分子克隆及分子作用机制进行研究，为培育高抗、高产、优质水稻品种提供理论及应用基础。

王玉平 师从李仕贵，2007 年获得博士学位。现为水稻所副研究员，主要从事杂交水稻新品种的选育、水稻分子标记辅助育种、水稻重要功能基因的基因定位与克隆研究、水稻 DNA 指纹图谱构建及品种 DNA 指纹技术鉴定等工作。

彭 海 师从吴先军，2006 年获得博士学位。现就职于江汉大学生科院，主要从事中国杂交籼稻主要亲本 DNA 甲基化多态性与遗传稳定性研究。

徐培洲 师从吴先军，2006 年获得博士学位。现为水稻所副研究员，主要从事水稻遗传育种、分子生物学等方面的基础研究与应用工作。目前正致力于不同细胞质类型的不育系杂种优势研究、EGSR 水稻的非孟德尔遗传研究、新技术新方法创造新的种质资源研究等。

以上学者为水稻科学家学术谱系第五代，是第四代的直接传人（见表 2－6）。他们是青年水稻科学家中的带头人，最具活力和科研创新力，逐渐成为科研的中坚力量和学科带头人，是越来越重要的水稻科研力量。

表 2－6 以杨开渠为中心的水稻科学家学术谱系

第一代	杨开渠
第二代	李实蕡
第三代	胡延玉、周开达、黎汉云、李仁端、黄国寿、严文贵、傅淡如、李家修、田彦华、孙晓辉
第四代	李平、高克铭、马炳田、邓晓建、刘永胜、王文明、任光俊、汪旭东、吴先军、李仕贵、马均、徐正君
第五代	郑爱萍、李双成、邓其明、王世全、彭海、徐培洲、王玉平、陈学伟

（三）学术理论与学术资源的传承

杨开渠主张把生物科学法则、生产栽培技术和社会经济关系三者融合于作物栽培的教学过程中，他在作物栽培学水稻部分中，以适时播种、好种壮秧、合理施肥、少秧密栽四大技术为主线进行讲授。他又主张先把作物的生长发育及其与外界环境的关系等客观规律讲清楚。这样，学生就能够理解现今作物分布的成因和哪些地区有可能栽培这种作物，也能很好地理解和掌握采取什么样的栽培技术措施可以获得高产。他所创立的水稻栽培学体系指出：作物栽培不但要研究栽培措施，还应重视诸如作物的发育生理、营养生理和水分生理等基本特性的研究，这样才能不断丰富和提高作物栽培学的内容和水平，才能更好地对生产起指导作用。

1962年杨开渠逝世后，由李实蕡领导、继承他宝贵的研究材料和研究方向。作为第二代领军人物的李实蕡，除了继承杨开渠关于水稻栽培、再生稻方面的研究之外，最大的贡献是从西非引进水稻品种，这是育成的冈、D型水稻的最原始种质资源。

从1987开始，由周开达挑起了水稻所发展的担子。周开达率先提出亚种间重穗型杂交水稻理论，坚持一系杂交稻育种方向，及时引进分子生物学技术。周开达继承的不仅是来自李实蕡育种理论的支持，因为周开达年轻时从事红薯相关工作的研究，在李实蕡的引导下才转为水稻的育种研究。而李实蕡虽然并不从事较多的杂交育种研究，但从西非引进来的品种，是后来周开达育成的冈、D型水稻的最原始种质资源，所以此项传承意义重大。周开达也是在李实蕡的建议下，结合自身认识和袁隆平的育种经验，做出了籼亚种内品种间杂交培育雄性不育系的技术和方法等一系列重大贡献。而且，周开达还接管了李实蕡的整个团队，诸如孙晓辉、黎汉云等人，均是作为前代研究室的助手直接过渡下来的，保证了研究的完整性。有经验的助手无疑也是宝贵的财富。

第一代、第二代分别以杨开渠、李实蕡为代表，主要以水稻栽培技术为研究重点；第三代以周开达为首，包括黎汉云、李仁端和田彦华等老一辈教授，他们以杂交水稻育种研究为重点，开创了亚种间杂交选育不育系的育种技术，提出并实践了长江上游重穗型育种技术理论；第四代就是现在的水稻所研究人员，包括李平、李仕贵等人，他们与时俱进开创了水稻所的新天地，研究领域在传统育种的基础上拓展到现代生物技术、分子生物技术等育种新技术的应用。后代与前代在学术上不仅有继承，更有创新。

（四）思想观念与学术风格的传承

杨开渠的治学态度和道德风范深为人们称道。他实事求是、严谨治学、从不马虎，做试验研究都是使用大量材料做样本或调查大量数据，总是力求从大量材料所表现的多样性中去探索其共同点，找出规律性，使得出的结论更准确和符合客观实际。他常说："我们搞研究下结论要经得起推敲，经得住历史的考验。"即使像用早、中稻做双季连作晚稻品种问题，是经过多年重复试验得出的结果，但也要在生产实践检验后再次重复试验加以验证才行之于文、公之于世。他从不人云亦云，随声附和。1956 年因主张四川稳步发展双季稻而被斥为"保守"的时候，他仍坚持自己的意见。在"大跃进"年代农业到处放"高产卫星"的形势下，农业科学家，特别是像他那样的知名水稻科学家，压力非常大，但他并没有放弃他根据科学理论和实践经验所形成的观点。学生要做 2.5 万千克的双季晚稻卫星田项目，问他能不能办到。他明知办不到，又不能正面否定，只有在一丝苦笑之后说："你们多采取点措施看看。"然而他思想是很不平静的，经过多少次斗争，终于在笔记本上写下了"宁做移山愚公，不做牵驴老翁"的决心，以表达他要坚持实事求是的信念。

杨开渠的学生认为：他强调亲自动手、埋头苦干，最讨厌只说不做的人。过去所做的大量试验研究工作都是他自己带领助手或技工调查测定的，后来担负行政工作后，不管有多忙，总是要争取参加调查和整理素材，力求掌握更多的第一手资料。他给全校师生做各种报告都是自拟提纲、写讲稿。"水稻栽培"这门课，尽管他已讲过若干遍，仍然认真备课，反复推敲讲课的内容、次序和方法。白天工作忙无法备课，便在清晨三四点钟起来备课。

"有素质、有风度、学识渊博、教学严谨、受人尊敬的教授"，这是田彦华对自己老师杨开渠的评价。他还提到杨开渠"遵循勇于实践、坚持实事求是"的原则，是个富有爱心的好老师、好领导。

田彦华提到，周开达传承了水稻所对新事物敏感、思维开放、不断探索的传统，所以率先提出亚种间重穗型杂交水稻理论，坚持一系杂交稻育种方向，及时引进分子生物学技术，还继承了水稻所注重培养学生的方式和途径这一传统。他淡泊名利，勇于挑战。

李家修认为，导师杨开渠的教导对她以后的人生观影响很大，"他不仅授业，更传道、解惑"，"他是老一辈科学家的典范，是我们永远学习的榜样"。

李平提及胡延玉对自己的影响是：他每周到老师家里汇报工作，包括思想方面的人生理想、目标、奋斗，怎么去看问题，等等。胡老师在李平思想转型过程中影响比较大；而他传承自周开达、朱立煌的是自己在科研上的思路、方向与发展目标。朱立煌立足点比较高，在如何做科研工作，如何去思考问题、开展一项工作等问题上给予李平启迪；周开达在应用方面传授较多，如科研怎么对社会有用、如何产生成果等。李平在对自己学生的传授中则注重帮助其理清发展思路、人生目标，传授科学研究的方法、思维方式，培养学生的悟性。

吴先军认为，自己传承自周开达的精神是：专注于做一个领域的工作，要勇于探索，勇于创新。吴先军对自己学生也是首先培养其科学研究的精神。

（五）机构任务的传承

四川农业大学水稻研究所的前身为创建于 1936 年的四川大学农学院稻作室，1964 年改建为四川农学院水稻研究室，1988 年经省政府批准成立研究所。历经杨开渠教授、李实蕡教授和周开达院士等前辈及全体教职工的共同奋斗和发展，已成为我国重要的水稻专业研究及人才培养单位。现在岗专家中，有中国工程院院士 1 人，教授（研究员）11 人，副教授（副研究员）9 人，其中具有博士学位的 22 人，四川省学术和技术带头人 7 人，享受政府特殊津贴的专家 5 人，国家“百千万人才”第一、二层次人选 2 人。现有博士生导师 7 人、硕士生导师 11 人。研究所设有水稻遗传、杂种优势利用、生物技术、品质改良与种子工程、栽培和生理等 6 个研究室。四川省农业生物技术工程研究中心挂靠本所。

1936 年秋，杨开渠转到成都四川大学任教授，主讲稻作学，并主持稻作研究室工作，开始了他一生中研究工作最繁重、取得成就最多的时期。1956 年独立建立四川农学院，他任院长。在繁重的行政工作中，杨开渠仍坚持教学，继续水稻科学研究。四川农学院建在雅安，地处平原和山区的接合部，他认为应该利用这样一个有利的自然条件，把学校办出自己的特色，在开发中国山地农业方面做出应有贡献。他积极策划建立山地农业研究所，组织教师到二郎山、宝兴山等地考察。

1956 年，四川大学农学院迁至雅安独立建院时，学院教师对学校选建在这样一个不能代表四川农业环境、交通不便、信息闭塞的山区小城有不同意见。杨开渠认为省里已经决定了，不能更改，只能面对现实。他经过反复思考与分析，认为雅安的环境为四川农学院这样一所农业院校提供了广阔的科研、教学空间和巨大的发展潜力。

从杨开渠等 4 人白手起家，到后来李实蕡等人壮大研究队伍；从以水稻栽培技术研究为主的杨开渠、李实蕡一代，到水稻杂交育种研究为主的周开达等一代，再到运用分子生物学技术育种的李平等年轻一代，水稻所经历了从无到有、科研力量从弱小到强大、研究成果从少到多的奋斗历程。

1990 年 12 月，为促进四川省农业科研工作，根据时任省委书记谢世杰的批示，将当时温江县良种场的 10 余公顷土地和人员划归学校，水稻研究所开始从雅安迁至温江，1991 年全部搬迁结束。在水稻所刚迁到温江的时候，条件异常艰苦，但以周开达老师为代表的老一辈水稻人想方设法，历经千辛万苦，最终克服重重困难，在温江站稳了脚跟，同时各项工作也有序地开展起来，这为水稻所后来能够取得巨大成就奠定了基础。

谈到 20 年前水稻所迁到温江的情况时，老校长孙晓辉回忆说："将水稻所搬回成都，对学校的发展和教师队伍的培养有重要作用。学校很早都已经在着手研究搬迁事宜，后来几经周折，由省委省政府牵头，多部门联动，在学校组织下周开达等人仔细考察，最后选址在占地 10 多公顷的原温江县种子繁制厂。虽然当时一些同志因多方面原因不愿意搬迁，但经学校协调，解决了家属的后顾之忧，迁址温江才得以顺利完成。水稻所初到温江，面临着科研经费严重不足等诸多问题，学校积极向省科委争取到行政性经费来保证水稻所的正常运行，帮助水稻所渡过难关，使建设工作有条不紊地进行。

自建所以来，杂交水稻品种选育、水稻重要农艺性状基因的遗传和克隆、生物技术育种及水稻栽培技术等研究方面取得了显著成绩，育成了近百个杂交稻新组合，有 7 个被农业部认定为超级稻品种；育成的冈、D 型和其他类型杂交稻在全国 15 个省市和东南亚国家推广应用，产生了巨大的经济和社会效益；获得国家级、部省级各种奖项共 38 项，其中国家发明一等奖 1 项，科技进步二等奖 3 项、三等奖 1 项，四川省科技进步特等奖 1 项、一等奖 6 项。

四、华中农业大学水稻科学家学术谱系

迄今为止，华中农业大学水稻科学家学术谱系共有三代学者（见图 2 - 2）。

第一代学者的代表是胡仲紫、许传桢和刘后利三人。

胡仲紫，在抗日战争期间育成著名水稻品种"南特号"，成为后来国内外主要水稻品种和矮化育种的重要亲本；

许传桢，在抗日战争期间育成著名水稻品种"胜利籼"，成为新中国成立前和 50 年代中国推广面积最大的品种，是国内外主要水稻品种的重要亲本；

刘后利，著名作物育种专家、"油菜之父"，主要贡献在油菜研究方面，但因其学生研究水稻方面的较多，故也列举。

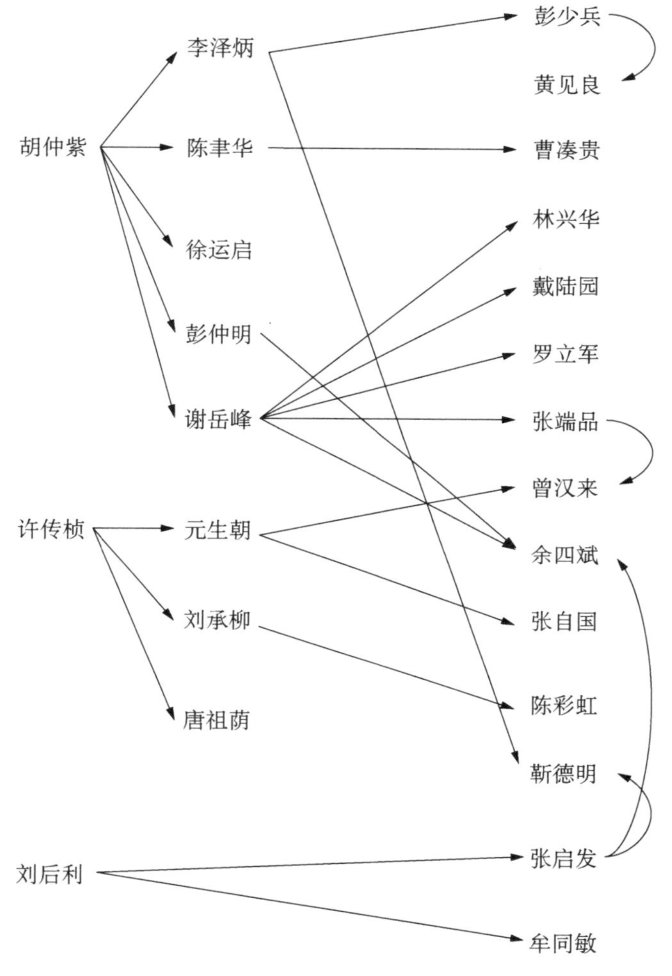

图 2-2　华中农业大学水稻科学家学术谱系

第二代主要是胡仲紫、许传桢的学生或助手，如：

谢岳峰，胡仲紫的学生，其主要研究生有华中农业大学原校长张端品、云南省农科院副院长戴陆园、上海农业基因研究中心主任罗立军等，国外还有一大批知名研究人员；

元生朝，许传桢的助手，在水稻生理生态研究方面成绩显著，其学生有张自国、卢开阳等；

李泽炳、陈聿华，胡仲紫的助手，知名水稻育种、栽培、生态学者，其学生在国内外多已为教授；

刘承柳，许传桢的助手、水稻栽培专家，其学生有广西农科院副院长陈彩虹研究员等；

彭仲明、徐运启，胡仲紫的助手、水稻育种专家；

唐祖荫，许传桢的研究生，研究重点为水稻生理；

第三代主要是在华中农大的部分人员，如：

张端品，谢岳峰的研究生；

林兴华，谢岳峰的研究生；

张启发，刘后利的研究生，回国后参与谢岳峰团队，后共同培养研究生多名；

余四斌，谢岳峰、彭仲明、张启发的研究生，研究水稻种质资源的收集、鉴定和新基因的发掘；

靳德明，李泽炳、张启发的研究生；

曹凑贵，陈聿华的研究生；

曾汉来，元生朝、张端品的研究生；

彭少兵，李泽炳的研究生（后出国获学位）；

牟同敏，刘后利的研究生；

黄见良，彭少兵的研究生，研究领域和方向为作物高产生理与栽培、转基因水稻栽培生理。

张启发（1953—　），中国科学院院士、植物遗传和分子生物学家，博士、教授、博士生导师。1976年毕业于华中农学院，1985年获美国加利福尼亚大学戴维斯分校博士学位，1999年当选为中国科学院院士，2007年当选美国国家科学院外籍院士。现任华中农业大学生命科学技术学院院长、作物遗传改良国家重点实验室主任、国家农作物分子技术育种中心主任、国家植物基因研究中心（武汉）主任，兼任教育部国家生命科学与技术人才培养基地建设指导委员会主任委员、中国科学技术协会（简称“科协”）副主席。长期致力于水稻基因组、重要基因的分离克隆、杂种优势的遗传和分子基础等研究工作，取得一系列重大成果，在国际上产生了很大的影响；在国内率先开展基因图谱和功能基因组研究，是我国植物基因组领域的主要先驱者和带头人之一；提出了开发“抗虫、抗旱、少化肥”的绿色超级稻的构想和目标，为水稻遗传改良指出了新的方向；创造性地开展了杂种优势的遗传机理研究，将学术界对杂种优势生物学基础的认识提高到一个新水平；在实验室、学科、团队建设和学术交流、人才培养方面进行了一系列开创性工作。

牟同敏（1958—　），1987年7月于华中农业大学研究生毕业，1989年在湖北省农科院任助理研究员，1992 年任副研究员，1996 年任研究员。曾任湖北省农科院学术委员成员、杂交水稻中心副主任、湖北省遗传学会理事，2001 年调入华中农业大学，任作物遗传育种学教授。2002 年在国际水稻研究所从事合作研究。

靳德明(1959—　)，华中农业大学教授、博士生导师，研究方向为作物遗传育种、栽培生理和植物生物技术。1982—1992 年主要从事作物杂种优势利用研究、关于光敏核不育水稻及两系杂交稻的研究，成果获湖北省 1986 年度科技进步特等奖(参加者)、1997 年国家教育委员会(简称“教委”)科技成果三等奖(第二完成人)和 1999 年度国家自然科学三等奖(参加者)。1993—1996 年间先后在英国诺丁汉大学生命科学系、西班牙巴伦西亚大学药学院植物学系、美国斯克利普斯研究所国际热带农业生物技术实验室开展合作研究，合作研究课题包括：将贮藏蛋白质基因、抗白叶枯病基因导入水稻，以及转基因植株中外源基因及其表达的分子检测，液氮冷藏植物细胞及其组织培养后代植株的组织化学和细胞学研究等。1996 年至今先后在华中农业大学作物遗传改良国家重点实验室参加了植物转基因(抗叶片衰老基因、转座子标签)、杂交水稻强弱势颖花异步灌浆结实特性及其生理机制研究(博士学位课题)、水稻抗旱性遗传改良及分子机理和水稻节水栽培技术等研究。2010 年起主持国家自然科学基金项目、省自然科学基金关于新细胞质雄性不育和栽培稻种间杂种优势利用研究项目。在国内外发表论著 40 余篇(部)。

彭少兵(1962—　)，博士、教育部 2005 年“长江学者奖励计划”讲座教授、博士生导师。1979—1983 年，就读于华中农学院农学专业，获农学学士学位，毕业后留校任教；1985—1991 年，先后在美国加州大学戴维斯分校、德州理工大学和佛罗里达大学获硕士、博士学位并从事博士后研究；1991 年 10 月起就职于国际水稻研究所，任高级作物生理学家；2010 年 12 月回国，特聘为华中农业大学全职教授。

研究方向为：作物高产生理与栽培管理、作物营养生理与养分管理、水稻光合作用与水分生理、全球气候变化与逆境生理。主要学术成就包括：发现了夜间温度每升高 1℃导致水稻减产 10%的规律；揭示了不同时期育成水稻品种的产量演替规律，提出了提高品种对非生物逆境适应性而维持产量潜力的“维持育种”理论，阐明了水稻叶色值与叶片含氮量和光合作用的定量关系。先后在国内外的学术期刊发表论文 121 篇，其中 SCI 收录论文 90 篇。1994 年任“气候变化与水稻”国际学术大会主席，2000 年任“第 23 届国际水稻科学大会”主席。2006

年获得中国自然科学基金海外杰出青年B类资助。

曹凑贵(1963—)，华中农业大学教授、博士生导师，植物科技学院院长，国家教学名师。主要从事水稻栽培生理生态、农业生态学和区域可持续发展的研究工作。现任中国生态学会农业生态专业委员会副主任委员、全国"农业生态学教学指导小组"成员、中国农学会耕作制度分会理事、南方耕作制研究会副理事长、湖北省生态学会理事、中国农学会计算机农业应用分会会员、湖北省青年科协理事、湖北省软科学学会理事、湖北省专家学者科普服务团成员、武汉市农学会副会长及教育部本科教学评估专家。

曾汉来(1964—)，华中农业大学植物科学技术学院农学系主任、植物生理生化教研室主任、教授、博士生导师。研究方向为水稻遗传生理、生态生理基础。1986年遗传育种专业本科毕业合留校工作，主要从事杂交水稻育性生态与遗传稳定性研究。主持完成国家"863"计划项目3项、国家自然科学基金项目4项，农业部、教育部、省级重点项目课题20多项，发表论文80余篇，获授权专利2项；获国家自然科学三等奖、省技术发明二等奖、农业部、教育部科技进步奖等成果奖4项；主持和主要参加完成教学研究项目多项，负责"植物生理学"国家精品课程建设与系列教材建设。1999年获第七届霍英东教育基金会高校青年教师奖(研究类)，2002年获教育部高校青年教师奖，2004年入选国家首批新世纪"百千万"人才工程计划，2006年享受国务院政府专家特殊津贴。

黄见良(1964—)，教授、博士生导师。主要从事水稻栽培生理、高产生理、养分管理等研究。2001年5月—2003年5月在菲律宾国际水稻研究所从事博士论文研究；2003—2008年先后3次在菲律宾国际水稻研究所任高级访问研究学者，多次参加在日本、菲律宾、奥地利、摩洛哥、澳大利亚和中国举行的国际学术研讨会并作会议报告。目前主持的在研项目包括科技部支撑计划项目——"长江流域双季稻超高产栽培技术体系研究与示范"、973前期研究项目"气候变暖对稻米品质形成的影响及其机理研究"、国家基金委重大国际合作项目"基于水稻集约化生产的水肥耦合与养分高效利用基础研究"等多项研究。先后获得国际农业磋商组织杰出论文奖1项，湖南省科技进步二等奖3项、三等奖2项，湖北省科技进步三等奖1项；主编著作2部，副主编专著1部；在学术刊物发表论文50多篇，SCI收录16篇。2004年发表在《美国国家科学院院刊》(PNAS)的论文"Rice yields decline with higher night temperature from global warming"，2005年被美国*Discover Magazine*评为"2004年全球100起重要科学事件"，排名第68位。

余四斌(1967—　),教授、博士生导师。主要从事水稻遗传育种和分子生物学研究及教学工作,讲授数量遗传学、种子生理工艺学和遗传学进展等课程。1998—2000 年,在国际水稻研究所进行合作研究。目前研究内容主要包括水稻新种质创建、优异基因发掘、基因多样性分析、杂种优势的分子遗传机理和分子育种等。

第三章　中国小麦科学家学术谱系

中国小麦科学家学术谱系见表 3 - 1 所示。

表 3 - 1　中国小麦科学家学术谱系情况

	金善宝谱系	庄巧生谱系	戴松恩谱系	赵洪璋谱系	李振声谱系	马元喜、胡廷积谱系	余松烈谱系	颜济谱系
学术思想领袖	金善宝	庄巧生	戴松恩	赵洪璋	李振声	马元喜、胡廷积	余松烈	颜济
国外源头	1930—1932 年在美国康乃尔大学、明尼苏达大学学习	1945—1946 年赴美国进修	1936 年获美国康乃尔大学博士学位	—	—	—	—	—
师承关系	略（见下文）	略（见下文）	略（见下文）	略（见下文）	略（见下文）	略(见下文）	略（见下文）	略（见下文）
学术大本营	南京农学院 中国农科院	中国农科院作物育种栽培研究所	中国农科院作物育种栽培研究所	西北农学院	西北植物研究所	河南农业大学小麦研究室	山东农学院	四川农业大学小麦研究所
学术传统与研究纲领	春小麦育种	冬小麦遗传育种、小麦品质育种	种质资源	常规育种	远缘杂交	栽培、生育规律研究	高产栽培	育种、小麦族系统与进化

第一节　20 世纪中国小麦科学发展概况

一、20 世纪前半叶中国小麦科学研究概况①

我国小麦改良工作始于 20 世纪初。民国初年，政府先后设立农商部、实业部等，主管政务，兴办农业学校，设立农事试验场，从事农业改良。首先从蚕桑、植棉开始，不久便致力于稻麦改良，形成稻、麦、棉三大作物鼎足而立的格局。但这一时期正值国内军阀混战，政局动荡不已，公私立学校及官办农场多因人事变动频繁和经费困难而无法开展工作，因而收效甚微。只有少数高等农业教育机构在困难中挣扎创业，其中在麦作方面稍有成就的当推国立东南大学农科（后改为国立中央大学农学院）和私立金陵大学农林科（后改为农学院），它们对于品种改良与推广，育种技术框架的确立，性状遗传与栽培技术研究以及培育人才方面都有所建树，为之后小麦改良事业的发展打下了初步基础。1925 年起，金陵大学农林科与美国康奈尔大学商订五年合作计划：由康奈尔大学派遣育种专家来华讲学，指导和设计作物改良技术；策划与教会组织合作设立农事试验场；每年利用寒假或暑假举办讲习会，讲解、研讨有关作物育种的理论与方法。这是我国早期麦作改良史上的一项重要举措，也给其他作物育种工作的开展提供了良好的经验。

1929 年以后，洋麦、洋面输入日见增长，国家财政漏洞逐年扩大，加上 1931 年长江特大水灾殃及亿万农民百姓，国内粮食生产问题益趋严重。国民政府实业部为挽此危局，决定在 1931 年底设立中央农业实验所，以领导全国农业试验研究工作，而麦作改良则是该所的主要任务之一。这一时期，苏、浙、皖、豫、鲁、冀六省公、私立（指教会主办）农事试验场及农业院校也在逐渐加强小麦研究工作。1932 年，中央农业实验所与有关省农学院及农事试验机关合作进行全国性小麦区域（划）试验，这是中央与地方在麦作事业上相互联系协作的开端。1935 年，国民政府鉴于稻米、小麦、面粉进口漏洞巨大，进而增设全国稻麦改进所以掌理全国事宜，并由行政院农村复兴委员会、全国经济委员会、军事委员会、资源委

---

① 庄巧生. 中国小麦品种改良及系谱分析[M]. 北京：中国农业出版社，2003：19 - 33.

员会、财政部及实业部等五个部门联合组成全国稻麦改进监理委员会，负责监督指导全国稻麦改进所的工作。这几年的共同努力为我国麦作改良事业的顺利开展打下了基础。1937 年 7 月，日本侵略者挑起了卢沟桥“七七”事变，抗日战争的烽火漫延祖国大地，北方及沿海各省相继沦陷。正在前进中的麦作改良事业受到很大打击，或陷于停顿，或匆忙内迁，多年创业所积累的育种材料和文献资料，除极少数单位有所保留外，大多散失殆尽。为了适应战争需要，经政府统筹安排，川、黔、桂、滇、湘、鄂、陕 7 省先后成立农业改进所，统辖旧有的农林牧机构，从事各项农业科研工作，并以粮食增产作为首要任务。上述各省的小麦试验推广工作乃得以继续进行。从 1941 年起，国民政府农林部设立粮食增产委员会，各省成立粮食增产督导团，以加强包括麦作改良和良种推广在内的粮食增产工作，其中四川、陕西两省因天时地利及人力上的优势，成效相对较著。

（一）山海关内的主要机构及其小麦改良工作

1. 国立中央大学农学院

该院麦作改良工作始于 1919 年前南京高等师范学校农专时代，试验地设在该院南京城内成贤农场。1920 年，得面粉公会的资助，农学院在南京皇城内辟地 7 公顷作为小麦试验场，从事麦作改良工作。1921 年改组，扩大为国立东南大学农科，又在南京城外大胜关开辟试验地，工作有所扩充。到 1924 年，新品种“南京赤壳”“武进无芒”相继问世。1926 年，东南大学农科扩充为农学院，又在该院劝业农场扩大试验规模，先后又育成“江东门”“南宿州”两个品种，并于 1930 年开始杂交育种工作。1935 年夏，与武昌、南昌、九江、芜湖、淮阴、凤阳、南阳、济南等 8 处农事试验机关合作进行区域试验，主要面向长江下游各省。1937 年，因战事西迁重庆，除保存原有材料外，还在川东地区进行麦作改进工作。中央大学农学院的麦作改良工作先由原颂周主持，后由金善宝主持，两位学者都是国内从事麦作研究的先驱者。

2. 私立金陵大学农学院

该院麦作改良始于 1914 年前农林科时代，主其事者为前院长美籍人士芮思娄。先后育成改良小麦“双恩”“金大 9 号”“金大 26 号”三个品种。1925 年与美国康奈尔大学开展合作后，作物育种专家洛夫、马雅斯（C. H. Myers）、魏庚（R. G. Wiggans）等相继来华讲学，并指导作物育种工作。从 1925 年起，先后与宿县、铜山（徐州）等农事试验场确立合作关系。至 1937 年止，除南京总场外共有分场 4 处(乌江、开封、泾阳、北平)、合作场 6 处(宿县、徐州、济南、邹平、定县、太谷),分布在主产小麦的 7 个省,均以小麦育种为主要工作,兼有良种繁殖推广任务。从 1932 年起,该校将总、分各场选育出的新品系分发上述 7 省 10 多个点举行区域试验,实际上已在我国冬麦区初步形成了品种试验筛选网络。南京总场经多年试验育成的"金大 2905"于 1933 年起,先在长江流域、后在西南三省及陕南地区推广种植,成为我国 30 年代中期至 40 年代后期推广面积最大的品种。各分场、合作场在该校领(指)导下也都取得较好成效。该校在 1926—1936 年期间还曾举办假期作物改良讨论会 7 次,对普及作物育种理论知识与基本技术,以及交流探讨育种实践中的经验与问题,起到了很好的促进作用。主其事者先是洛夫,后为沈宗瀚、郝钦铭。1937 年冬,该校西迁四川成都后,受工作条件限制只侧重在教学与研究上,小麦田间育种试验基本中断。

3. 中央农业实验所

该所于 1931 年底成立,首先在南京孝陵卫所址附近从事麦作试验工作,当年便从国内各农事机构及美国一些州农业试验站征得小麦品种 1 500 余个。1932 年秋,该所与中大、金大两农学院合资购得英国小麦专家潘希维尔氏(John Percival)收集的一套世界小麦品种 1 700 余份。这是我国第一次有计划、大规模地搜集国内外(主要是国外)种质资源,为各地开展小麦育种工作打下了良好的材料基础。后来在生产上推广应用的"中大 2419"(新中国成立后定名为"南大 2419")"矮立多""中农 28"就是有关单位从这几批引种材料中通过筛选、鉴定育成的。1932 年秋,在该所总技师洛夫的倡导下,以各地农家品种 100 个为材料,分在 8 个省 39 个试点进行小麦品种区域适应性试验。1933 年,此项工作由沈宗瀚主持。1936 年秋,该所在过去 4 年工作的基础上,对区域试验计划做了调整,即以各地的改良品种为试材,分为全国各区域品种适应试验、同区域内品种适应试验和南京三个单位(中央农业实验所、中大、金大)联合试验 3 种类型,分布在 11 省 35 处进行。1937 年抗日战争爆发后,多数地点工作中断。该所西迁重庆后,从 1938 年起,将上述第一种试验及第二种试验中的长江流域区域试验移在川、黔、滇、桂、浙 5 省进行,同时另外组织西南 5 省小麦品种区域试验(以农家种为主)。这些试验于 1941 年麦收前先后结束。抗战期间,川、黔、湘等省推广种植的"金大 2905""中农 28""中大美国玉皮"等优良品种,就是根据长江流域区域试验结果确定的。

中央农业实验所成立后十分重视技术培训工作,经常利用冬季举办作物改良讨论会。1936 年与全国稻麦改进所合办过一次规模较大的作物改良冬季训练班，召集各省农业技术人员参加，并邀请英籍生物统计学家韦适、美籍育种学家海斯主讲生物统计、作物育种等课程。国内的专家、教授也在会上作专题报告，交流技术经验，会后编有专集。海斯教授还赴各省视察指导麦作改良工作，并与沈宗瀚共同草拟中国小麦育种协调计划和区域试验改进方案，对促进各省作物育种工作的开展颇有成效。

该所于 1934 年起开始小麦杂交育种工作，主其事者沈骊英，当年所做的杂交后代经辗转在南京、贵阳、荣昌、北碚等地种植与选择，育成若干优良品系，于 1941 年起分发西南各省及陕西参加产量试验，后来定名的“骊英 1 号”“骊英 3 号”“骊英 4 号”“骊英 6 号”等品种就是从这批材料中鉴定出来的。该所总部迁四川重庆后，在川、黔、湘、滇、桂、豫、陕 7 省设立工作站，协助各该省特别是湘、黔、滇、桂 4 省开展麦作改良工作，颇为得力。1940 年后，将各地的麦作试验工作集中在重庆荣昌进行，1943 年又转移到重庆北碚，直至 1945 年抗战胜利后才迁回南京旧址。

1935 年冬成立的全国稻麦改进所设在中央农业实验所内，其麦作组工作与后者的农艺系密切结合，除加强所内麦作改良研究外，还在各地开展肥料试验，并从事小麦种子检验与分级研究，因战事关系 1938 年又并入中央农业实验所。

其他小麦改良机构尚有江苏省铜山麦作试验场、江苏省杂谷试验场、安徽宿县农事试验场、浙江省稻麦改良场、国立浙江大学农学院、江西省农业院、河南开封农事试验场、私立齐鲁大学农事试验场、私立燕京大学作物改良场、河北定县平民教育促进会农事试验场、山西铭贤学校农事试验场、陕西省农业改进所、私立金陵大学西北农事试验场、国立西北农学院、四川省稻麦改良场、贵州省农业改进所、云南省农业改进所、广西省农事试验场、湖南省农业改进所、湖北省农业改进所等。此外，江苏无锡小麦试验场、河南大学农学院、山东省第一区农场以及福建、甘肃、西康 3 省农业改进所，均曾先后从事过麦作改进工作，但为时较短。

（二）东北三省小麦改良工作简况

早在 1913 年，日本“南满铁道株式会社”在吉林省公主岭设立了“满铁农事试验场”。日本侵占东北三省并成立伪满洲国后，该场改名“国立公主岭农事试验场”，并逐步附设克山、佳木斯、哈尔滨、王爷庙、辽阳、铁岭、锦州、兴城、安东等支场。日本投降后该场由国民政府农林部于 1946 年 7 月接管，更名为“公主岭农事试验场”。小麦改良工作主要在哈尔滨、克山、佳木斯3个支场进行。

早期的育种目标为抗旱、丰产和提高适应性,没有考虑秆锈病为害的问题。经受了1921年、1923年、1934年秆锈病大流行所造成的严重减产和麦田面积大幅度下降的教训后,从1936年起,抗锈病育种提到研究日程上。1937—1939年间大量引用北美的抗秆锈病品种作为抗锈病亲本,与当地的“兰寿”“克华”“肇安”等感光性强、感温性弱的品种以及“公改良3号”“满沟335A-531”“宾南”“农林3号”等耐锈、大粒、高秆品种为另一亲本配制了一系列杂交组合。截至1945年日本侵略者投降时,先后共育成注册品种13个,其中系选品种7个,引进品种4个,杂交育成品种“南凤”“大和”2个,均因不抗秆锈病而未推广。

东北光复后,哈尔滨王岗农事试验场的小麦抗锈病育种材料由工作人员保存了下来,后交由哈尔滨农学院(即东北农学院前身,今东北农业大学)接管并继续试验。1948年,秆锈病在全区又一次大流行,引起了东北人民政府的极大重视。1949年,东北人民政府便责成东北农业科学研究所(即前公主岭农事试验场)针对这批抗、耐锈病新品系迅速组织大区联合比较试验,进而确定“哈系2229”“哈系2370”“哈系2602”“哈系3197”和克山支场提供的“MM21-5”等5个品系进行生产试验和示范繁殖。

(三)华北敌占区及光复后小麦改良工作简况

1938年初成立的华北政务委员会决定筹建中央农事试验场,办事处设在北平市鲍家街21号(原民国大学校址),试验场地则在西直门外白祥庵村一带(现中国农院所在地)。同时宣布1936年设在青岛的华北产业科学研究所和1937年筹建的天津农事试验场合并到中央农事试验场,随后改名为“华北农事试验场”,并在石家庄、军粮城、济南、青岛、开封、太原等地设立支场、专业试验场和原种圃等21个分支机构。小麦改良是华北农事试验场的主要工作之一,当时曾通过系统选种在北平选出“华农1号”,在石家庄选出“华农5号”。这2个品种作为过渡时期的推广品种,种植面积很小。日本投降后,国民政府农林部于1945年9月接管了该场,更名为“中央农业实验所北平农事试验场”。该场在过去的小麦工作基础上进一步加强杂交育种试验,除继续注重旱地小麦产量潜力的提高外,开始进行品种抗锈病鉴定及抗锈病育种。同一时期,北京大学农学院(后为北京农业大学)也在大力开展小麦品种改良工作,并在1946年从美国引入冬春小麦品种材料约3 000份,后来从中筛选出优异的抗锈病品种作为杂交亲本利用，并取得很好的进展。华北 4 省也先后恢复农业改进所的建制，逐步加强小麦研究，但由于时局动荡不安，工作受到较大影响。

综观 1949 年以前我国早期小麦改良工作历程，可分为 3 个阶段：

第一是创始阶段(1915—1924)。以高等农业院校为推动力，倡导科学种田和品种改良对发展农业的重要性以引起国人的重视，并从稻、麦、棉三大作物入手开展工作。育种工作以纯系选种(或称“系统育种”)为主，田间设计粗放，只注重产量高低。

第二是奠基阶段(1925—1931)。初始时政局动荡、经费困难，公立农业学校或农场工作停滞不前，而教会主办的农业学校或农场较能超脱政治干扰，且有外籍人士辅导，因而工作得以开展，并初具建立试验场网络的思想和条件。在育种方法上，开始注意结合遗传学知识考察田间育种材料，应用生物统计方法判断供试品种的产量差异，并初步涉及一些遗传、生理、病理问题的研究。但因历时尚短，且多分散进行，良种推广成效不显著。

第三是起步阶段(1932—1948)。国民党政府行政院组建农村复兴委员会后，中央农业实验所、全国稻麦改进所相继成立并开展工作，在组织形式、技术指导、人才培训、材料收集以及与各省相应机构取得联系，形成网络等方面都有较大进步，面上工作得以开展，并有少数良种提供生产应用。不料发生“七七”事变，半壁江山沦陷敌手，麦作改良工作只能局限在西南各省及陕西、甘肃等地进行。尽管工作环境和生活条件极端困难，但出于抗日救国、振兴中华的激情，小麦育种事业仍在坚持中缓慢发展，为 1949 年以后的大踏步前进奠定了一定的人力资源和材料贮备基础。

经过 30 多年的试验研究，到 1948 年以前，各地(不包括敌占区)育成并曾在生产上应用的小麦改良品种约有 40 余个。其中，自外国引进的 5 个，即“美国玉皮”“中大矮立多”“中农 28”“川福麦”“中大 2419”；由地方品种或混合选种法育成的 5 个，即“中大江东门”“沛县小麦”“淮阴大玉花”“泾阳蓝芒麦”“成都光头麦”；由纯系选种法选出的 23 个，即“金大 26”“中大南京赤壳”“中大武进无芒”“中大南宿州”“锡麦 1 号”“金大 2905”“金大南宿州 61”“金大南宿州 1419”“金大开封 124”“萧县火燎芒”“济南 1195(齐大 195)”“徐州 1438”“徐州 1405”“燕京白芒白”“定县 72”“铭贤 169”“陕农 7 号”“蚂蚱麦”“西北 60”“西北 302”“浙场 4 号”“浙场 9 号”“浙场 17”；由杂交育种法育成的有“莫字 101”“骊英 1 号”“骊英 3 号”“骊英 4 号”“骊英 6 号”等。上述品种都得到不同程度的推广，其中“金大 2905”累计推广近 6.8 万公顷，是新中国成立以前推广面积最大的改良品种。

"中大2419"在新中国成立后改称"南大2419",在长江两岸迅速推广,并扩展到陕甘、两广、云贵等地,种植面积最大时超过466万公顷,占全国小麦种植面积的1/5,直到80年代仍有6.6万公顷以上的种植面积。因其早熟、适应性好、丰产、抗条锈,各地用其作为杂交亲本所得的优良衍生品种有110多个。"南大2419"的推广面积之大,应用时间之长,种植地区之广,衍生品种之多,是小麦改良史上少有的,对发展我国小麦生产起到了重大作用。

二、20世纪后半叶中国小麦科学发展概况

新中国成立后,小麦科学得到长足发展,直接促进了小麦生产的增长。根据国家统计局资料,1952年我国小麦平均产量为732千克/公顷,到2008年平均产量达到4 762.5千克/公顷,增长6.5倍。小麦播种面积从1952年的2 478万公顷,到1991年增长到3 095万公顷,到2008年又减少到2 362万公顷,比1952年还减少了116.3万公顷。而小麦总产从1952年的0.181 3亿吨到2008年的1.124 6亿吨,增长了6.2倍,实现了供需平衡有余。

(一)新中国成立以来中国小麦育种研究的进展①

新中国成立以来,我国小麦育种取得了卓越的成就,先后选育了数以千计的优良品种,每年在生产上种植的小麦品种有300～400个,其中种植面积在66.7万公顷以上的品种累计有60余个,为我国小麦生产的发展做出了巨大贡献。

新中国成立初期,我国小麦品种改良是从评选地方品种起步的,各地都评选出一批优良地方品种在生产上推广应用;同时积极引入国外品种试验试种,并择优与本地品种杂交,进行品种改良。新中国成立后的中国小麦育种发展可分为三个阶段:

1. 以提高抗病稳产为主的育种阶段(20世纪50—60年代)

1950年春,我国小麦条锈病空前大流行,造成当年小麦大减产。据估计,全国小麦大约减产60亿千克。由于病原菌变异快,小麦品种选育进度慢,品种抗性难以持久,必须经常更新。据26个国家统计:条锈病菌发生新小种变异的速度是平均5.5年产生一个新的流行性小种,而育成一个小麦新品种一般需要8～10年。

---

① 李振声.我国小麦育种的回顾与展望[J].中国农业科技导报,2010,12(2):1-4.

20 世纪 50 年代大面积推广的第一批改良品种有“碧蚂 1 号”“南大 2419”和“甘肃 96”等。这个时期的改良品种少，上述 3 个品种推广覆盖面积大。“碧蚂 1 号”于 1948 年育成，1950 年推广，最高年份种植面积达 600 万公顷，覆盖了整个黄淮流域和河北中部以北的平原地区。“南大 2419”于 1932 年引自意大利，经系选后于 1942 年推广，年最大推广面积为 466.7 万公顷，覆盖了长江流域。“甘肃 96”于 1944 年引自美国，经选育后于 1952 年推广，年最大推广面积达 66.7 万公顷，主要覆盖中西部部分春麦区。

到 20 世纪 60 年代，各地由于推广品种先后丧失了抗性，又育成了一批新的抗病良种，推广面积达到 66.7 万公顷以上的有“济南 2 号”“北京 8 号”“内乡 5 号”“石家庄 54”和引自阿尔巴尼亚（实为意大利品种）的“阿勃”“阿夫”等。由于这些品种的推广基本控制了条锈病新小种的流行危害，使我国小麦平均产量达到 1 500 千克/公顷以上，提高了 1 倍。

2. *以矮化和高产为主的育种阶段（20 世纪 70—80 年代）*

随着生产条件的不断改善和国际上绿色革命的兴起，在继续保持对条锈病抗性的基础上，我国相应育成了一批半矮秆或矮秆、抗倒、丰产的优良品种，在生产上迅速推广应用。

20 世纪 70 年代育成和推广的小麦良种中，年最大推广面积在 66.7 万公顷以上的有“泰山 1 号”“丰产 3 号”“博农 7023”“济南 9 号”“徐州 14”“繁 6”和“郑引 1 号”等，其中“泰山 1 号”推广面积最大，达 216.7 万公顷以上。

20 世纪 80 年代后，对抗病性的要求是兼抗白粉病，这一时期推广的品种，年最大种植面积在 66.7 万公顷以上的有“百农 3217”“济南 13”“鲁麦 14”“山农辐 63”“冀麦 30”“陕农 7859”“小偃 6 号”“豫麦 13”“豫麦 7 号”“徐州 12”“西安 8 号”“冀麦 26”“鲁麦 1 号”“豫麦 2 号”“豫麦 17”“扬麦 5 号”“鄂恩 1 号”“绵阳 11”“绵阳 15”“绵阳 20”“川麦 22”和“克旱 9 号”等，其中一大部分品种的抗病、抗逆、高产性能的基因源是来自从罗马尼亚引入的具有黑麦血缘的 1B/1R 易位系“洛麦品种”（包括牛朱特）。这些代表性品种加上推广面积在 66.7 万公顷以上的数百个品种的推广，使我国小麦平均单产达到 3 000 千克/公顷以上，又提高了 1 倍。

3. *高产和优质育种并进阶段（20 世纪 90 年代—21 世纪初）*

随着我国人民生活条件的不断改善和面临进入 WTO 后的挑战，小麦品质改良育种开始提上议程并有所进展，形成了与高产育种并进的态势。1990—2010 年，年最大推广面积在 66.7 万公顷以上的新品种有“郑麦 9023（中强筋）”

“济南16”“济南17(强筋)”“鲁麦21”“济麦19(强筋)”“济麦20(强筋)”“济麦22”“烟农19(强筋)”“豫麦18”“矮抗58”“石4185”“邯6172”“扬麦158”和“绵阳26”等。这些代表性品种与其他良种的推广应用使我国小麦平均单产达到4 500千克/公顷以上，个别品种在试验示范中曾达到10 500千克/公顷以上，保证了我国小麦的供需平衡。通过由中国科学院和中国农业科学院联合主持的国家“973计划”小麦品质课题的研究，基本明确了优质小麦有两个主要优质基因源：一个是来自西方国家适合做面包的强筋小麦品种“兰考塔”(Lancota，美国)、“叶考拉”(Yecora，墨西哥)等；一个是我国自己培育的适合制作馒头、面条、饺子等蒸煮类食品的品种“小偃6号”“临汾5064”等。由于优质小麦品种的推广，我国基本结束了优质麦依靠进口的历史。

随着小麦生产水平的提高，近10年来我国与其他小麦生产国都出现了单产增长逐渐变缓的情况。同时，受全球气候变化的影响，小麦产量的波动加大，小麦育种进入了爬坡阶段。从国际研究动向看，引起关注和支持的有3个方面：一是相关基础研究，如提高光合作用效率、进一步挖掘单产潜力等；二是重要农艺性状分子机理研究，将分子生物学技术与常规育种相结合，创造优异育种元件和选育突破性的新品种；三是拓宽育种途径，如远缘杂交和人工合成种的改良利用等。这些研究在国家“973计划”、“863计划”、科技支撑计划、国家自然科学基金和国家重大专项等的支持下，都有了一定的工作基础，今后应进一步加强支持力度，以加速科研进度，满足新的生产发展需要。

（二）新中国成立以来中国小麦栽培研究的进展①②

20世纪50年代到70年代，小麦栽培科学工作者采取总结群众生产经验与试验研究相结合的方法，针对不同时期生产上存在的问题，重点开展了田间茎层结构、群体合理动态结构、产量构成因素、需肥需水规律、促控管理指标、高产途径及栽培技术体系等研究工作，许多研究成果对指导小麦生产和发展栽培科学起到了重要作用。

20世纪50年代，重点研究的是小麦播种期、播种量、播种方法、耕作保墒、越冬保苗、防止春霜冻害、防止倒伏，以及保证间套复种两季丰收的栽培技术等问题。这些方面的研究成果与群众的生产经验已经载入1961年由金善宝主编

① 朱荣.当代中国的农作物业[M].北京：中国社会科学出版社，1988：130－131。
② 赵广才.我国小麦栽培研究的进展与展望[J].作物杂志，1999(3).

出版的《中国小麦栽培学》一书中。60年代开展的以密植为中心的小麦丰产栽培研究成果表明：在小麦高产栽培中，要从提高光合生产率着眼，采取相应的技术措施，从苗期到成熟的各个时期，都要有合理的群体结构，使根、茎、叶、穗、粒得到均衡发展，才能获得高产。70年代，产量构成因素研究成果表明：提高产量首先要保证有足够的穗数，达到合理穗数后，应把提高产量的重点放在增穗粒数上。冬小麦低产变中产田一般以主茎成穗为主，中产变高产田以主茎和分蘖成穗并重，高产再高产田要适当降低基本苗，较多地依靠分蘖成穗。这种以辩证发展的观点来研究小麦的群体结构，对促进小麦生产和科学研究工作，有着重要的实践和理论意义。

70年代中后期，小麦栽培研究工作已从单一学科、单项措施研究，发展到多学科、综合配套栽培体系的研究。河南省从1974年开始由省农业厅、省农业科学院、省农学院共同组织，由河南农学院主持组成了河南省小麦高产稳产低成本综合研究与技术推广协作组，开展了全省性、多学科协作研究。到1979年，提出了《实现小麦大面积高稳低的生产模式》的研究成果。协作组针对河南省的生态条件，研究总结出一套比较完整的实现小麦高产稳产低成本的综合性技术措施，提出了比较系统、全面的小麦产量形成的三大规律（分蘖成穗规律、幼穗发育规律、子粒灌浆规律）和五项关键技术指标（群体动态指标、施肥技术指标、灌溉技术指标、看苗管理形态指标、生产成本构成指标）。

1980年11月，中国农学会和中国农业科学院联合召开的全国作物栽培科学讨论会，对小麦栽培研究的工作和成果进行了广泛的交流和讨论，把小麦栽培研究工作提高到一个新水平。

80年代以后，我国小麦栽培技术研究的主要成果包括以下几个方面：

1. 小麦叶龄指标促控法

该成果由张锦熙主持，中国农科院作物所和北京市农科院作物所共同完成，1985年获国家科技进步二等奖。该项研究从小麦生长发育规律研究入手，深入剖析了小麦植株各器官的建成及其相互之间的关系，自然环境条件和栽培管理措施对小麦生长发育、形态特征、生理特征、物质生产、产量形成等的影响，提出了小麦叶龄指标促控法管理技术体系，其中最关键的技术是因地制宜的实现小麦高产稳产的双马鞍型促控法和大马鞍促控法。该技术在全国主要产麦区的十几个省市应用推广，增产效果十分显著，取得了巨大的经济效益和社会效益，把我国小麦栽培科学研究和小麦生产技术水平推到一个新的阶段，具有重大的理论意义和广泛的实用价值。据有效统计，累计已推广600万公顷，时至今日仍在小麦生产中广泛应用。

2. 小麦精播高产栽培技术

该项成果是中国工程院院士、山东农业大学余松烈教授主持完成的重大成果。小麦精播高产栽培是一套高产、稳产、低耗、经济效益高和生态效益好的栽培技术，其主要内容是：建立合理的群体结构，保证有足够的穗数，并充分发展个体，促进植株健壮、穗大、粒多、粒重，实现高产。小麦精播的核心是依靠分蘖成穗，促进个体健壮并构成合理的群体。该成果于1984年开始在山东省各地推广，至1991年，累计推广面积达300万公顷，小麦单产提高13.4%；以后又逐渐在河南、河北等地推广应用，取得了显著的社会和经济效益。

3. 小麦沟播侧深位集中施肥技术

该项成果由张锦熙主持，中国农科院作物所组织晋、冀、鲁、豫、陕、京、津等7省市有关单位共同协作完成。该项研究针对我国北方广大中低产麦区旱、薄、盐碱地多，产量低而不稳的实际情况，在吸收借鉴国内外传统经验的基础上，研究了小麦沟播集中施肥的生态效应，及影响小麦生长发育、产量结构的增产效应，并研制了侧深位施肥沟播机。其增产的关键是由于改善了小麦的生育条件：旱地小麦深开沟浅覆土可借墒播种；盐碱地采用沟播可躲盐巧种，提高出苗率；易遭冻害地区的小麦，沟播可降低分蘖节在土壤中的位置，减轻冻害死苗；而侧深位集中施肥可以提高肥效。因此，该项技术是经济有效、稳产增产的措施。上述7省市仅1984—1987年就推广185万公顷以上，增产14%，取得了显著的社会和经济效益，并于1989年获农业部科技进步奖。

4. 小麦高稳优低综合栽培技术体系

该项研究是由河南省科学技术委员会（简称“科委”）、省农业委员会（简称“农委”）负责组织领导，河南农业大学（简称“河南农大”）、省农科院及省农业技术推广总站负责主持，在河南省范围内开展的多学科、多部门、多层次的协作攻关研究。在70年代研究的基础上，对全省不同生态类型区的小麦提出了相应的生态技术规程，该项研究成果在河南省大面积推广应用，使全省小麦生产逐步实现“种植区域化，管理规格化，技术指标化”。该成果于1985年获国家科技进步二等奖，目前其主要关键技术仍在河南省推广应用。

5. 小麦小窝疏株密植技术

该项技术由四川省农科院作物研究所主持完成，1985年获农业部科技进步二等奖。这一技术在四川省黄壤及田湿土粘地区推广，其技术要点为：精细整地，深沟高厢；增加窝数，减少每窝苗数，达到疏株密植；科学用肥，重底早追。

6. 小麦全生育期地膜覆盖穴播栽培技术

该项技术是甘肃省农科院作物所在 80 年代末至 90 年代初开展的抗旱节水增产技术,90 年代后期研制成功的小麦机械覆膜播种机,加快了该技术的推广应用。该技术将“条播—盖膜—揭膜”改为盖膜穴播用机械一次完成,全生育期不再揭膜,从而使节水、抗旱、增产效果更为显著,成为我国北方旱地小麦实现高产的突破性栽培技术。

7. 小麦高产模式化栽培技术

江苏省的小麦高产模式化栽培技术,是 80 年代由江苏省农科院、南京农业大学、江苏农学院、江苏省农林厅共同主持,组织全省有关单位开展的综合性栽培技术研究。在明确了小麦模式化栽培产量结构指标、物质生产指标、栽培农艺指标以后,分区建立了江苏省六大麦区的 7 套小(大)麦高产栽培模式,制定了模式化栽培指标参数和规范化栽培技术。该技术在江苏省大面积推广应用,并取得了重要成果。

河北省的小麦模式化栽培技术,是 80 年代在河北省政府领导下,由省农业厅、省农科院和河北农业大学组成的协作组开展的技术研究和推广应用。其主要内容包括:区域化、优化、量化、指标化、简化和通俗化,从而使全省实现“因地种麦,分类指导”和“种麦区域化,技术模式化,管理科学化”。仅 1985—1987 年,累计在全省推广应用面积达 181 万公顷,取得了显著的社会效益和经济效益。

8. 小麦超高产栽培技术体系

小麦超高产栽培研究从 80 年代后期开始一直持续进行。1995 年,国家科委(现国家科技部)把小麦超高产形态生理指标及配套栽培技术研究列入国家“九五”计划重中之重科技攻关项目,并招标组织中国农科院作物所、山东农业大学和扬州大学有关科技人员开展技术攻关研究。项目组通过试验研究,在超高产小麦的个体发育、群体发展、穗分化进程、灌浆规律、配套栽培技术措施等方面都取得了很大进展,并得到大面积推广应用。

第二节　中国小麦科学家的主要学术谱系

一、金善宝开创的小麦科学家学术谱系

中国小麦科学家学术谱系见图 3 - 1 所示。

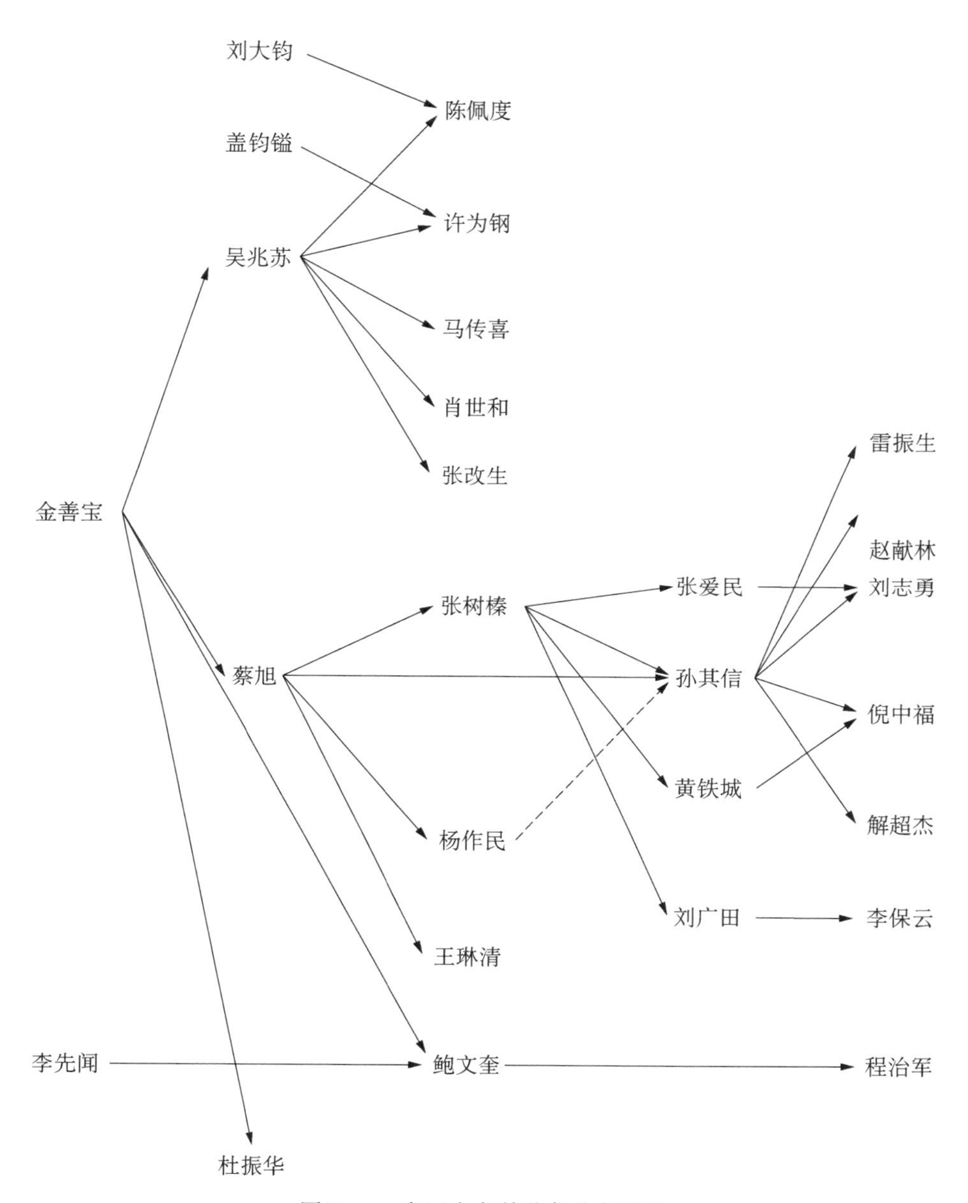

图 3-1 中国小麦科学家学术谱系

第一代为开创者金善宝。

金善宝(1895—1997),著名育种学家、农业教育家、农学家和小麦专家,中国现代小麦科学主要奠基人。1917 年考入南京高等师范农业专修科,毕业后留校任实验农场技术员。1930 年 7 月赴美留学,先后在康奈尔大学、明尼苏达大学研究作物育种。1932 年回国，任浙江大学农学院副教授、中央大学农学院教授。1928 年发表对我国小麦科研和生产均有重要意义的论著《中国小麦区域》，1934 年编著了我国第一部小麦专著《实用小麦论》。

新中国成立后到 1958 年，他任职于南京农学院，并曾担任华东军政委员会农林部副部长、南京市副市长。1955 年当选为中国科学院学部委员，次年当选全苏列宁农业科学院通讯院士。1957 年 3 月，中国农业科学院在京成立，金善宝任副院长。在农科院期间，金善宝踏遍了全国主要农业区进行考察，并在澜沧江流域发现了“云南小麦”新种。他从全国各地征集了 5 544 个小麦品种，经深入研究、鉴定，确定分属普通小麦、密穗小麦、圆锥小麦、硬粒小麦、“云南小麦”5 个种类和 126 个变种，并亲自定名 19 个普通小麦变种和 6 个“云南小麦”变种的名称。在对我国 2 个小麦种类的地理分布情况进行认真研究的基础上，第一次明确指出云南是我国小麦种类最丰富的变异中心。1957 年，他的《中国小麦之种类及分布》一文在国内引起很大的反响。50 年代末 60 年代初，他还组织编写了我国研究小麦栽培的重要巨著《中国小麦栽培学》。

“文革”期间，金善宝排除干扰和阻力，按计划继续进行科研工作。他指导助手们进行南繁北育科学研究，跋山涉水选择夏繁地点，考察春麦冬繁生长情况；用在京春种夏收，再在海南或云南元谋秋种冬收异地加代的办法，缩短春麦育种年限；筛选出经过地理差异、自然变化、病害考验的具有广泛适应性的“京红号”春小麦良种，在 10 个省、市、自治区的 29 处评比试验中，24 处平均单产第一，1976 年推广种植 4 万公顷；80 年代又育出“中 7606”和“中 7902”春性小麦新品种，在黄淮麦区增产显著，深受欢迎。

金善宝除躬耕于农业教育与科研园地外，还担任过中国农学会第一、二届副理事长，中国作物学会第二届理事长，中国科协第二届副主席、国务院学位委员会委员，九三学社第六、七届中央副主席和第八届中央名誉主席，第一至六届全国人大代表。

从 20 世纪 30 年代初到 50 年代末，金善宝一直在全国著名的高等农业院校任教。他辛勤劳动、口授笔耕、谆谆教诲，为农业科学事业培养出吴兆苏、蔡旭等大批优秀人才，很多学生成长为中国农业科研、教育和生产领域的中坚骨干和领导干部。1958 年到中国农科院担任领导工作后，又言传身教，指导和培养出杜振华等优秀的小麦科学家。他所开创的小麦科学家学术谱系是中国现代小麦研究领域的主导谱系（见表 3 - 2）。

表 3-2　以金善宝中心的小麦科学家学术谱系

第一代	金善宝
第二代	蔡旭、吴兆苏、鲍文奎
第三代	陈佩度、杨作民、张树榛、杜振华、陈孝
第四代	黄铁城、刘广田、张爱民、孙其信、马正强

金善宝培养的第二代小麦科学家主要形成 3 个支系，即南京农业大学、中国农业大学和中国农业科学院。

1. 南京农业大学支系

金善宝是南京农业大学小麦科学家学术谱系的开创者，直接受他指导和影响的第二代小麦科学家主要有吴兆苏和刘大钧(见图 3-2)。

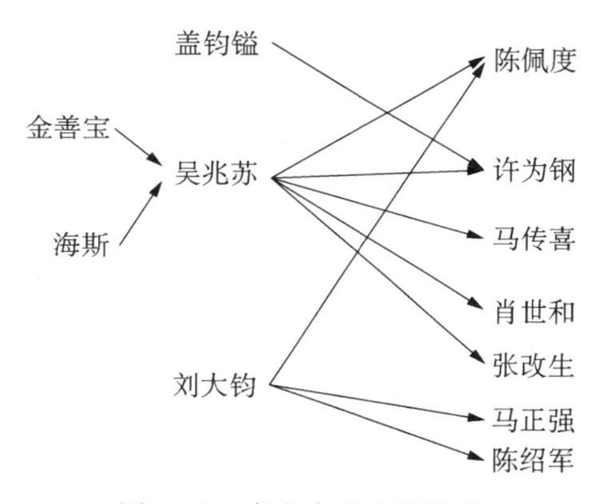

图 3-2　南京农业大学谱系

吴兆苏(1919—1994)，1942 年 7 月毕业于中央大学农学院，1943 年考入中央大学研究院农艺学部，1944—1946 年作为周承钥教授的研究生，以蚕豆和黄麻为材料进行遗传学研究。1947 年，吴兆苏进入美国明尼苏达大学研究院及农艺和植物遗传系攻读博士学位，导师为国际植物育种学权威海斯教授。1950 年获哲学博士学位，博士学位论文《小麦抗叶锈病性遗传》发表于美国《农艺学报》(1953)。

吴兆苏 1950 年 10 月回国，在金善宝指导下从事小麦科研和教学工作。历任南京大学农学院农艺系主任、副教授，南京农学院副教授兼农学系副主任，小麦品种研究室副主任、主任，南京农学院教授，南京农业大学博士研究生导师。自 40 年代初以来，吴兆苏一直从事作物遗传育种教学和小麦研究，参加过“南大

2419”的选育和推广。1951年，他用普通小麦(南大2419)和圆锥小麦(华西分枝-Tg)杂交，后经多代选择育成了中国较早的种间杂交品种“南农大黑芒”。60年代通过复合杂交育成早熟品种“复穗黄”，利用智利品种“欧柔”育成“钟山2号”“钟山6号”2个品种。除进行新品种选育外，他还在产量、品质、抗性等目标性状的遗传和机理，特别是小麦品种分类、生态区划、休眠特性与穗发芽、抗赤霉病轮回选择和馒头蒸制品质等方面做了大量研究，先后发表论文80多篇。他经过3年的辛勤耕耘撰写出版的《小麦育种学》，1992年获国家教委科技进步甲类二等奖和全国优秀科技图书二等奖。他先后担任《中国小麦品种及其系谱》《中国小麦品种志(1962—1982)》《作物育种研究与进展》等专著的副主编和有关章节的撰稿人，还参加了《中国小麦栽培学》《作物育种学》《作物育种学总论》《作物育种学各论》《中国小麦品种志》《中国小麦学》等高校教材和专著的编写工作。

吴兆苏还担任多种学术兼职及社会职务。1979年受聘为国家科学技术委员会农业生物学科组成员，1984年受聘为国家科委协调攻关局国家重点攻关项目“农畜育种技术及繁育体系”“小麦和太谷核不育小麦”专家组成员。曾当选为中国作物学会理事，《作物学报》编委，江苏省农学会常务理事、名誉理事，江苏省种子学会理事长、名誉理事长，华中农业大学作物遗传改良国家重点实验室学术委员等。

此外，刘大钧院士亦为南京农业大学小麦研究第二代科学家的代表之一。

刘大钧(1926—)，作物遗传育种专家、南京农业大学教授。1949年毕业于南京金陵大学农学院，1959年获莫斯科季米里亚捷夫农学院副博士学位。长期从事小麦新技术育种、外源抗病基因发掘与优异种质创新研究，80年代初通过辐射诱变育成“宁麦3号”，“六五”规划期间共种植100余万公顷，增产5亿多千克，创值1.5亿余元；率先综合应用染色体分带、非整倍体、同工酶、原位杂交与分子标记技术，为精确检测小麦的外源染色体与基因创建了完整的技术新体系；近年又将DNA分子标记技术成功应用于小麦抗病育种，研究发现与定位的簇毛麦抗白粉病基因，经国际定名为“Pm21”；育成抗白粉病小麦-簇毛麦双二倍体、异附加系、代换系与易位系，为抗病育种创制了优异的新种质；首先发现鹅观草、纤毛鹅观草等高抗赤霉病，并选育出一批抗赤霉病的小麦-大赖草、鹅观草、纤毛鹅观草的异附加、代换和易位系。曾获国家和部级等多项成果奖励，1999年当选为中国工程院院士。

该支系的第三代代表人物是陈佩度。

陈佩度(1944—)，1978年获南京农学院硕士学位，导师为吴兆苏；1988年在该校获博士学位，导师为刘大钧。研究领域为小麦分子细胞遗传与育种。

陈佩度曾任江苏省遗传学会理事长，《遗传学报》《作物学报》《南京农业大学学报》编委，长期从事小麦遗传育种教学、科研工作，育成“宁麦 3 号”小麦，该品种曾是 80 年代淮南麦区的主栽品种；有创见地将核型分析、端体配对和染色体分带相结合，将传统的细胞遗传学方法与分子遗传学技术紧密结合，综合应用于外源染色体及其片段，以及外源基因的转移和鉴定，提高了研究精度和育种效率；先后育成抗白粉病的小麦——簇毛麦和抗赤霉病的小麦——大赖草、小麦——鹅观草异附加系、代换系和易位系，为小麦遗传育种创造了优异新种质；将簇毛麦抗白粉病基因定位于 6V 染色体短臂并导入小麦，已被国际小麦基因命名委员会命名为“Pm21”；开展小麦抗白粉病分子标记辅助育种研究，育成含有 Pm21 基因的抗白粉病小麦新品种——“南农 9918”，于 2002 年通过江苏省品种审定委员会审定；与江苏省里下河地区农科所合作育成抗白粉病高产新品种“扬麦 10 号”“扬麦 11 号”，并大面积推广。

陈佩度完成的“高产小麦新品种宁麦 3 号”项目获 1983 年农业部科技进步一等奖(第二完成人)，“抗白粉病小麦——簇毛麦易位系选育及 Pm21 基因染色体定位”项目获 1996 年农业部科技进步二等奖(第二完成人)，“抗白粉病小麦——簇毛麦易位系选育及 Pm21 基因染色体定位”项目获 1997 年国家发明三等奖(第二完成人)，“小麦异染色体及近缘物种的细胞与分子遗传学研究”项目获 1998 年教育部科技进步一等奖(第二完成人)，“小麦抗病生物技术育种研究及其应用”项目获 2006 年国家科技进步奖二等奖(第一完成人)。曾荣获“农业部优秀教师”(1985)、“农业部有突出贡献的中青年专家”(1988)、“江苏省优秀研究生教师”(1998)、“国家 863 计划先进个人”(2001)、“江苏省优秀科技工作者”(2001)等称号。目前主要从事小麦分子细胞遗传学、植物遗传工程、分子标记辅助育种、特异种质创新和新品种选育等方面的研究，以及分子细胞遗传学、植物育种学方面的教学工作。

除陈佩度外，刘大钧还培养出马正强等小麦科学家。

马正强(1963—)，1983 年毕业于西南农业大学，获农学学士学位；1988 年毕业于南京农业大学，获农学硕士学位，导师为刘大钧；1990—1994 年就读于康奈尔大学，获博士学位。1998 年回国，被聘为南京农业大学农学系教授、博导；2000 年入选教育部“跨世纪优秀人才培养计划”，并获国家杰出青年科学基金。主要研究方向为小麦基因组学和生物技术育种，曾主持国家自然科学基金，“九五”“十五”规划，“863”、国家“973”、“973”前期专项，国家转基因专项等项目，取得了突出成就。1999年入选教育部高等学校骨干教师培养计划;2000年入选教育部优秀青年教师和跨世纪优秀人才培养计划,同年获国家杰出青年科学基金;2001年9月,被聘为教育部“长江学者奖励计划”特聘教授,是国家7部委首批“新世纪百千万人才工程”国家级人选。其部分研究成果获2002年教育部提名国家自然科学一等奖(排名第一)。此外,还担任国务院学位委员会第五届学科评议组(生物学)成员、作物遗传与种质创新国家重点实验室副主任等职。

2. 中国农业大学支系

中国农业大学小麦科学家学术谱系的开创者是金善宝的学生蔡旭(见图3-3)。

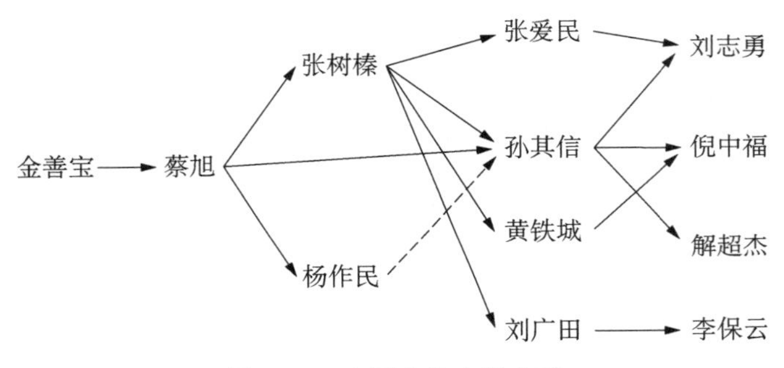

图3-3 中国农业大学支系

其传承关系与传承内容如下:

(1) 品质育种

蔡旭……刘广田——李保云

(2) 抗病育种

蔡旭——杨作民——孙其信——刘志勇、解超杰

(3) 常规育种

蔡旭——张树榛——张爱民、孙其信

(4) 杂交小麦

蔡旭……黄铁城、张爱民、孙其信——倪中福

蔡　旭(1911—1985),小麦栽培及遗传育种学家。1911年4月14日,生于江苏武进。1934年毕业于中央大学农学院,1980年当选为中国科学院学部委员(院士)。

曾任四川省农业改进所技正,北京农业大学教授、农学系主任、副校长兼研究院副院长,中国作物学会理事长,《作物学报》主编,北京市人大常委会副主任。毕生从事小麦遗传育种研究,早年在金善宝教授指导下选育出“南大2419”抗锈小麦良种,推广面积近亿亩,为中国小麦推广史上面积最大、范围最广、时间最长的一个良种;其后又选育出4批20多个抗锈良种小麦,在华北北部晚熟冬麦区大面积推广;研究、推广小麦高产栽培技术,培育出亩产千斤的高产品种,为北京市和华北地区小麦大面积增产做出了重要贡献;主持编写了《作物育种及良种繁育学》和《植物遗传育种学》等专著。

该支系的第二代科学家为杨作民与张树榛。

杨作民(1921—),1921年8月31日生于北京,1944年至1948年在北京大学农学院园艺系学习,并获理学学士学位。曾任教于青岛山东大学农学院和中国科学院植物所,1957年调入北京农业大学,主要从事小麦抗病遗传育种领域的研究。20世纪70年代末,杨作民和他的同事们首先提出了"第二线抗源"的概念,并逐步形成了一套包括搜集、筛选、分析、遗传研究和转育等5个环节的工作体系;他们不但通过国内外协作引入大量抗病资源,而且将筛选和转育所得无保留地、主动地分发给各育种单位,对我国小麦抗病育种的发展起到了推动作用。曾发表研究论文20余篇,主持或参加翻译小麦育种和抗病性著作8部;获1978年全国科学大会集体奖、农业部科技进步二等奖等奖项。

张树榛(1926—),小麦遗传育种学家、农业教育家。1947年毕业于北京大学农学院,毕业后留校工作。参与和主持育成6批用于生产的冬小麦优良品种,其中"农大183""农大36"等是北部冬麦区第一批杂交育成的抗条锈病品种,在生产上广为种植;"农大45""东方红3号""农大139"等先后在华北北部主栽,"农大146"等中秆品种曾在京、津、冀地区推广。她坚持从育种实践中探索选育规律,为发展中国小麦生产与育种技术和培养农业人才做出了重要贡献。

蔡旭教授的研究生还包括:原河北省农科院院长魏建昆研究员,首都师大原生物系主任郭平仲教授,中国农科院孙元枢研究员,原江苏农科院粮作所赵寅槐研究员,中国农业大学郎韵芳教授,北京农学院白普一教授,王明理博士(现在美国农业部南方品种资源中心),河南农业大学从事玉米育种的陈伟程,江苏农学院从事大麦育种的黄志仁教授,原在中科院西北植物所从事小麦育种的叶绍文、容珊等。另外,现农科院何中虎为蔡旭教授的硕士研究生、张树榛教授的博士研究生。

该支系第三代的代表科学家为黄铁城、刘广田、张爱民、孙其信。

黄铁城(1936—),1960年毕业于北京农业大学农学系,留校任教。1981年8月—1982年8月,赴美国堪萨斯州立大学进修小麦遗传育种学。曾任北京农业大学副校长、校学位委员会副主任委员、植物遗传育种学教授、中国作物学会常务理事兼副秘书长等职。曾从事小麦高产栽培理论研究,70年代后期从事植物遗传育种学的教学和科研工作。1982年开始协助蔡旭教授主持"六五"计划国家攻关课题"小麦杂种优势利用"研究。1985年蔡先生过世后,黄铁城继续主持"七五"计划,"八五"计划国家攻关"小麦杂种优势利用"专题,通过"六五"计划、"七五"计划和"八五"计划攻关及全国协作,取得了重要进展,形成多种胞质、多种途径利用杂种优势的局面;在大面积生产上试种、示范,显示了较大的增产潜力,为我国小麦杂种优势在生产上的应用奠定了坚实的基础。

黄铁城先后主持或参加国家教委博士点基金项目、国家自然科学基金重点项目等10余项,其中"小麦杂交育种亲本选配理论和方法研究"获1992年国家教委科技进步一等奖;在国内外发表科技论文40余篇。

刘广田(1937—),教授、博士生导师。主要从事小麦品质遗传改良研究,通过对小麦优质资源的收集与鉴定,优质基因的发掘、标记选择技术开发,建立了小麦品质遗传改良的标记辅助选择体系,并应用于育种实践。首次提出我国小麦品种品质普遍较差的原因是面筋强度差,缺乏优质HMW-GS,引导了我国强筋小麦遗传改良的发展方向;在国内首次培育出糯性小麦品种"农大糯麦1号",带领团队组培育出强筋小麦品种5个,其他应用单位培育出强筋小麦品种6个,累计种植面积约133.3万公顷,对提高我国小麦品质育种选择效率,加快育种进程,提升小麦品质育种水平发挥了重要促进作用。

张爱民 1982年毕业于北京农业大学;1984年获北京农业大学作物遗传育种专业硕士学位,师从蔡旭教授;1989年获北京农业大学与联邦德国霍恩海姆大学联合培养博士学位,导师为蔡旭教授和张树榛教授。主要从事小麦杂种优势利用、小麦分子育种和植物雄性不育的分子生物学研究。1984—2000年在中国农业大学工作,历任副教授、教授,获国家杰出青年基金;2001年到中国科学院遗传与发育生物学研究所工作,入选中国科学院"百人计划"。曾获国家教委科技进步一等奖(1992)、贵州省科技进步一等奖(1999)、农业部科技进步二等奖(1986)、霍英东青年教师奖(1990)、中国青年科学家提名奖(1994)、中国青年科技奖(1994)。

孙其信(1962—),1982年毕业于甘肃农业大学农学系,1985年和1987年分别获北京农业大学农学系遗传育种专业硕士、博士学位。曾在美国科罗拉多州立大学、加拿大温尼伯研究中心从事合作研究,是国家杰出青年科学基金、教育部跨世纪优秀人才基金、北京市"五四奖章"、霍英东教育基金会高校优秀青年教师奖和优秀青年教师基金获得者;1992年起享受国务院政府特殊津贴。主要从事小麦雄性不育及杂种优势分子机理研究、小麦耐热性及其遗传研究、小麦抗病分子标记定位、小麦基因组研究及重要经济性状基因定位研究等，曾获教育部科技进步一等奖、农业部科技进步二等奖；在国内外发表论文126篇，其中SCI收录14篇，是国家重点基础研究规划(973)项目“主要农作物杂种优势及其利用的分子生物学基础”首席科学家。曾任中国农业大学副校长，中国农业大学科学技术发展研究院院长，中国科协全国委员会委员，中国作物学会副理事长，农业部第七届科技委委员，教育部科技委生命学部副主任，北京作物学会副理事长，中国农业科学院学术委员会委员，十一届、十二届全国人大代表，北京市第十一届人大代表，《科学通报》特约审稿人，《中国农业科学》《作物学报》编委等职；现任政协第十一届陕西省委员会副主席。

此外，该支系培养的第三代农学家还有中国农科院的夏先春、河南科技学院的茹振刚、安徽的张平治、沈阳农大的张书绅等，他们均为杨作民的研究生。

该支系第四代科学家有刘志勇、倪中福、解超杰、李保云、刘录祥、杨学举等。

刘志勇　1996获中国农业大学硕士学位，1999获中国农业大学博士学位；1999年10月至2001年2月，在瑞士苏黎世联邦技术学院上博士后；2001年3月至2004年6月，在美国夏威夷农业研究中心上博士后。2004起任中国农业大学植物遗传学系教授，获教育部国家杰出青年科学基金及“长江学者与创新团队计划”资助。

倪中福(1972—　)，中国农业大学作物遗传育种系教授，研究方向为小麦杂种优势及其利用的分子生物学基础。1995年在国内外率先在分子水平上开展小麦杂种优势群的构建工作，并证明rapD分子标记技术可以帮助划分小麦杂种优势群；此后，对issr和ssr等不同分子标记方法在小麦杂种优势群划分中的应用价值进行了探讨；在开展分子标记研究的同时，作为主要负责人之一，对小麦种间杂种优势利用新模式也进行了系统研究。从1997年开始小麦杂种优势分子机理研究，负责建立起了基因表达研究体系，带动了实验室相关研究的顺利开展；在进行小麦杂种优势利用和分子机理研究的同时，也参与了小麦抗白粉病和锈病基因的分子标记研究工作，建立了多个小麦抗白粉病和锈病基因的分子标记，其中2个为具有自主知识产权的新基因，并被国际小麦基因命名委员会定名为Pm30和Pm31；在标记辅助抗病基因累加方面也进行了探索，积累了丰富经验；另外，在小麦品质遗传育种方面也进行了一些研究，取得了一些明显的研究进展。

解超杰　中国农业大学植物遗传育种学系教授，1994年硕士研究生毕业留校工作，2001年获中国农业大学农学博士学位；研究方向为小麦抗病育种。

李保云 中国农业大学植物遗传育种学系教授。2000年获中国农业大学农学博士学位，留校工作至今。研究方向为小麦品质遗传改良；主持和合作研究过多项国家自然基金课题，如“小麦籽粒灌浆期温、湿度对小麦品质影响的蛋白组学研究”“小麦可溶性淀粉合成酶SSⅡ基因与小麦淀粉品质关系的研究”“小麦主要品质基因鉴定与功能研究”“控制小麦GMP、SIG、SP、AWRC等品质性状的QTL定位”“小麦谷蛋白聚合体及其在小麦品质育种中的应用”等。

刘录祥（1965— ），1989年毕业于中国农业大学，是黄铁城的硕士研究生。1989年7月至2003年2月，在中国农科院原子能利用研究所工作；2003年3月，进入新组建的中国农科院作物所，从事小麦诱发突变与生物技术育种研究。现为中国农科院作物科学研究所航天育种中心主任、作物遗传育种系副主任、农业部农业核技术与航天育种重点开放实验室副主任，兼任中国农业生物技术学会作物生物技术分会秘书长，中国原子能农学会、北京遗传学会及北京核学会理事，中国原子能农学会辐射遗传及航天育种专业委员会主任，国际原子能机构亚太地区核科技合作协定（IAEA/RCA）项目中国协调员，《核农学报》编委等。

杨学举（1962— ），2004年在中国农业大学获农学博士学位，师从刘广田教授。现任河北农业大学生命科学学院教授、副院长、省重点实验室副主任。主要研究植物新品种选育（小麦高产超高产新品种选育、优质专用小麦新品种选育）、植物遗传资源的鉴评与创新、小麦产量性状与品质性状的遗传与相关等；育成审定小麦品种8个，在国内外学术刊物发表论文40多篇，为河北省中青年骨干教师。

3. 中国农业科学院支系

金善宝到中国农科院担任领导工作期间，在小麦研究和育种领域指导和培养了鲍文奎、杜振华、陈孝等一批小麦科学家。

鲍文奎（1916—1995），作物遗传育种学家、中国科学院学部委员。1939年毕业于中央大学农学院农艺系，1950年获美国加州理工学院博士学位。他是中国植物多倍体遗传育种创始人，曾在四川省农业改进所建立禾谷类作物多倍体实验室，探索谷类作物多倍体育种；但因当时国内禁止摩尔根遗传学，多倍体育种工作被迫停止。后调北京任中国农业科学院作物育种栽培研究所研究员、副所长，主要从事同源四倍体水稻和异源八倍体小黑麦的遗传育种研究；坚信“新物种可以通过多倍体途径飞跃产生”的理论，采用染色体加倍技术培育新作物，改良现有作物的特征，取得了重要成就；在世界上首次将异源八倍体小黑麦应用于生产，育成的“小黑麦 2 号”“小黑麦 3 号”以及中矮秆的八倍体小黑麦品种“劲松 5 号”和“黔中 1 号”在贵州高寒山区和丘陵地区推广。代表作有《禾谷类作物的同源多倍体和双二倍体》和《八倍体小黑麦育种与栽培》等，1980 年当选为中国科学院学部委员（院士）。

杜振华（1935— ），1962 年毕业于北京农业大学农学系，曾任中国农业科学院作物研究所系主任、副所长，1989 年被聘为研究员。长期从事小麦新品种选育研究，在小麦早熟矮秆育种、加速小麦育种进程以及冬春小麦杂交育种等研究方面取得较大成效。在金善宝院士主持下，先后育成“京红 1 号、2 号、5 号、8 号、9 号、10 号”等春小麦良种，1978 年获全国科学大会奖。在我国首批育成并经专家鉴评出优质面包小麦品种“中 7606”和“中 791”；主持育成节水型高产冬小麦品种——“冬丰 1 号”，通过北京市审定。主要参加完成的《中国小麦品种及其系谱》，获 1985 年农业部科技进步一等奖；参与主持的“全国大区级良种区域试验‘六五’计划成果及其应用”研究，1987 年获国家科技进步二等奖；主要参加完成的“异源细胞质小麦种质的创造研究”，1995 年获国家发明三等奖。参与编写《中国农业百科全书·作物卷》《中国小麦学》2 部著作，出版了《中国小麦育种研究进展》和《夏播小麦理论与实践》2 部专著。1988 年获农业部有突出贡献中青年专家称号，1992 年获政府特殊津贴。

陈　孝（1941— ），女，1963 年毕业于苏北农学院，同年 7 月分配到中国农业科学院作物育种栽培研究所工作。国家级有突出贡献的中青年专家，享受政府特殊津贴；1997 年 10 月，获中华农业科教基金奖励；1999 年 8 月，被中国农学会表彰为首届“全国优秀农业科技工作者”；曾 2 次赴澳大利亚联邦科学与工业组织参加“小麦抗黄矮病生物技术育种”国际合作研究。主要从事小麦品种资源、春小麦育种、远缘杂交、生物技术抗病育种、细胞质工程育种、小麦籽粒贮藏蛋白质和作物同工酶电泳分析等研究；综合应用现代生物技术，创造了国际上首例抗黄矮病普通小麦新种质，1995 年获国家发明二等奖（第二名）；选育抗旱、耐盐碱的核质杂种小麦 NC 号，是我国进行细胞质工程育种和核质杂种优势利用的首例，1995 年获国家发明三等奖（第一名）；主持选育的特早熟优质小麦“京 771”，是我国八九十年代小麦品质遗传改良的优质源，1981 年获北京市科技进步三等奖；另外，还获得其他国家级和部级成果奖 5 项。在国内外杂志上发表论文 80 余篇，参加编撰著作 9 部；被授予“国家级有突出贡献的中青年科技专家”称号。

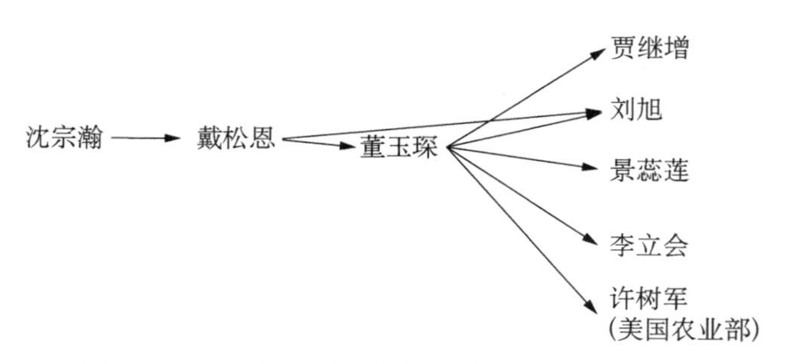

图 3-4 戴松恩开创的小麦品种资源研究学术谱系

二、戴松恩开创的小麦品种资源研究学术谱系

这一谱系的中心人物为戴松恩,从他开始的这一谱系出现了三代院士。戴松恩的导师为著名农学家沈宗瀚。

沈宗瀚(1895—1980),中国农学家。早年毕业于北京农业学校,后赴美国求学;1924 年获乔其亚大学硕士学位(棉作),1927 年获康奈尔大学博士学位,导师为育种学家洛夫。1927 年回国后任教于金陵大学,1934 年转任中央农业实验所总技师兼农艺主任。历任中央农业实验所副所长、所长,国民政府农复会主任委员等职,后赴台湾。曾致力于改良小麦品种,培养了大批农业人才,并对促进国际农业技术合作起到了积极作用;撰有学术论文 300 余篇,著有《中国农业资源》等专著。

戴松恩(1907—1987),遗传育种学家、中国科学院学部委员,研究领域主要为种质资源与抗病育种。1931 年毕业于南京金陵大学农学院农艺系,留校任教;1936 年获美国康乃尔大学博士学位。曾任中国农业科学院作物育种栽培研究所研究员、副所长,中国农业科学院副秘书长、研究生院副院长。参与选育了“金大 2905”“金大 26”等中国第一批小麦优良品种;研究明确中俄美 6 个小麦品种杂交后代 10 多个性状的遗传规律及其连锁遗传关系;首次指出在严格接种条件下,中国小麦品种对赤霉病抗性有明显差异,肯定了选育抗赤霉病小麦品种的可能性;提出直接利用美国玉米双杂交种并不能增产,必须利用它的自交系和中国材料合理组配才能得到适于中国的高产杂交玉米;选育出适合贵阳地区种植的烟草优良品种;探明了中国油菜育种的途径和方法。1978 年以后,主持开展了中国小麦非整倍体的研究工作。1955 年当选为中国科学院学部委员(院士)。

董玉琛为第二代代表人物。

董玉琛(1926—2011),女,作物种质资源专家、中国工程院院士。1950 年毕业于河北省立农学院,1959 年获苏联哈尔科夫农学院副博士学位。中国农科院作物所研究员,我国作物种质资源学科奠基人之一。长期从事作物种质资源研究及其组织实施,提出了我国作物种质资源研究的方针;参加组建中国作物品种资源研究所,制定了全国研究规划,提出了不同阶段国家种质资源研究重点;主持建成现代化国家作物种质库(基因库),提出种质入库的技术路线,组织 20 万份种质资源入库长期保存,使我国作物种质资源保存跃居世界前列;考察收集我国北方小麦野生近缘植物,基本查明其种类、分布、生境、染色体数和 15 个种的核型;发现 2 个能使属间杂种染色体自然加倍的小麦种质,并揭示了其自然加倍的细胞学机理,利用其育成 22 个小麦—山羊草双二倍体并提供利用;应用现代生物技术将 6 个属与小麦杂交成功,其中 3 个属为首例,为利用野生种扩大小麦遗传基础开辟了新途径。曾获国家科技进步二等奖 1 项,省部级成果奖励多项。1999 年当选为中国工程院院士。

第三代弟子主要有贾继增、刘旭、景蕊莲、李立会、张学勇等。

贾继增(1945—　),作物遗传育种专家。1965 年考入北京农业大学农学系,1979 年考入中国农业科学院研究生院攻读硕士学位,毕业后分配到中国农业科学院原品种资源研究所工作。曾任农业部重点实验室主任,现为中国农科院作物所研究员。自 1979 年起,一直从事作物种质资源研究,主持完成了国家“973”项目“农作物核心种质构建、重要新基因发掘与有效利用研究”;主持的项目还有国家“973”项目“主要农作物核心种质重要功能基因多样性及其应用价值研究”;开拓了基于基因组学的种质资源研究领域,建立了发掘新基因的技术体系,发现和创造了抗小麦白粉病等一大批优异新种质。曾获国家科技进步一等奖集体奖、国家科技进步三等奖、农业部科技进步二等奖;在国内外学术刊物上发表论文 100 余篇。曾获“全国先进工作者”“全国优秀科技工作者”和“全国先进农业科技工作者”称号,2003 年被授予“全国五一劳动奖章”。

刘　旭(1953—　),中国工程院院士。1979 年毕业于河北农业大学农学系;1983 年、1997 年分获中国农业科学院研究生院作物遗传育种专业硕士、博士学位。曾任中国农业科学院作物品种资源研究所所长兼党委书记,现任中国农业科学院副院长、党组成员,兼任中国农学会遗传资源分会理事长、中国农业生物技术学会理事长、中国野生植物保护协会副会长。参与组织、领导了“中国农作物种质资源收集、保存、评价与利用”“中国农作物种质资源本底多样性和技术指标体系及应用”等项目研究;参与组织了“国家农作物基因资源与基因改良重大工程”筹建,国家基础性工作及“国家自然科技资源共享平台”的发展战略研究并组织实施。组织与主持出版了《中国作物及其野生近缘植物》系列专著8卷,《中国农作物种质资源技术规范》系列110册。曾获2003年度国家科技进步一等奖、2009年度国家科技进步二等奖、2008年度北京市科技一等奖、2008年度神农中华农业科技一等奖。2009年当选为中国工程院院士。

景蕊莲(1958—),女,博士、研究员、农业部有突出贡献的中青年专家。分别于1981年和1986年在山西农业大学获得农学学士和硕士学位;1996年8月,在中国农科院研究生院获得作物遗传育种专业博士学位。先后在山西省农业科学院小麦研究所、山西师范大学生物系、中国农业大学博士后流动站工作;1998年9月起,在中国农科院作物品种资源研究所从事作物种质资源抗旱性研究。1998年以来,先后荣获国家科技进步二等奖1项,山西省科技进步二等奖2项;发表学术论文近40篇,参加编写、翻译著作各1部。现主持国家“863”重大专项“抗旱节水植物新品种筛选与利用”、国家“863”课题“小麦抗旱、氮磷高效的分子标记聚合育种”、国家转基因研究与产业化专项,国家基础性工作“作物种质资源抗旱性鉴定评价”等项目。主要研究方向是建立作物抗旱节水鉴定评价指标体系,探讨小麦等作物抗旱节水分子机理,研究、创新并利用作物抗旱节水优异种质;主持完成的“中国北方冬小麦抗旱节水种质创新与新品种选育利用”于2009年获国家科技进步二等奖。

李立会(1963—),博士,研究员,博士生导师,中国农业科学院一级岗位杰出人才,“新世纪百千万人才工程”国家级人选,农业部有突出贡献的中青年专家,国家生物物种资源保护专家委员会委员、农业部植物新品种复审委员会委员,国家“973”项目“主要农作物骨干亲本遗传构成与利用效应的基础研究”首席科学家。1996年获国务院政府特殊津贴,2004年获得由中组部、国家人事部等部门组织授予的“第八届中国青年科技奖”。主要从事小麦种质资源基础性工作,以及种质创新的理论与应用基础、遗传多样性与系统发育等方面的研究工作。作为主要完成人,先后获国家科技进步二等奖和三等奖各1项,农业部科技进步二等奖1项,被授予“全国优秀农业科技工作者”等多个荣誉称号;在国内外核心刊物上发表论文50余篇。

张学勇(1962—),博士,研究员。中国科学院遗传发育所国家细胞与染色体工程国家重点实验室兼职研究员,主要从事小麦遗传多样性与核心种质构建、基因组进化、品质相关基因克隆等方面的研究工作。主持完成国家转基因专项,成功克隆了“小偃6号”的“14”和“15”亚基编码基因；主持国家自然科学基金“普通小麦A组染色体分子指纹图谱的拓建”、国家重点基础研究项目专题“中国小麦核心种质构建”等项目的研究工作。在国内外核心刊物发表研究论文近40篇，在SCI刊物被引用70余次。

三、以庄巧生为核心的冬小麦研究学术谱系

庄巧生的导师有沈骊英、靳自重、戴松恩（见图3-5）。

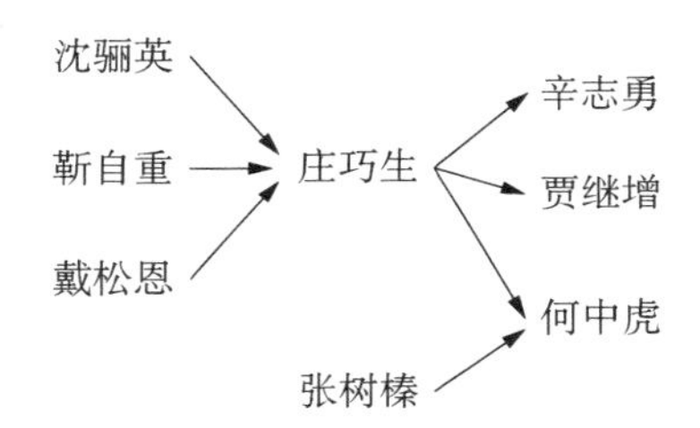

图3-5 以庄巧生为核心的冬小麦研究学术谱系

沈骊英（1897—1941），女，1921年毕业于神州女中；1925年留学美国，在卫斯理女子大学研究植物学，获理学学士学位；后入康奈尔大学研究农学2年。1930年出任浙江省建设厅农林局农艺组技师，该局随后改名为省农林总场、省立农业改良场，沈骊英选集全省稻麦单穗数万个，举行单穗行试验，奠定了浙江省稻麦育种基础；1933年起，任中央农业实验所技正。抗战期间，她坚持田间试验和研究工作，8年中沈骊英以惊人的毅力，选育出9个小麦新品种，产量较当地农家品种高20%～30%，且成熟早、抗逆性强，能广泛适应在淮河流域和长江中下游推广。她选育的“骊英1号、3号、4号、5号和6号”小麦，直到她去世后10余年仍在上述地区广泛种植，为粮食增产做出了重大贡献。沈骊英留有著作22种，大部分被译载于英、美作物育种学和生物学杂志，常为各国学者所引证。

庄巧生（1916— ），小麦遗传育种学家。1939年毕业于金陵大学农学院，获学士学位；1945—1946年赴美国进修。曾为中国农业科学院作物育种栽培研究所研究员，先后育成“中苏68”“华北187”“北京8号”“北京10号”“12057”“丰抗8号”“丰抗2号”“丰抗13号”“北京837”“北京841”等20多个冬小麦良种，并在华北地区推广，取得显著增产效果。他在育种中不断发掘新抗（病）源，倡导复合杂交以聚合不同来源的有利基因和丰富杂种后代的遗传背景；最早把遗传

力概念及其在作物育种上的意义介绍到国内，并以国家区域试验品种为材料，研究中国北方冬小麦面包烘烤品质，提出品质育种的一些量化指标。1991 年当选为中国科学院学部委员(院士)。

王恒立(1919—2000)，小麦遗传育种家，是与庄巧生长期合作的同一代小麦科学家。1944 年春金陵大学农学院结业，任李景均助教；1948 年赴美深造，1950 年获华盛顿州立大学硕士学位；1950 年底回国，在华北农业科学研究所(1957 年后改为“中国农业科学院”)麦作研究室工作。主持或合作主持育成“华北 187”“石家庄 52、54”“徐州 8 号”“北京 8 号”和“丰抗号”系列冬小麦品种 20 余个，在我国广为种植。

庄巧生培养的学生有辛志勇、贾继增、何中虎等。

辛志勇(1942—)，1963 年 7 月毕业于苏北农学院(现扬州大学农学院)农学系农学专业，同年 9 月分配到中国农业科学院气象所从事农田小气候研究；1971 年 12 月起在农业所(1978 年 7 月起并入作物育种栽培研究所)从事春小麦育种；1986 年起从事小麦生物技术研究至今。历任农业部作物遗传育种重点开放实验室主任，中国农业科学院作物育种栽培研究所所长，农业部科学技术委员会委员，《作物学报》主编等。辛志勇将生物技术与常规育种密切结合，首次在国际上将中间偃麦草的黄矮病抗性基因导入小麦，育成易为小麦育种计划利用的小麦新品系；通过穿梭育种育成 3 个抗黄矮病小麦新品种。主持的“综合应用生物技术创造抗黄矮病普通小麦新种质”项目，于 1995 年获国家发明二等奖，并获得 2 项国家发明专利；参与育成核质杂种小麦，首次在世界上应用于生产；开展了小麦族亲缘关系研究，小麦抗锈基因、春化反应基因、矮秆基因等的遗传分析，发现多个新的抗锈基因，明确了基因效应；主持和参与育成 2 套小麦单体系统；参与育成“京红号”“中 7402”等一批春小麦品种。迄今共获得国家级、省部级科技成果奖 8 项，发表学术论文百余篇。

何中虎(1963—)，小麦育种专家。1989 年在中国农业大学获博士学位，1990—1992 年在国际玉米小麦改良中心做博士后研究，曾在美国堪萨斯州立大学和澳大利亚悉尼大学做访问学者。现为中国农科院作物所研究员，国家小麦改良中心主任，兼国际玉米小麦改良中心中国办事处主任。在小麦品质研究、分子标记开发与应用、推动国内外学术交流和人才培养方面做出了重要贡献。与首都师范大学等合作完成的“中国小麦品质评价体系建立与分子改良技术研究”项目成果获 2008 年国家科技进步一等奖；此外，还获得国家科技进步二等奖 2 项，省部级奖 5 项。2009 年当选美国作物学会高级会员，领导的课题组与山东省农业科学院合作，获国际农业磋商组织亚太地区杰出农业科技奖。发表论文235篇，其中SCI论文85篇，获授权发明专利8项。曾任国际SCI期刊《谷物科学杂志》(*Journal of Cereal Science*)编委。

四、以沈学年、赵洪璋、李振声为核心的西北小麦科学家学术谱系

陕西杨陵聚集有农、林、水等多学科的高、中等农业院校和部(院)、省属科研院所10余所，被称为中国的"农科城"，其中近一半单位设立有小麦研究机构。这些小麦研究机构以西北农学院、陕西省农科院、中国科学院西北植物研究所为中心，形成了五大小麦研究中心，即以常规育种为主的赵洪璋谱系、开创远缘杂交研究的李振声谱系、以常规育种为主的宁锟谱系、进行小麦染色体工程研究的薛秀庄谱系及以小麦杂种优势利用为主的李正德谱系。

1. 以常规育种为主的赵洪璋谱系(西北农大)

以赵洪璋为主的学术谱系见图3-6所示：

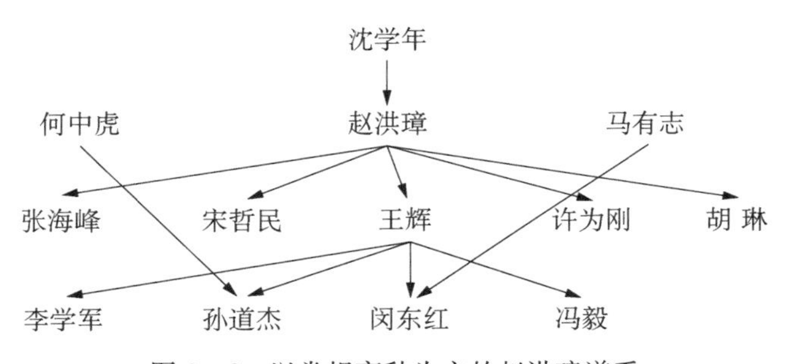

图3-6　以常规育种为主的赵洪璋谱系

第一代：赵洪璋。

中国科学院院士、著名小麦育种专家赵洪璋是杨凌小麦育种队伍的早期领军人物，他的导师是沈学年。

沈学年(1906—2002)，农业教育家、中国耕作学创始人之一。长期致力于高等农业教育和作物科研事业，早期开展水稻抗虫、小麦抗病育种，系选或鉴定出抗螟水稻和"蚂蚱麦""碧玉麦"等优良品种；20世纪50年代以后讲授作物学。主编《耕作学》(南方本)，对建立和发展我国耕作学做出了贡献。

1935年，沈学年来到陕西武功初创的国立西北农林专科学校任教。在西北农学院任教期间，在广泛搜集小麦种质资源的基础上，分别从潘氏世界小麦和当

地小麦中系选出“碧玉麦”(“武功 14”)和“蚂蚱麦”(“武功 27”),并在关中地区大面积推广种植。后来由赵洪璋主持并于 1948 年育成的“碧蚂 1 号”小麦良种,就是由这 2 个品种杂交选育出来的。

赵洪璋(1918—1994),1940 年毕业于西北农学院农艺系,曾为西北农学院教授。重视性状形成与生态环境和栽培条件的关系,形成了独特的以精取胜的选择技术,选育出“碧蚂 1 号”“碧蚂 4 号”“6028”“丰产 3 号”“矮丰 3 号”“西农 85”等小麦优良品种,对黄河中下游地区的小麦生产做出了重大贡献。“碧蚂 1 号”1959 年种植达 600 多万公顷,是我国至今推广面积最大的小麦品种。抗吸浆虫品种“6028”,种植面积达 30 多万公顷,恢复和发展了陕西关中等省区吸浆虫危害地区的小麦生产。“丰产 3 号”1976 年种植面积达 200 多万公顷,是当时黄淮麦区种植面积最大的小麦品种。另外,“矮丰 3 号”的育成推广,推动了我国矮化育种的发展;高抗赤霉病的“西农 85”的育成,开创了北方麦区小麦抗赤霉病育种的成功先例。1955 年,选聘为中国科学院学部委员(院士)。

第二代:以王辉为代表,另外还有张海峰、宋哲民、许为钢、胡琳等。

王　辉(1943—　),西北农林科技大学教授,博士生导师,国家和陕西省农作物品种审定委员会委员、全国小麦产业委员会委员、陕西省小麦专业组组长、陕西省作物学会常务理事、陕西省种子协会副理事长。1968 年 7 月毕业于西北农学院农学系,1973 年 9 月至今在西北农林科技大学农学院工作,致力于作物遗传育种理论与方法研究。发表论文 50 余篇,担任副主编出版了《中国北方专用小麦》《北方旱区多作高效种植》2 部专著;先后主持育成“西农 84G6”“西农 1376”“西农 2611”“西农 2208”“西农 979”等小麦品种,累计推广面积达 333 多万公顷;主持国家科技攻关、“863”、“948”、国家科技成果转化、陕西省小麦育种攻关等项目 20 余项。“全国小麦生态研究”项目成果 1995 年获国家自然科学三等奖,还获得陕西省科技进步一等奖、二等奖,“亚农杯”农业贡献奖等多项奖励。

第三代:李学军、孙道杰、闵东红、冯毅等。

2. 开创远缘杂交研究的李振声谱系(原西北植物研究所)

李振声谱系见图 3 - 7 所示。

第一代:李振声、陈漱阳、薛文江。

李振声(1931—　),遗传学家、中国科学院学部委员、中国科学院遗传研究所研究员,曾任中国科学院副院长。1951 年毕业于山东农学院农学系,1990 年当选为第三世界科学院院士,1991 年当选为中国科学院学部委员(院士)。

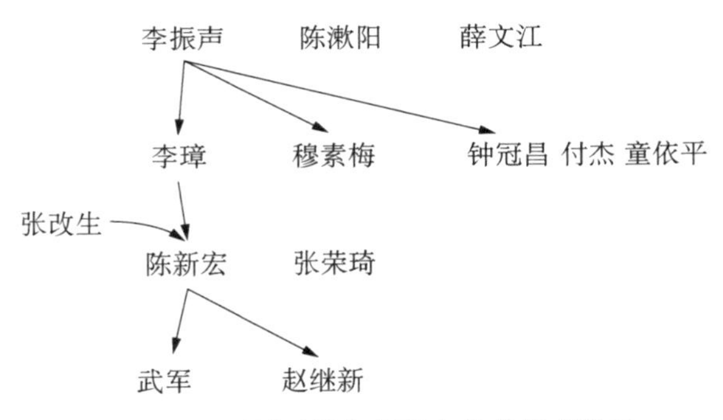

图 3－7　开创远缘杂交研究的李振声谱系

李振声长期从事小麦与偃麦草远缘杂交和染色体工程育种研究，育成小偃麦八倍体、异附加系、异代换系和异位系等杂种新类型；将偃麦草的耐旱、耐干热风、抗多种小麦病害的优良基因转移到小麦中，育成小偃麦新品种 4 号、5 号、6 号，其中，“小偃 6 号”到 1988 年累计推广面积达 360 万公顷，增产小麦 16 亿千克；建立了小麦染色体工程育种新体系，利用偃麦草蓝色胚乳基因作为遗传标记性状，首次创制蓝粒单体小麦系统，解决了单体小麦利用过程中长期存在的“单价染色体漂移”和“染色体数目鉴定工作量过大”两个难题；育成自花结实的缺体小麦，并利用其缺体小麦开创了快速选育小麦异代换系的新方法——缺体回交法，为小麦染色体工程育种奠定了基础。曾获 2006 年度国家最高科学技术奖。

陈漱阳(1932—　)，女，西北植物研究所研究员、遗传学家。1950 年大学毕业后自愿来到西北，从事小麦远缘杂交育种研究。研究培育出了小麦远缘杂交“小偃 6 号”，获 1989 年首次陈嘉庚农业科学奖。30 多年来获得多项突出成果奖，1985 年获国家技术发明奖一等奖(第二完成人)，被授予“全国三八红旗手”等荣誉称号。第七届全国人大代表。

第二代：李璋、钟冠昌、穆素梅、付杰和童依平等。

李　璋(1938—　)，主要研究方向为小麦远缘杂交遗传育种(资源植物利用与保护)。曾任陕西省农学会副会长、中国遗传学会理事陕西省遗传学会理事长、陕西省作物学会常务理事。参加选育了“小偃 4 号”“小偃 5 号”和“小偃 6 号”；主持选育的“小偃 107”“小偃 168”“小偃 246”“小偃 5 号”和“小偃 22”小麦新品种，通过陕西省农作物品种审定委员会的审定。获省部级以上奖励多项，其中“小偃 107”于 1993 年获省科技进步一等奖(排名第一)和省农业推广二等奖；“小偃 168”于 1998 年获省科技进步三等奖(排名第一)，大麦与小麦杂交研究成果获省科学院科技进步一等奖(排名第一)。发表论文 20 多篇。

钟冠昌(1941—),中国科学院石家庄农业现代化研究所(现中国科学院遗传与发育生物学研究所农业资源研究中心)研究员。1965 年毕业于河北农业大学农学系。大学毕业后,在李振声指导下,长期从事小麦远缘杂交育种及染色体工程研究,总结了长穗偃麦草与普通小麦杂交育种及其遗传规律,选育出一批八倍体小偃麦新物种、新种质和新品种;80 年代以后,对八倍体小偃麦与普通小麦杂交育种及细胞遗传进行了系统研究。曾获 1978 年全国科学大会奖(第 8 位),1985 年国家发明奖一等奖(第 7 位),1988 年陈嘉庚农业科学奖(第 7 位),1996 年中国科学院科技进步奖二等奖(第 1 位),1997 年中国科学院自然科学奖三等奖(第 1 位),2001 年中国科学院科技进步奖一等奖(第 1 位),2002 年国家科学技术进步奖二等奖(第 1 位)。发表学术论文 40 余篇,出版了专著《麦类远缘杂交》等。

童依平 博士、研究员、博士生导师。1988 年,在中国农业大学获学士学位;1992—1993 年,在澳大利亚阿德莱德大学 Waite 农业研究所做访问学者;1993 年,在中国科学院生态环境研究中心获硕士学位;1999 年,在中国科学院遗传与发育生物学研究所获博士学位;2001—2002 年,在英国洛桑研究所做访问学者。1988 年进入中国科学院生态环境研究中心工作,主要研究小麦高效利用土壤养分的生理机制和遗传控制;2004 年进入中国科学院遗传与发育生物学研究所植物细胞与染色体工程国家重点实验室工作,主要研究植物高效利用氮、磷的分子机制。

第三代:陈新宏、张荣琦和李俊明等。

第四代:武军、赵继新。

3. 以常规育种为主的宁锟谱系(原陕西省农科院)

以常规育种为主的宁锟谱系见图 3-8 所示。

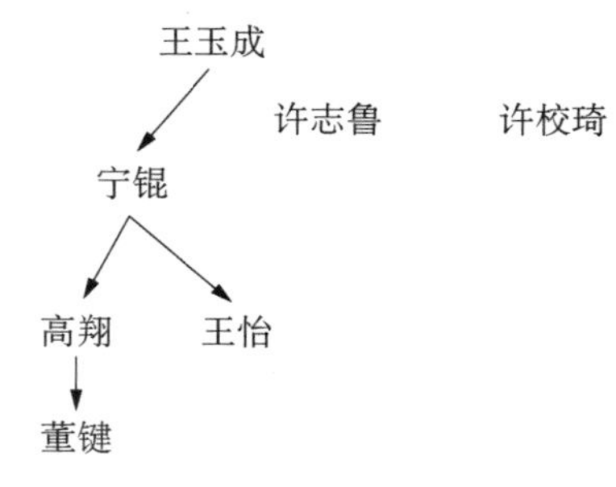

图 3-8 以常规育种为主的宁锟谱系

第一代：王玉成。

第二代：宁锟、许志鲁、许校琦。

宁　锟（1931—　），1956 年从湖南农学院毕业分配到陕西农科院，从事小麦育种等科研工作。他用 10 多年的心血培育成功的“陕农 7859”小麦良种，获得 1990 年国家科技进步一等奖。宁锟和课题组的同仁在培育小麦“陕农 7859”的过程中，根据国内外小麦育种向高(产)、稳(产)、优(质)、广(适应性广)综合发展的总趋势，针对北方麦区水资源贫乏、旱地小麦面积大以及灌区麦田灌水保证率不高、高产地区小麦多倒伏、病虫害成灾等问题，精心选育出具有耐寒耐旱、水旱兼用的小麦新品种“陕 229”，获 1995 年陕西省科技进步一等奖、1997 年国家科技进步三等奖。曾任《麦类作物学报》主编，陕西省作物学会理事长。

第三代：高翔、王怡。

4. 进行小麦染色体工程研究的薛秀庄谱系

小麦染色体工程谱系见图 3－9 所示。

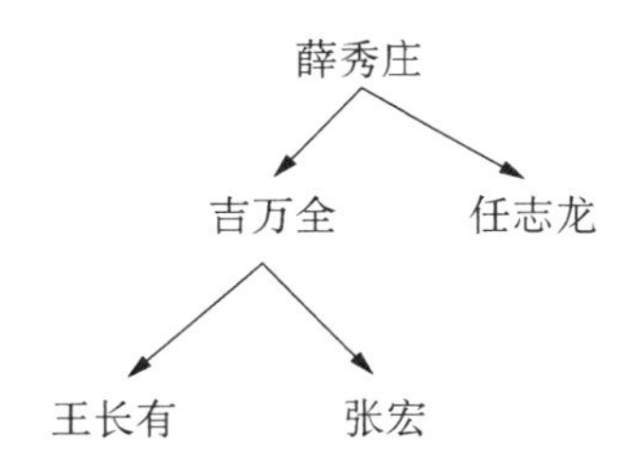

图 3－9　进行小麦染色体工程研究的薛秀庄谱系

第一代：薛秀庄。

薛秀庄（1936—　），女，1960 年毕业于西北农学院，毕业后到陕西农科院工作。参加了“秦麦一号”等 14 个小麦优良品种的选育，并获 3 项省级科技成果奖。针对常规育种的不足，她探求了一条新的育种途径，从事小麦染色体工程的研究。1986 年，由她精心培育的“阿勃”小麦可育缺体面世。“普通小麦稳定自交结实缺体系统的创制”，于 1992 年获陕西省科技进步一等奖，1998 年获国家发明三等奖，使我国在这一领域的研究处于领先地位；同时，她研究的“矮变一号株高遗传的单体分析”，被同行专家评议为国内首创；培育成功的“阿勃小麦单体系统”是继“京红一号”之后，我国自己培育的第二套小麦单体系统，获农牧渔业部科技三等奖；与兄弟单位联合开展的“新型小麦亲本材料的创新与评价利用”，获农业部科技进步三等奖，“小偃麦亚远缘杂交育种方法和 Ag 型抗性小麦品种

(系)”,获国家发明三等奖。在进行基础研究的同时,她又积极探索小麦染色体工程在育种中的应用研究。仅用5年时间,就完成了把黑麦的抗条锈病基因导入普通小麦的研究,育成农艺性状良好的“陕麦8003”“陕麦8007”和“陕麦150”等小麦新品种,累计推广面积达98万公顷。这些新品种,有些作为小麦条锈病的新抗源,已被全国30多家育种单位利用。发表论文50余篇,出版专著1部。

第二代:吉万全(吉万全也是李振声的学生)、任志龙。

第三代:王长有、张宏。

5. *以小麦杂种优势利用为主的李正德谱系(杂交小麦)*

以小麦杂种优势利用为主的李正德谱系见图3-10所示。

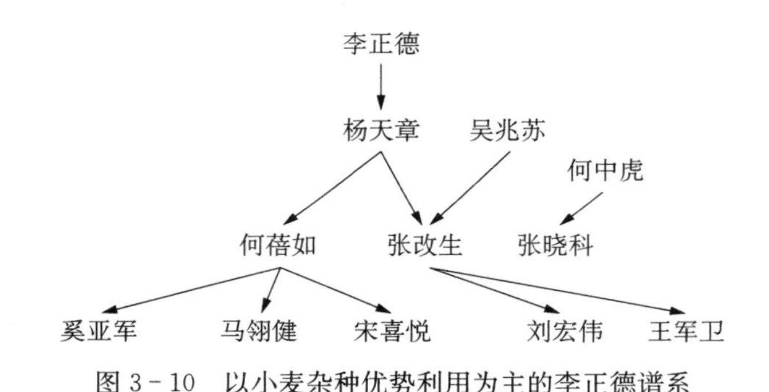

图3-10 以小麦杂种优势利用为主的李正德谱系

第一代:李正德。

李正德(1915—1985),先后就读于江苏省教育学院、西北联大农学院和西北农学院,毕业后留西北农学院任讲师;1944年,任合阳中学校长;1948年重返西农,1950年晋升遗传学副教授,先后任农学系主任及遗传育种教研组主任。从事遗传育种科研工作40余年,主持育成大豆“射8”“牛毛黄”等早熟品种,在关中及渭北推广种植。70年代升任教授,带领中青年教师和研究生,在陕北地区精心钻研小麦杂优育种,从事有关核质不育与核质杂种方面的研究。开创了杨凌小麦杂种优势利用之先河,奠定了小麦三系杂交种选育研究的基础。

第二代:杨天章。

第三代:何蓓如、张改生、张晓科。

何蓓如(1944—),国家有突出贡献专家、“全国五一劳动奖章”获得者。1963年7月毕业于陕西省武功农校后,在陇县从事农技推广工作;1978年考入西北农业大学攻读硕士学位,1981年留校工作至今。从70年代初开始,一直致力于小麦雄性不育和杂交小麦研究。为解决国外小麦不育系的遗传缺陷,1987

年完成K型雄性不育三系配套，被《科技日报》评为“1988年中国十大科技成就”之一；利用K型小麦不育系选育出我国第一个杂交小麦强优组合“西农901”，并被评为“1995年中国科技十大新闻”之一。近年主持国家“863”和陕西省攻关项目等，成功创立适应我国小麦主产区应用的YS型小麦温敏不育系。2005年，“YS型小麦温敏雄性不育系创立及遗传特性研究”获陕西省科技进步二等奖。在国内外公开发表论文106篇，出版著作3部；获科技奖励9项，取得发明专利3项。

五、余松烈开创的小麦栽培研究学术谱系

余松烈小麦栽培研究学术谱系见图3-11所示。

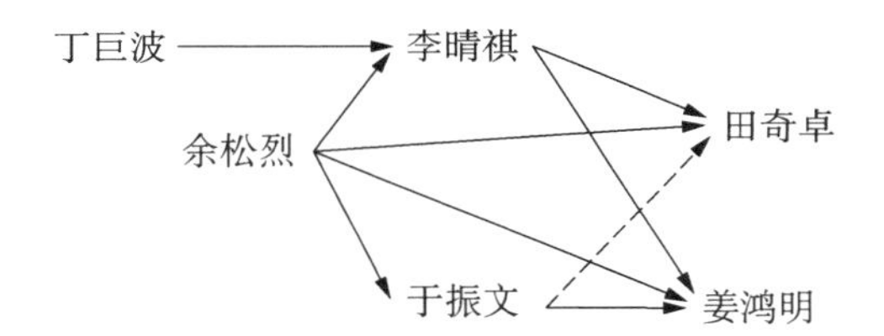

图3-11　余松烈开创的小麦栽培研究学术谱系

第一代的开创者为余松烈。

余松烈(1921—　)，中国工程院院士、小麦专家、山东农业大学教授。1942年毕业于福建协和大学农学院。长期从事“冬小麦精播高产栽培技术”的研究与示范推广，首创冬小麦精播高产栽培理论和技术，改变了“大肥大水大播量”常规栽培方法，为我国黄淮海麦区小麦高产开创了新途径。1976年在山东滕县种精播试验田时，创出了小麦平均单产9 570千克/公顷的高产纪录；到1991年，小麦精播高产栽培技术在山东省推广达81万公顷，在全国累计推广713万公顷，增产小麦43.6亿千克；该成果先后获得1978年全国科学大会奖，1983年山东省优秀科技成果二等奖，1990年国家教委科技进步二等奖，1992年国家科技进步二等奖，被农业部定为我国“九五”规划重点推广项目。主持的国家课题“山东省黄淮海中低产地区夏秋粮均衡增产栽培技术的研究”于1986年获山东省科技进步一等奖，1987年获国家科技进步二等奖。1988年被评为“山东省专业拔尖人才”；1990年被评为“全国农业劳动模范”；1992年，获山东省委、省府授予的重奖及山东省“科教兴农先进工作者”称号。80年代末开始与同事从事“冬小麦超高产栽培的理论与实际”研究，1996年开始在山东省示范推广。从事小麦的教

学、科研及生物统计与田间试验技术工作60余年，公开发表的学术论文100余篇，出版专著10部。1997年当选为中国工程院院士。

第二代的代表人物为于振文、李晴祺。

于振文(1944—)，中国工程院院士、作物栽培学专家、山东农业大学教授。兼任国务院学位委员会学科评议组成员、农业部小麦专家指导组组长。1982年毕业于山东农业大学农学院，获农学硕士学位。长期从事作物栽培理论与技术的研究和实践，系统研究小麦产量与品质生理和高产优质栽培技术，提出调控小麦衰老进程、提高粒重的高产栽培理论，揭示籽粒蛋白质和淀粉品质与产量同步提高的优质栽培生理机制，提出以氮肥后移和生育前中期低定额后期控制灌溉为核心技术的高产优质栽培技术体系，被农业部定为主推技术，在黄淮海麦区推广，获得显著经济效益。“小麦衰老生理和超高产栽培理论与技术”获2001年国家科技进步二等奖，“小麦品质生理与优质高产栽培理论技术”获2006年国家科技进步二等奖。主编参编专著20部，发表学术论文200余篇。2007年当选为中国工程院院士。

李晴祺(1931—)，小麦育种家。长期从事小麦遗传育种研究及教学工作，在小麦育种理论与实践以及人才培养方面都做出了重大贡献，获国家、省部级科研与教学成果奖13项。主持完成的“冬小麦矮秆、多抗、高产新种质‘矮孟牛’的创造及利用”项目，获1997年国家技术发明一等奖；该项目经专家鉴定是小麦种质创新和育种研究的一次重要突破，达到国际同类研究的领先水平，对我国小麦育种和生产产生了重大影响。截至1997年，利用“矮孟牛”在全国已培育出14个新品种、78个优良新品系；加工出96份衍生资源收入国家种质库；育成品种累计推广0.23亿公顷，增产119.31亿千克，经济和社会效益巨大。主持育成的“高8”“白高38”“山农587”“鲁麦1号”“鲁麦5号”“鲁麦8号”“鲁麦11号”“鲁215953”等8个大面积推广的小麦品种，累计推广0.13亿公顷以上，增产70多亿千克，为黄淮麦区小麦生产做出重大贡献。

第三代代表人物有田奇卓、姜鸿明等。

田奇卓(1953—)，现任山东农业大学农学院教授、山东优质小麦研究与开发协会秘书长、山东省作物学会副秘书长。1979年毕业于山东农业大学农学系，长期从事小麦高产栽培生理研究工作。先后与学科组其他同志合作，承担并完成国家和省部级重点研究课题多项，曾获省、部级三等以上科技进步奖12项。代表成果有：“小麦衰老生理与超高产栽培理论和技术”，2001年获国家科技进步二等奖(第二位)；“冬小麦精播高产栽培的理论与实践”，1992年获国家科技进步二等奖(第三位)。在小麦穗、花的分、退化及攻穗途径,氮素营养平衡,节水高产栽培,地膜覆盖栽培、精播及超高产栽培的理论与技术方面进行过深入研究。发表学术论文50余篇,副主编或参编小麦栽培专著8部,副主编《农业推广学》等全国统编教材4部。

姜鸿明(1961—),毕业于山东农业大学农学院,硕士生导师为李晴祺,博士生导师为余松烈、于振文。现为山东省烟台市农科院小麦研究所所长、研究员,国家小麦产业技术体系烟台综合试验站站长,山东省作物学会副理事长。主持承担国家、省、市课题项目30余项,包括国家科技支撑计划、"863"计划、跨越计划、成果转化资金项目等,先后获得科技成果奖10项;主持和参加选育品种12个,取得专利权6项,育成品种累计推广面积1 600万公顷;育成的代表性小麦品种"烟农19",2004年获山东省科技进步一等奖,2007年获国家科技进步二等奖。"全国五一劳动奖章"获得者、山东省有突出贡献中青年专家。

该谱系的特点是注重栽培理论与技术的研究,在冬小麦栽培研究与实践方面取得突出的成就,出现了两代小麦栽培方向的院士。

六、四川农业大学小麦研究所学术谱系

四川农业大学小麦研究所是四川省人民政府1984年批准建立的专业研究机构。小麦研究所设有小麦分子遗传与基因工程育种、小麦细胞遗传与染色体工程育种、小麦族系统学与资源利用3个研究室。教学科研人员中,国务院政府特殊津贴4人,国家百千万人才工程人选3人,教育部新世纪优秀人才计划4人,四川省有突出贡献的优秀专家4人,四川省学术和技术带头人5人。近年培育出"川农16(国审)""良麦2号""良麦3号""良麦4号""蜀麦375""蜀麦482"等多个小麦新品种;获省部级以上科技奖励12项,其中国家技术发明奖一等奖1项(小麦高产、抗锈的优良种质资源"繁六"及姊妹系,1990年)、国家自然科学奖二等奖1项(小麦族种质资源研究,2000年),四川省科技进步奖一等奖2项("小麦异种属基因库的建立及物种生物系统学研究",1999年;"麦类基因资源发掘与利用研究",2006年)。

小麦研究所自1988年开始招收博士研究生以来,目前共培养博士研究生49名,其中2篇博士学位论文分获2003年和2004年度全国优秀博士学位论文,3篇博士学位论文获得2008年、2009年、2010年全国优秀博士学位论文提名。

第一代的主要开创人是颜济、杨俊良、李尧权(见图 3-12)。

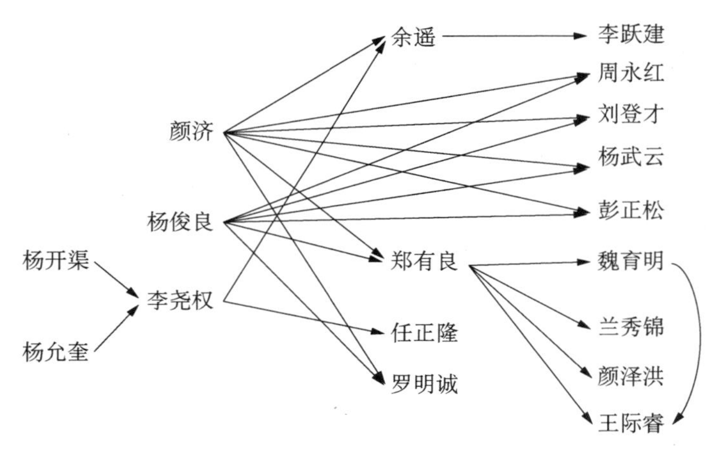

图 3-12　四川农业大学小麦研究所学术谱系

李尧权(1922—2003),作物栽培学家,师从杨开渠、杨允奎。1948 年秋毕业于四川大学农艺系;1951 年春受聘为四川大学助教;川农独立建校后,到四川农业大学工作至退休。主要从事小麦和马铃薯的物质积累和产量形成的研究,成果颇丰,其中有关小麦物质积累和产量形成的研究尤为突出;荣获四川省科技进步一等奖 1 项,二等奖 3 项。

颜　济(1924—　),小麦遗传育种学家,农业教育家,四川农业大学作物遗传育种学科(国家级重点学科、博士后流动站)首位博士生导师,四川农业大学小麦研究所第一任所长,国家杰出高级专家,四川省学术和技术带头人,享受国务院政府特殊津贴。1948 年毕业于华西协和大学农艺系。先后培育出"大头黄""雅安早""竹叶青""繁 6""繁 7"等小麦品种,为四川小麦生产做出了重大贡献;收集和保存了小麦族 20 个属 184 种的 6 100 份种质资源;建立了一个新属,发现 9 个新种,研究了 Kengyilia 等 7 个属多数种的系统学关系;通过远缘杂交育成了抗穗发芽、多小穗等小麦新种质;发现小麦族物种生殖细胞间存在的接合管与接合孔连接是核物质在细胞间转移的通道,进而探讨了植物高倍体及非整倍体的起源机制;出版了《小麦族生物系统学》系列专著。1990 年获国家技术发明一等奖(排名第 1),2000 年获国家自然科学二等奖(排名第 1),1997 年获香港何梁何利基金科学与技术进步农学奖。

杨俊良(1930—　),女,四川农业大学作物遗传育种博士生导师。1954 年 7 月毕业于四川大学生物学专业。长期从事小麦族植物形态学、分类学、遗传学、细胞学、细胞遗传学、生物系统学和育种学研究工作，提出多级次生节轴学说；探讨了高等植物同源-异源多倍体及非整倍体的起源机制；以染色体组型为依据，建立了小麦族新属仲彬草属(Kengyilia)；发表新种 15 个，新组合 19 个，新分布6 个，新细胞型 10 个；发现和定位控制小麦多小穗数目、穗粒数、粒重、抽穗期、粒重等重要育种目标的新基因 21 个，命名的新基因 4 个；利用染色体工程技术，创制了抗穗发芽新材料 RSP 和多小穗材料 10－A，弄清了多小穗的形成和遗传机理以及抗穗发芽的遗传规律；主研选育的“雅安早”“大头黄”“竹叶青”等优良品种、培育的 13 个抗条锈生理小种、20 个生理型的“繁六”及其姊妹系，为四川小麦生产的发展做出了重要贡献。研究成果获得 1990 年国家技术发明一等奖(排名第 4)，1999 年四川省科技进步一等奖(排名第 1)，2000 年国家自然科学二等奖(排名第 2)等。在国内外重要学术会议和学术刊物上发表论文 150 余篇，主编著作 3 部。

第二代为余遥、任正隆、郑有良、罗明诚等。

余　遥(1934—　)，小麦栽培专家，曾任四川省农业科学院作物研究所所长(1985—1994)、四川省作物学会理事长。1956 年毕业于四川大学农学系，长期从事小麦栽培研究和科技管理工作。在近 50 年的科研和教学生涯中，特别是在四川省农业科学院从事小麦栽培研究的 40 年里，余遥和他的同事针对四川省不同时期小麦生产上存在的主要问题和社会需要，坚持内外结合、栽培育种结合的原则，先后获得“犀浦小麦高产经验”“晚麦高产技术”“川西平原小麦高产途径”“四川省小麦小窝密植技术”“小麦免耕简化高产技术”等成果，发掘出“繁 6”“绵阳 11”等著名品种的生产潜力，对四川省 20 世纪 60 年代至 90 年代小麦生产发展起到重要促进作用，获农业部和四川省科技成果奖 6 项；发表文章近 50 篇，主编或编著了《四川小麦》等专著。1990 年被授予“国家级有突出贡献专家”称号，1991 年获国务院政府特殊津贴，1992 年获“国家级有突出贡献的中青年专家”称号，1998 年被评为“四川省学术带头人”。

任正隆(1949—　)，小麦遗传育种家，第二任小麦所所长，第九、十、十一届全国人大代表，第九、十、十一届全国人大农业和农村委员会委员，国务院学位委员会作物和园艺学科组委员。1977 年毕业于西华师范大学生物学系，1981 年在四川农业大学获农学硕士学位(导师李尧权)，1988 年 9 月在联邦德国哥廷根大学农艺和植物育种研究所获博士学位。长期从事植物遗传与育种、分子生物学的教学科研工作，是提出麦类基因符号被国际学术界接受的第一个中国人；率领自己的科研团队培育出“川农”号系列小麦新品种，并在世界上第一个育成小麦

"延绿型"新品种,实现了通过提高光合效率、增加生物量达到增产的目标;多次获国家、省部级各项奖项。在国内外刊物上发表论文150多篇。

郑有良(1959—),四川农业大学农学专业1977级学士,作物遗传育种专业1981级硕士、1988级博士,导师为颜济和杨俊良。1993年破格晋升教授,1994年赴英国约翰·英尼斯中心剑桥实验室作高级访问学者,1996年成为国家百千万人才工程一、二层次首批人选,1998年获国务院政府特殊津贴,2000年入选四川省学术和技术带头人。从1992年获得博士学位以来,先后主持国家"863"、"973"和科技支撑(攻关)计划以及国家自然科学基金等科研课题30余项,在小麦基因资源发掘、分子标记、基因工程、染色体工程、新材料创制和新品种选育等领域取得了一系列创新性研究成果。主持选育小麦新品种4个,其中国家级审定1个,已在四川、重庆、云南、陕西和贵州等省市累计推广80余万公顷;作为主持或主研已获科技成果奖励6项;其中,国家自然科学奖二等奖1项(排名第三),省级科技进步奖一等奖1项(排名第一)、二等奖1项(排名第四)。在国际学术刊物发表论文165篇,其中SCI收录论文80篇。1997年开始招收博士研究生,指导毕业的博士中有2篇学位论文分别于2003年和2004年被评为全国百篇优秀博士学位论文。

另有美国加州大学戴维斯分校遗传学家罗明诚,也是颜济、杨俊良的学生。

第三代有周永红、刘登才、魏育明、杨武云、彭正松、兰秀锦、颜泽洪、王际睿等。

周永红 1983年获南京大学植物学专业理学学士学位,1992—1998年分获四川农业大学作物遗传育种专业农学硕士和博士学位,2001—2002年作为高级访问学者赴美国加州大学戴维斯分校从事小麦基因组学研究。现任教育部西南作物基因资源与遗传改良重点实验室主任、四川省植物学会副理事长、四川省作物学会常务理事。1983年至今,一直从事植物学和普通生物学的教学和小麦族物种生物系统学、细胞遗传学、资源利用与创新和新品种选育等的研究工作。先后主持国家和省部级重大科研项目20余项,获国家自然科学二等奖1项,四川省科技进步一等奖2项、三等奖3项,贵州省科技进步二等奖1项,四川省教学成果一等奖2项。在国内外重要学术刊物发表学术论文200余篇,其中SCI收录40余篇(第一作者和通讯作者论文30余篇);主编或副主编著作或教材6部。首批"新世纪百千万人才工程"国家级人选,中国第七届青年科技奖获得者。

魏育明 四川农业大学1990级学士、作物遗传育种专业1994级硕士,2000年7月获农学博士学位(博士论文被评为2003年度全国优秀百篇博士学位论文)。2003 年 7 月至 2004 年 7 月,作为国家公派访问学者赴加拿大农业部东部采谷类和油料作物研究中心进行有关小麦和大麦物种的分子生物学研究。主要研究内容为小麦品质相关种子贮藏蛋白基因新型分子标记的开发与应用、小麦重要性状基因的分子标记及育种利用。2004 年被评为四川省有突出贡献优秀专家,2005 年获第八届四川省青年科技奖,并入选教育部新世纪优秀人才支持计划。

刘登才 1992 年、1995 年、1998 年在四川农业大学分获农学学士、硕士和博士学位;1995 年 7 月至今,在四川农业大学小麦研究所工作;2002—2003 年在美国南达科塔州立大学做访问学者。主要研究内容为远缘杂交和异源多倍化过程研究及其在麦类遗传育种中的应用与高产、抗病、优质小麦新品种选育,外源或新型遗传变异导入小麦推广品种等,主研选育了 6 个小麦新品种;发表 SCI 收录论文 20 多篇。作为主研人员,获国家自然科学奖二等奖 1 项、四川省科技进步一等奖 2 项。享受国务院政府特殊津贴,2009 年成为“新世纪百千万人才工程”国家级人选,入选教育部“新世纪优秀人才计划”,四川省学术与技术带头人,四川省有突出贡献的优秀专家。

七、河南农业大学小麦研究中心学术谱系

(一)中心的学术传承特点

河南是中国小麦第一主产区,小麦生产和科研在全国有重要地位。河南省小麦产量连续 10 年增产,这与本省小麦科研人员的贡献是分不开的。作为河南小麦科研的重镇,河南农业大学小麦研究中心的学术传承有如下特点:一是以栽培研究为主,育种次之。从第一代开始一直坚持下来,栽培研究实力较强。二是紧密结合生产,科研为生产服务。三是研究方向的连续性。小麦生育规律的研究等一直是研究重点;同时,又结合阶段性,针对生产实践中出现的新问题有所创新。研究领域和重点既有连续性,又有阶段性,体现了继承与创新的统一。马元喜在小麦根系研究方面成绩突出,这一学术领域的传承人主要是贺德先、王晨阳,他们的研究重点是小麦根系及抗逆性。崔金梅的主攻方向是小麦穗的研究,朱云集在继承这一方向的基础上,重点从事小麦生长发育及土壤营养的研究。在学术传承的内容方面,该谱系代有传承和发展。从基本栽培技术、生理生化研究,到土壤营养、信息化、分子调控研究,不断升华,深化发展。

（二）小麦栽培研究的学术谱系

第一代农学家为马元喜、胡廷积、崔金梅、梁金城、袁剑平。崔金梅等与前2位有师承关系，马元喜侧重小麦根系研究，胡廷积在宏观研究方面成就突出。1974年河南省成立高稳优低技术推广协作组，胡廷积任组长，取得了一系列重大成果；崔金梅侧重小麦穗的研究，是胡廷积本科时的班主任；梁金城、袁剑平都从事小麦栽培技术研究（见图3－13）。

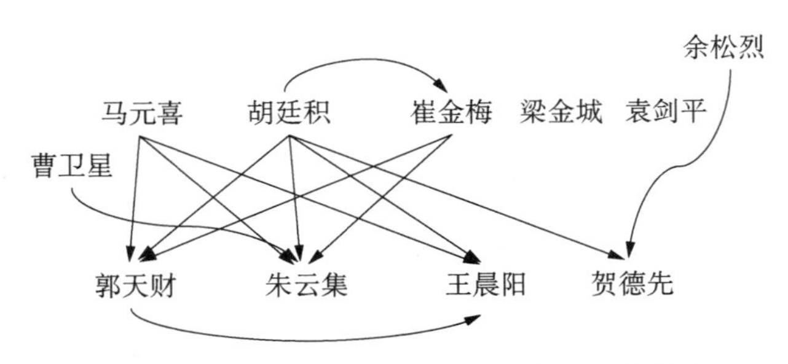

图3－13 河南农业大学小麦研究中心学术谱系

马元喜（1929—2010），河南小麦栽培学科奠基人之一，曾任河南农业大学教授、小麦研究室主任、小麦学科带头人。1950年8月考入国立河南大学农学院农学专业，毕业后到农业厅土壤调查队工作；1956年2月到河南省农业学校任教；1983年到河南农业大学任教至1993年退休。长期从事小麦栽培生态生理研究，主持完成多个国家自然科学基金及国家、河南省重大科技攻关项目等，先后获国家科技进步二等奖，农业部一等奖，河南省特等奖、一等奖等共6项。主编或参编出版《小麦的根》《小麦超高产应变栽培技术》等科技专著5部；在《作物学报》等刊物上发表科技论文30多篇。曾获河南省劳动模范、省管优秀专家等荣誉称号，享受国务院政府特殊津贴。

作为河南省小麦高稳优低协作组创建人之一和协作组副组长，他组织和带领多学科、多部门、多层次科技人员协作攻关，创立了小麦高稳低模式化栽培、小麦生态区划及其相应栽培技术体系。本着以“系统决策与分段决策、基础应变与针对性应变相结合”的基本原则，采用“预防”“缓减”和“解除”的技术路线，建立了不同逆境生态条件下稳定实现小麦高产的应变技术体系，且均取得了重大突破，对促进河南小麦生产连上两个新台阶做出了突出贡献。

胡廷积（1931— ），农业经济学家、小麦栽培专家、河南农业大学教授、国家小麦工程技术研究中心主任，也是河南现代小麦栽培学科主要奠基人、河南农业科研与生产领域优秀领导人。曾先后担任河南农业大学小麦研究室主任，农经教研室主任，河南省小麦高产、稳产、优质、低成本研究推广协作组组长，农业部科学技术委员会委员，河南省农作物品种审定委员会主任；1983 年起担任河南省人民政府副省长、省人大常委会副主任、河南省政协副主席等职。1950—1953 年就读于中山大学农学院，1954 年毕业于华中农业大学农经系。50 多年来，一直从事农业经济、小麦栽培、小麦生态与农业宏观战略等学科的教学和科研工作。担任省级领导以后也一直关注和研究河南农业发展的历史、特点、优势和问题，提出许多有针对性、前瞻性的科学见解。尤其在小麦高产、稳产、优质、低成本理论与技术研究方面成就卓著，首次提出了河南小麦生长发育三大规律和“两长一短”理论及实现小麦高产五项技术经济指标、十大生态类型麦区的栽培技术规程等。作为第一主持人先后获全国科学大会奖，河南科学大会奖，国家科技进步二等奖，农业部技术改进一等奖和河南省科技进步特等奖、一等奖等重大成果十多项；首创的“三个三结合”科研大协作形式曾以河南省委、省政府文件报中央、国务院。发表论文百余篇，主编出版了《小麦生态栽培与农业生产》《小麦生态与生产技术》《小麦高稳优低理论与技术》等学术著作十多部。

崔金梅(1934—)，女，原河南农业大学副教授，河南省作物学会常务理事。1959 年毕业于河南农学院农学专业，毕业后留校任教；1963 年开始从事小麦栽培研究工作。1974 年，作为发起人之一，参加了小麦高稳优低协作攻关研究与推广项目，获得重大成果，对河南小麦生产的发展发挥了重要作用；长期坚持进行高产条件下小麦穗器官建成规律及提高穗重途径的研究，通过连续十多年对小麦不同品种类型的幼苗解剖观察，提出了小麦由营养生长进入生殖生长始期，茎生长锥没有长大于宽的生长过程理论；研究出了不同类型品种幼穗分化各时期的适宜温度范围、受冻害的温度指标等；为了便于研究小麦小花的发育规律，她根据雌蕊在生育过程中的形态变化特征，研究提出了将小花的发育过程划分为 10 个时期，小花退化的高峰在四分体之前(叶龄指数 97 左右)。这些研究成果不但在小麦生产上有较高的应用价值，而且也为小麦栽培学基础理论充实了内容，得到国内同行专家的承认和引用。1978 年获全国科学大会奖，被国务院授予“有突出贡献专家”称号，享受国务院政府特殊津贴。在省级以上刊物发表论著 20 余篇。

第二代主要有郭天财(导师为马元喜、胡廷积、崔金梅)、朱云集(导师为马元喜、胡廷积、崔金梅，博士生导师为曹卫星)、王晨阳(硕士生导师为马元喜、胡廷积，博士生导师为郭天财)、贺德先(硕士生导师为胡廷积，博士生导师为余松烈)等。

郭天财(1953—),国家级重点学科“作物耕作学与栽培学”学术带头人、小麦栽培方向第一学术带头人。现任河南农业大学小麦研究所所长、国家小麦工程技术研究中心副主任;兼任中国作物学会理事、中国北方小麦栽培研究会副理事长、中国作物学会小麦栽培学组副组长、河南省小麦专家指导组副组长、河南省作物学会副理事长等职。1978 年毕业于河南农学院农学专业,自参加工作以来,一直在教学和小麦科研与科技开发第一线。作为项目主持人和主要完成者,先后完成国家、省重大科技攻关项目和国家“973”项目子专题 15 项,获河南省科技进步一等奖 3 项、二等奖 4 项、三等奖 7 项,获国家科技进步二等奖 1 项;“九五”规划期间,作为国家重中之重科技攻关项目“小麦大面积高产综合配套技术研究与示范开发”第一主持人,在我国黄淮麦区率先实现了万亩连片连续三年平均单产 9 000 千克/公顷的超高产记录,被国家科技部、农业部等单位授予国家“九五”规划重大科技攻关优秀成果奖。作为主编、副主编和主要编写人员,出版了《小麦穗粒重研究》《小麦品质生态》《小麦生态栽培与农业生产》等学术著作和教材 11 部;发表学术论文 78 篇,发表小麦科技译文 33 篇。1999 年被国务院授予“有突出贡献专家”称号,享受国务院政府特殊津贴;同年,由河南省委、省政府授予“河南省优秀专家”称号;2001 年被评选为“河南省农业科技先进工作者”和“河南省十大科技新闻人物”。

朱云集(1955—),女,现任国家小麦工程技术研究中心科研部副主任、研究员,兼任中国北方小麦栽培研究会副秘书长、河南省小麦高产技术指导专家组成员等职。1982 年 1 月毕业于河南农业大学农学系农学专业。自参加工作以来,主持或承担了国家科技部农业科技成果转化资金项目“小麦优质高效种植技术集成与示范”、河南省重大科技攻关项目“河南省小麦品质生态区划与产业化研究开发”、河南省重点科技攻关“优质加麦春花基因改良与应用”等项目,获省部级科技进步一等奖 1 项、二等奖 4 项、三等奖 3 项。作为主编、副主编出版专著 5 部,在省级以上学术期刊发表学术论文 40 余篇。先后被授予“河南三八红旗手”“河南省百名巾帼科技英才”“河南省优秀专家”等荣誉称号。

尹 钧(1957—),国家小麦工程技术研究中心常务副主任,兼任国家自然科学基金委生命科学部评审专家、河南省小麦研究会副理事长、河南农业大学学术委员会副主任等职。1982 年山西农业大学本科毕业,获学士学位;1984 年获山西农业大学硕士学位;1999 年获南京农业大学博士学位;1986 年在山西农业大学任讲师,1991 年升任教授;1991—1994 年分别在英国威尔士大学和澳大利亚阿德莱德大学留学;2000 年以高层次人才引进到国家小麦工程技术研究中心工作。主要研究方向为小麦生物技术与发育调控，承担国家自然科学基金、“十五”规划国家科技攻关重大项目、“十一五”规划国家科技支撑重大项目等多个国家级、省级科研项目。其中，“河南小麦夏玉米两熟丰产高效技术集成研究与示范”获2008年河南省科技进步一等奖（第一完成人），“黄土高原旱垣地区小麦根土系统的研究”获1991年山西省科技进步一等奖（第二完成人）。主编出版了《小麦标准化生产技术》《农业生态基础》等专著。

贺德先（1963—　），教授、博导。曾任河南农业大学小麦研究所副所长、教育部学位与研究生教育评估专家、河南省小麦研究会常务理事。1986获河南农业大学作物栽培学与耕作学专业硕士学位；1998获山东农业大学作物栽培学与耕作学专业博士学位，导师为余松烈；1998—1999年赴荷兰瓦赫宁根大学做访问学者；1999—2003年在美国奥本大学攻读植物生理学专业博士学位。主要研究方向为小麦生态生理，承担了美国农业部（USDA）基础研究项目、奥本大学博士后研究项目、教育部留学回国人员科研启动基金资助项目等多个。主编或参编著作多部。

王晨阳（1964—　），国家小麦工程技术研究中心副主任、中国小麦栽培研究会理事、河南省小麦研究会理事。主要研究方向为小麦高产优质栽培。先后主持或参加完成多个国家自然科学基金，国家“九五”“十五”规划重大科技攻关，“十一五”规划国家粮食丰产工程，科技部农业部公益性行业专项和国家“973”项目等国家级和省级课题的研究工作，其中“冬小麦根穗发育及产量品质协同提高关键栽培技术研究与应用”获2009年国家科技进步二等奖（第三完成人）。主编出版了《小麦的穗》《小麦优良品种与高产栽培》《小麦的根》《小麦生态栽培与农业生产》等著作。

（三）小麦育种研究的学术谱系

小麦育种学术谱系见图3-14所示。

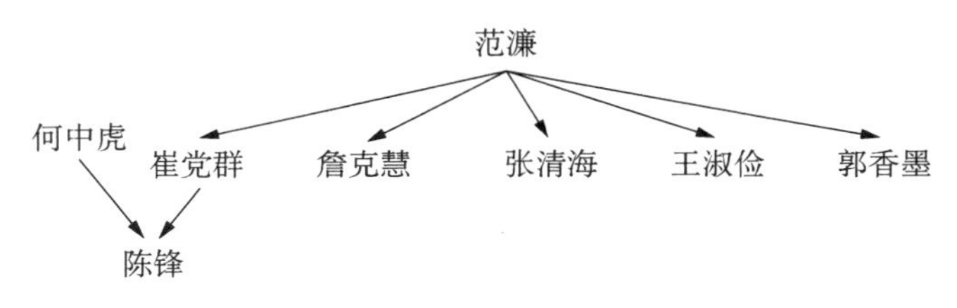

图3-14　小麦育种研究的学术谱系

第一代：范濂。

范　濂(1919—　)，小麦育种专家和生物统计学家，曾任河南省第五、六、七、八届人大常委会副主任，第八届全国人大代表，河南省科学技术协会副主席、名誉主席，中国民主同盟第七、八届中央常委，河南省农学会会长，中国农学会常务理事及荣誉理事等职。1942 年毕业于浙江大学农学院，获学士学位；1944 年获浙江大学农业经济专业硕士学位；1949 年获美国爱荷华大学农业经济学专业硕士学位；1949 年 5 月回到上海，同年 7 月在上海华东人民革命大学学习；1950 年 5 月至 1954 年 10 月在东北会计统计专科学校统计系任副教授、系主任；1954 年 10 月任大连工学院副教授；1956 年 8 月任河南农学院农学系副教授、教授，主要从事生物统计教学和小麦遗传育种研究工作。河南农业大学生物统计教研室和小麦育种研究室的创建人，致力于小麦遗传育种研究 40 余年，主要方向为常规育种与杂种优势利用，与蔡旭同为第一代应用杂种优势利用进行小麦育种的农学家。很早开始品质育种，是我国杂交小麦和小麦品质改良全国攻关研究的主要发起人之一，他在小麦杂种优势利用、高产多抗优质新品种选育、数量性状遗传规律、育种方法和试验统计等方面，都取得了创造性的研究成果；主持完成的“(K)型杂交小麦研究”荣获河南省科技进步二等奖；先后选育出“豫麦 1 号”“豫麦 3 号”和“豫麦 9 号”等多个小麦品种；作为我国杂交小麦研究的开拓者和奠基人之一，比较全面而系统地研究了小麦杂种优势利用的应用理论，发表了 20 多篇有较高价值的研究论文。1992 年被国务院授予“有突出贡献专家”称号，享受国务院政府特殊津贴。

第二代：皆为范濂学生，主要有崔党群(品质育种)、詹克慧(品质育种、高产育种)、张清海等。

张清海(1943—　)，自河南农业大学毕业留校至今，一直致力于农作物新品种的引进、选育和推广工作，并从事作物品种资源的研究。早在 20 世纪 70 年代，多次赴云南省进行小麦加代育种工作，总结出黄淮地区小麦品种在昆明夏繁加代的育种理论和规律；20 世纪 80 年代，和范濂教授一起先后选育出“豫麦 1 号”“豫麦3 号”“豫麦 9 号”3 个小麦品种；在“九五”计划期间，作为第一主持人选育并通过审定 4 个不同类型的小麦新品种，其中“豫麦 36 号”“豫麦 45 号”和“豫麦 52 号”被列入国家“九五”计划重点科技攻关项目，在全国适宜麦区推广利用。先后荣获国家科技进步二等奖 1 项，河南省重大科技成果和科技进步一等奖 2 项、二等奖 3 项、三等奖 9 项，被评为全国优秀农业科技工作者。主编和副主编《现代生物技术与小麦品种改良》《黄淮南片小麦审定推广品种及其选育》

《河南省小麦审定推广品种及其选育》等著作11部，发表学术论文20多篇。

崔党群 1982年获河南农学院农学专业学士学位；1982—1985年在河南农大作物遗传育种专业学习，获硕士学位；1985年至今在河南农业大学任教；兼任河南省小麦研究会副理事长、河南省核农学会副理事长、河南省作物学会常务理事、河南省遗传学会常务理事。主要研究方向为小麦遗传育种，主持承担了国家“973”项目、国家“863”项目、国家科技支撑计划项目、国家农业科技跨越计划项目、国家转基因重大专项子课题、河南省重大科技专项等多个。主编出版了《杂交小麦和小麦遗传育种研究》等专著。

此外，王淑俭虽未直接师从范濂，但受其影响，亦可列入该谱系的第二代。郭香墨是中国农科院棉花所研究员，从事棉花育种研究，他的硕士生导师是范濂。

第三代：主要有陈锋等人。陈锋的研究方向为小麦品质分子改良，硕士生导师为崔党群，博士生导师为何中虎。

八、河南省农科院小麦研究中心学术谱系

河南省农科院小麦研究中心见图3-15所示。

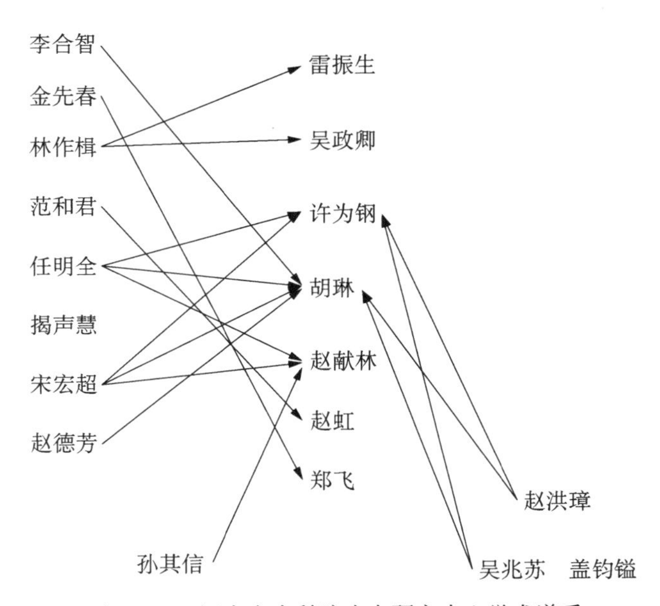

图3-15 河南省农科院小麦研究中心学术谱系

（一）该所小麦研究学术谱系

虽然从谱系的传承代数来看，河南省农科院小麦研究传承仅有2代，谱系特征并不特别明显，但2代农学家均注重小麦优质育种，并取得了突出的成绩，2次荣获国家科技进步一等奖。由于其在小麦优质育种方面有明显的传承特征，且地位重要，故将其列入。

第一代：林作楫、揭声慧、任明全、宋宏超、金先春、赵德芳、李合智、范和君。

任明全（1930— ），1953年毕业于国立四川大学农学院农学系，先后在河南省农业试验场、河南省农科院从事小麦研究工作，历任小麦研究所研究员，小麦组副组长，育种室副主任、主任，多抗育种室主任。从事小麦栽培、育种研究工作40余年，取得显著成绩。五六十年代深入农村蹲点调查，建立了群众性科学实验小组，培训了一批农民技术员；80年代参加小麦高稳优低推广协作组，作为执行组成员，开展了“河南省小麦不同生态类型区划分及其生产技术规程”的研究，负责小麦品种合理利用的研究，以及西部丘陵旱作类型区的调查、总结等，该项研究居国内领先水平，1984年获省政府特等奖。

林作楫（1933— ），研究员，曾任小麦所育种室主任、院学术委员会副主任。1954年毕业于福建农学院农学系，从事小麦育种40余年。先后选育出分别适于旱地、肥水地的丰产优质品种“郑州3号”“郑引1号”“豫麦13”等14个，累计推广面积超过1 500万公顷。科研成果获省部级以上奖励13项，其中，主持选育的“大面积高产稳产小麦新品种豫麦13”获1995年国家科技进步一等奖，“郑州683”获1978年全国科学大会奖；参与选育的“矮秆资源6609”获1991年国家发明三等奖，并于1996年获王丹萍科学奖金。他勇于开拓，是我国小麦品质改良主要开拓者之一。曾参与我国不同类型优质小麦标准的制订，主编了《食品加工与小麦品质改良》一书，系统研究面包、面条、饼干、馒头等食品与小麦品质的关系，倡导培育兼具优质和丰产特性的小麦新品种；育成面包用小麦“豫麦47”及饼干用软麦“豫麦50”，并与面粉企业和农村基地协作探索了一套“企业＋科研机构＋农民”的农业产业化途径。参与编写了《中国小麦学》《小麦育种学》等6部专著，在国内外发表论文50余篇。第六、七、八、九届全国人大代表，1998年被评为“河南省科技功臣”，2000年被评为“全国优秀科技工作者”。

范和君（1935— ），女，曾任河南省农科院小麦所品种利用研究室主任、研究员，是国家黄淮南片及河南省两级小麦良种区试主持人。1958年毕业于北京农业大学。从事小麦品种利用研究30多年，主持完成了多项有重大意义和实用价值的研究课题；善于从事创造性的工作，从试验设计、鉴定分析方法、品种评价标准、品种优化组建、品种运行机制、繁种技术等多方面进行了一系列改革和创新，缩短了小麦品种鉴定年限，加快了用种步伐，防止了用种“单一化”和种植“多、乱、杂”的现象，开拓了由单纯区试到小麦品种利用研究的新格局，走出了一条适应市场经济需求搞活小麦品种利用研究的新路子。通过研究有效地促进了河南小麦品种第五、六、七次更换，为黄淮麦区小麦大面积大幅度增产做出了新贡献，获国家及省（部）级科技进步奖 13 项。先后荣获“河南省先进科技工作者”、全国三八红旗手、“国家有突出贡献专家”等称号，1992 年获国务院政府特殊津贴。发表学术论文 40 多篇。

李合智（1941— ），曾任河南省农业科学院小麦研究所品种资源研究室主任、副研究员。自 1963 年以来，研究鉴定了来自世界 41 个国家及全国 20 多个省、市、自治区的小麦品种资源 8 800 多份，仅“七五”规划期间就为全国 89 个育种单位提供了 4 000 多份次独具特色的优良资源；育成“豫麦 5 号、7 号、10 号、15 号、18 号”“偃师 4 号”等 9 个小麦新品种，并通过省、地区审定，累计推广面积 533.3 万公顷，增产粮食 12 亿千克。多次荣获河南省政府及农业科研系统成果奖；发明的应用于小麦矮化育种的基础矮秆材料——6609，获 1991 年国家发明三等奖。

金先春（1943— ），女，1966 年毕业于百泉农专。从事农业科研、教学、科技推广工作 36 年，主攻栽培生理，获得国家、省部级二等奖以上 3 项，三等奖 6 项。主持的“黄淮地区小麦生育后期灾害性天气危害机理及防灾技术研究”获 1997 年国家科技进步二等奖，是新中国成立以来作物栽培领域获得的最高奖之一。发表论文 40 多篇，主编和参编著作 5 本。先后被评为“国家有突出贡献中青年专家”，河南省农业科技先进工作者，全国巾帼建功标兵，享受国务院政府特殊津贴。

第二代的代表人物有雷振生、吴政卿、许为钢、胡琳、赵献林、赵虹、郑飞等。

许为钢（1958— ），河南省农科院小麦研究中心主任、研究员，兼任河南省农业科学院学术委员会副主任、河南省小麦研究会副理事长、第十一届全国人大代表。1982 年毕业于四川农业大学农学专业，1985 年获西北农业大学作物遗传育种专业硕士学位，导师为赵洪璋；1997 年获南京农业大学作物遗传育种专业博士学位，导师为吴兆苏、盖钧镒，其育种研究工作师承任明全、宋宏超。主要从事小麦新品种选育、种质资源创新及相关理论研究工作。目前主持和参加多个国家重大科技专项、国家科技支撑计划项目、国家“863”计划专项课题以及河南省重大科技专项等项目的攻关研究;主持育成优质强筋小麦品种“郑麦 9023”,种植面积自 2003 年起已连续六年位居我国和河南省小麦品种第一位,获 2004 年国家科学技术进步一等奖(第一完成人)。在小麦品种特性遗传改良演化、品质遗传改良、白粉病分子标记育种、玉米高光效基因导入小麦的转基因育种等方面获得了若干重要的研究成果。主编出版了《中国专用小麦育种与栽培》一书,公开发表论文 41 篇。先后荣获河南省科学技术杰出贡献奖、全国杰出专业技术人才、全国先进工作者、何梁何利基金“科学与技术进步奖”、河南省“中原学者”、全国粮食生产先进标兵等荣誉称号,享受国务院政府特殊津贴。

胡　琳(1961—　),女,研究员,现任河南省农科院小麦研究中心分子育种研究室主任、河南省小麦研究会常务理事。硕士生研究生导师为赵洪璋,博士生导师为吴兆苏、盖钧镒;工作后得到赵德芳、李合智、任明全等人指导。主要从事小麦新品种选育、种质资源创新及相关理论研究工作。主持和参加多个国家科技支撑计划项目、国家“863”计划专项、河南省重大科技专项等项目的攻关研究;育成小麦品种 7 个,其中“郑麦 9023”获得 2004 年国家科技进步一等奖(第二完成人)。出版了专著《植物脱毒技术》,发表学术论文 30 余篇。

雷振生(1962—　),研究员,现任河南省农科院小麦研究中心副主任、河南省小麦研究会秘书长。工作上师承林作楫,研究重点为小麦优质育种。曾多次赴国际玉米小麦改良中心(CIMMYT)以及美国、澳大利亚等国著名研究机构进行国际合作研究。自 1985 年研究生毕业参加小麦育种工作以来,先后共主持承担国家科技攻关、“跨越计划”、成果转化基金、“863 计划”、自然科学基金、转基因重大技术专项等科研项目 30 余项,主持和参加育成 16 个小麦新品种,获省、部级以上科技进步奖 9 项,2010 年被评聘为河南省小麦产业技术体系首席专家。先后荣获中国农学会“青年科技奖”、河南青年五四奖章、全国粮食生产先进工作者等奖项。首批“百千万人才工程”国家级人选,享受国务院政府特殊津贴。

赵　虹(1962—　),女,现任河南省农业科学院小麦研究所品种利用研究室主任、研究员。1983 年毕业于河南农业大学农学专业;2001 年毕业于河南农业大学作物栽培与耕作专业,获农学硕士学位,学术师承范和君。1983 年参加工作以来,主要从事小麦品种区域试验鉴定和品种利用工作。在品种区域试验鉴定方法、评价标准,品种推广利用运行机制,品种群优化组建、良繁技术等方面进行了一系列改革和创新,为实现小麦品种利用研究的规范化、科学化做出了突出贡献。获国家科技进步奖 2 项,省部级科技进步奖 10 项,其中,作为第一主持人完成的“小麦品种利用研究的创新及实践效果”项目获 1998 年国家科技进步三等奖。发表论文 50 多篇，出版著作 3 部。1998 年被授予“河南省优秀青年科技专家”称号，1999 年被认定为“河南省跨世纪学术技术带头人”称号。

田云峰(1964—)，曾任河南省农业科学院研究员、小麦研究所所长，兼任河南省小麦研究会副理事长。1986 年毕业于南京农业大学农学系，长期从事小麦品种利用及优质小麦新品种推广工作。曾主持或参加国家计委重大建设项目、国家“十五”规划科技攻关重大项目、国家农业科技成果转化项目等多个。获得部(省)级以上科技成果 9 项，其主持完成的“优质强筋早熟多抗高产广适性小麦新品种郑麦 9023”获 2004 年国家科技进步一等奖(第三完成人)，“小麦生育后期灾害性天气危害机理及防灾栽培技术”获 1997 年国家科技进步二等奖，“小麦品种利用研究的创新及实践效果”获 1998 年国家科技进步三等奖。发表学术论文 20 余篇，出版著作 5 部。

(二) 传承特色

该所学术传承与发展的优势为小麦优质育种，从林作楫到许为钢、雷振生等，均处于国内一流水平。优质小麦的育成使小麦生产在高产基础上优质化，有助于抑制国外优质小麦的冲击，使加入世界贸易组织后国外小麦进口对国内小麦生产没有产生大的冲击。据许为纲介绍，该所育种研究的发展趋势为由“高产＋优质”到“高产＋优质＋资源充分利用”，10 年以后的品种应具备对光、肥、水等资源更充分利用的特性。

(三) 河南省农科院小麦育种取得突出成绩的原因

小麦研究中心原属于河南省农科院粮作所，80 年代独立建小麦研究所，后改为研究中心，设有 7 个研究室，从育种、种子到栽培等，学科齐备。其成绩突出的主要原因有 3 个：

(1) 位于小麦主产区。河南小麦播种面积占全国小麦播种面积的 22%，总产量约占 25%，单产和商品粮外调均位列全国第一。

(2) 小麦科研人员以粮食安全为己任。“小麦人”有历史与时代责任感，这种社会责任意识得到传承，使研究团队的成员获得荣誉的同时又感觉到压力。

(3) 小麦研究队伍建设具有开放性。积极引进吸收省内外、国内外研究人员到队伍中来，建立学术创新队伍，力求使研究队伍紧跟学科发展、学术转型的趋势。

九、以程顺和为核心的小麦科学家学术谱系

第一代的开创者为陈道元。

陈道元(1913—1992),小麦育种专家。1935年毕业于南通农学院农艺系,先后任扬州地区农科所、江苏里下河地区农科所三麦组副组长、小麦研究室顾问。在1974—1984年间,选育出"扬麦1号""扬麦2号""扬麦3号""扬麦4号"4个小麦新品种,奠定了扬州小麦育种的基石。"扬麦1号"至"扬麦5号"成为长江中下游地区各个时期的小麦当家品种,累计推广面积1 120万公顷。"扬麦1号、2号、3号"获江苏省科学大会奖,"扬麦3号"获农牧渔业部科技进步一等奖,"扬麦4号"获得国家科技进步三等奖。荣获农业部、人事部授予的"全国农业劳动模范"称号,享受国务院政府特殊津贴。

第二代的程顺和是该谱系的核心人物。

程顺和(1939—),中国工程院院士、作物遗传育种专家,现任江苏省农科院里下河地区农科所研究员。1962年毕业于南京农学院,从事小麦育种40余年,参与育成"扬麦3号、4号",主持育成"扬麦5号""扬麦158""扬麦9号、10号、11号、12号、13号、14号、15号、16号、17号"等。其中,"扬麦5号""扬麦158"分别于1991年和1998年获国家科技进步一等奖,也是我国80年代末和90年代末种植面积最大的小麦品种;"扬麦158"的育成,初步解决了世界小麦育种中广适高产与抗赤霉病相结合的难题。育成品种累计种植4 000万公顷以上,增产粮食200亿千克,是新中国成立以来长江下游小麦品种第四、五、六次大面积更换的主体品种。近年来运用滚动回交与遗传标记结合,将一系列抗白粉病新基因转入大面积品种,育成"扬麦10号、11号、12号",已经成为长江下游主栽品种,累计面积280万公顷;提出了一系列育种观点和方法被成功应用于实践,发表学术论文30多篇。2005年当选为中国工程院院士。

第三代的代表人物是张伯桥。

张伯桥 江苏里下河地区农科所小麦育种研究室主任、研究员。主要从事小麦育种研究与产业化开发工作,先后主持承担多项国家科技攻关、国家"863"计划等重大科研项目,协助、主持承担国家"863"计划、国家重点科技项目、国家重点推广计划及江苏省重大攻关项目等20多项课题,并取得重大突破;参与或协助主持育成"扬麦5号、6号""扬麦158""扬麦9号、10号、11号、12号、13号"等一批新品种,累计在全国推广种植3.2亿亩,获国家、省(部)级科技成果和成果转

化奖5项。

十、其他重要小麦科学家

（一）中国农业科学院

邓景扬(1916—2000)，育种专家，曾任农业部、中国农科院第二届学术委员会委员，第七届全国政协委员，1992—1997年任联合国发展计划署小麦项目副组长。越南第二代华侨，留学瑞士，1959年获日内瓦大学博士学位；1960年回国，任职中国农业科学院研究员；1988年受聘为法国农业科学院外籍院士。主要成就是在小麦和水稻两个作物研究中鉴定出“太谷核不育小麦”及“光敏感核不育水稻”这2个中国独有的珍稀种质资源，证实了植物雄性核不育类型的存在。这不仅丰富了遗传学、育种学的理论宝库，还革新了育种技术，为农业生产做出了贡献，也使我国在雄性核不育研究方面自成体系，领先于国际。1990年获劳力士雄才传略国际大奖荣誉奖，1998年获国家技术发明二等奖，1999年获国家自然科学三等奖。10多年来，领导全国20多个协作单位进行科学研究，发表论文200余篇，其中50多篇在国际刊物上发表。由农业出版社出版的《邓景扬论文集》受到国际同行的好评，多次应邀赴瑞士、英、法、澳大利亚、墨西哥等国讲学及访问。

张锦熙(1919—1984)，小麦栽培专家。1943年毕业于北京大学农学院农艺系，历任华北农事试验场技佐，华北农业科学研究所、北京市农科院作物所副研究员，中国农业科学院作物育种栽培研究所栽培室主任、研究员。1981年主持研究成功小麦叶龄指标促控法，1985年获国家科技进步奖二等奖。

曾道孝(1922—)，小麦遗传育种家。1940年9月考入湖北省立农学院农艺科；1944年大学毕业后，留校任普通作物学助教；1945年5月，赴设在重庆北碚的中央农业实验所工作；1947到北平农事试验场麦作室工作；1949年后先后在华北农科所、中国农科院作物所从事小麦遗传育种研究工作。他是中国硬粒小麦、优质专用小麦育种学的开拓者之一，率先在国内开展硬粒小麦和优质面包专用小麦育种研究，选育出一批春、冬性硬粒小麦新品种，为我国硬粒小麦和优质专用小麦育种做出了重要贡献。

卢良恕(1924—)，中国工程院院士、小麦育种与栽培学家。1947年1月毕业于金陵大学农艺系，随后在原中央农业实验研究所麦作系任技佐，担任小麦遗传育种研究工作。新中国成立后历任中国农业科学院院长、农业部科学技术委员会副主任、中国工程院副院长等职。第三、五届全国人大代表，中共第十三次全国代表大会代表，十二届中共中央候补委员，1994 年被选聘为中国工程院院士。

卢良恕是新中国早期的小麦育种与栽培学家，曾主持我国南方稻麦两熟地区小麦新品种选育。1954—1958 年间，主持选育了“华东 6 号”等系列小麦优良品种，在长江下游大面积推广，推动了南方及淮北地区小麦生产的发展；70 年代，经过较系统的研究，提出了如下问题和观点：南方小麦产区湿害、干旱、瘠薄、粗放晚播和病虫害等是影响小麦产量的主要问题，应实施一套以培养地力、减轻湿害和合理密植为中心的增产配套技术措施；加强作物栽培耕作与生理科学发展的理论构思；增产技术上应处理好高产与稳产、单项措施与综合配套措施、用地与养地、良种与良法、增产与增收五大关系等。主持完成的“中国粮食与经济作物发展综合研究”项目，获国家农村发展中心优秀成果一等奖和国家科技进步二等奖；主持完成的国家自然科学基金委员会重大研究项目“我国中长期食物发展战略研究”，获农业部科技一等奖和国家科技进步二等奖。多年来参与国家农业及科技领域的政策制定与战略咨询工作，在农业宏观研究领域，开拓了我国食物结构与发展研究的新领域，创造性地提出了“把传统的粮食观念转变为现代食物观念”“种植业三元结构”“现代集约持续农业”等重要战略观点。发表学术论文 200 多篇，出版著作《农业区域开发技术对策》《农学基础科学发展战略》《中国中长期食物发展战略》《中国农业持续发展和综合生产力研究》《中国农业现代化理论、道路和模式》《卢良恕文选》等 10 余部。

陆　炜（1927—　），1946 年考入江苏省立教育学院农教系园艺专业，1948 年离校进华北解放区参加工作。先后在北平市军管会农林水利处、华北农科所、中国农业科学院、青海省海南州农科所、贵德县农科所、中国农科院作物品种资源研究所等机构从事蔬菜、小麦、大麦等研究工作；致力于小麦栽培和大麦种质资源研究，取得了多项科研成果。其中，“春小麦高产丰产规律及其栽培技术”获 1978 年全国科学大会奖（第一主持人）。自 50 年代以来，公开发表学术论文 40 余篇，主笔或参编著作 10 余部。

王琳清（1931—2011），女，研究员，曾任中国原子能农学会常务理事，兼任遗传育种专业委员会主任、研究所学术委员会主任和《农学通报》主编等。1954 年毕业于北京农业大学农学系，并留校任教；1970 年起任职于中国农业科学院原子能利用研究所，长期从事小麦遗传育种和雄性不育杂种优势利用研究和作物育种学教学。她是小麦"农大139"等10个北方主栽品种主要选育人之一，最先研究确认我国首次发现的受显性单基因控制的太谷核不育小麦，并应用于育种；连续多年主持农业部重点项目"作物辐射育种及其机理"，育成"原冬3号"等小麦新品种；研究提出辐射诱变改良作物的综合技术，广泛应用于育种实践，明显提高了育种效率和水平。先后获农业部技术改进、科技进步和中国科学院科技进步奖6项，对我国作物辐射育种取得领先地位做出了重要贡献。出版著作《诱发突变与作物改良》《植物诱变育种学》《核农学导论》等3部，发表论文70余篇。

刘秉华(1944—)，1982年毕业于中国农业科学院研究生院作物遗传育种专业，获硕士学位，导师为邓景扬。多年来从事小麦雄性不育遗传及应用研究，先后主持多项国家攻关、国家攀登计划、国家植物转基因以及国家自然科学基金项目的研究工作；完成太谷核不育基因定位，矮败小麦选育、近等基因系研制等工作。荣获国家发明二等奖、国家自然科学四等奖、农业部科技进步三等奖各1项，申请专利2项；选育出国审品种"轮选987"，申请品种保护权2项；主持的"矮败小麦及其高效育种方法的创建与应用"荣获2010年国家科学技术进步一等奖。发表论文60多篇，出版专著2部，译著1部。

肖世和(1955—)，1992年获南京农业大学作物遗传育种专业博士学位，曾在墨西哥、澳大利亚、瑞典、南非等国访问进修。现为中国农科院作物所研究员，国家小麦改良中心副主任、国家农作物品种审定委员会小麦委员、全国农业科技入户示范工程小麦首席专家、国家小麦产业技术体系首席科学家。主要研究领域为超级小麦育种及种质创新，包括小麦产量有关生理过程的分子遗传研究以及高效利用肥水资源的种质改良等。近年来参加育成推广了"中麦9号"等3个小麦新品种，累计种植面积200多万公顷，获省部级科技进步奖5次。在国内外重要刊物发表研究论文50余篇，著有《旱地小麦的引进技术》《小麦穗发芽研究》等2部科技专著，参加编、译专著12部。

（二）山东省农科院

陆懋曾(1928—)，小麦育种专家、高级农艺师，曾任山东省农业科学院作物研究所所长、山东省农业科学院副院长，1982年被选为十二届中央候补委员，1983年任中共山东省委副书记。主持育成22个小麦良种，对山东省以及黄淮麦区的小麦生产做出了重大贡献，1979年被授予"全国劳动模范"称号。

1950年毕业后，被分配到省农业实验所(即山东省农科院的前身)，从事小麦育种栽培研究，先后任小麦组组长，小麦研究室主任，育种研究室主任，作物研究所所长，省农科院副院长；60 年代他与同事一起先后育成并推广了“济南 2 号、4 号、6 号、8 号、9 号、10 号、12 号”等一批抗锈、高产、优质和具有不同特点的品种；70 年代，又选育出“泰山 1 号、4 号、5 号”和“济南 13 号”等高产、抗倒的优良品种，并迅速在生产中推广。他把小麦育种的基本指导思想归纳为“阶梯式育种”，从这一基本指导思想出发，解决了生产当中一个又一个关键技术问题。在小麦栽培方面也进行了深入的研究：50 年代曾对小麦种子处理、播期、密植、施肥、灌溉和冻害发生规律及预防措施做了大量调查和一系列试验，取得了重要研究成果；六七十年代为充分发挥良种的增产潜力，对良种良法配套进行了许多研究工作，提出了“济南 2 号”“泰山 1 号、4 号”等良种的相应栽培管理措施。以他为第一完成人的冬小麦良种“泰山 1 号”“泰山 4 号”“昌乐 5 号”“蚰包麦”获 1978 年全国科学大会奖；高产稳产小麦品种“济南 13 号”获得 1989 年国家科学技术进步奖二等奖。出版了《小麦良及良种繁育》《小麦》《中国小麦品种志》等著作，发表论文数十篇。

赵振东(1942—)，研究员。1965 年 7 月，毕业于南京农学院；1983 年 10 月，获湖南农学院遗传育种专业硕士学位；1984 年 9 月，调入山东省农业科学院作物研究所工作，历任小麦育种研究室副主任、主任，现为作物研究所首席专家。长期从事优质高产小麦新品种选育和推广工作，育成“济南 17”“济麦 19”“济麦 20”“济麦 21”“济麦 22”等 5 个高产优质大面积主推小麦品种，累计推广超过1 733万公顷，增产小麦 82.6 亿千克；研究创建了以微量沉降值为核心技术的优质面包小麦育种方法，育成我国第一个年推广面积过千万亩的面包小麦品种“济南 17”，有效替代了进口面粉；集成高产多抗广适品种选育技术，育成小麦新品种“济麦 22”，创我国冬小麦高产纪录，为全国年推广面积最大的小麦品种之一。

赵振东荣获国家科技进步二等奖 3 项(第一完成人 2 项，第二完成人 1 项)、山东省科技进步一等奖 2 项(第一完成人 1 项，第二完成人 1 项)、二等奖 1 项(第一完成人)；享受国务院政府特殊津贴。发表学术论文 70 余篇，参编专著 5 部。先后被评为山东省优秀科技工作者、山东省先进工作者，荣获全国五一劳动奖章、何梁何利基金科学与技术进步奖和中华农业英才奖，2010 年被国务院授予“全国先进工作者”称号。他所带领的小麦创新团队 2007 年获国际农业研究磋商组织颁发的“亚太地区杰出农业科技奖”，2008 年被农业部评为“中华农业科技奖优秀创新团队”，2009 年被山东省委、省政府评为“优秀创新团队”，荣立集体一等功。

刘建军(1963—),研究员。1986 年毕业于莱阳农学院,获农学学士学位;2000 年获中国农业科学院农学硕士学位。现任山东省农业科学院作物研究所小麦育种研究室主任,是"十二五"规划国家小麦产业技术体系黄淮北部育种岗位专家。1986 年以来,一直从事优质专用小麦和超级小麦遗传育种研究,先后主持和承担完成了山东省农业良种产业化、国家科技攻关、国家自然科学基金、国家"863"计划、农业结构调整专项及农业科技跨越计划等课题 20 余项;作为主要完成人育成"济南 17""济麦 19""济麦 20""济麦 21"和"济麦 22"等高产、优质专用小麦新品种 5 个,在黄淮麦区和北部冬麦区累计推广面积 1 733 万公顷。先后获国家科技进步二等奖 3 项(第一完成人 1 项,第二完成人 2 项),全国农牧渔业丰收二等奖 1 项。发表论文 60 余篇,合著学术专著 3 部。2005 年获国务院政府特殊津贴,2008 年被选拔为"新世纪百千万人才国家级人选"。1996 和 2001 年两度赴国际玉米小麦改良中心(墨西哥)进修和进行学术交流。

(三)山东省烟台市农业科学研究所

王玉心(1935—),女,山东省烟台市农业科学研究所小麦专家。"高产多抗优质小麦新品种选育"于 1996 年 10 月获"八五"重大科技成果奖(集体);主持的"高产、广适、多抗小麦良种鲁麦 14 号的选育和应用"获得 1996 年国家科学技术进步奖二等奖。

卜宪玉(1939—),"冬小麦晚播独秆栽培方法"的发明者。1961 年任烟台市农业科学研究所农艺师,先后从事冬小麦栽培技术、蔬菜育种及其栽培的研究工作。与侯庆福等合作,研究"冬小麦晚播独秆栽培方法"取得成功,1991 年荣获国家技术发明奖三等奖。冬小麦晚播独秆栽培方法是利用主茎穗创高产的栽培方法,具有晚播早熟、逆抗性强、高产低耗的优点,为小麦高产栽培提供了新途径,适于在一年两作积温不足、两年三作积温有余的广大地区推广应用。据多年试验统计,采用此栽培方法比常规栽培法同期播种的小麦,每公顷增产 985.5 千克,成本降低 17.5%;7 年累计推广种植 29.1 万公顷,增产小麦 28.7 万吨,经济效益显著。

(四)河北省农科院

智一耕(1912—),河北省农林科学院小麦育种专家、高级农艺师。1937 年肄业于河北农学院农艺系三年级;1948 年以后,先后在华北农事试验场、河北省农业科学研究所、河北省农科院小麦研究所、粮油作物研究所从事小麦育种工作，曾任小麦研究室主任、粮油作物研究所顾问。

在40年的科研生涯中，主持选育了10余个冬小麦新品种，为河北省小麦生产的发展做出了突出贡献。其中，50年代培育的“石特14”获1956年省农业厅奖励；60年代培育的“石家庄54”抗锈病、产量高、品质好、适应性广，曾是河北省小麦生产区的当家品种，在河南、山东各省种植，播种面积累计达200万公顷以上，获1978年全国科学大会奖；70年代培育的“冀麦3号”小麦抗病、丰产，在河北省累计推广100万公顷以上，成为冀中南麦区主要栽培品种，获1982年农牧渔业部技术改进一等奖。

刘洪岭(1937—)，河北农林科学院研究员。1960年毕业于河北农业大学农学系，长期从事小麦育种研究工作。主持育成的冬小麦新品种“冀麦3号”，1982年获农业部技术改进一等奖(第二完成人)；“冀麦5418”(“冀麦30”)1993年获农业部科技进步一等奖，1996年获国家科技进步奖二等奖(第一完成人)。发表学术论文7篇，出版了专著《河北省小麦品种选育及利用》。

魏建昆(参见：玉米科学家学术谱系)。

(五)河北省石家庄市农科院

郭进考(1951—)，石家庄市农科院院长、研究员，兼任河北省小麦育种首席专家、省农作物学会副理事长、省遗传学会副理事长。参加工作以来，一直从事小麦育种工作，先后育成17个小麦新品种，其中国家级审定品种5个，省级审定品种12个；取得科技成果24项，其中获得国家科技进步二等奖2项、三等奖1项、省长特别奖3项，省部级科技进步一等奖5项、二等奖2项，市长特别奖2项等。成果推广到全国7省区，累计推广面积1 400万公顷，增产小麦70.2亿千克，创造经济效益81.2亿元。先后被评为全国有突出贡献的中青年专家，全国农业先进工作者，全国优秀科技工作者，国家人事部杰出人才(记一等功)，农业部小麦区域专家。享受国务院政府特殊津贴，2008年获得何梁何利科技奖。

(六)山西省农科院

孙善澄(1928—)，1950年于南通学院毕业，1953—1958年在东北农学院工作，1958—1975年任职于黑龙江省农科院，1975—1984年任职于广西农科院玉米研究所，1985年至今在山西省农科院工作。长期从事小麦育种研究，系统地、创造性地研究总结出一整套小麦与偃麦草远缘杂交遗传育种的新理论与新技术；从事小麦与天蓝偃麦草远缘杂交研究，旨在挖掘对小麦育种有用的特殊抗性与超优基因，历时47年。在国际上首创了“中4”“中5”等小麦属内没有的黄矮病新抗源，已被国内外主要育种单位应用；首次将抗黄矮病性转移给普通小麦，育成抗（耐）黄矮病的“龙麦10号”品种；应用小偃麦远缘杂交与生物技术结合，首次育成“超优黑粒小麦76”新品种，并已形成“科技＋企业＋基地＋农民”的产加销一体化经营模式，促使农业科技成果产业化；主持育成小偃麦新品种5个，累计推广超过533万公顷，增产小麦超过13.4亿千克。作为第一完成人获国家科技进步二等奖1项，国家技术发明三等奖1项，部省级一等奖3项。2001年获何梁何利奖。撰写相关论著20余篇部，出版译著1部。

王维邦（1932—　），研究员，享受国务院政府特殊津贴。毕业于山西农学院农学系，毕业后就职于山西省农业科学院小麦研究所。与其他同志合作选育成功水地品种“卫东号”，推广面积超过13.3万公顷，1977年获山西省科学大会奖，1978年获国家科学大会奖；“六五”期间选育成功一批“平阳号”旱地品种，获国家攻关项目奖；“七五”期间选育成功“平阳27”，即“晋麦33号”，于1994年获山西省科技进步一等奖，1995年获国家科技进步二等奖。

徐兆飞（1939—　），1964年毕业于北京农业大学植物生理生化专业，受教于娄成后、阎隆飞。现任山西农业科学院小麦研究所所长、研究员，享受国务院政府特殊津贴。长期从事小麦遗传育种和栽培理论技术研究，积极推动我国小麦品质改良的研究和优质小麦产业化；主持培育出小麦良种10个，在山西及华北各省推广面积180多万公顷；主持染色体工程转育成功，12057单体系统和特殊中间材料达到国内先进水平。获国家、省部级科技进步奖和成果奖13项，其中“晋麦11号”“晋麦30号”“晋麦31号”等获省科技进步一等奖2项、二等奖3项。参加编写了《中国小麦品种志》《山西品种志》和《小麦品质生态》等著作，发表论文25篇。

董孟雄（1940—　），山西省农业科学院棉花研究所研究员。1965年毕业于山西农学院，从事小麦育种与栽培研究。先后主持项目18项，荣获国家、省（部）级科技奖励15项。其中，“小麦生产发育规律及栽培技术”获省政府一等奖，“旱簿地农业改良与发展研究”获国家级三等奖和农业部二等奖；主持选育的旱地小麦新品种“晋麦47”，推广面积133万公顷，增产效益15亿元，获省科技进步一等奖，2001年获国家科技进步奖二等奖；“旱地小麦地膜覆盖膜际精播技术”被推荐为省政府实施“小麦战略”的关键技术，荣获省科技进步二等奖，是中国旱地小麦高产的一项突破性技术，并在全国大面积推广。发表论文 38 篇；先后荣获“省级劳模”“科教功臣”等称号。

王娟玲（1963— ）女，现任山西省农业科学院旱地农业研究中心主任、研究员，享受国务院特殊津贴专家，百千万人才工程国家级人选，国家支撑计划课题和山西省“十一五”规则重大专项首席专家。1985 年 7 月于山西农业大学农学系毕业，主要研究方向是作物遗传育种和旱作节水技术研发。主持国家和省部级重大科技项目 14 项，获国家和省部级科技奖励 8 项。作为主持人的有 3 项，其中“小麦抗旱优异种质资源的创新及广泛利用”，获 2002 年国家科技进步二等奖；选育小麦新品种 3 个，获专利 5 项，鉴定重大科技成果 2 项。发表第一作者论文 25 篇，主编和参编《山西小麦》《华北小麦》等专著 4 部。先后获第八届中国青年科技奖、全国五一劳动奖章、全国及山西“三八红旗手”称号等荣誉。

（七）黑龙江省农科院

肖步阳（1914—2011），小麦育种学家，中国春小麦生态育种奠基人，“东北春小麦育种之父”。1937 年毕业于长春农业专科学校。先后在黑龙江省克山农科所和省农科院任粮作室任主任、所长、副院长等职，是全国第三、五、六届人大代表，全国第五届政协委员；兼任农业部全国小麦专家组成员、黑龙江省农学会副理事长等职。

肖步阳首先提出运用生态学观点选育品种的整套做法，先后育成适合黑龙江省和内蒙古东部地区不同生态条件下种植的一大批“克字号”优良春小麦品种，其中“克丰 3 号”“新克旱 9 号”最大种植面积均在 66 万公顷以上，为发展我国春小麦生产和商品粮基地建设做出了重要贡献；创立了杂交育种与抗病鉴定相结合等先进的科研方法；20 世纪 50 年代初，选育推广了我国第一批“克强和克壮”等抗秆锈小麦新品种，使当地小麦由“危险作物”变成了“稳产作物”。在育种实践中，深入研究各大生态区种植的小麦品种的主要生态性状差异及相互关系，将植物生态学、作物遗传学和小麦育种学有机结合，创立了春小麦生态育种理论和方法，为农作物新品种选育开辟了一条新路。先后选育推广各种生态类型小麦新品种 51 个，使我国北方地区的小麦品种更新换代 4 次，种植面积一直占东北春麦区小麦总面积的 80%以上，累计推广 3 400 亿公顷，为我国春小麦生产和粮食稳产、增产做出了突出贡献。

魏正平（1930— ），黑龙江农科院小麦所研究员，长期从事小麦遗传育种的研究，有丰富的实践经验。主要科技成果有："克丰二号"小麦品种，1987 年获国家发明二等奖；"新克旱九号"小麦品种，1991 年获黑龙江省科技进步一等奖；"克丰三号"小麦品种，1986 年获黑龙江科技进步一等奖；"克旱八号"和"克旱十号"小麦品种，分别于 1984 年、1992 年获黑龙江省科技进步二等奖；"克丰五号"小麦品种，1990 年获黑龙江省科技进步三等奖。

肖志敏(1952—　)，研究员，现任黑龙江省农业科学院副院长。2001 年至今，共有 5 项研究成果获得省科技进步奖；主持的"优质高产多抗强筋小麦新品种龙麦 26"获 2004 年国家科技进步奖二等奖，2005 年省长特别奖一等奖。作为国家小麦改良中心哈尔滨分中心主任、东北春麦区小麦育种首席专家，"八五"计划以来，先后主持国家农业科技跨越计划、农业科技支撑计划、"863"专项、农业结构调整和省重大科技攻关等多项重大专项研究。在小麦育种理论和方法创新方面，将春小麦生态育种理论和光温育种理论有机相结合，创建了优质强筋小麦育种高效技术新体系，丰富了小麦育种理论与方法。参加和主持选育推广各种生态类型小麦新品种 18 个，累计推广面积 333 万公顷左右；其中，主持选育推广的"龙麦 26""龙麦 29"和"龙麦 30"等优质高产多抗强筋小麦新品种，累计种植面积近 267 万公顷。出版了《春小麦生态育种》等著作 4 部，发表相关科研论文 50 余篇。先后获多项国家和省、部级奖励及"全国农业科技先进工作者"等荣誉称号。

（八）四川省绵阳市农业科学研究所、四川省农业科学院作物研究所

冯达仕(1915—1992)，研究员，曾任国民政府农林部华西区推广繁殖站技术专员。1942 年毕业于西北农学院农艺系。新中国成立后，历任四川省农业科学研究所农技师，绵阳地区农业科学研究所研究员、副总农技师、小麦研究室主任，四川省第五、六届政协副主席。培育出多种良种小麦，其中"绵阳 11 号"良种在全国 10 多个省累计推广 800 多万公顷，增产显著，1985 年获国家发明奖一等奖。1986 年荣获"全国五一劳动奖章"。

刘碧贵(1939—1995)，女，小麦育种专家、首批享受国务院政府特殊津贴专家。1959 年从遂宁农校毕业后被分配到绵阳地区农科所工作，1978 年调入绵阳农业专科学校从事小麦科研和教学工作。一生潜心于小麦育种研究，先后参加和主持选育了 10 多个小麦优良品种，荣获国家、省部级等科技成果奖 20 多项。主持的"绵农 2 号及姊妹系小麦品种绵农 3 号选育"，获得 1998 年国家科学技术

进步奖二等奖；作为第二主研人育成的高产优质小麦“绵阳 11 号”，达到国际优良小麦品种水平，1985 年获国家发明一等奖。发表学术论文 20 多篇。先后被授予“全国三八红旗手”“省劳动模范”等光荣称号。

李邦发(1957—)，四川省绵阳市农业科学研究所高级农艺师，享受国务院政府特殊津贴。1981 年毕业于绵阳高等农业专科学校，1998 年西南农业大学作物遗传育种研究生班结业。先后在绵阳农科所、绵阳经济技术高等专科学校、西南科技大学从事小麦育种研究。承担和主持了“九五”计划国家科技攻关课题、全国丰收计划项目等。作为主持人，先后育成“绵阳 26”“绵阳 27 号”“西南 335”“西科麦 1 号”“西南 128”等优良小麦新品种 9 个，尤其是多抗、丰产、优质、广适的新品种“绵阳 26 号”，先后通过四川、陕西、贵州、福建及全国品种审定，成为我国“九五”计划期间第一个获得国家一等重点和重大后补助的小麦品种，并获得 1998 年国家科学技术进步奖二等奖；此外，还获得四川省科技进步一等奖、农业部科技进步二等奖 3 项。发表学术论文及科普文章 50 余篇。荣获“四川省有突出贡献的优秀专家”等荣誉称号。

李跃建　四川省农业科学院党委书记、院长，中国作物学会理事，四川省科技顾问团顾问、农业组组长，四川省作物学会理事长，四川省生物技术学会副理事长，《西南农业学报》主编，享受国务院政府特殊津贴专家。1978 年毕业于四川农业大学农学专业。长期从事小麦和蔬菜遗传育种研究，作为主持人或主研人员育成小麦川麦系列新品种 5 个，蔬菜品种 4 个，获四川省科技进步一等奖 1 项、二等奖 2 项、三等奖 5 项。此外，他主持的“高产、稳产、优质小麦品种川麦 107 及其慢条锈性研究”获得 2006 年国家科学技术进步奖获奖二等奖。发表论文 20 余篇。

杨武云　研究员，四川省农科院作物研究所副所长，四川省农科院作物品种资源研究保护中心主任。1986 年毕业于四川农业大学，1989 年获硕士学位，1999 年获博士学位，导师为任正隆；曾赴国际玉米小麦改良中心、英国剑桥国家农业植物研究所、澳大利亚南昆士兰大学研修，在复旦大学生命科学院攻读博士后。在“九五”“十五”规划期间主持国家、四川省重大科研项目 12 项，发表论文 50 多篇，3 篇被 SCI 收录。致力于小麦抗条锈种质资源创新、节节麦优质高分子谷蛋白亚基基因分子标记与克隆、小麦新型核质互作不育系创制和优质杂种小麦产业化等研究，成功地将小麦近缘属种优质、抗病基因转入四川小麦，培育出大批具有优质、抗病、高产的小麦新材料和新品种。作为第一完成人的“人工合成小麦优异基因发掘与川麦 42 系列品种选育推广”项目，获得 2010 年国家科学技术进步奖获奖二等奖。

（九）河南省地区县级农科所

龚文生(1913—1981)，农民育种家、全国农业劳动模范。通过收集本县30多个小麦品种进行种植、观察、鉴别，于1958年培育出“内乡5号”小麦新品种，该品种穗大、粒大、早熟、抗逆性强、适应性广，比一般小麦品种增产20%～30%。1960年，农业部在内乡召开的北方14省农民育种家座谈会上总结了他的育种经验，肯定了他的成果。到1964年，全国26个省、市、自治区1 033个县推广了“内乡5号”小麦品种，最大播种面积高达2 600万公顷。1976年，“内乡5号”小麦品种被列为中国十大小麦良种之一。1964年以后，针对内乡岗多地薄这一土地特点，于1970—1973年间成功培育了“内乡171号”“内乡173号”“内乡174号”3个小麦新品种，较其他品种增产10%以上，群众称之为“薄地犟”。这一小麦良种很快被25个省、市、自治区引种，推广面积达13万公顷，1978年获全国科学大会奖。他提出的多父本杂交选育小麦新品种的方法，适当稀播依靠分蘖夺取高产的指导思想和利用穗行法进行小麦提纯复壮的技术，在生产实践和理论上都有很重要的价值；创造的“水瓶授粉法”，已载入《小麦育种学》一书。20世纪60年代以来，他根据育种实践经验总结，发表论文数十篇。

徐才智(1950—)，农民小麦育种专家、高级农艺师。从事小麦育种30多年，先后成功培育出“7405”“大粒783”“国审豫麦18”“豫麦63”“国审偃展4110”“豫麦18-99系”等10多个小麦新品种，完成国家、省、市科研项目20多个。其中，“豫麦18”获得国家科技进步二等奖，万亩连片平均单产达9 000多千克/公顷，推广面积达2 000多万公顷。他是国务院命名的“国家有突出贡献的中青年专家”，全国自学成才十大标兵之一，也是河南省唯一一位享受国务院政府津贴的农民。

郑天存(1944—)，河南周口市农科所所长、研究员，享受国务院政府特殊津贴专家。现任河南省小麦学会副理事长、省作物学会常务理事，河南省小麦育种首席专家。1968年毕业于河南农学院农学系，1972年开始先后主持高粱、小麦育种和栽培研究工作，1978年后主要从事小麦育种和栽培研究。他针对小麦育种周期长及异地加代成功率的问题，开展了在平原地区冬小麦就地夏繁加代技术研究，并应用于该所小麦育种研究工作中。这项研究成果，不仅获河南省科技进步三等奖，还对周口地区农科所连续培育出几个小麦品种起了重要作用。

1980 年至 1994 年选育出的 10 个小麦新品种(系),有 6 个在省和国家级区试中位居前列;主持育成的"豫麦 15 号"获 1992 年河南省科技成果二等奖;"周麦 9 号"由河南省和全国农作物品种审定委员会审定命名为"豫麦 21 号"和"GS 豫麦 21 号",获得 1997 年国家科学技术进步奖二等奖。先后被评为河南省优秀专家、河南省劳动模范、国务院"有突出贡献专家"。发表或宣读论文 28 篇。

沈天民(1946—),农民育种家、河南天民种业有限公司董事长。40 多年来一直从事"超高产小麦"和"超级小麦""超级玉米"育种工作,先后主持和承担了国家"863"计划、"国家重大攻关计划"、国家玉米重大科技支撑计划、"国家重大引智项目"及"河南省超级小麦育种重大攻关课题"30 多项,为我国开辟了一条独特的超级小麦育种新途径。采用远缘杂交结合生物技术方法培育成功了"樊寨一号、二号、四号、六号、七号、九号""兰考 86(79)""豫麦 20 号""国审豫麦 66""国审兰考矮早八""兰考 15""兰考 18""兰考 198"等 30 多个高产、超高产及超级小麦新品种;其中,"国审豫麦 66""国审兰考矮早八"在 1998—2009 年的 12 年间连续创造我国黄淮麦区小麦单产纪录。培育品种高抗条锈、叶锈、秆锈、白粉病,2008 年被命名一个新抗白粉病基因 Pm40 (Pmlankao906);结合品种特性集成了一套高产、优质、简化配套栽培技术;育成品种在黄淮麦区累计推广 280 万公顷,增产小麦 31.5 亿千克。2008 年度获国家科技进步二等奖。

吕平安(1951—),农民育种家、河南平安种业有限公司董事长,河南省豫安小麦研究所所长,高级农艺师,国家小麦工程技术研究中心客座研究员,河南省重大科技攻关项目首席专家,河南省小麦研究会常务理事。先后培育出"温 2540"优系、"豫麦 49(温麦 6 号)""豫麦 49 - 198""平安 3 号""平安 6 号""平安 7 号"等多个在黄淮麦区大面积应用的超高产新品种(系),并研究集成了小麦、玉米超高产节本增效技术体系;其中,"豫麦 49"系列品种是河南省推广速度最快、面积最大的小麦新品种。1996 年以来,推广开发自主知识产权小麦新品种 1 227 万公顷,曾经连续 7 年在河南省每年推广开发 66 万公顷以上,被科技部、财政部、国家计委、国家经济贸易委员会联合评定为"九五"计划国家重点科技攻关计划优秀科技成果(全国唯一)。"豫麦 49 号、豫麦 49 - 198 号选育与应用"获得 2009 年度国家科学技术进步奖二等奖。

(十) 浙江农业大学

沈学年(1906—2002)(参见:西北农林科技大学谱)

陈锡臣(1915—),1939年毕业于浙江大学农学院农艺系,毕业后留校任教近60年,1956年经教育部批准为部聘教授,1963年开始招收研究生;历任浙江农业大学农学系副主任、主任,浙江农业大学教务处副处长,浙江大学副校长兼教务长等职;兼任中国农学会理事、中国作物学会理事、浙江省科学技术协会常务理事、浙江省农学会副理事长、浙江省作物学会理事长等。长期从事农业教学和科学研究工作,主编或参编了多部高等农业院校作物栽培学教材和参考书;主编的《大小麦栽培学》,主审的《农业概论》(农业经济管理专业用教材)和《作物栽培学各论》(南方本,农学专业用教材),为我国高等农林院校广泛采用。主要研究小麦生态、栽培和育种,主持培育的优良小麦新品种有"辐32-2""辐32-3""嵊太""浙农大105"等,在生产上进行大面积推广种植。发表学术论文数十篇。

(十一)江苏省农业科学院

梅藉芳(1908—1983),小麦栽培育种专家。1934年于金陵大学农学院毕业后留校任教;1942年获金陵大学硕士学位,后调湖北省农学院任教授;1945年至1946年赴美国考察农业,归国后曾任金陵大学农学院和湖北农学院讲师、副教授,中央农业实验所技正。新中国成立后,曾任江苏省农科院研究员、粮食作物研究所所长、中国作物学会理事、江苏省农学会常务理事、江苏省作物学会理事长等职,并当选为第三届全国人大代表和全国政协第五、六届委员。梅藉芳对小麦栽培和育种倾注了毕生和精力。50年代,他主持选育成的"华东五号""华东六号"和"矮秆早"等早熟小麦品种(系),进行了大面积推广,获得丰收;在长江中、下游地区小麦生产中出现严重病害时,他又选育了一批对赤霉病有稳定抗性并兼抗其他病害的新品种,受到国际上专家们的重视,国际玉米小麦改良中心曾邀请他去指导工作。参加编写了《中国小麦栽培学》《中国大百科全书》等著作;撰写的《小麦早熟性遗传与育种问题》等论文,得到农业科学界的肯定。

(十二)华中农业大学

廖玉才(1954—),主要从事麦类作物基因工程研究,为湖北省新世纪高层次人才人选。1983年获华中农业大学作物遗传育种专业硕士学位;1989年在荷兰瓦赫宁根大学做访问学者;1994年获德国亚琛大学分子生物学博士学位,1995—1996年为该所博士后;1997年回国。主要从事麦类作物抗赤霉病基因工程、镰刀菌毒素形成与控制分子机理、重组抗体分离与表达分析、植物生物反应器等研究，获省部级一等奖 1 项、三等奖 1 项，授权专利 5 项，申请专利 7 项。在 *Nature Biotechnology*、*Journal of Proteome Research*、《遗传学报》等国内外专业期刊发表论文 80 多篇；参编专著教材 3 部。

孙东发（1956— ），华中农业大学作物遗传育种专业教授，享受国务院政府特贴专家，国家大麦产业技术体系育种岗位科学家。1978—1982 年在安徽农业大学农学专业读本科；1982—1985 年在四川农业大学作物遗传育种专业读硕士研究生，毕业后留校任教并从事麦作遗传育种及相关成果转化利用研究；1995 年 10 月调入华中农业大学任教。主要研究方向是麦作遗传育种、麦作生物技术。先后主持完成了 20 多项国家和省部级科研课题，有 14 项成果通过省级鉴（审）定，其中 7 项分获湖北省、四川省、武汉市科技进步一、二、三等奖；主持育成大麦新品种 10 个，参与育成大麦新品种 3 个；主持育成小麦新品种 3 个，参与育成小麦新品种 2 个。发表研究论文数十篇，其中 SCI 论文 11 篇；出版专著多部，参编英文专著 1 部，统编教材 2 部。

（十三）沈阳农学院

吴友三（1909— ），植物病理学家、农业教育家。1935 年毕业于金陵大学农学院植物系，留校任助教；1938 年随校迁到重庆。在任教期间，他对小麦、大麦和蚕豆的病害做了较多的调查研究，发表综述文章数篇。1940 年离开金陵大学，先后到成都金塘县铭贤农工专科学校、湖北农学院任教。1944 年回到重庆，在中央农业实验所病虫害系任技佐。在俞大绂教授的指导下，他在大、小麦品种抗黑粉病菌方面做了不少研究，首次在人工培养基上将秆黑粉菌培养成功。1948 年赴加拿大煞斯坎川大学深造，在著名植物病理学及育种学家 J. B. 哈灵顿（J. B. Harington）博士指导下，开展了远缘杂交选育抗锈病品种的研究；1949 年获理学硕士学位，同时受聘为该校农学系助理研究员。新中国成立后，于 1951 年回到上海，应聘于复旦大学农学院任教授。1952 年 9 月全国院系进行调整，复旦大学农学院迁往沈阳，成立沈阳农学院，吴友三举家迁至沈阳。他在小麦抗锈育种上培育出 10 多个品种，对我国东北麦区做出了突出贡献。在小麦秆锈菌生理小种分离、鉴定，小麦耐锈性特点和机制的理论研究上做出了重要成果。曾先后担任全国政协第五、六届委员，辽宁省政协副主席，中国植物病理学会第四届理事会顾问，中国植物病理学会东北区分会理事长，辽宁省植物保护学会副理事长，农牧渔业部学术委员，全国教材《农业植物病理学》副主编等职务，并受到

1978 年全国科学大会表彰。

（十四）东北农学院

李文雄（1932— ），东北农学院农学系教授、学科带头人，享受国务院政府特殊津贴专家；曾任东北农业学院农学系主任、副院长，全国小麦专家顾问组顾问，黑龙江省小麦专家顾问组顾问、组长，北方小麦栽培研究会副理事长。1955 年毕业于东北农学院农学系（现东北农业大学），1982—1983 年在美国密执安州立大学做访问学者。研究方向为东北春小麦栽培。参加工作以来，从理论与应用角度，围绕小麦产量形成过程，系统研究了东北小麦生长发育和产量形成规律及其调节方式、产量潜力和生理限制因素、产量和品质关系，以及在自动调节基础上进行人工调节的可能途径；在“春小麦穗分化规律有植株外部形态相关”和“小麦顶端小穗形成的研究”中有所发现；从理论和实践上解决了小麦品种改良中早熟与高产以及高产与优质的矛盾，育成大粒早熟高产优质的新品种，并在我国北纬 45°麦茬复种大豆获得成功。主持和参加国际、国家、省重点和自然科学基金课题 11 项，获省、部和国家科技成果奖 11 项；编著和参编全国当代农业领域重大著作《中国小麦学》（编委）和全国高校统编教材《作物栽培学》（北方本副主编）等专著和教材 20 部；发表学术论文 70 多篇。

（十五）福建省重要小麦科学家

何曼试（1933— ），泉州市农科所研究员、泉州市科协名誉主席，国家有突出贡献中青年专家、首届全国优秀科技工作者、省优秀专家，享受国务院政府特殊津贴。1957 年毕业于山东农学院农学系农学专业，毕业后一直在泉州市农科所从事小麦育种研究工作，1998 年 6 月退休。从事小麦育种研究工作 40 多年，先后培育出 25 个小麦良种，1 个品种通过国家审定、5 个品种通过省级审定，在全国 7 个省（区）大面积推广应用。据不完全统计，推广面积累计达 387 万多公顷，增产粮食 11.62 亿千克，为福建省乃至全国小麦育种研究做出突出贡献；其中，“晋麦 2148 小麦新品种选育”获 1985 年国家科技进步二等奖。首创小麦育种材料“南种北繁”、一年两熟的快速繁育新途径。

（十六）安徽省重要小麦科学家

刘伟民（1953— ），安徽亳州市农科所副所长，长期从事农作物栽培和小麦育种研究。他创造的"回归曲线作图比产法",不仅使育种的产量和品质同时表现出来,而且使育种的成功率大大提高,为国内首创。1997 年培育出的集高产、稳产、优质、多抗于一体的小麦新品种"皖麦 38",结束了我国强筋面完全靠进口的历史,获得 2001 年国家科学技术进步奖二等奖。近年来,在"皖麦 38"基础上,又育成出强筋小麦新品种"皖麦 38 - 96",单产最高可突破 10 500 千克/公顷,得到大面积推广。先后获得安徽省科技进步一等奖、国家科技进步二等奖以及全国优秀科技工作者、全国杰出专业技术人才和安徽省突出贡献人才等称号。

(十七) 甘肃省重要小麦科学家

李守谦(1939—),甘肃省农科院粮食作物研究所研究员。1960 年从甘肃省定西农专毕业后被分配到甘肃省农科院,致力于甘肃的小麦育种和栽培研究,先后获得 16 项科研成果。特别是他主持的"小麦全生育期地膜覆盖穴播栽培与示范"项目,获得重大科研成果,是我国小麦栽培技术领域的重大突破,为我国春小麦生产和旱作农业发展做出了重要的贡献。

(十八) 新疆重要小麦科学家

吴锦文(1922—),新疆农科院粮食作物所所长、研究员。50 年代选育的"伊犁一号"春小麦品种,在新疆各地推广种植;主持的"新疆小麦优良品种选育及其栽培技术研究"获 1989 年国家科学技术进步奖三等奖。主编出版了《新疆的小麦》等著作。

(十九) 宁夏重要小麦科学家

裘志新(1947—),宁夏永宁县小麦育种繁殖所所长、享受国务院政府特殊津贴专家。1965 年高中毕业后,作为知青来到宁夏;1973 年,被吸收到县良种场,正式进入科技人员行列。1977 年,与同事们合作首先育成半矮秆中熟丰产的春小麦新品种"永良 1 号、2 号",在生产上推广应用后取得较好的增产效果,当年获自治区第一次科学大会"育成小麦新品种奖"。1981 年,他们育成丰产性突出、适应性广泛、品质优良的"宁春 4 号(永良 4 号)"春小麦,得到大面积推广;至 1983 年即完成了宁夏灌区小麦品种的第 4 次更新,同时迅速向内蒙古、新疆、甘肃等 6 省区扩展,成为我国春小麦种植面积最大的品种之一,年种植面积一直稳定在 33 万公顷左右。截至 2005 年,"宁春 4 号"累计推广面积近 666 万公顷,增产小麦50亿千克，先后获得自治区科技进步三等奖、一等奖，国家科技进步三等奖(1998)。继“宁春4号”之后，他又带领技术人员先后育成“宁春5号”“宁春13号”“宁春26号”“宁春33号”“宁春38号”“宁春39号”“宁春41号”及“永良15号”等8个优质、高产小麦新品种，这些品种在自治区内外已推广66万公顷，为西北、华北春麦区的小麦生产发挥了重要作用。先后被评为全国优秀科技工作者、全国农业劳动模范、国家级中青年有突出贡献科技专家、全国优秀科技专家等；当选为全国第六届青联委员、全国第九届人大代表。

第三节　典型谱系的个案分析

一、庄巧生—何中虎学术谱系分析

1. 谱系传承人及传承关系

何中虎(1963—　)，陕西蒲城人，小麦育种专家。1989年在中国农业大学获博士学位，1990—1992年在国际玉米小麦改良中心做博士后，曾在美国堪萨斯州立大学和澳大利亚悉尼大学做访问学者。现为中国农科院作物所研究员、国家小麦改良中心主任；兼国际玉米小麦改良中心中国办事处主任。在小麦品质研究、分子标记开发与应用、推动国内外学术交流和人才培养方面做出了重要贡献。与首都师范大学等合作完成的“中国小麦品质评价体系建立与分子改良技术研究”获2008年国家科技进步一等奖。

何中虎1980年考入北京农业大学学习，1989年毕业，学术上受到蔡旭和张树榛的熏陶。到北京市农科院工作一段时间以后，经庄巧生推荐，去到墨西哥国际玉米小麦改良中心(CIMMYT)工作。位于墨西哥的国际玉米小麦改良中心不仅是绿色革命的发源地，而且是培养小麦良种和育种人才的摇篮。在国际知名专家拉贾拉姆(Rajaram)博士的指导下，何中虎全面掌握了田间育种技术，比较全面地认识和了解了与小麦育种密切相关的学科，也深切体会到多学科合作以及国内和国际协作网的重要性。在完成本职工作的同时，他还在国际学术期刊发表了5篇论文。他的敬业精神和出色工作赢得了拉贾拉姆博士的高度赞赏，但他仍然志愿回国发展。1993年5月回国后到中国农业科学院作物育种栽培研究所工作，不久，因工作需要被调到庄巧生所在的冬小麦遗传育种课题组，在研究方向和学术思想等方面受到庄巧生的直接影响。

何中虎在中国农业大学学习时，基础比较扎实，后来又在墨西哥玉米改良中心工作一年多，建立了良好的关系，并将国外学习的经验带回了国内。几年后，墨西哥改良中心计划加强与中国的联系，同时中国农科院正要对外开放，加强对外联系，因此成立了在中国的办事处。因为何中虎对情况和人员都比较熟悉，就由他负责联络，从而有利于加强国际来往。

1993年，何中虎来到中国农科院作物所工作。当时的工作条件并不优越，但他没有抱怨，而是兢兢业业地做好每一件事。他的工作很快赢得了同事们和院所领导的大力支持，中国农业科学院、人事部和国家教委相继为他提供了科研启动资金。他深知只有努力工作才能报答组织和同事的厚爱，虚心向庄巧生院士、辛志勇先生等老专家请教，向周围的同事们学习，在工作中勇挑重担，承担了所里交给的小麦品质研究的重任。

20世纪80年代中期以后，食品加工品质问题凸显；但从事品质方面研究的人员比较少，科研力量比较单薄，鉴定工作跟不上。何中虎一方面申请研究经费，一方面积极根据自己在墨西哥玉米改良中心锻炼的经验，结合对国内现状的分析，顺利开展了品质研究工作。

我国小麦品质研究始于20世纪80年代中期，而美国早在20世纪30年代就已建成较为完善的小麦品质常规评价技术体系。当时国内对中国小麦品质家底尚不清楚，更谈不上国际发言权。对何中虎来说，这是一项异常艰巨的任务，也是严峻的挑战。何中虎清楚地意识到：一个人的力量是有限的，只有通过团队努力才能应对这一挑战。在庄巧生院士的指导下，课题组得到了较快发展，从最初的2名研究人员增加到8名，初步建立了一支以海外回国人员为主，常规育种、谷物化学、植物病理、分子生物学相结合，与国内外密切合作的开放型国家小麦育种课题组。

何中虎将国际玉米小麦改良中心的工作模式和理念用于课题组的管理，初步实现了分工明确、团结协作、集体和个人共赢、事业较快发展的目标，也为后来小麦品质研究的快速进展奠定了基础。他以传统食品面条品质为切入点，带动全国品质测试方法标准化，形成了我国品质研究的特色；并集中力量，重点突破贮藏蛋白鉴定技术与基因标记发掘，力争在新技术应用领域走在国际前列。

经过15年的艰辛努力，何中虎领导的课题组在小麦品质评价体系建立与分子改良技术研究方面取得突出进展，有关方法不仅在国内较广泛地应用，在国际上也占有一席之地。

鉴于 CIMMYT 国际合作网的成功经验和庄巧生院士的教诲，何中虎从来不把他管理的实验室当作个人财产，而是向国内外开放，无偿接受全国各地的访问学者和培训人员来课题组进行研究与技术培训，先后已有 50 多人到课题组进行合作研究。近年来，这个新班子在中国小麦品质研究方面取得了显著进展，“中国小麦品种品质评价体系建立与分子改良技术研究”荣获 2008 年国家科技进步一等奖。

2. 学术内容的传承：小麦品质研究

我国小麦品质研究起步较晚，而美国早在 20 世纪 30 年代就已建立起较为完善的小麦品质常规评价技术体系。1945 年庄巧生赴美实习，主要内容就是研究小麦的品质，但自 1946 年 8 月回到国内以后，鉴于国内粮食生产的实际需要，育种目标一直以产量为主。经历了长期战乱和动荡的中国，首先要解决的是几亿人的吃饭问题。小麦作为重要的粮食作物，承担了养活大半中国人的重任，产量总是放在育种工作的第一位。新中国成立以来，我国粮食生产重视产量，忽视品质。因此，当时生产上应用的小麦品种，无论是加工品质还是营养品质都不够理想，不适应生产发展和人民生活水平提高的需要。就蛋白质含量而言，我国冬小麦与世界上一些主要产麦国相比属中等水平，春麦普遍低于加拿大、美国、俄罗斯等国水平。与国外相比，最大差距是加工品质不良。例如，我国面粉的面团形成时间平均只有 2～3 分钟，平均拉伸面积(强度)只有 56.8 平方厘米，而国外优质小麦面团形成时间在 4 分钟以上，最高达 8.7 分钟，拉伸面积在 100 平方厘米以上，最高达 215 平方厘米[①]。我国小麦的湿面筋含量和沉淀值也普遍较低，只能做一般食品。

庄巧生很早就注意到小麦加工品质问题。1951 年发表《环境与小麦的品质》一文，以深入浅出的方式对小麦的品质及影响因素进行了阐述，详细解释了小麦品质的“劲头”、出粉率、颜色、纤维、淀粉、蛋白质等诸元素，并指出“品质”是一个相对的名词，判认一种小麦品质的好坏，要取决于它的用处。在文中，庄巧生分三部分解释了“小麦的品质是什么?”“品质与气候的关系”和“土壤、肥料、耕作对于品质的影响”，论述了气候、土壤(耕作)和品种是决定小麦品质的三大主要因子，彼此之间存在着相互关系，某个因素的改变往往会影响到小麦品质的改变[②]。

① 李宗智.我国小麦品质现状及改良[J].种子世界，1986(5).
② 庄巧生.环境与小麦的品质[J].农业科学通讯，1951(9).

1978 年党的十一届三中全会以后，全国大部分地区都实行了家庭联产承包责任制，农村生产力得到极大的解放，粮食生产连年丰收。到 20 世纪 80 年代初期，中国终于解决了 10 亿人口的吃饭问题，农业生产取得了具有里程碑意义的巨大成就。随着人民生活水平的提高和小麦消费向多元化的发展，以小麦面粉为原料的精制优质面食的消费量大幅度增加。由于不同产品对小麦品质的要求差异很大，因此培育不同类型的优质小麦品种则是实现优质小麦生产的前提和保证。我国小麦品质育种工作开展较晚，进展缓慢，特别是适合于制作优质面包和配粉的高蛋白强筋型小麦品种十分缺乏。

20 世纪 80 年代初，庄巧生首先在所内筹建旨在为育种服务的小麦品质实验室，当国家开始把粮食品质提到议事日程时，他利用参加北方大区区域试验的新品种，开展了历时 3 年的"我国小麦主要优良品种的面包烘烤品质研究"(1989)，对国内品种面包烘烤品质一些指标的内在联系及其量化标准做了较深入的探讨。这是我国小麦品质研究的一项奠基性工作，为后来小麦品质研究的深化、拓展创造了有利条件。在庄巧生的指导下，中国农业科学院作物育种栽培研究所冬小麦育种组从 1983 年就开始配置品质组合，1986 年专门成立了优质新品种(高蛋白强筋型)选育小组，从事优质品种的选育工作。从 1983 年至 1995 年，共配置优质组合 512 个(单交)，其中含有国外优质源的组合有 419 个，国内优质源的组合 90 多个①。

进入 21 世纪，小麦品质问题日益受到重视，小麦品质区划方案提上议事日程。各级政府、生产部门、加工企业和科研单位都迫切期望早日提出我国小麦品质区划方案，以充分发挥自然条件和品种资源合理配置的优势，做到地尽其利、种得其所，推动我国优质麦生产区域化、产业化的发展。何中虎与庄巧生等人适时提出建议，根据土壤质地、肥力水平、栽培措施及生态因子对小麦品质的影响，品种品质的遗传特性及其与生态环境的协调性，以及我国小麦的消费状况、商品率和可操作性的原则，将我国小麦产区分为 3 大品质区域，即北方强筋、中筋白粒冬麦区，南方中筋、弱筋红粒冬麦区和中筋、强筋红粒春麦区②。2001 年 5 月 23 日，农业部发布《中国小麦品质区划方案(试行)》。在此基础上，农业部提出了建设三大优质麦产业带的规划和相应的科技发展行动，成为指导全国小麦发展和品质改良的纲领性文件，为全国小麦产业发展和政府决策提供强有力的科

① 陈新民，等. 关于小麦品质育种的认识[J]. 北京农业科学，2000(4).
② 何中虎，等. 中国小麦品质区划的研究[J]. 中国农业科学，2002(4).

技支持。

自1996年起至2006年，何中虎和庄巧生等关于“中国小麦品种品质评价体系建立与分子改良技术研究”引起了国内外的广泛关注。在中国农业科学院作物科学研究所研究的小麦49个性状中，籽粒硬度、磨粉品质指数、低分子量亚基、溶剂保持力等22个指标在中国小麦中最早报道，5个指标在国际上最早报道。研究工作丰富了作物育种、谷物化学和分子生物学的理论与方法，对国内外小麦品质改良具有重要参考价值，在小麦遗传育种与应用蛋白质组学研究、商品粮分级检验与质量控制、食品品质评价指标和国家标准修(制)定等方面都有重要指导意义和实用价值，是我国作物育种方法研究自主创新和跨越式发展的一个范例①。

此外，庄巧生院士在科研工作中注重国内外学术合作和友好竞争，具有严谨的学风，坚持为生产服务。这些学术思想和学术风格在以何中虎为代表的下一代学者身上都得到很好的传承。

二、杨陵农科城小麦科研成就与学术传承的关系②

陕西杨陵聚集有农、林、水等多学科的高、中等农业院校和部(院)、省属科研院所10余所，被称为“中国的农科城”。这些科研院所近一半设立有小麦研究机构，基本以常规育种为主，同时进行遗传机理、生理基础、材料创新、病虫抗性、杂种优势利用、耕作栽培等方面的探索。除采用多种常规鉴定与选育方法外，还利用染色体工程，花药培养，远缘杂交，杂种优势利用的三系法、两系法、化学杀雄等多种方法，形成了大量重要的科研成果。新中国成立以来，陕西杨凌培育出的小麦优良品种50余个，年种植面积超千万亩的品种有7个。与此同时，利用远缘杂交、组织培养等方法的材料创新，利用染色体工程的单缺体培育及系列配套，利用三系、两系及化杀等手段的杂优利用研究等，也都取得了重要的或阶段性的成果。杨凌小麦改良科研工作的丰硕成果，就是几代人通过辛勤的工作不断积累和传承的结果。

中国科学院院士、著名小麦育种专家赵洪璋教授，是杨凌小麦育种队伍的早期领军人物。他带领西北农学院的宋哲民、张海峰等人，选育了以“碧蚂1号”

① 何中虎，等.中国小麦品种品质评价体系建立与分子改良技术研究[J].中国农业科学，2006(6).
② 信乃诠.半个世纪的中国农业科技事业[M].北京：中国农业出版社，2000：118-121.

"丰产3号""矮丰3号"为代表的3批上台阶品种，被誉为黄淮麦区小麦品种的3个里程碑；他敏锐地预测生产发展趋势，领导课题组持续培育出多批突出早熟、综合抗病等特色的小麦品种，为及时解决小麦生产发展中不断出现的新矛盾做出了贡献；他总结发展了精湛实用的小麦育种方法论，即1个基本理论(生物进化论)、2个基础学科(遗传学和生态学)、3个重要环节(育种目标、亲本选配和综合选择)、4个选择策略(据育种目培养和稳定试验条件；据优性遗传力分析精留组合；据累代系谱考核优选家系；据早拔优多试点生产检验决选品种)，对我国小麦育种学的发展产生了重大影响；他指导培养了一批又一批小麦科技人才，在全国数十个科研单位发挥过或正在发挥着骨干和带头作用。如今，赵洪璋的学生王辉教授正带领新一代小麦育种家李学军、孙道杰、闵东红、冯毅等，不断继承和发展着小麦育种事业，一批批新的优良品种正在涌现。

原陕西省农业科学院的宁琨研究员是杨凌又一个小麦育种的多产大师。20世纪80年代以来，他在继承王玉成、许志鲁等研究员多年研究的基础上，快速创新改制，主持选育品种10余个；他用不拘模式的育种实践，形成了独树一帜的技术路线，即多元化育种目标、多抗源亲本选配、多背景材料积累、多世代阶梯利用、多组合小群体早代筛选、多类型大群体后代选留。他的思路和方法在王怡、高翔等下一代育种工作者那里得到继承和发展。

中国科学院院士李振声研究员，是杨凌小麦染色体工程育种的开拓者。他带领陈漱阳、李璋等人，成功克服了小麦远缘杂交中的"杂交不孕、杂种不育、疯狂分离"的三大困难，不断将偃麦草等麦类远缘植物的优良基因导入小麦，创造了一批又一批新种质材料。他们用新种质改良小麦种，成功培育出了大面积推广应用的"小偃4号、5号、6号"等多批优良品种；他们创新的蓝粒小麦及蓝粒单体系列，为小麦遗传研究和染色体工程育种开辟了新的途径。付杰、陈新宏、张荣琦等沿着他们的工作方向继续前行。

薛秀庄研究员同样在小麦染色体工程育种领域有突出贡献。她利用阿勃小麦培养出我国第二套小麦单体系统；在国际上首创一整套普通小麦稳定自交结实缺体系统；结合染色体工程及组织培养等手段培育出一批优质品种和种质材料。在这一领域继续奋斗的还有她的学生吉万全、任志龙等人。

小麦遗传学家李正德教授，开创杨凌小麦杂种优势利用之先河，奠定了小麦三系杂交种选育研究的基础。杨天章、何蓓如、张改生等教授随之在创造新型不育系、三系配套、光温敏两系杂交种探索及化杀杂交种培育等新技术创新和研究中不断取得突破和进展。其中，选育小麦非1B/1R的K型不育系染色体转移方法已申请核准成为专利技术,K 型三系杂交种西农 90-1 已成功地投入大面积生产。

小麦栽培专家翟允禔、龚仁德、蒋代章、张启鹏等教授对小麦高产栽培方法的探索和研究,与小麦育种工作密不可分。他们了解掌握并提供小麦生产条件的变化,与育种工作者共同建立了“良种良法一齐推”制度,使小麦品种更能扬长避短,发挥增产潜力,提高利用价值。

杨陵众多的小麦科学家们在相互学习、相互竞争、相互启发中形成了不同而又互补的学术方向和研究领域,这些学术方向和研究领域代有传承,又不断创新,造就了杨陵在小麦科学领域的显赫成就。

第四章　中国玉米科学家学术谱系

中国玉米科学家学术谱系如表 4 - 1 所示。

表 4 - 1　中国玉米科学家主要学术谱系

	杨允奎谱系	吴绍骙谱系	李竞雄谱系
学术思想领袖	杨允奎	吴绍骙	李竞雄
国外的源头	1933 年获美国俄亥俄州立大学博士学位	1938 年毕业于美国明尼苏达大学，获博士学位	1948 年获康乃尔大学博士学位
师承关系	略(见下文)	略(见下文)	略(见下文)
学术大本营	四川农学院数量遗传教研室	河南农学院	北京农业大学农学系、中国农科院作物育种栽培研究所
学术传统与研究纲领	数量遗传	杂种优势利用、高稳优低栽培技术	杂种优势利用、品质育种、群体改良和基因雄性不育研究

第一节　20 世纪中国玉米科学发展概况①②③

20 世纪中国玉米科技研究以品种改良和栽培理论与技术研究为主。中国玉米品种改良经历了以下阶段：1900—1948 年，玉米品种改良的奠基阶段；

① 佟屏亚：20 世纪中国玉米品种改良的历程和成就[J]. 中国科技史料，2001，22(2)：113 - 127.

② 王乐宝，付东波：我国玉米栽培理论的研究进展及发展趋势[J]. 现代化农业，2011(11)：14 - 15.

③ 徐艳霞，等. 建国以来我国玉米育种技术的发展与成就[J]. 黑龙江农业科学，2009(6)：165 - 168.

1949—1959年，以评选农家良种和选育品种间杂交种为主；1960—1970年，以推广利用双杂交种为主；1971—1980年，以推广利用单杂交种为主，各类杂交种因地制宜，各有侧重；1980年以后，玉米品种改良工作发展到一个新阶段。为了获得高产优质的产品，许多学者围绕着玉米生长发育规律、叶片的空间分布对光能的利用效率及其产量、品质形成规律与环境条件和技术措施的关系等，对玉米栽培理论与技术进行了深入系统的研究，促进了玉米高产栽培理论与模式的不断深入和拓展。

一、玉米科学的奠基阶段(20世纪初—1948)

中国玉米研究和品种改良事业，发端于19世纪末。1902年，直隶农事试验场最先从日本引进玉米良种。1906年，奉天农事试验场把研究玉米品种列为六科之一，从美国引进14个玉米优良品种进行比较试验。1906年，北平农事试验场成立，着手搜集和整理地方玉米品种，并从国外引进“意国白”(Italian White)、“菲立王”(PhilipKing)“马士驮敦”(Marsdorton)等7个玉米品种。

1914—1916年，北平农事试验场进行全国第一次玉米品种比较试验，国内品种以“奉天海龙白”和“奉天黄玉米”最优，国外品种以“意国白”和“菲立王”最优。1917—1920年，进行全国第二次品种比较试验，国内品种以“奉天海龙白”最优，国外品种以美国“马士驮敦”最优。1926年，由公主岭农业试验场引入白玉米“沃特伯尔”(Woodburn White Dent)和黄玉米“明尼苏达”(Minnesota 13)，经穗行选择分别定名“白鹤”“美稔黄”，成为东北地区种植面积很大的良种之一。当时还有不少传教士和美籍教师引进许多玉米优良品种。例如，在山西省太谷铭贤学校执教的美籍教师穆懿尔(R. T. Moyer)，1930年从美国中西部引进“金皇后”(Golden Queen)、“银皇帝”(Silver King)、“金多子”(Golden Prolific)等12个优良马齿玉米品种。1931—1936年在学校农场进行评比试验，以当地品种“太谷黄”“平定白”作对照。这项工作先后由穆懿尔、霍席卿、周松林、朱培根等负责，评比结果以“金皇后”表现最好，平均单产量4 102.5千克/公顷，最高单产5 302.5千克/公顷。

杂交玉米的育成是世界农业生产的一项革命，它为玉米育种开辟了一条新路。1915年，过探先在《谷种改良论》一文中，最早向国人介绍孟德尔遗传学说和美国杂交玉米生产新法。其中特别指出：培育的玉米自交系生活力衰退，而杂交后产生的杂种优势明显增加产量。我国农学家积极从国外引进优良玉米自交系和杂交种，开展玉米杂交育种工作。1925年南京中央大学农学院赵连芳最早开展杂交玉米育种工作，继之为丁振麟和金善宝；此后，1926年有金陵大学农学院王绶、郝钦铭、翁德齐、孙仲逸，1929年有北平燕京大学农学院卢纬民、河北省立保定农学院杨允奎等。

20世纪30年代初，中央农业实验所成立，开始统一制订玉米育种计划，统一征集玉米材料，标志着我国现代作物育种事业发端。国民党政府实业部聘请美国康乃尔大学作物育种家洛夫任顾问和总技师，开办作物育种讲习班并指导玉米杂交育种工作。此后，南京金陵大学、北平燕京大学、山西太谷铭贤学校、济南华洋义赈会农业试验场等单位先后采用新法选育玉米杂交种，开始把玉米育种工作建立在现代遗传科学基础之上，并应用生物统计方法以提高试验准确性。

30年代，各地育种家先后育成一批玉米双杂交种。如北平大学农学院沈寿铨1928—1933年通过征集农家品种，选育出杂交种“杂-206”“杂-236”，比当地品种增产47.0%；北平燕京大学农学院卢纬民，1935年将258个玉米测交种进行比较试验，其产量比对照种高出43%～53%；1934—1936年，周松林在山西省太谷铭贤学校以“金皇后”为材料选育自交系和组配杂交种；1930—1936年，中央大学农学院金善宝、丁振麟在南京大胜关农事试验场开展杂交玉米试验，共获杂交种115种，其中测交种27种、单杂交种85种。在1936年的产量评比结果中，杂交种比普通玉米优良品种(南京黄)平均增产20%，最高达30%。金善宝著文详细介绍了杂交玉米育种方法、育种经验以及发展前景。

日寇侵华，抗战军兴，战火遍及全国大部分地区，农业生产遭受严重破坏，玉米育种家在极其困难的条件下开展玉米品种改良工作。四川省农事改进所李先闻、张连桂等在1936年从四川各地搜集132个玉米农家品种，用系谱法选育自交系，从中选出“双404”“双411”“双452”“双458”等4个硬粒型双杂交种。1943—1945年扩大示范，比当地农家种增产24.0%～30.5%。李先闻、张连桂著文《玉米育种之理论与四川杂交玉米之培育》，介绍培育玉米双交种的经验及其展望；但因受战时各种条件的限制，玉米杂交种推广面积不大。

广西农事试验场被誉为“战时后方唯一仅存的农业试验中心”，也是战时全国玉米育种规模最大、成绩最佳的单位之一。1936—1938年，范福仁及其助手顾文斐、徐国栋等人，从美国以及云、贵等地广征玉米材料，选择培育出许多自交系。1939—1940年配制杂交组合285个，其中“双67”“双65”“双36”“双41”等10个杂交组合表现优异，产量在柳州超过当地品种56%，在宜山超过当地品种

41%，在南宁超过当地品种69%，在桂林超过当地品种19%。

20世纪20—30年代，我国许多农学家赴美深造，其中有几位专攻作物遗传学和玉米育种技术，如杨允奎、蒋德麒、吴绍骙、卢守耕、蒋彦士等。他们于抗战期间先后回国，采用新法开展玉米育种工作。1932年杨允奎回国，1935年应任鸿隽之邀任四川大学农学院教授，并从事玉米杂交育种工作。他和张连桂一起赴农村实地考察自然条件和玉米生产状况，撰文论述农家种的适应性以及挖掘玉米种质资源的潜力和前景。1936年，杨允奎获美国农业部莫里森(B. Y. Morrison)教授所赠优良玉米品种可利(Creole)和德克西(Dexi)，经过2年试种，抗病性强，表现良好，比当地农家品种增产30%以上，但成熟期偏晚。杨允奎等又从涪江沿岸地区征集了12个早熟硬粒型秋玉米品种，培育自交系并进行杂交。到1945年，共培育出50多个玉米双交、顶交组合，增产幅度都在10%～25%。杨允奎主持的玉米育种工作的卓越成就为农业界所瞩目。

1937年和1938年，玉米遗传育种学者蒋德麒和吴绍骙先后回国。他们获美国遗传育种学家海斯(H. K. Hayes)赠送的42个玉米双交种和50多个自交系，由中央农业实验所分发到四川成都(李先闻主持)、贵州贵阳(戴松恩主持)、广西柳州(马保之主持)、云南昆明(徐季吾主持)试种评比。蒋德麒负责试验总设计，戴松恩负责资料汇总。3年试验结果表明，引进的玉米杂交种比当地农家种增产20%左右。1941年戴松恩撰文《抗建期中玉米杂交种之推广问题》，指出直接利用从美国引进的玉米杂交种，适应性较差，增产不很显著；特别是在当时战争环境条件下，物资匮乏、土壤贫瘠、耕作粗放，杂种优势很难发挥出来；主张改良农家品种辅以引进国外优良品种，对玉米增产可收立竿见影之效。

美国学者戴兹创(T. P. Dyksira)博士1942年12月访华，携来50多个玉米品种和双交种，由中央农事实验所分发到四川、陕西等地试种。西北农学院王绶等，利用引进的玉米选育出7个自交系，后用混合选择法选出“武功白玉米”和“综交白玉米”2个品种，共扩繁226公顷，在关中地区12个县种植。西北农学院与西北区推广繁殖站用“武功白玉米”为试材连续3年所做的玉米试验证明：玉米品种改良占增产诸因素的20%～30%，优良栽培技术占30%～40%。

抗战胜利后，一部分地区农业科研机构恢复并开展玉米杂交育种工作。农林部设立了华北、西北、苏皖区农业推广繁殖站。我国学者赴美考察和学习玉米杂交育种的经验和方法，在报刊上介绍《美国杂交玉米育成经过与现状》(杨立炯)、《美国作物育种之新途径》(李先闻)等。1945年，由邹秉文、章之汶策划编制的《我国战后农业建设计划纲要》，专列“玉米品种改良”一节，详细规划全国玉米杂交育种的实施方案和措施。1946—1948年,蒋彦士在北平农事试验场主持玉米品种改良工作,分6个部分,即品种观察、品种比较、自交系选育、单交种比较、双交种比较、双交种区试等。四川农事改进所杨允奎、张连桂等,1946年从四川农家品种"南充秋子""东山马齿"和从美国引进品种"可利""德克西"中,获得优良系"可36""D0039""金2"等;以9个系混合授粉,选育出硬粒玉米综合种"川大201",比当地农家种增产19%~46%,很受农民欢迎。直到50年代初期,"川大201"仍然是四川省部分地区种植的玉米当家品种。在南京金陵大学执教的吴绍骙、郑廷标等,1947—1948年在学校农场培育出玉米品种间杂交种,比其双亲增产22%~24%。

1936—1948年,由于战乱频繁,农业生产备受摧残。农业科学家虽然怀着振兴祖国农业、发展玉米生产的宏愿,在极端艰苦的条件下从事玉米品种改良工作,但因经费不足、环境恶劣,且玉米杂交育种材料和费用均高于他种作物,遂致各地工作旋作旋辍,创始虽久,鲜见实效。培育的优良杂交种亦多不能得到扩大繁殖和大面积推广。如农林部西北区推广繁殖站,对于玉米育种十分重视,曾选育出人工自交系百余种,但因经费所限,育种工作不能顺利进行。据国民政府农林部1948年报道,1947年全国玉米种植面积840万公顷,总产量1 078万吨,单产1 350千克/公顷。当时在生产上采用的主要是改良农家品种和引进品种,如"黔农黄蜡质"、"黔农白马齿"(贵州农业改进所)、"铭贤金皇后"(太谷铭贤学校)、"南京黄玉黍"、"燕京206"、"燕京236"(金陵大学农学院)、"武功白玉米"(西北农学院)、"华农1号"、"华农2号"(北平农事试验场)等,这些改良品种一般比当地农家种增产16%~30%。

民国时期的农学家比较重视稻、麦、棉等作物的研究工作,而从事玉米科学研究的工作者比例甚少。加之社会动荡、战争频仍、机构变迁、经费拮据,以及杂交玉米育种工作难度偏大等,玉米研究工作未能充分开展。尽管如此,一批农学家凭借爱国热情和事业责任心,不辞辛苦、勤奋努力,为我国玉米改良事业奠定了初步的基础。

二、玉米科学的跃进与波折时期(1949—1980)

中华人民共和国的成立,标志着农业生产进入新阶段。1949年12月,中央农业部召开"全国农业工作会议"。玉米育种家吴绍骙作为特邀代表参加,在会上作了"利用杂交优势增进玉米产量"的发言,提出发展玉米生产和品种选育的当前和长远策略。中央农业部采纳了此项建议，于 1950 年 2 月召开“玉米工作座谈会”，邀请吴绍骙、张连桂、刘泰、李竞雄、唐鹤林、陈启文、王志民等科学家参加会议并制订《全国玉米改良计划》(草案)。这项计划确定在近期内采用简单易行的人工去雄选种增产措施和利用品种间杂交种；从长远来说，要利用玉米杂交优势培育自交系间杂交种，充分发挥玉米的增产潜力。这个文件开创了我国在大面积生产上改农家种为杂交种、农作物利用杂交优势的新时期。

1950 年 8 月，中央农业部发布《五年良种普及计划》，要求广泛开展群众性选种留种活动，评选地方优良品种，就地繁殖、就地推广。据农业部统计，60 年代全国共搜集整理玉米农家品种 1.4 万份，从中评选出优良品种近 2 000 个，在生产上大面积推广应用的有 43 个。1954 年 7 月，中央农业部发布《关于广泛开展玉米品种间杂交提高玉米产量的通知》；1955 年 4 月，农业部再次发出《关于加强玉米品种间杂交种试验研究和示范推广工作的通知》，要求农业科研机构和农场着手调查本地玉米优良品种，开展品种间杂交和选优推广。最早大面积应用于生产的品种间杂交种是陈启文在山东解放区主持育成的“坊杂 2 号”，1952 年在山东省推广面积超过 13.3 万公顷，比当地农家品种增产 20%～30%。之后，全国农业科研单位和农业院校相继育成玉米品种间杂交种 400 多个，在生产上应用的有 60 多个，其中种植面积较大的有“凤杂 1 号”“春杂 4 号”“夏杂 1 号”“莱杂 17 号”“泰杂 2 号”“齐玉 25 号”“百杂 2 号”“陕玉 1 号”等，全国推广玉米品种间杂交种超过 167 万公顷。

50 年代初期，缘于摩尔根遗传学与米丘林遗传学在中国的碰撞，科学家都从事培育玉米品种间杂交种而未开展自交系间杂交种的选育。当时在学习苏联“一边倒”的政治气氛条件下，武断地给孟德尔—摩尔根遗传学扣上“反动的、唯心的、资产阶级的”帽子，从事玉米自交系间杂交育种的科学家首当其冲。全国学术界开展对摩尔根遗传学“资产阶级方向”政治批判，摩尔根遗传学在大学教程里被取缔，从事玉米自交系间杂交育种被视为异端邪说。这场席卷全国的学术批判迫使许多玉米育种工作者不得不改弦更张。

1956 年，中共中央提出“百家争鸣，百花齐放”繁荣科学艺术的方针。8 月，在中共中央宣传部的指示下，中国科学院和高等教育部联合在青岛召开“遗传学座谈会”，邀请有关部门从事米丘林遗传学研究和持摩尔根遗传学观点的 50 位科学家参加。在这次会议上，持不同学术观点的科学家围绕两种遗传学的主要理论分歧热烈讨论、畅述己见，争论颇为激烈。玉米遗传育种学家李竞雄参加了会议，他说：“我不同意把摩尔根学派说成是‘主义’……我不承认孟德尔学说是唯心的，我认为它是唯物的。有人企图硬把两个学派生硬地调和一下，就好像把《苏三起解》硬要结合生产一样，我也不同意这种调和派。”他阐述了摩尔根遗传学理论指导玉米育种实践所起的作用，指出：“李森科在几年前就反对玉米自交系的工作，他反对摩尔根学派用的选种育种方法，可是今天苏联已经肯定了玉米自交系间杂交种的优势性。……美国双杂交玉米增产的数字，在1946年即达30亿美元，这是一个相当大的数字，也就是摩尔根遗传学理论指导下最大的贡献。从这里还可以看出，最初从纯理论出发进行研究，虽然不是为了直接解决实际问题，但结果却带来了巨大的实用价值。”

青岛遗传学座谈会为摩尔根遗传学说正名，也为开展玉米自交系间杂交育种工作开了绿灯。许多科学家挥笔著文，通过新闻媒介，廓清一些人强加给摩尔根遗传学的不实之词，大力宣传玉米杂交育种的科学道理和增产效果。吴绍骙在《杂交优势在新中国玉米增产上的利用及其前瞻》中写道：“玉米较其他许多作物具有更多的利用杂交优势的有利条件，利用杂交种是玉米增产的一个重要环节。从玉米杂交优势利用的角度来说，我们格外需要大搞杂交种，培育自交系，并以一小部分力量搞远缘杂交及人工引变工作，以丰富杂交种亲本材料的来源，使杂交种表现出更大的杂交优势，把将来的玉米单位面积产量提得更高。”李竞雄则提出了加强玉米自交系间杂交育种工作的4项建议。此后，杨允奎、刘泰、刘仲元等科学家相继在报纸杂志上发表类似的长篇论文，阐述杂交优势对玉米的增产作用，建议迅速开展自交系间杂交育种工作以提高玉米产量。

中央农业部根据科学家的建议，1957年2月发布《关于进行玉米杂交育种工作的意见》，要求各地大力开展玉米自交系间杂交育种的研究，争取在3～4年内选育出适于当地种植的高产杂交组合。1958年12月，农业部颁布《全国玉米杂交种繁殖推广工作试行方案》，统一规划全国的玉米育种、繁殖和推广工作。1959年6月至8月，中央农业部委托山东省农业科学院两次举办全国玉米杂交种训练班，普及玉米自交系间杂交育种知识，并多次组织现场参观，交流经验，推动了杂交玉米育种工作的深入开展。1960年2月，在山西省太原市召开的“全国玉米研究工作会议”上，农业部提出《关于多快好省选育自交系间杂交种和四年普及自交系间杂交种的意见》。

中国农业科学院玉米育种家刘泰、刘仲元等育出的“春杂5号”至“春杂12号”等8个玉米双杂交种，先后在河北、山西、辽宁等省示范推广，增产显著。继之，北京农业大学李竞雄和郑长庚等人发表了从事6年玉米杂交种选育的研究报告，并推出 10 多个优良玉米双交种。其中“农大 3 号”“农大 4 号”和“农大 7 号”等双交种，在河北、山西等地区示范，比当地品种增产 30%～50%。山东省农业科学研究所陈启文主持选育的双杂交种“双跃 3 号”“双跃 4 号”，发展成为全国种植面积最大的双杂交种之一。四川省农业科学研究所杨允奎主持选育的“双交 1 号”“双交 4 号”“双交 7 号”“矮双苞”“矮三交”等，在四川省雅安、温江、乐山等地区种植，增产显著，迅速在生产上大面积推广。据中国农业科学院统计，50 年代全国共育成玉米双杂交种 50 个，在生产上大面积推广应用的有 17 个，一般比品种间杂交种增产 22%～27%，比农家品种增产 30%～33%。特别是玉米双杂交种“双跃 3 号”，高产稳产，适应性广，遍植全国 19 个省(区)，种植面积最多时达 200 多万公顷。

异地培育理论的创立和实践，促成了我国农作物南繁规模的兴起，对发展农作物育种和种子繁育事业起了重要作用。农作物异地培育理论的研究和创立是从玉米育种工作开始的。在吴绍骙(河南农学院)、程剑萍(广西柳州农业试验站)和陈汉芝(河南省农业科学院)的共同主持下，1956—1959 年开展了“异地培育玉米自交系”的研究课题。结果表明：北方的玉米材料可以在南方正常生长，并成功地培育成自交系，把自交系引种到北方后仍能正常开花结实；异地培育可以加速玉米自交系的世代繁育，并不影响自交系的植物学性状；自交系配合力能继续保持下来，用自交系配制的玉米杂交种，在不同地区种植均表现良好的增产效果。1960 年 1 月，吴绍骙等联名发表《异地培育对玉米自交系的影响及其在生产上利用可能性的研究报告》，详细阐述异地培育玉米自交系的理论依据及其结果。1960 年 2 月，在“全国玉米科学研究工作会议”上，吴绍骙做了题为“关于多快好省培育玉米自交系配制杂交种工作方面的一些体会和意见”的报告。1961 年 12 月，在湖南省长沙市召开的“全国作物育种学术讨论会”上，吴绍骙在题为“对当前玉米杂交育种工作的三点建议”的发言中，正式提出“进行异地培育以丰富玉米自交系资源”的可行性建议。玉米异地培育的理论和实践受到中央农业部的重视和学术界的肯定。从 20 世纪 60 年代起，北方许多农业科研单位先后开展玉米异地培育工作。中国农林科学院和广东省农业科学院于 1971 年 10 月联合在海南岛崖县召开“玉米杂交育种会议”，确认采用异地培育方法可以利用南方优越自然条件，加速世代繁育，不仅使早代自交材料和雄性不育系、恢复系迅速稳定，而且可以增加选配新组合，鉴定杂交种，加快优系和组合的繁育和复配进程，大大缩短育种年限。1972 年 10 月，国务院发布第 72 号文件，批转农林部《关于当前种子工作的报告》，确定农作物南繁的重点放在科学研究和新品种的加代繁殖上，进一步把此项工作纳入规范化管理轨道。

农作物异地培育理论促成了南繁规模的兴起，加快了玉米种质创新、品种改良和种子繁育进程。80年代以后，农作物南繁的项目已从原来的北种南繁发展到南种北育；从玉米扩大到其他粮食作物、经济作物和蔬菜作物；从科研育种加代发展到商业种子繁育。农作物异地培育理论的创立和南繁事业的兴起，对加快我国农业的发展和提高玉米产量做出了重要贡献。20世纪70年代，以选育和推广利用单杂交种为主，各类杂交种因地制宜，各有侧重。

60年代末至70年代初的“文化大革命”使发展杂交玉米育种十年规划“流产”，大部分科研院所解散或下放，农业教育和科学研究工作基本停顿，只有少数地区的科技人员从事玉米杂交育种工作。

中国第一个玉米单杂交种是河南省新乡地区农业科学研究所张庆吉、宋秀岭主持选育的。长期以来，国内外玉米育种家均认为单交种虽然生长整齐、杂交优势强，但只能作为生产双交种的亲本材料。要在生产上直接利用单交种，首先要从理论和实践上解决自交系的低产问题。张庆吉和宋秀岭于50年代末至60年代初，通过成百上千个组合的选育，用“武陟矮”×“金皇后”选育出自交系“矮金525”，植株矮健、雄穗发达、果穗大、产量高；从玉米综合种“混选1号”选出的自交系“混517”，也表现出高产和良好的农艺性状，他们用这2个系杂交育成“新单1号”杂交种（矮金525×混517），植株健壮、果穗硕大、品质优良、杂交优势强。第二年在孟县小面积试种，单产6 000千克/公顷，高产田单产9 120千克/公顷。70年代初“新单1号”遍植南北11个省（区），最多年份种植面积超过133万公顷，还引种到欧洲和亚洲一些国家。“新单1号”的育成为玉米杂交育种提供了新经验和新途径：一是从优良杂交种选育自交系；二是重视自交系高产性状的选择；三是用不同类型系（包括种质、亲缘、地理分布等）进行组配，测用结合；四是总结繁殖经验，提高制种产量。特别是在国内首创利用二环系培育自交系的方法，为后人拓宽了育种材料创新的道路。它标志着我国玉米育种从以选育双杂交种为主，向以选育单杂交种为主利用杂交优势的新阶段，并使我国玉米育种工作居同期世界领先地位。

1971年2月，中国农林科学院和广东省农业科学院联合在海南岛崖县召开“全国两杂（杂交高粱、杂交玉米）育种座谈会”。会议纪要指出：玉米杂交种的选育和利用要以单交种为主，特别强调选育自交系，“要用优良杂交种分离二环系，以达到稳定快、一般配合力高和自身产量高的目的”。当年9月，农业部又组织科研和种子单位到辽宁和山东进行现场观摩参观。1973年9月，中央农林部种子局在山东省黄县召开“全国玉米杂种优势利用研究协作会议”，统一规划全国玉米育种和协作工作，把全国划分为5个协作区。据1976年3月中央农林部在山东省临朐县召开的“全国杂交玉米科研推广会议”统计，全国杂交玉米种植面积达1 000万公顷，占玉米总面积的55%，其中玉米单杂交种已占杂交种面积的55%。

20世纪70年代初，一场突发性的玉米病害严重威胁了玉米生产。据有关部门对北方8个省(区)的调查：大小斑病、丝黑穗病、青枯病、矮化病毒病危害玉米在667万公顷左右，每年玉米减产15亿～18亿千克，培育抗病高产玉米品种成为一项迫在眉睫的任务。1972年，中国农业科学院玉米育种家李竞雄及其助手从全国各地征集了200多个自交系，经过几年的观察、比较、组配，从中选育出7个玉米单交种；其中，以“中单2号”(自330×Mo17)表现最好，植株矮健，抗多种病害，并于1977年开始在全国推广，很快遍及南北20多个省(区)。80年代以后，“中单2号”每年的种植面积都在133万公顷左右。

1978年，全国杂交玉米种植面积达1 460万公顷，占玉米总面积的71.8%，其中种植面积6.7万公顷以上的杂交种有32个，66.7万公顷以上的有4个。种植最大的玉米单杂交种有“新单1号”“中单2号”“郑单2号”“白单4号”等。1978年10月，在国家科学技术委员会召开的全国科学大会上，共有16个优良玉米杂交种和4个优良玉米自交系获得奖励，获奖的玉米自交系为“自330”“金03”“武105”“矮金525”。

在玉米栽培研究方面，20世纪50年代，玉米高产研究的重点就是协调玉米与环境条件之间的关系，探索通过肥水运筹和其他调控措施改善其生长的环境，进而取得高产。玉米栽培技术主要是学习、总结和推广劳模经验，比如张富贵的玉米栽培经验。

20世纪60年代后，在推广劳模经验的基础上，通过研究明确了一整套玉米高产诊断指标和相应措施，比如“玉米叶龄模式”。叶龄模式的建立，使高产栽培研究由定性向定量并向模式化、指标化、规范化的方向发展，解决了品种、栽培条件极为复杂情况下的定量诊断问题。继叶龄模式之后，玉米株型栽培又被提到了日程。1979年，李登海在育种试验中大胆提出：玉米要高产，必须选育株型紧凑、光合利用率高的紧凑型玉米杂交种。当时，这是对传统育种理论的挑战。株型栽培重点研究作物数量性状同栽培措施的关系，协调营养生长和生殖生长之间的关系，以培育结构合理的群体，从植株空间结构上来提高光能利用率，从而达到高产目的。

三、玉米科学发展的新阶段(1980年以后)

80年代玉米的种质创新研究开创了株型育种的新局面。中国玉米理想株型育种探索肇始于矮秆育种。1974年,中国农业科学院和北京市农林科学院率先育成了株型紧凑、叶片直立的玉米自交系"黄早4",并以"黄早4"为亲本组配了一批玉米组合;特别是与从加拿大引进的自交系"Mo17"组配,立即产生出明显的杂交优势,组配的第一批紧凑叶型玉米杂交种崭露头角。如烟台地区农业科学研究所育成的"烟单14",陕西省户县农业科学研究所育成的"户单1号",吉林省四平市农业科学研究所育成的"黄莫",内蒙古自治区哲里木盟农业科学研究所育成的"黄417"等,种植面积都在6.7万公顷以上。株型创新引起玉米育种家的广泛注意。山东省掖县后邓村农民李登海主持选育出"掖107"紧凑型自交系,组配了优良杂交种"掖单2号"(掖107×黄早4);之后,莱州市农业科学研究所吕华甫主持育成了株型紧凑、配合力高、抗倒伏、抗病力强的自交系"U8112",进而选育出株型更为紧凑的玉米杂交种"掖单4号"(U8112×黄早4);继之,李登海又培育出新型玉米自交系"掖478""掖515""掖52106"等,组配了"掖单11号""掖单12""掖单13"等系列紧凑型玉米高产杂交种。由于李登海采取玉米育种与高产栽培相结合的路子,从1988年以来,他连续多年创造出玉米单产13 500~15 000千克/公顷的高产纪录,充分显示出紧凑型玉米的高产潜力。

紧凑型玉米的培育和大面积推广,使一部分育种家以紧凑株型作为玉米育种的重要指标之一,相继育成一批紧凑型玉米杂交种,如"掖单19""西玉3号""郑单14""冀单29""单1号""苏玉9号""豫玉2号""鲁玉10号",等等,这些品种遍植全国,每年种植面积都在6.7万公顷以上。

1983年,国家科委成立了"全国玉米育种攻关协作组",组织全国科研和教学单位开展玉米育种协作研究。"六五"规划期间(1983—1985),玉米协作攻关研究的内容是"玉米高产、抗病、优质杂交种(品种)选育及其种子生产评定技术研究",其中把抗病性摆在重要地位。该项目由中国农业科学院李竞雄研究员主持,全国共25个科研和教学单位参加。经过3年的努力,共选育玉米杂交组合32个,推广面积约373万公顷。"七五"计划期间(1986—1990),玉米协作攻关研究以"玉米新品种选育技术"为方向,设3个专题:①优质、高产、多抗玉米杂交种选育;②特种玉米品质育种;③玉米育种材料改良与创新。项目由中国农业科学院李竞雄研究员主持,全国共35个科研和教学单位承担攻关任务。研究共育成玉米新品种、新组合27个，其中抗大斑病、耐青枯病等春玉米杂交种10个，抗小斑病、耐青枯病、抗矮花叶病等夏玉米杂交种6个，以及高赖氨酸、高油、青饲青贮玉米组合，推广面积约333万公顷，增产约10%。“八五”计划期间（1991—1995），玉米协作攻关研究的题目是“玉米新品种选育技术研究”，设3个专题：①高产、优质、多抗玉米杂交种的选育；②特用玉米杂交种的选育；③玉米素材改良创新研究。项目由中国农业科学院李竞雄研究员主持。研究共育成玉米新品种（组合）49个，选出自交系14个，鉴定抗青枯病材料1 100份。此外，还选育出高蛋白玉米、甜玉米、高油玉米杂交种；在拓宽玉米种质的遗传基础、筛选开辟和创建新的优良基因源的研究方面也取得了进展。“九五”计划期间（1996—2000），玉米协作攻关研究的题目是“普通玉米自交系及育种材料与方法研究”，由中国农业大学戴景瑞教授主持，全国共38个农业科研单位和院校的科技人员参加。主要研究内容为：①选育高配合力、多抗、高产玉米自交系和不育系；②新建、改良或引进玉米群体；③利用多种技术创造优异育种材料；④用分子标记技术和常规技术相结合对自交系进行杂种优势群分析；⑤将热带、亚热带、温带种属互导等。期间共有99个新品种通过省级审定，有11个新品种通过国家级审定，其中有22项获国家级和省部级奖励。

1995年，国家科学技术委员会决定组建国家工程技术研究中心。1996年3月，国家科学技术委员会组织专家组经过论证和评议，确定由山东、吉林两省科研单位组建国家玉米工程技术研究中心，称为国家玉米工程技术研究中心的两个分部。这种设置是基于春玉米、夏玉米两个生态区域来考虑：吉林省作为全国春玉米最大生产省，山东省作为全国夏玉米最大生产省；吉林分部依托吉林省农业科学院，山东分部依托山东省莱州市农业科学院。“九五”计划期间，国家计划委员会和农业部还共同组建国家玉米品种改良中心，依托中国农业大学为主中心，吉林、山东、河南、四川、陕西等省农业科学院以及丹东农业科学院为分中心；主要任务是提供优良种质资源、培育新品种、开展科学研究、培训科技人员和进行国际合作交流等。

从育种手段分析，20世纪90年代以来，单倍体育种、基因工程育种、分子标记辅助育种等生物技术手段得到较为普遍的应用，提高了玉米育种的效率，开辟了玉米育种的新途径。

进入20世纪80年代后，玉米栽培研究也取得显著进展。高产栽培研究逐渐从群体数量关系上转入群体质量关系，即研究玉米个体与群体、叶面积与光合生产、源与库之间的关系，关注和解决玉米群体数量与质量协调问题；特别是一些穗型较大的新品种(组合)的育成,使人们在探讨超高产栽培时,既要充分发挥品种增产潜力,又要采取措施调节作物生长发育与环境的矛盾,以确立在群体数量适当的条件下提高群体质量的栽培策略。凌启鸿等所创建的水稻高产群体质量指标体系及优化栽培调控理论,使作物栽培研究工作的深度和广度都得到明显的提高。

20 世纪 90 年代后期,随着新科技革命的推进和信息社会的到来、人们生活水平的提高,环境污染问题越来越受到人们的普遍关注。农业可持续发展思想涵盖农村、农业经济和生态环境三大领域,因此社会对玉米栽培管理的目标,研究的内容、手段和方法都提出了新的要求。

为适应 21 世纪新形势及加入 WTO 的需要,玉米栽培管理的目标已由原来单纯的高产扩展到优质、高产、高效、安全的综合生产体系。加入 WTO 后,面对国外质优价廉、蜂拥而至的玉米产品,要保护我国的玉米生产能力和生产水平,就必须改善玉米产品的品质,特别是将改善玉米的卫生安全品质放在首要位置。而随着国内经济的快速发展,人民生活水平的提高和消费观念的改变,环境健康意识的普及和改革开放政策的倡导,以及与国际市场的全面接轨,市场对高科技产品(尤其是绿色食品)的需求必将日益增强。

栽培理论与技术的研究在内容上更加突出器官、个体和群体质量指标及其与环境和技术之间的动态关系,以及精确诊断和调控技术的综合应用。玉米生产系统是一个复杂而独特的多因子动态系统,受气象条件、土壤特性、品种类型、栽培技术措施及病虫草害等多种因素的影响,表现为显著的区域性和时空变异性。只有深入了解玉米产量因素形成的规律,掌握产量因素形成的阶段性特征及其相应的群体数量和质量诊断指标,对症下药运用栽培调节措施,使各生育时期的各个体间和各器官间协调发展,才能使玉米群体朝高产的方向发展。

在研究手段和方法上进一步借助系统科学和信息技术,对作物生长和生产系统进行综合分析。计算机和信息技术的快速发展为作物生产管理的现代化和信息化提供了新的方法和手段,其中玉米模拟模型和生产管理系统的建成就是很好的例证。在形势的要求下,国内有些地区在 20 世纪末期就已经建成了玉米模拟模型和生产管理系统。该系统克服了传统栽培技术体系与模式的区域性、分散性、经验性等缺点,可根据特定生产系统的环境和生产条件,自动设计和生成模式化栽培管理方案,包括确定适栽品种、产量水平、播期、密度和播量、群体生育指标、肥料运筹、水分管理等,为玉米的栽培管理奠定了科学的知识库体系和决策工具;但该技术当时还没有在我国大面积地推广,仅限于小部分地区的试验阶段。随着新世纪的到来，科学发展的速度更快，玉米栽培研究工作者的目光转向了精准农业。

四、玉米种质创新和品种改良的突出贡献

培育自交系是玉米杂交育种的物质基础，优异自交系可以有效地促进突破性新品种的诞生。20 世纪 70～90 年代，中国玉米育种家成功地培育出许多综合性状或个体性状优良以及高配合力的自交系，拓展了玉米种质基础，为选育高产优质玉米杂交种创造了条件。

分析 1978—1998 年种植面积在 6.6 万公顷以上玉米单交种选系组成：70 年代末期玉米单杂交种组成以自选系×自选系为主，自选系×外来系为辅，基本上没有 2 个外来系组成的杂交种；80 年代中期发生变化，1986 年应用的 33 个单杂交种中，有 20 个组合为自选系×自选系（占 37.8%），有 13 个组合为自选系×外来系（占 62.2%），这表明外来系在组配单交种的比重剧增；90 年代以自选系为主所配组合所占比例稳步上升，表明从国外杂交种选系显著增加，并在组配优势杂交种中起重要作用，也表明我国玉米种质创新有所进展，以自选系组配的杂交种在生产上占有绝对优势。

有 4 个自交系所组配的杂交种为中国玉米增产做出了重大贡献：①“自 330”。由辽宁省丹东市农业科学研究所景奉文 1965 年主持育成，来源于 oh43×可利 67。1972 年景奉文以旅 28×自 330 育成单杂交种“丹玉 6 号”，是 70 年代种植面积最大的杂交种之一；玉米育种家后来以“自 330”育成的高产杂交种还有“中单 2 号”“京杂 6 号”“七三单交”“铁单 4 号”等；该成果 1982 获国家发明一等奖。②“黄早 4”。由北京市农林科学院作物研究所等 1971 年从塘四平头天然杂株穗行中育成，配合力高、抗病性强、穗部性状好，特别是株型紧凑、叶片挺立，与之组配的杂交种多为紧凑型或半紧凑型；以“黄早 4”组配的紧凑型玉米高产杂交种有 Mo17×黄早 4（5 个）以及“掖单 2 号”“掖单 4 号”“苏玉 1 号”等 40 多个，开创了紧凑型玉米大面积种植的新局面。③“Mo17”。来源于美国 187～2×C103；“C103”是康涅狄格州从 Lancaster 选出，1971 年中国农业代表团访问加拿大时引进；中国农林科学院李竞雄最早于 1972 年以 Mo17×自 330 选育出“中单 2 号”，20 多年在全国种植面积一直位居前列，特别是“Mo17×黄早 4”组合；丹东市农业科学研究所吴纪昌育成的“丹玉 13（E28×Mo17）”，最高年种植面积超过 347 多万公顷，其他以 Mo17 组配的杂交种还有“四单 8 号”“本玉 9 号”

“四单 16”“四单 19”等。④“丹 340”。由辽宁省丹东市农业科学研究所周宝林 1984 年主持育成，采用以“白骨旅 9”与野生有稃玉米杂交后经辐射处理的方法；以“丹 340”组配的杂交种有“掖单 13”“丹玉 15”“吉单 159”“铁单 9 号”“铁单 10”等。

高产优质杂交种在中国玉米增产中起到重要作用。1980—1998 年中央种子部门发布的统计资料表明，大面积种植玉米杂交种逐渐集中并增多。如种植面积在 66 万公顷以上的玉米杂交种 1980 年有 3 个，1990 年增加到 5 个，1998 年增加到 7 个。种植面积在 6 万公顷以上的玉米杂交种，从 1980 年的 29 个增加到 64 个；累计种植面积在 6 666 万公顷以上的玉米杂交种由 114 个增加到 234 个。从玉米杂交种的面积和数量看，玉米育种水平有明显的提高，育成品种有良好的适应性能。

在中央有关种子部门发布的统计资料中，1978—1998 年种植面积在 66 万公顷以上的玉米杂交种共有 20 个，其中 20 年累计种植面积超过 666 万亿公顷的有 7 个。中国农业科学院李竞雄主持培育的“中单 2 号”，累计种植面积 3 193 万公顷，种植最多年份（1989 年）达 229 万公顷，遍植东北、西北和西南 10 多个省（区），获国家发明一等奖。丹东市农业科学研究所吴纪昌主持培育的“丹玉 13”，累计种植面积 2 680 万公顷，种植最多年份（1989 年）达 350 万公顷，主要种植在东北地区和黄淮海地区，获国家科技进步一等奖。莱州市农业科学院李登海主持培育的“掖单 2 号”，累计种植面积 1 707 万公顷，种植最多年份（1994 年）达 157.2 万公顷，主要种植在黄淮海平原地区；“掖单 13”，累计种植面积 1 193 万公顷，种植最多年份（1995 年）达 226 万公顷，主要种植在黄淮海平原和西南地区，获国家星火计划一等奖。烟台地区农业科学研究所于伊主持培育的“烟单 14”，累计种植面积 980 万公顷，种植最多年份（1987 年）达 119.4 万公顷，主要种植在黄淮海平原地区。四平市农业科学研究所郭海鳌主持培育的“四单 8 号”，累计种植面积 693 万公顷，种植最多年份（1986 年）达 104 万公顷，主要种植在东北玉米区。莱州市农业科学研究所吕华甫主持培育的“掖单 4 号”，累计种植面积 673 万公顷，种植最多年份（1990 年）达 126 万公顷，主要种植在黄淮海平原地区。其他如丹东市农业科学研究所景奉文主持选育的“丹玉 6 号”、河南省农业科学院张秀清主持选育的“郑单 2 号”，最高种植年份（1978 年）都在 153 万公顷以上。因缺少 1978 年以前统计资料，估计累计面积在 666 万公顷以上。这些数据充分显示出中国玉米育种工作具有较高的水平。1982—1999 年，全国有 13 个玉米杂交种和 7 个自交系以及优良杂交种的推广获国家级二等奖和三等奖。

1952年至1980年，中国玉米种植面积从1 253万公顷增加到2 033万公顷，单产从1 350千克/公顷增加到3 075千克/公顷；而从1980年至1998年，中国玉米面积从2 033万公顷增加到2 520万公顷，单产从3 075千克/公顷增加到5 265千克/公顷，大面积玉米单产7 500～9 000千克/公顷，高产纪录单产达15 000千克。20世纪90年代中国玉米生产的发展速度居世界领先水平，其中杂交优势利用在玉米增产诸因素中起到20%～24%的作用。

总体来看，20世纪中国玉米科技研究与玉米生产技术的演变主要呈现以下变化趋势：

(1) 中国玉米育种与推广工作和其他发达国家一样，经历了筛选推广优良农家品种→品种间杂交种→双交种、三交种→单交种4个阶段。

(2) 在杂种优势得到广泛利用后，抗病基因选择、株型改良、保绿与晚熟成为提高玉米品种产量潜力的主要育种技术方向，目前正向着耐密、抗逆、广适、高产和适应机械化的品种选育方向发展。

(3) 栽培技术表现出由推广单项适用技术、改善农田条件发展到技术集成与模式化栽培，目前正向着以耐密、抗逆高产品种和以机械化为载体的简化、高产、优质、高效栽培方向发展。

综上所述，20世纪中国玉米育种技术经历了近一个世纪的发展历程，从最初的播种农家种到杂交种的大规模选育和普及，从常规育种技术到生物技术、诱变育种相结合，展示了我国玉米育种技术的蓬勃发展；但是，每一种育种技术的应用发展都存在一定的局限性。

常规育种技术操作简便，但耗时耗力；生物育种技术加快了育种速度，但一般费用昂贵，很难普及，使得多数地方科研院所等研究机构的育种水平仍然停留在基础的常规选育阶段，与国际育种水平差距甚大。这就要求国家、各研究单位加大力度，促进科研人员国内外的交流与合作，使育种技术相互渗透、互惠互利、共同发展。另外，育种程序中准确地鉴别合乎需要的基因型，扩增积累遗传资源，是育种研究成败的关键。育种技术的不断进步，测试手段的不断完善，都是为了更准确地鉴定表现型而推测其基因型，加强遗传资源的积累。尽管如此，许多性状的鉴定技术仍然很不可靠，易受环境影响，效率很低。21世纪是生命科学的时代，相信将传统遗传育种与现代生物技术相结合，从分子水平上认识玉米遗传变异机理，充分发掘、利用玉米现有基因库遗传资源，并利用分子技术导入其他物种的有利基因，利用诱导技术提高诱导率，必将创造出遗传变异更为丰富、性状更加优良、生产性能更好的玉米新品种。

第二节　中国玉米科学家的主要学术谱系

据农业部估算，目前我国地市级以上农业科研单位从事玉米研发的科技人员约有500人左右，其中70%以上从事玉米育种研究。

从学术谱系关系来看，全国玉米科学家队伍主要源自3位早期玉米研究导师：杨允奎、吴绍骙、李竞雄。其中，杨允奎创立了四川农业大学的玉米研究事业，吴绍骙是河南玉米研究的开创者，而李竞雄则创立了中国农业大学的玉米研究事业，并且长期是中国农业科学院的玉米研究领军人物。

一、杨允奎开创的玉米科学家学术谱系

杨允奎开创的玉米科学家学术谱系见图4－1所示。

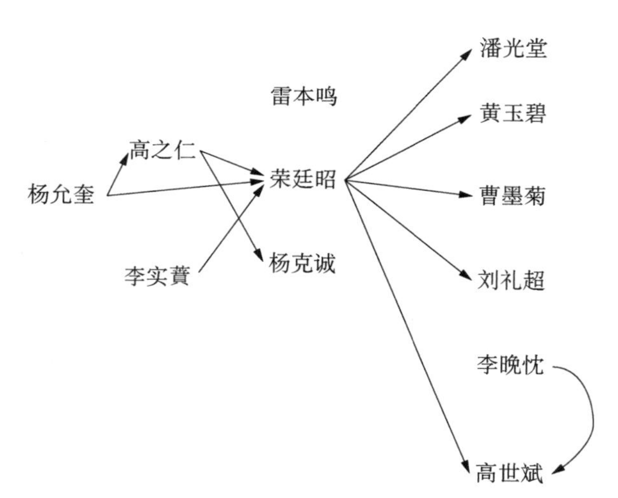

图4－1　杨允奎开创的玉米科学家学术谱系

四川农业大学玉米研究所（简称“川农大玉米所”）的前身是著名玉米遗传育种学家杨允奎教授1963年创建的数量遗传教研室，1997年改建为四川农业大学玉米研究中心，2000年更名为四川农业大学玉米研究所。研究队伍中有中国工程院院士1人、国家杰出高级专家1人、国家有突出贡献的中青年专家1人、享受国务院政府特殊津贴专家5人、博士生导师6人、硕士生导师9人。

玉米所在应用基础科学研究上取得了重大突破。近年来承担了多项国家级和四川省的科学研究项目，包括国家自然科学基金5项、“863”项目2项、“948”重大专项2项、国家科技攻关1项，以及四川省科技厅、教育厅等多项科研项目。在植物分子育种与转基因等生物高新技术应用研究中，取得了一些突出的成果。四川农业大学玉米研究所也是西南地区玉米遗传育种人才培养的中心，近年来编著出版专著、教材5部，发表重要论文100余篇。

玉米所在注重学科建设的同时，积极加强包括博士生、硕士生和本科生在内的人才培养工作。现招收作物遗传育种学、生物化学与分子生物学2个专业的硕士和博士研究生。近年来已培养作物遗传育种、生物化学与分子生物学方面的博士10余名、硕士40余名。

玉米所在玉米新品种选育、社会服务上成绩突出。先后选育了“48－2”等集高配合力、高产和高抗多种病害于一体的玉米自交系10余个，以及“川单9号”“川单13号”“川单21号”等丰抗兼优的“川单”系列杂交种20余个。“八五”计划以来，累计推广533万公顷，增产玉米30多亿千克。其中，“川单9号”列入国家重大科技成果推广计划，被评为全国“八五”计划十大农作物新品种，获国家重大新品种“后补助”和1996年度四川科技进步特等奖；“川单13号、14号、15号、16号、21号、23号”被推荐为四川省主推种，“川单13号”和“川单23号”获得农业部新品种“后补助”。西南有关育种单位用该所选育的自交系“48－2”“S37”和“18－599”等为亲本，育成杂交种10余个，推广种植超过66万公顷，为改变西南地区玉米育种和生产的落后面貌做出了重要贡献。研究所先后获国家技术发明二等奖2项，四川省科技进步特等奖1项，一等奖、二等奖、三等奖各3项，发明专利3项，专业技术人员人均获国家、省(部)级科研奖励和专利5项次以上；2003年荣获“全国五一劳动奖章”。所长荣廷昭院士荣获1997年“王丹萍科学奖”，被国家科委评为“全国科技成果推广先进个人”，1998年被人事部、教育部授予“全国模范教师”称号，2005年被国务院授予“全国先进工作者”称号。

第一代为开创者杨允奎。

杨允奎(1902—1970)，农业教育家、作物遗传育种学家，是利用细胞质雄性不育系配制玉米杂交种的开拓者。他倡导数量遗传学在作物育种上的应用，并提出简化双列杂交配合力估算方法；执教30载，培养了大批农业科技人才。

1921年考入清华学堂留美预备部，1928年获庚子赔款资助入美国俄亥俄州立大学攻读作物遗传育种专业，1933年被授予博士学位，同年回国应聘河北省立农学院教授。1935年受任鸿隽之聘任国立四川大学农艺系教授至1937年。

1936年应四川省建设厅厅长卢作孚之请，创办四川省稻麦试验场，任场长；不久，该场易名为四川省稻麦改进所，任所长；1938年该所并入新组建的四川省农业改进所，任副所长。1941年任教于四川大学农艺系并兼系主任，主讲遗传学、作物育种学、生物统计学及田间设计等课程，同时开展了玉米、小麦、豌豆的遗传育种研究工作，直到中华人民共和国成立。1952年，任西南军政委员会农业部四川农业试验所所长。1955年任四川省农业厅厅长兼四川省农业科学院院长。1962年兼任四川农学院院长，并创建数量遗传实验室，兼任室主任。1963年被评为一级教授。曾任第一、二届四川省人大代表，第三届全国人大代表，四川省科协副主席，省作物学会理事长，中国农学会理事，四川省农业科技鉴定委员会主任委员等职。

杨允奎是我国杂交玉米育种事业的奠基人之一，早在美国留学期间，他就开始了这方面的研究，回国后他利用与美国农业部蒙里森教授以及美国同窗好友华莱士(后成为美副总统)的关系，得到一些美国优良的玉米品种，用来和四川当地的品种进行杂交，开始培育自交系。到1945年，杨允奎及其同事先后培育出50多个玉米双交、顶交优良组合，增产幅度都在10%～25%。玉米的大幅度增产为当时的抗战提供了有力的粮食支持。抗战胜利后，杨允奎致力于培育高产、优质、适应性强的玉米综合种，将9个优良自交系混合授粉，育成6个综合品种，其中“川大201”直到50年代仍是四川部分地区的玉米当家品种。他从美国杂交种分离出来的优良自交系“可-36”“D-0039”和“金2”都是玉米育种的宝贵原始材料。在他的主持下，20世纪40年代先后育成玉米杂交种“川农56-1号”，顶交种“金可”“门可”等，开创了在四川省利用顶交种生产玉米的新局面。60年代，又结合数量遗传学研究，选育了“双交1号”“双交4号”“双交7号”“矮双苞”“矮三交”等品种，为大面积推广玉米杂种开辟了道路。杨允奎还是我国最早从事农作物数量遗传学研究的人员之一。他根据国际上数量遗传研究的进展状况指出，数量遗传学必须同育种相结合才会有更大的发展。他自己率先在玉米育种中加以运用，取得了玉米主要经济性状遗传和配合力的第一批数据。在他的积极倡导下，农作物数量遗传研究正式列入全国科学发展规划。1962年，在四川农学院正式成立我国第一个农作物数量遗传实验室。

第二代为承前启后的高之仁。

高之仁(1915—2008)，1935—1937年在河北省立农学院学习，1938—1940年在四川大学农学院学习，毕业后曾先后在四川大学农学院、四川省农业改进所、农业部华西良种推广繁殖站任教和工作，其间于1945—1946年在金陵大学攻读作物育种专业研究生，随后在四川大学工作。1956 年 9 月，四川大学农学院迁雅安独立建院以来，高之仁就一直在四川农学院工作，历任四川农学院副教务长、教务长，兼任玉米数量遗传实验室副主任、主任，主持日常工作的副院长，四川省科学技术协会副主席等职。在作物遗传育种学方面，特别是田间试验设计与统计分析和作物数量遗传等研究领域有很高造诣。作为主持人获四川省科技进步二等奖 1 项；出版专著、教材 4 部，发表学术论文 20 余篇，在国内享有很高的学术声誉。

第三代以荣廷昭为代表。

荣廷昭(1936—)，中国工程院院士、国家杰出贡献专家，曾任四川农业大学玉米研究所所长。师从杨允奎、高之仁、李实蕡，曾是高之仁的助手。先后承担了科技部、农业部、教育部、四川省和国际合作等重大科研项目 30 余项，作为第一获奖人获国家发明二等奖 2 项，省科技进步一等奖 1 项、二等奖 2 项，作为第二获奖人获省科技进步特等奖、一等奖各 1 项。以第一作者或责任作者发表论文 30 余篇，出版教材、专著 6 部。先后被评为全国模范教师和全国科技成果推广先进个人，荣获王丹萍科学奖、四川首届创新人才奖和四川第二届科技杰出贡献奖。坚持教学、科研、生产三结合，在出色完成繁重教学任务的同时努力做好科研工作。在科研上坚持应用基础与应用研究并重的技术路线，坚持农业科研面向农业、面向农村的指导思想。创造了数量遗传研究和群体改良与自交系和杂交种选育同步进行的玉米育种新方法，开创了热带种质在温带玉米育种中应用的新途径，提出了育种用群体的概论和合成育种用群体的方法；对传统的数量遗传研究方法有重大改进和创新，率先在我国开展发育数量遗传研究，育成“48－2”和“苏 37”等高配合力、高产、高抗多种病害的玉米新自交系；选育了集高配合力、高产、高抗多种病害于一体的玉米自交系 10 余个和经过国家或省级审定的杂交种川单系列 20 余个，累计推广 600 多万公顷，年最高推广面积达到川、渝的 30%左右，新增玉米 20 多亿千克，创经济效益 10 余亿元。

雷本鸣(1933—2011)，1950 年至 1953 年在宜宾农校就读，毕业后到四川省农科所工作。不久后到原四川农学院农学系就读，1958 年毕业后在西南民族学院任教。1962 年调汶川县农牧局工作，1974 年调入四川农学院农学系遗传教研室任教，1987 年任校教学实习农场场长，同年聘为高级农艺师。参加选育经省级以上审定的玉米杂交种 20 余个，累计推广超过 333 万公顷。先后获得国家发明二等奖、四川省科技进步一等奖等多项科技奖励，为玉米大面积生产不断跃上新台阶做出了积极贡献。

杨克诚(1940—),享受国务院政府特殊津贴专家,长期从事作物遗传育种教学科研工作,曾担任高之仁的助手。主研承担了多个"863计划"项目、教育部创新团队发展计划项目、农业部"948计划"项目、国家支撑计划项目等。主研育成玉米"三高"自交系2个,优良杂交种10个,先后获四川省科技进步奖一等奖3项、二等奖1项、三等奖4项,全国农牧渔业丰收奖三等奖1项。参编出版著作多部,发表玉米遗传育种研究论文20多篇。

第四代有潘光堂、黄玉碧等。

潘光堂(1956—),四川农业大学玉米研究所副所长。1984年12月四川农业大学作物遗传育种专业硕士研究生毕业,师从荣廷昭。1989年4月至1990年10月到法国进修玉米遗传育种。1994年被评选为四川省有突出贡献的中青年优秀专家,1998年获得国务院政府特殊津贴。最先创造性地将三重测交(triple test cross design)应用于玉米群体改良,促进了玉米群体性状遗传结构的检测与群体改良的结合;在国内首先提出和实施利用豆类外源总DNA转导培育优质高蛋白玉米的育种新方法,开辟了优质高蛋白玉米育种的新途径;筛选到了一份胚性愈伤组织发生率、胚性愈伤组织克隆能力和分化成苗率都超过国内外同类材料的玉米"三高"自交系,为玉米基因工程育种奠定了宝贵的基础;利用现代生物技术开始了基因工程抗虫育种、抗旱和耐寒特性及耐纹枯病、穗粒腐病的基因定位和育种。在"九五"和"十五"及"十一五"规划期间,先后主持了国家"863"计划、国家"948"计划和国家、四川省攻关课题,以及四川省科委、教委重点项目和国家教委优秀青年教师基金等项目近20项;作为主研选育和推广了玉米优良杂交种近20余个,已在四川和西南地区推广约333万公顷;自1990年来,共获得了科技奖励8项,其中国家发明二等奖2项,四川科技进步特等奖1项、一等奖1项、二等奖2项、三等奖2项;教育部科技进步三等奖1项;农业部丰收计划一等奖1项;通过省级成果鉴定的项目3项。发表科技论文30余篇,编写教材2部,参编专著3部。

黄玉碧(1963—),四川省学术和技术带头人、四川农业大学农学院院长。师从荣廷昭,长期从事作物遗传育种的教学与科研工作,主研提出了目的性强、预见性高、周期短、效率高的数量遗传研究与群体改良和自交系选育、杂交种选配同步进行的玉米育种新方法;结合生物统计研究,主研提出了因子试验结果的二次回归分析法、作物品种区域试验多年结果的联合分析法、用单株观察值和小区平均数分析不完全双列杂交配合力的最小二乘法、有缺失数据的因子试验结果的分析方法和多性状综合杂种优势测定等新方法。主持和主研多项国家和省部级重大科研项目,先后主研选育出优良自交系 7 个、川单系列优良杂交种 20 余个。其中,“48 - 2”和“S37”获 1996 年度国家发明二等奖;“18 - 599”和“08 - 641”获 2008 年度国家发明二等奖;“川单 9 号”获四川省科技进步特等奖,并被评为全国“八五”十大农作物新品种;三高自交系“18 - 599”“ES40”及“156”的选育获 2001 年度四川省科技进步一等奖;“川单 15 号”获 2004 年度四川省科技进步一等奖。在数量遗传与生物统计、糯玉米种质资源遗传多样性、作物和微生物生物技术研究等方面也取得了丰硕的成果。发表论文 30 余篇。1998 年获国务院政府特殊津贴,1999 年被评为国家有突出贡献的中青年专家。

曹墨菊(1965—),女,教授。1988 年获河北农业大学作物遗传育种专业学士学位;1991 年获四川农业大学作物遗传育种专业硕士学位;2000 年获四川农业大学作物遗传育种专业博士学位,师从荣廷昭;2001 年在菲律宾国际水稻研究所从事亚洲玉米生物技术协作项目研究;2003 年在武汉大学生命科学院生物学博士后流动站从事科学研究。主要研究领域包括玉米细胞质雄性不育、玉米细胞核雄性不育的发生机理及育性恢复机制,工程雄性不育的创制及其在杂种优势上的利用,玉米雄性不育的发育生物学,玉米航天诱变育种等。曾主持“十一五”规划国家科技支撑计划重点项目等多个。作为主研参加完成的获奖成果 5 项;其中,获 2008 年度国家发明二等奖 1 项,四川省科技进步奖二等奖 2 项,全国农牧渔业丰收计划奖一等奖 1 项;作为主研选育自交系 2 个,参加选育的优良玉米杂交种 8 个,完成省级成果鉴定 4 项。发表科研论文 40 余篇,参编高校教材 4 部。2006 获“四川省有突出贡献的优秀专家”称号,2010 年被遴选为四川省学术和技术带头人。

刘礼超 主要从事玉米高配合、高产、高抗多种病害自交系的选育研究,导师为荣廷昭。参与研究的玉米三高自交系“高配合 72”,高产、高抗多种病害新自交系“48 - 2”和“S37”(苏 37),1996 年获国家技术发明奖二等奖,用“48 - 2”和“S37”组配的杂交种已推广超过 133 万公顷,在西南、西北、华北、华南等地区种植;主持的项目“丰抗兼优玉米杂交种川农单交 9 号”,1996 年获四川省科技进步特等奖;“99 - 222 丰抗兼优玉米杂交种川农单交 9 号”,1999 年获教育部科技进步奖推广类三等奖。

李晚忱(1958—),1996 年在浙江农业大学获博士学位,2002 年在加拿大肯考迪亚大学做访问学者。现任四川农业大学玉米研究所教授、博士生导师。主要从事作物遗传育种和生物技术的教学和科研工作,在家蚕和玉米新品种选育、数量性状遗传、分子遗传和转基因研究等方面成绩突出。先后主持国家自然科学基金、亚洲玉米生物技术网、洛克菲勒基金和省部级课题，参加国家科技攻关项目、国家“863”项目和国家“948”项目多个。育成玉米新品种“川单 18”“川单 20”“川单 21”“川单 22”“川单 23”“川单 24”“川单 25”“川单 26”“川单 27”和“川单 29”，通过四川省和国家品种审定；2001 年获四川省科技进步一等奖，2002 年获四川省科技进步二等奖。主编或参编专著 3 部、教材 1 部，在国内外发表论文 100 多篇。1999 年获国务院政府特殊津贴，2002 年被遴选为四川省学术和技术带头人。

二、吴绍骙开创的玉米科学家学术谱系

吴绍骙开创的玉米科学家学术谱系见图 4－2 所示。

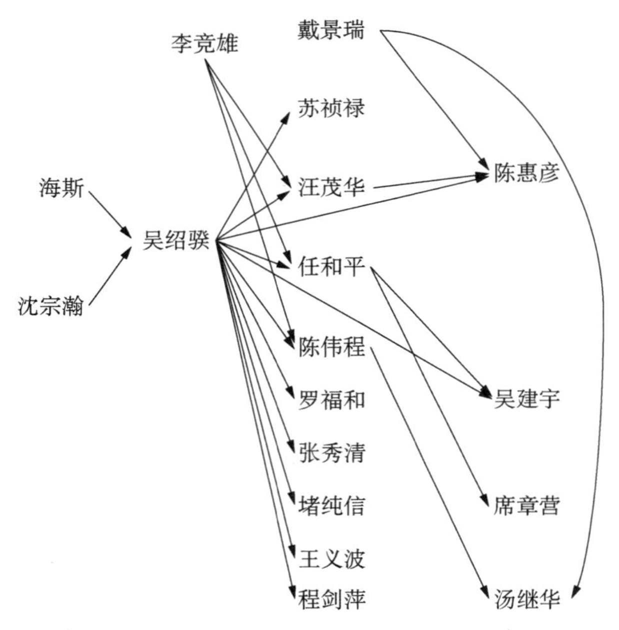

图 4－2　吴绍骙开创的玉米科学家学术谱系

第一代：开创者吴绍骙。

吴绍骙（1905—1998），农业教育家、作物育种学家、中国玉米育种奠基人之一。1938 年毕业于美国明尼苏达大学，获博士学位；1949 年到河南农业大学任教。新中国成立之初应邀到北京制订第一个五年计划，五六十年代对整个中国玉米生产提出指导性意见。1950 年 6 月，在《人民日报》上提出杂交育种；1952

年开始南繁北育试验研究。其科研工作的最大成就和特点是品种选育为生产服务，对社会贡献大。长期从事玉米杂种优势利用研究，最早提出根据自交系类型异同或亲缘远近合理配制玉米双交种和选二环系的原则；50 年代初在国内倡导玉米品种间杂交种和综合种的选育利用，并采用异地培育法以加速世代进程，为发展我国玉米育种做出了卓越贡献。

第二代：主要代表人物有河南农学院的苏祯禄、汪茂华、任和平、陈伟程，河南省农科院的张秀清、堵纯信、王义波等。

苏祯禄(1929—2000)，1954 年毕业于河南农学院农学系，现为河南农业大学教授。致力于教学与玉米研究工作，先后主持和参与选育出“豫双一号”“豫农69”“豫农 704”“豫单五号”和“豫双五号”等玉米优良杂交种；主持河南省玉米高稳优低研究与推广协作项目；组织全省农业科技人员开展多学科的协作攻关，系统进行玉米的播期、施肥、灌水、间作套种、收获和杂交种适应性等单项研究。作为第一主持人完成的主要成果有：实现河南夏玉米的增产途径，获农牧渔业部技术改进一等奖；河南省夏玉米不同产量水平三化开发研究，获河南省人民政府技术改进一等奖；另有河南省玉米高稳优低研究、玉米制种技术等项目，共获得省(部)级成果一、二、三等奖 20 项。主编《河南玉米》，近年来发表论文 15 篇。1984 年被评为国家科技先进工作者，1991 年被国务院授予“有突出贡献专家”称号，享受国务院政府特殊津贴。

汪茂华 曾到北农攻读李竞雄研究生。研究领域为玉米种质资源创新、新品种选育。

任和平(1928—)，1954 年浙江农业大农学系毕业，1954 年分配到中国农科院作物所工作，1956 年考入北京农业大学细胞遗传研究生，1962 年调到河南农学院农学系任教。一直从事玉米育种科研和教学工作。在玉米育种工作中，先后参加和主持“豫农 704”“豫单 5 号”和“豫双 5 号”等玉米优良杂交种的选育工作，其中“豫农 704”和“豫单 5 号”分别获 1978 年全国科学大会奖和省科学大会奖，“豫双 5 号”获省科技成果三等奖；1975 年以后，参加河南省玉米高产、稳产、低成本研究与推广协作组，在玉米优良杂交种的示范推广、夏玉米抢时早播、增加种植密度以及玉米开发等研究中，获得省、部级一等奖 3 项，二等奖 1 项，三等奖 7 项。主编、参编《玉米》《河南玉米》《黄淮海玉米高产理论与技术》等著作；在省级以上杂志发表论文 10 余篇。1993 年被国务院授予“有突出贡献专家”称号，享受国务院政府特殊津贴。

张秀清(1929—1997)，女，原河南省农科院玉米研究室主任、研究员。1954

年毕业于河南农学院农学系，从事玉米育种工作30多年。主持育成一批优良杂交种和自交系，其中“郑单2号”为全国五大玉米优良杂交种之一，在10多个省、市大面积推广应用，1978年获全国和省科学大会重大科技成果奖；“豫玉二号”（郑单8号）获河南省科技进步二等奖。作为主要完成人之一的河南玉米增产途径、夏玉米不同产量水平三化研究，均获河南省科技进步一等奖。在省级以上报刊发表论文20多篇。

堵纯信（1936— ），1957年考入河南农学院农学系农学专业，1961年分配到开封地区农业局负责农技推广，1973年1月到省农科院作物研究所玉米研究室工作至退休。主持的“高产稳产广适紧凑型玉米单交种郑单958号”获2007年国家科学技术进步奖一等奖。

王义波（1956— ），研究员、享受国务院政府特殊津贴专家，历任河南省农科院粮作所玉米育种室主任、粮作所副所长。1982年毕业于河南农业大学农学系，主要从事玉米遗传育种和推广研究。主持育成“豫玉18号”（郑单14号），先后通过河南、安徽、甘肃、宁夏4省和国家审定，全国累计推广面积达333万公顷；主持完成“竖叶大穗玉米新品种GS豫玉11号”，1996获得河南省科技进步二等奖，1997年获得国家科技进步三等奖。曾获“河南省劳动模范”称号。

程剑萍（1920—1987），吴绍骙的主要合作者之一。1942—1946年在金陵大学农学院学习，获学士学位；1947—1948年任中农所技佐；1948年后历任中农所柳州站技佐，广西柳州地区农科所技术员、技师，广西农科院玉米研究所所长。选择育成玉米品种间杂交种“品杂1号”“品杂2号”“品杂3号”，自交系间杂交种小英雄等，对加快我国玉米育种速度、繁育优良品种起到了重要作用。

第三代：代表人物为陈惠彦、汤继华等。

陈彦惠（1958— ），曾任国家玉米改良分中心主任，兼任中国作物学会玉米专业委员会副主任、河南省遗传学会植物委员会主任、河南省作物学会常务理事、河南省农学会常务理事。1985年河南农业大学农学专业硕士毕业，导师为吴绍骙、汪茂华；2000年7月获中国农业大学植物遗传育种专业博士学位，导师为戴景瑞。主要研究方向为玉米遗传育种，主持完成国家自然科学基金、河南省杰出人才创新基金、杰出青年基金等国家级、省（部）级重点科技项目20多项。目前承担的主要项目有国家“973”项目“玉米高产优质品种分子设计和选育基础研究”、国家重点“863”项目“强优势玉米杂交种的创制与应用”等。选育通过审定玉米新品种8个，在生产上大面积推广应用。主持完成河南省科技进步成果二等奖4项、三等奖3项。

汤继华(1969—　)，河南农业大学农学院教授、国家重点学科学术带头人。1987年就读于河南农业大学农学系；1994年获河南农业大学作物遗传育种专业硕士学位，导师为陈伟程；2001年获华中农业大学作物遗传育种专业博士学位；2003年1月至2005年12月在中国农业大学博士后流动站工作，指导老师为戴景瑞。研究领域为作物遗传育种，承担的科研项目有国家自然科学基金、教育部新世纪优秀人才支持计划、河南省杰出青年基金等多个，其中"优良玉米杂交种豫玉22号的选育与不育化制种技术应用及其产业化"获得2004年国家科技进步二等奖；"高产优质多抗大穗型玉米杂交种豫玉22号的选育及其大面积推广应用"获得2003年河南省科技进步一等奖。

三、李竞雄开创的玉米科学家学术谱系

设在中国农业大学的国家玉米改良中心于1998年由农业部批准立项。在建设项目的资助下，新建了海南试验站，改造了昌平实验站的排灌等设施，采购了核磁共振仪等一批先进仪器设备，完成了项目建设任务，合计总支出1 053万元。中心已建立了相应完善的组织管理机构，加强了人才队伍的建设，在组织和主持科研联合攻关、育种理论与方法研究、育种材料交换、技术培训与学术交流和推进玉米种业发展方面发挥了国家中心的作用。

国家玉米改良中心以玉米种质创新研究为核心，向应用研究和基础研究延伸，创新了9个具有国际领先水平的高油玉米群体等一批育种新材料。中心的主要研究包括育种资源的改良与创新、基因工程的技术与应用研究、分子标记技术与应用研究、玉米功能基因组研究和新品种选育与利用5个研究方向。玉米中心在科研产出，尤其是玉米新品种的选育、推广上获得了长足进步。根据全国农技推广服务中心不完全统计，1998—2007年的10年间，国家玉米改良中心培育了43个省级以上审定的玉米新品种，其中国家审定品种12个，申请新品种保护17项；"农大"系列玉米新品种在全国累计推广面积达2 000万公顷，增产玉米120亿千克，创造了巨大的社会经济效益。中心10年来共获得省部级以上奖励9项，其中国家级奖励3项，省(部)级一等奖3项。在老中青科学家的共同努力下，无论是种子资源保存、新品种杂交选育等传统的育种技术，还是转基因玉米等分子水平层次上的研究，都做了大量卓有成效的工作，为推动我国新世纪玉米改良事业的发展发挥了重要作用。

李竞雄开创的玉米科学家谱系见图4-3所示。

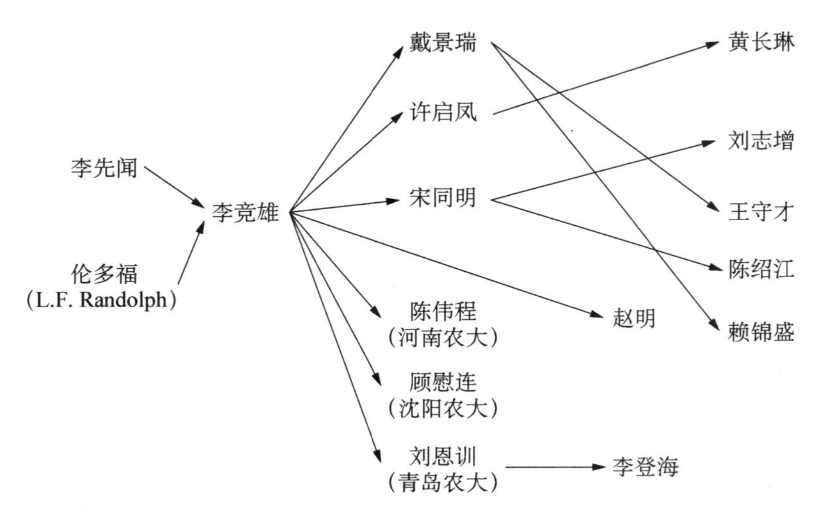

图 4-3　李竞雄开创的中国农业大学与中国农业科学院的玉米科学家谱系

第一代：开创者李竞雄，导师为李先闻。

李先闻(1902—1976)，著名细胞遗传学家和作物育种学家，中国植物细胞遗传学的奠基人。1923 年毕业于清华大学，同年赴美国印第安那州普渡大学(Purdue University)园艺系继续求学，1926 年获得硕士学位；后进入美国康奈尔大学研究生院，师从国际著名的玉米遗传学大师埃默森(R. A. Emerson)，重点攻读遗传学，获博士学位。与导师埃默森合作，研究玉米一种矮生性状的遗传。1932 年到河南大学农学院任教；1935 年 8 月，到武汉大学任教。在这里他和助手们首先发现了玉米不正常花粉发育的突变体，并进行了细胞学观察，第一次试验成功了小麦与黑麦的远缘杂交。1938 年，他应四川省农业改进所之邀，担任该所食粮作物组主任，随后做四川稻麦改良场场长。在抗日战争期间，还应邀主持四川省农业改进所稻麦试验场的工作。与李竞雄、鲍文奎一起，继续致力于麦类、粟类等作物细胞遗传学的系统研究。1944 年，中央研究院植物研究所正式成立，由李先闻担任细胞遗传学研究室主任，主持研究工作。他与合作者一起，先后重点开展了小麦、粟、甘蔗、玉米、高粱和有关种属的染色体与性状之间关系的多个课题研究。1965 年，李先闻担任台湾生命研究中心主任。从 1933 年在美国的 *Journal Heredity* 杂志上发表中国学者第一篇关于植物细胞遗传学研究论文开始，在以后的 40 多年间，他和合作者先后撰写并发表了 100 多篇研究论文，是国际上享有盛誉的植物细胞遗传学家。

李竞雄(1913—1997)，中国科学院院士。1936 年毕业于浙江大学农学院，

1938—1941 年任职于四川省农业改进所;1944 年赴美求学,获康乃尔大学博士学位;1948 年回国后在清华大学农学院任教并担任农学系主任,1949 年任北京农业大学教授,1970 年后任中国农业科学院作物育种栽培研究所研究员。长期从事教学和科研,专长于植物细胞遗传和玉米育种。早年曾在秋水仙素引变植物多倍体、粟类种间杂交及其进货、小麦染色体联合消夫基因、小麦矮生性状遗传和 X 射线引发玉米染色体畸变等方面做出成绩,并参与了"比几尼"原子弹爆炸试验对玉米产生的遗传效应研究。他是我国利用杂种优势选育玉米自交系间杂交种的开创人。50 年代末,选育出首批"农大号"玉米双交种,在生产上大面积推广应用;70 年代中期,与同事们育成多抗丰产玉米杂交种"中单 2 号",获 1984 年国家发明一等奖。此外,他还倡导玉米群体改良,并主持了高赖氨酸玉米选育,对我国科研事业和农业生产做出了多方面贡献。1989 年被评为"全国先进工作者"。

第二代:代表人物有中国农业大学的许启凤、戴景瑞、宋同明,中国农科院的石德权(石德权、潘才暹和吴景锋是李竞雄在中国农业科学院的 3 个主要助手)等。

许启凤(1929—),玉米遗传育种学家、"农大 108"品种发明人、中国农业大学教授。1952 年毕业于南京金陵大学农艺系;1956 年,考取北京农业大学研究生,师从李竞雄教授;1961 年毕业后留校任教。1973 年,在李竞雄教授的支持下,开始培育玉米新品种的研究课题。1998 年育成的优质、高产的玉米新品种"农大 108"进行了大面积生产实验和推广。"农大 108"及其 2 个亲本自交系都由许启凤教授亲手培育并配成杂交种推广,获得国家发明专利及新品种保护。2002 年荣获国家科技进步一等奖,2004 年获得何梁何利科技进步奖、联合国国际科学与和平周荣誉奖。

戴景瑞(1934—),中国工程院院士、玉米遗传育种专家、中国农业大学教授。1963 年毕业于北京农业大学农学系研究生班,导师为李竞雄。长期进行玉米种质创新研究,育成多个玉米自交系,应用面积达 1 066 万公顷以上;亲自育成玉米杂交种 10 余个,累计推广 667 万公顷。他提出了创造杂种优势群的新观点,在世界上首次用细胞工程技术阐明 C 型不育性与专化感病性的关系,解决了 C 型不育系对 C 小种敏感的难题,使不育化杂交种大面积推广,开创了我国玉米细胞工程育种成功的先例;组织合作研究,在国内率先创建了玉米转基因技术体系,育成我国第一代转基因抗虫玉米新品种;率先在国内用分子技术研究玉米杂种优势,发现了新的杂种优势群,提出玉米杂种优势与基因沉默有关,并克隆了相关 cDNA 片段，构建了我国第一张玉米分子标记连锁图；主持创建了国家玉米改良中心。发表论文 60 多篇，获省(部)级一等奖 4 项。2001 年当选为中国工程院院士。

宋同明(1937—)，玉米遗传育种专家、中国农业大学教授。1961 年毕业于北京农业大学并留校任教，曾任李竞雄助手；1981—1983 年在美国伊利诺伊大学进修。主要从事研究生“细胞遗传学”的教学工作和玉米遗传育种研究。在研究工作上，主持了多个“六五”至“九五”国家重点科技攻关农业项目中的高油玉米育种课题，5 个国家自然科学基金课题以及 1 个国家跨越计划项目。先后获得国家级科技进步奖 3 次，省部级科技进步奖 8 次，获得中国发明专利 2 项；“高油玉米种质资源与生产技术系统创新”获 2006 年国家技术发明奖二等奖。1992 年被评为农业部有突出贡献中青年专家。

石德权(1936—)，中国农科院作物所研究员，曾任玉米系主任，并任中国作物学会理事、中国作物学会甜玉米协会理事长，是国家级有突出贡献的中青年专家，享受国务院政府特殊津贴。1961 年毕业于北京农业大学，长期从事玉米抗病育种和品质育种研究工作。70 年代参加选育并主持推广的“多抗性丰产玉米杂交种中单 2 号”获 1984 年度国家发明一等奖(第二发明人)。他不仅在抗病育种上做出了贡献，而且是我国玉米品质育种的开拓者之一。在优质蛋白玉米(以下简称“QPM”)遗传育种领域坚持从事 20 多年的系统研究，提出了新的育种方案，创建了 2 个适于温带的 QPM 群体(“中群 13”和“中群 14”)，育成一批 QPM 自交系。在此基础上，在国内外率先解决了优质和高产的矛盾，在提高 QPM 产量上取得了突破性进展。1988 年主持育成我国第一个通过审定的品种“中单 206”；1998 年又育成硬质胚乳的新一代 QPM 杂交种“中单 9409”和“中单 3710”，使我国在这一研究领域居国际领先水平。此外，在高油玉米和甜玉米研究上也取得了进展，早在 80 年代就育成我国第一个用于生产的超甜玉米“甜玉 2 号”。在一级刊物和国际会议发表论文 13 篇，出版著作 6 部。

潘才暹(1934—)，1960 年福建农学院农学专业本科毕业，同年分配到中国农科院作物所工作，曾任玉米育种系(室)副主任；1989 年晋升研究员，被评为国家级有突出贡献的中青年专家，享受国务院政府特殊津贴。60 年代选育出“四平头”等玉米自交系和“白单 4 号”等玉米杂交种。“四平头”自交系及其后代“黄早四”等，已形成我国玉米强优势组合的四大杂优群之一，是我国玉米的优异种质资源；“白单 4 号”于 1978 年获全国科学大会良种奖。70 年代，参加选育多抗性丰产玉米杂交种“中单 2 号”，1984 年获国家发明一等奖。“七五”计划期间，主持全国玉米育种攻关“优质高产多抗玉米杂交种选育”专题，1989年获国家科委、计委和财政部联合颁发的“七五”计划国家重点科技攻关专题阶段成果奖。同时，还主持“玉米新品种扩繁配套技术”专题。“八五”计划期间，主持全国玉米育种“优质高产多抗玉米杂交种选育”专题，组织全国20多个主要科研单位和高等院校联合攻关，超额完成任务。独立选育出“中单12号”“中单8号”和“中单2996”等通过审定的玉米新品种。

吴景锋（1936—　），玉米育种专家。1960年3月提前毕业于东北农学院农学专业本科，留校任助教；1962年调入中国农业科学院作物育种栽培研究所，从事玉米研究，历任助理研究员、副所长、所长；1983—1995年担任全国玉米育种攻关专家组成员；1992年获国务院政府特殊津贴。他率先对中国玉米杂交种质基础进行了分析，绘制了第一张自交系系谱图，提出了中国杂交玉米亲本的四大类群核心种质；应用解析杂交种亲本加权法，评估自交系在生产上的实际贡献；选育出导入热带玉米种质的优良自交系“中451”等，组配的“中单321”和“中单306”在生产上大面积推广应用，为我国玉米生产和科研做出了贡献。

赵　明（1955—　），中国农业大学教授、农学系主任，兼任中国作物学会理事、副秘书长和全国作物栽培委员会副主任、玉米学科组组长。1991年9月获北京农业大学博士学位；1991年9月至1993年9月在中国农业科学院博士后流动站工作，师从李竞雄院士。长期从事教学和科研工作，主攻栽培生理。根据作物产量理论与作物生理学发展趋势，对产量构成因素、光合性能、源库3个重要理论的内在联系进行了系统分析，提出了作物产量分析的“源库性能理论模式”；对我国玉米自交系和杂交种首次进行了光合性能分类，并建立了多媒体株型信息系统，对指导高光效生理育种和栽培有重要指导价值；并以此理论为指导，进行了源库高性能协调的生理育种，培育出多个高光效玉米自交系和杂交种。发表论文50余篇。

第三代：代表人物有王守才、陈绍江、赖锦盛等。

王守才　教育部玉米育种工程中心主任、国家农作物品种审定委员会玉米专业委员会副主任委员。主持和参加多项“973”计划、“863”计划、国家支撑计划、国家自然科学基金、转基因专项等课题研究；主持育成玉米新品种6个，获得国家科技进步二等奖2项，中国高校科技进步奖一等奖1项。发表学术论文40多篇。

陈绍江　长期从事玉米育种和遗传学教学工作，曾主持“863”计划高油玉米项目、国家自然科学基金项目和农业部高油玉米项目等。目前主持的项目有国家科技支撑计划玉米育种项目、自然科学基金项目等。主要研究领域包括玉米生殖遗传学、高油和青贮玉米育种、生物能源与秸秆利用等,重点对高油玉米种质创新、单倍体育种技术、近红外品质快速测定技术等方面开展了研究。主持选育的品种有“高油 5580”“高油 669”“中农大 169”“中农大 698”以及“青试 01”“青油 1 号”等,获国家技术发明奖和国家科技进步二等奖各 1 项。在国内外发表论文 60 多篇。

赖锦盛 1996 年毕业于中国农业大学,获农学博士学位;1997—2004 年,先后作为博士后和研究人员在美国罗格斯大学瓦克斯曼研究所从事玉米转基因和玉米基因组学等方面的研究;2005—2006 年,在孟山都公司总部工作,任研发部门项目负责人;2006 年 9 月受聘为中国农业大学特聘教授;2007 年入选教育部新世纪优秀人才支持计划,是“973”项目“玉米大豆高产优质分子设计和选育基础研究”首席科学家。

四、其他玉米科学家学术谱系

1. 中国农科院玉米科学家

刘国强(1941—),研究员、享受国务院政府特殊津贴专家。1966 年 7 月于南京农学院毕业,先后在中国农科院作物所、棉花所工作,曾任棉花所品种资源研究室主任。主要研究玉米新品种选育和棉花品种资源收集、保存、评价利用,育成了高配合力玉米自交系“黄早 4”“罗系 3”及优良单交种“京早 7 号”“京单 403”,在北京地区、河北、山东等省推广应用,每年推广 26.7 万公顷以上,累计推广 187 万公顷;利用“黄早 4”“罗系 3”育成“黄 417”“烟单 14”“掖单 2 号”等单交种,1981—1989 年全国累计推广 1 059.8 万公顷,占全国玉米耕种面积的 13.41%。获农牧渔业部技术改进一步奖、国家科技进步二等奖和获国家科技进步一等奖各 1 项。

张世煌(1948—),中国农科院作物所玉米系主任、研究员。主要从事玉米遗传育种研究,包括玉米种质扩增和改良、抗逆遗传和育种技术、品质改良、玉米分子生物学和分子标记辅助育种技术研究。担任国家玉米产业技术体系首席科学家、亚洲开发银行 AMBIONET 项目中国负责人,CIMMYT 优质蛋白玉米项目技术指导委员会委员。农业部首批科技跨越计划优质蛋白玉米项目首席专家。主持国家“八五”和“九五”规划科技攻关特用玉米育种专题,选育 QPM 自交系和杂交种；主持农业部参与重大国际合作研究项目，担任首席专家；组织实施玉米种质扩增和接力改良计划；启动亚洲玉米生物技术协作网(AMBIONET)，进行玉米遗传多样性和杂种优势分析、抗玉米 SCMV 和 MRDV 病毒基因定位、抗玉米丝黑穗病 QTL 定位、玉米耐旱性 QTL 基因定位和 QPM 分子标记辅助育种研究等；参加国家自然科学基金项目、亚洲旱地玉米研究项目和福特基金会资助研究项目等；承担"十五"规划 863 玉米育种子课题和分子育种重大专项。近年来，在国内外发表论文 50 余篇。

王国英 1978—1982 年在山西农业大学学习，1985 年获西北农业大学硕士学位，毕业后留校工作；1989—1991 年英国诺丁汉大学植物系学习，1991 年获西北农业大学博士学位；之后，在中国农业大学农业生物技术国家重点实验室从事玉米的遗传转化研究。曾任中国农业大学生物化学与分子生物学系教授，兼任系主任。2006 年 9 月被聘为中国农科院作物所一级岗位杰出人才。近年来，主要从事玉米转基因和功能基因组研究。在国内率先建立了玉米的基因枪转化体系，把 Bt 杀虫蛋白基因转入玉米，获得了可育的转基因植株。"玉米转化体系的建立及可育转基因植株的获得"于 1997 年获国家教委科技进步二等奖。"九五"和"十五"规划期间，主持国家级项目 8 项，其中"863"重点项目和国家转基因植物专项重点项目各 1 项。近年来，在国内外杂志上发表论文 100 多篇，其中 SCI 收录论文 36 篇。2000 年入选国家"百千万人才工程"第一、二层次人选；2002 年获得教育部"跨世纪优秀人才培养计划"资助。

2. 吉林省农科院玉米科学家

吉林省农科院玉米所是一个具有 50 多年玉米研究历史的科研单位，是国家玉米工程技术研究中心(吉林)的依托单位和农业部国家玉米改良中心公主岭分中心的挂靠单位。

经过多年的实践和探索，玉米所在玉米研究上形成了自己的优势和特点，取得了一批在生产上发挥重要作用的科技成果。选育的品种遍布十几个省(区)，推广面积累计约 6 667 万公顷，创造了巨大的经济效益和社会效益，为我国春玉米生产水平不断提高做出了突出贡献。为此，"八五"计划期间，被农业部评为"全国农业科研开发综合实力百强研究所"和"全国农业技术开发十强研究所"。"九五"计划期间，主持完成了国家重中之重科技攻关计划项目、国家"863"计划、国家重点科技攻关计划等国家、省部级项目 20 余项；"十五"规划期间，承担国家"863"攻关计划项目、国家科技攻关计划、农业种植业结构调整重大专项、跨越计划、UNDP 等国家、省部级项目 20 余项，解决了玉米生产的关键技术，选育出优质、高产、多抗玉米新品种 40 余个，申请国家品种保护 69 个，获品种权 51 个，获奖成果 10 余项。为适应吉林省发展玉米经济的需要，玉米所育成了一批高油、高赖氨酸、高淀粉的新品种，深受广大农民和农业企业的欢迎。2000 年与四平市农科院玉米所合并，实现了玉米科研单位的强强联合。现设有 6 个研究室，保存种质资源 8 000 余份，科研基础设施完备，科技力量雄厚。多年来，与美国、瑞士、日本、韩国等国家建立了合作关系。

吉林省农科院玉米学术谱系见图 4－4 所示。

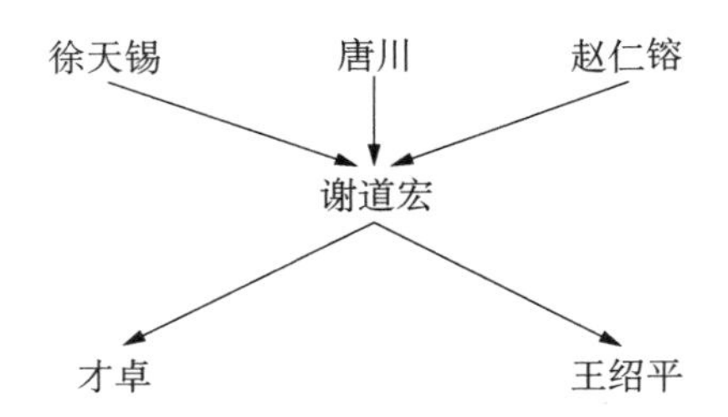

图 4－4　吉林省农科院玉米所学术谱系

第一代：谢道宏。

谢道宏（1932—　），吉林省杂交玉米奠基人，曾任第八、九届全国政协委员，吉林省作物学会理事长，吉林省种子协会副理事长。1953 年毕业于沈阳农学院。50 年代，吉林省的玉米育种工作一片空白，谢道宏从搜集和整理农家品种做起，开展玉米品种间杂交和自交系间杂交种的选育。他育成的“吉双 15”“吉双 83”“吉双 147”“吉双 4”等东北地区第一批优良玉米双交种，经试种示范成功，很快就在生产上大面积推广。“文化大革命”开始后，谢道宏没有间断他的追求。从基础工作做起，用理论指导实践，坚持通过自交系选配玉米新品种。系统地整理了从优良品种选出的自交系“英 64”“桦 94”“铁 84”“铁 133”等，采用二环系方法从杂交种中选育出自交系“吉 63”“吉 818”“吉 846”“吉 842”“吉 853”等。这些自交系有的长期在生产中发挥重要作用。1973 年，东北地区第一个玉米单交种“吉单 101”直接投产应用，面积迅速扩大，到 1987 年累计推广 667 万公顷，创造了显著的社会和经济效益。70 年代到 80 年代中期，谢道宏育成的品种一直占吉林省玉米面积的 70%以上。“吉单 159”从 1995 年审定到 1997 年累计推广面积超过 333 万公顷。“吉 853”“吉 63”“吉 818”“吉 846”等自交系被许多玉米育种家用作亲本组配了杂交种。1978 年，“吉单 101”“吉双 83”获全国、吉林省科学大会奖，“吉双 147”“吉 63”自交系获吉林省科学大会奖；80 年代以来，

“吉单101”“吉单131”“吉818”“吉单159”“玉米品种资源抗螟性鉴定”等成果分别获得吉林省政府科技重大贡献奖，吉林省科技进步二等奖、一等奖，农业部科技进步二等奖。1990年荣获“全国农业劳动模范”及“国家级有突出贡献的科学家”等称号。

第二代：才卓、王绍平。两人不是谢道宏直接培养的学生，但是有直接的工作师承。他们利用谢道宏的材料及成果，在其研究基础上继续搞杂交玉米研究，研究领域和成果有明显的继承性。

才　卓（1956—　），吉林省农科院玉米所所长、国家玉米工程技术研究中心副主任、国家玉米改良中心公主岭分中心主任，兼任国家自然科学基金等项目评委、中国作物学会理事、吉林省作物学会副理事长。20多年来，一直从事玉米育种、开发工作。“九五”计划期间主持完成国家级项目8项，“十五”规划期间主持国家级项目6项。他主持选育出“吉单327”“吉单413”“吉单415”等12个大面积推广的新品种，创造了显著的社会效益；率先开展“粮饲兼用”“高直链淀粉”等玉米研究，选育、推广了“吉饲8”“吉饲11”“吉高直1号”“农糯1号”等专用品种，对保证粮食安全，促进畜牧发展做出了贡献；同时开展玉米单倍体育种，已选育出若干优良玉米自交系。先后获得国家、省部级科技进步奖7项，获国家专利1项。主编专著3部，发表学术论文10余篇。

王绍平　吉林省农科院玉米所副所长、首席专家，吉林省农作物品种审定委员会委员。主持育成晚熟耐密型玉米杂交种“四密21”，1995年通过吉林省审定。“四密21”的育成填补了吉林省耐密品种选育的空白，改变了吉林省种植“掖单号”耐密品种熟期晚、水分高、抗逆性差的局面，1998年获吉林省和国家农作物新品种“后补助”一、二等奖，1999年获吉林省政府科技进步二等奖。随后，王绍平又主持育成中晚熟耐密品种“四密25”，2002年获吉林省科技进步一等奖，2003年被列为国家科技成果重点推广计划；主持育成高产、高淀粉玉米新品种“吉单27”，2007年荣获吉林省科技进步一等奖。

3. 辽宁丹东农科所玉米科学家

建所初期，以玉米专家景奉文、邱景煜等老一辈科技人员为代表；六七十年代以玉米专家吴纪昌为代表；现在的代表有中青年专家景希强、何晶、陈刚、刘春增等。他们不但继承了老一辈艰苦创业的优良传统，更在各自的研究领域刻苦钻研、无私奉献，做出了突出贡献。

景奉文（1919—1980），1945年日本北海道帝国大学农学部函授毕业。曾任黑河原种场技士、哈尔滨农事试验场代理场长、长春大学讲师；新中国成立后，任丹东市农业科学研究所玉米研究室主任。主持整理出玉米优良农家品种3个；先后选育出投入生产应用的品种间杂交种“凤杂号”、双交种“凤双号”、单交种“丹玉号”10余个；主持育成配合力高、抗病、抗倒的玉米自交系“330”，1982年荣获国家发明奖一等奖。由它组配的优良组合很多，其中“丹玉6号”曾在23个省、市推广，累计推广面积1 133万公顷；作为“中单2号”的亲本之一，至今仍在生产上利用，为中国玉米生产的发展做出了重大贡献。

吴纪昌(1930—)，1958年毕业于沈阳农学院植保专业，1970—1997年在丹东农科所从事研究工作。先后主持选育出“丹玉12号”“丹玉13号”“丹玉16号”“丹玉21号”等优良杂交种，其中“丹玉13号”获国家科技进步一等奖，全国累计种植面积2 667万公顷，增产粮食120多亿千克。在玉米病害研究中提出了以种植抗病虫品种为基础、生物防治相结合的综合防治技术措施，获农业部科技进步三等奖。先后被授予市特等劳模、省劳模、全国农业劳模、全国先进工作者和省优秀专家称号，享受国务院政府特殊津贴。

刘春增(1951—)，1977年毕业于沈阳农业大学，1992年被评为国家有突出贡献中青年专家并享受国务院政府特殊津贴。从事玉米新品种选育工作30多年来，担任国家“八五”、“九五”计划的玉米育种攻关课题任务，发表学术论文20余篇，并多次获得省市级优秀论文奖。作为主要选育人之一育成的多抗性玉米杂交种“丹玉13号”，1989年获国家科技进步一等奖；玉米自交系“E28”，2001年获辽宁省政府科技进步一等奖。主持育成的“丹玉18号”“丹玉22号”分别于1997年、1999年获丹东市科技进步一等奖；主持研究的“玉米自交系不育系节养繁种技术”获国家专利；“玉米自交系丹1324种质创新及应用研究”，2007年获丹东市科技进步一等奖；“早熟耐密优质多抗玉米自交系丹988选育研究”，2008年获辽宁省科技进步一等奖。育成国审玉米品种2个(“丹玉69号”和“丹玉96号”)，省审品种15个。

景希强(1957—)，1982年毕业于沈阳农学院农学系，历任玉米课题组组长、玉米室副主任等，现任丹东农科院院长、辽宁丹玉种业科技有限公司董事长兼总经理。辽宁省“九五”“十五”规划重点科技攻关项目“高产、优质、多抗玉米新品种选育及配套技术研究”主持人、国家“863”项目“抗虫转基因玉米”主持人，国家“九五”规划项目“玉米育种攻关”主持人。参加选育的多抗性玉米杂交种“丹玉13号”1989年获国家科技进步一等奖；主持选育的玉米杂交种“丹玉19号”1995年获丹东市科技进步二等奖，“丹玉14号”1988年获丹东市科技进步一等奖；主持育成的玉米杂交种“丹玉20号”1998年获丹东市科技进步一等奖。

主持育成的玉米自交系“丹3130”“丹341”以及玉米新组合“丹玉30号”“丹玉40号”“丹玉46号”“丹玉47号”“丹玉57号”等，在生产中大量应用。

何 晶(1957—)，女，研究员。1981年11月从沈阳农学院毕业后分配到丹东市农业科学研究所工作，现任丹东农业科学院玉米研究所所长、丹东国家玉米改良分中心副主任。参与及主持了辽宁省玉米重点攻关课题，国家“863”“948”项目，国家科技支撑计划，农业部现代玉米产业技术体系建设等。主持选育玉米自交系和新品种10余个，其中“丹玉86号”“丹玉46号”“丹3130”获省科技进步二等奖。发表学术论文20余篇；先后获得全国“三八红旗手”、全国五一劳动奖章等荣誉。第十届、十一届全国人大代表。

4. 山东省莱州市农业科学院玉米科学家

李登海(1949—)，国家玉米工程技术研究中心(山东)主任，山东登海种业股份有限公司董事长，第十、十一届全国人大农业与农村委员会委员，全国人大第八、九届常委。30多年间，先后选育玉米高产新品种80多个，6次开创和刷新了我国夏玉米的高产纪录，被称为“杂交玉米之父”。主持选育的“掖单”系列玉米新品种，获国家科技进步奖一等奖。20世纪90年代中后期，又育成“登海”系列玉米新品种，成为我国跨世纪的主推品种。“登海9号”玉米新品种，具有优质、高产、多抗的突出特点，其产量比获国家科技进步奖一等奖的“掖单13号”还增加了11.4%，经国家审定，适宜在东北、黄淮海、西北及南方玉米区种植。2000年3月至2007年底，累计生产销售“登海9号”5 624.08万千克，累计推广面积125万公顷，累计增产粮食11.40亿千克，累计新增经济效益11.4亿元。1988年开始，向全国育种单位无偿发放自育紧凑型优良玉米自交系26个，推动了我国玉米育种事业的发展。作为第一完成人，获得29项植物新品种权。2002年以来又获得6项国家发明专利，山东省、烟台市科技进步一等奖各1次；2008年分别获得农业部“第二届中华英才奖”和“第十届中国专利优秀奖”。

作为农民育种家，李登海并非完全没有师承，相反，专业理论知识的学习是他从事玉米研究的转折。1974年，他到山东省莱阳农业学校学习，较为系统地学习了农作物遗传理论、育种方法和栽培技术，从此走上科学育种和高产栽培之路。学习期间，特别是刘恩训老师对他的影响很大。当时刘恩训执教作物遗传课程并从事玉米育种工作，曾从美国玉米杂交种分离出珍贵材料“XL80”。李登海培育的优良杂交种“掖单2号”，20世纪90年代年最大种植面积超过133万公顷，其亲本之一“107”就是从刘恩训馈赠的材料“XL80”中选出的。他在获奖后说：“技术是老师教的，种子是老师送的，功劳也应该有老师的一份。”①

5. 山东农业大学玉米科学家

山东农业大学玉米栽培学科传承关系见图 4-5 所示。

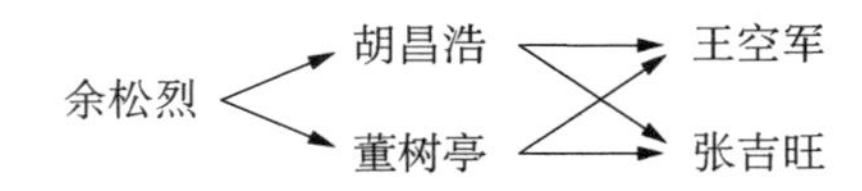

图 4-5 山东农业大学玉米栽培学科传承关系

丁巨波(1916—1990),遗传学家、作物育种学家,曾任山东农学院副院长、山东农业大学作物遗传研究所所长、中国遗传学会理事等职。1936 年考入金陵大学农学院农艺系,毕业后留校任教。1944 年获美国康乃尔大学奖学金并入该校研究生院学习,主攻细胞学和植物遗传育种学,参与小麦杂交育种等研究课题。一年半后获硕士学位,继续攻读博士学位。1946 年,放弃博士学位攻读,回国在北京大学农学院任教,主讲普通遗传学和细胞遗传学,同时进行大蒜不孕性研究。1950 年任山东大学农学院副教授,开始培育玉米的自交系和杂交种。1952 年任山东农学院教研室主任、系主任等职,继续进行玉米育种研究。同时,对山东省烟草黑茎病的抗病育种做出了卓有成效的研究工作。他主持研究的玉米杂交育种项目,获山东省科学大会奖。1981 年,受国家农委委托,与浙江大学季道藩教授共同主持召开“全国高等农林院校遗传学教学研讨会”,推动了遗传学的教学与科研工作。

胡昌浩(1934—),山东农业大学玉米栽培创始人,玉米研究中心主任。1958 年毕业于山东农学院农学系。长期从事高等农业院校作物栽培教学和科研工作。在科学研究中,以玉米栽培为主要研究方向,形成了独具特色的玉米生长发育、无机和有机营养、生理生态、结构与功能相结合的研究体系。在国内外重要学术刊物发表论文 40 多篇,出版著作 10 多部。先后主持和承担国家、省(部)级课题 20 多项,其中,“黄淮海夏秋粮均衡增产综合栽培技术研究”1987 年获国家科技进步二等奖。1995 年以来,担任山东省农业良种产业化开发玉米首席专家,在山东玉米种质创新、新品种选育、良种繁育和示范推广工作中做出了显著成绩。被评为全国有突出贡献专家,享受国务院政府特殊津贴。

董树亭(1953—),现任山东农业大学副校长、作物生物学国家重点实验室

---

① 佟屏亚. 为杂交玉米做出贡献的人[M]. 北京:中国农业科技出版社,1994:218-219.

主任、中国玉米栽培学组副组长，是农业部教学指导委员会作物学组成员，国家“百千万人才工程”第一、二层次人才。大学本科毕业于山东农学院农学系，硕士师从于小麦栽培专家余松烈院士。主要从事作物栽培学的教学和科研工作，在玉米高产优质高效栽培和宏观农业研究方面成绩显著。先后主持国家、省(部)级科研项目数项，其中，“玉米高产优质高效生态生理及其技术体系研究与应用”获国家科学技术进步奖二等奖(2005年，第一位)；“黄淮海平原玉米高产栽培理论与技术研究大面积推广应用”获国家教委科技进步二等奖(1997年，第一位)。近年来发表高水平应用科学方面的论文50篇，在玉米群体光合与产量、营养与品质、生态因素与优质高产高效方面独具特色，在国内外引起较大反响。编著出版教材、专著11部，代表作有《玉米栽培生理》《作物栽培学》等。

6. 华中农业大学(湖北农学院、华中农学院)玉米科学家

刘纪麟(1926—　)，农业教育家、玉米遗传育种学家、华中农业大学教授。致力于玉米雄花不育性研究，育成“华玉1号、2号、3号”恢复型雄花不育系玉米杂交种；倡导种质改良，创建具南方特点的玉米轮回选择基础群体，为培养农业科技人才和发展南方玉米生产与育种事业做出了贡献。从1956年留学苏联期间起，便开始玉米遗传育种的研究。1960年学成回国后，着手进行华中农学院的玉米育种研究，并将工作的重点放在玉米雄花不育的研究上。1970年实现了T型不育细胞质三系配套；1977年育成育性稳定的质核双抗的唐徐型雄性不育系，并提出了利用细胞质和细胞核双重抗性防治玉米小斑病的新思路；1980年由他亲自培育的新型的恢复型抗病雄性不育胞质杂交种“华玉1号”问世，这是“文化大革命”后国内第一个正式通过区试和鉴定的新型玉米不育胞质杂交种。80年代中期，他领导的研究小组又育成恢复型玉米雄性不育杂交种“华玉2号”，在鄂、皖、湘等省大面积推广，累计种植面积20多万公顷，获湖北省科技进步二等奖。90年代又育成“华玉3号”恢复型玉米雄性不育胞质杂交种，形成了特点鲜明的“华玉”品种系列。党的十一届三中全会以后，他在开展雄花不育性应用研究的同时，还十分重视雄花不育性的基础性研究；指导研究生建立了中国自己的玉米雄花不育胞质分类体系，还深入到细胞学、生物化学和分子生物学的水平研究玉米雄花不育的机理。先后在国内有影响的重要学术刊物上发表有关玉米雄花不育性的研究论文10余篇，对发展中国玉米雄花不育的研究起到了重要的推动作用。

张祖新(1964—　)，华中农业大学植物科学技术学院教授，师从郑用链，曾任湖北农学院作物遗传育种研究所副所长。先后在湖北农学院、河北农业大学、

华中农业大学植物科学技术学院任教。主要研究方向是玉米抗逆分子生物学和玉米分子设计育种。主持完成国家和省部级科研项目 6 项，获得省科技进步奖和自然科学奖励各 1 项，教学成果奖 2 项，申报专利 2 项。

7. 山东省其他玉米科学家

陈启文(1924—1994)，1945 年在山东省农业干部训练班工作(莒南县)，同时兼做玉米和其他作物的品种比较及栽培试验。他搜集和保存的农家品种有 200 多个，有一些在生产上推广后有明显的增产效果。1946 年 10 月，山东大学开设经济系农科，他作为第一批学员到那里学习了半年，毕业后被派遣到省农业实验所工作，由此踏上科学育种的道路。他搜集优良品种，进行品种比较和栽培试验，并进行玉米自交系间杂交育种工作。1949 年 3 月，被调到山东省坊子农业试验场担任技术领导并主持玉米育种试验工作。他和助手用优良品种“小杜红”和“金皇后”杂交，成功地育成了“坊杂 2 号”品种间杂交种，到 1952 年在山东省的推广面积已超过 13.3 万公顷。1957 年以后，他主持玉米双交种的选育工作，经过 3 年的努力，培育出“双路 3 号”“双跃 4 号”等 10 多个玉米双交种。70 年代他领导的玉米育种集体，先后育成“鲁三 9 号”单交种和“原武 02”“济引”“威风 322”等优良自交系，获得全国科学大会奖和国家发明二等奖。从 1976 年起任山东省农业科学院的领导职务，负责组织开展全省的玉米育种发展规划和协调工作，主持全国玉米育种攻关会议。1980 年代表山东省农业科学院组织全国玉米栽培专家编写《中国玉米栽培学》，1986 年出版。

郭庆法(1954—)，1979 年 7 月毕业于山东农学院农学系农学专业，同年 12 月分配到山东省农业科学院玉米研究所工作。现任国家玉米改良中心济南分中心主任，山东省农业科学院玉米研究所所长、研究员，山东省农业科学院玉米育种协作攻关首席专家。长期致力于玉米遗传育种、研发管理工作，先后育成各类玉米优良自交系 30 多个、优良杂交种 20 多个。代表性品种为“鲁单 50”“鲁单 981”“鲁玉 13”“鲁糯玉 1 号”“鲁黄糯玉 6 号”“鲁甜玉 2 号”等，荣获山东省科技进步三等奖 1 项、农业部科技进步二等奖 1 项、山东省科技进步一等奖 1 项。先后撰写科技论文和学术报告 30 余篇，参加编写著作 7 部。

于　伊(1921—2001)，紧凑型玉米育种的开创者。1949 年 10 月参加工作，退休前任烟台市农科所玉米研究室名誉主任、高级农艺师。他是山东省最早的玉米育种工作者之一，从事玉米专业育种 40 余年。早期选育的品种有品种间杂交种“莱杂 7 号”、三交种“群三 1 号”、双交种“烟双 545”等。1975 年，他向烟台农科所申请开设了紧凑型玉米育种课题。当时并没有“紧凑型玉米”这个名称，他在课题中规定了紧凑型种型模式，绘制了株型模式图，并形象地命名为“紧凑型种”。与此同时。他还将紧凑型玉米育种理论传授到烟台各县相关育种单位共同攻关。1977 年，他选育出了我国第一个紧凑型玉米单交种“烟单 14 号”，最高产量达到 14 011.5 千克/公顷，在我国北方大面积推广，累计推广面积超过 666 万公顷，1987 年获得国家科技进步二等奖。出版专著《紧凑型玉米育种》。

吕化甫 曾任莱州市农科所副所长，其研究成功的玉米良种“掖单 4 号”及其自交系“8112”，揭开了我国高光效紧凑型玉米育种的序幕，1990 年获山东省科技进步一等奖。为改变我国玉米育种的落后状况，吕化甫瞄准世界先进水平，经过长期研究、筛选组配，于 1980 年采用混合授粉方法，培育了“8112”自交系，其性状表现优异。他主持的“紧凑型高配合力玉米自交系 8112 的选育”，获 1993 年国家技术发明奖四等奖。继“8112”之后，他和同事们又相继推出了“832”“双 741”“双 109”等自交系和“掖单 5 号”“掖单 41 号”“掖单 51 号”“掖单 52 号”等玉米杂交良种。吕化甫培育的“掖单 4 号”及其他掖单系列玉米良种，已推广到全国 28 个省、市、自治区，并成为我国最大的玉米开发区——黄淮海玉米种植区的骨干品种，年种植在 167 万公顷以上，累计推广面积超过 533 万公顷，增产玉米 56 亿千克。

翟延举(1961—)，女，莱州市金海作物研究所所长。1985 年 5 月在莱州市农科院从事玉米育种和作物高产栽培研究工作，参加了“紧凑、高产玉米新品种掖单 13 号选育”项目的研究，第三完成人。1995 年，该项目获得了山东省科技进步一等奖。2003 年，“高产玉米新品种掖单 13 号的选育和推广”获国家科技进步一等奖。1995 年，主持金海作物研究所的玉米育种和高产栽培技术研究工作，报请农业部玉米新品种保护 18 项，选育出一系列优良的玉米自交系，培育出玉米新品种 20 多种。目前，国家审定品种 1 个，省(市)审定品种 6 个，已累计推广面积超过 46.7 万公顷。她主持的“高产、优质、多抗型玉米新品种‘金海 5 号’的选育与应用”，获 2008 年国家科学技术进步奖二等奖。

8. 河南省其他玉米科学家

张庆吉(1917—2010)，研究员、享受国务院政府特殊津贴专家。1942 年在西北农学院农学系毕业；1950 年到平原省农事试验场(后更名为“河南省新乡地区农业科学研究所”)工作，历任新乡地区农科所玉米研究组组长、主任和副所长；1982 年调河南省农科院粮作所任玉米研究室和所学术委员会主任。参加工作后，一直主持玉米杂交种选育工作。1952—1956 年选育出“百杂 1 号、6 号”玉米品种间杂交种，增产显著。1959 年主持选育出优良双交种“新双一号”，在省内普及后推向全国，是我国种植面积最大的双交种，获 1978 年省科学大会奖。1963 年主持选育出高产单交种“新单一号”，打破以往国内长期只推广双交种的局面，在生产上大面积推广。“新单一号”及亲本“矮金 525”获 1978 年全国科学大会奖。发表科技论文 30 余篇。

宋秀岭(1927—2010)，研究员。1951 年 7 月毕业于河北农学院，历任新乡地区农科所副所长、所长。从事玉米科研工作 40 余载，获得国家级科技成果奖 3 项，省、部级成果奖 11 项。自 1952 年开始，便以当地玉米农家种为材料选育自交系，开创了玉米自交系间杂交种选育的新局面。在国内首创用自交系作测验种和早代系测用结合的育种方法，育成“新双一号”杂交种，比常规方法缩短育种年限一半，获得全国科学大会奖。从选育高产自交系入手，用自交系作测验种，于 1963 年育成“新单一号”，同时育成高产、高配合力自交系“矮金 525”，均获得全国科学大会奖。“新单一号”在全国大面积推广，带动了全国选育和推广单交种，与美国同时将玉米单交种用于农业生产，创造了国际领先的科技成果。

张学舜(1956—)，1982 年毕业于河南农学院农学系，同年被分配到原新乡地区农科所工作，现任玉米研究室主任、研究员。主持河南省农科系统玉米育种重点课题和河南省玉米育种重大招标项目。20 余年来，从事玉米育种和栽培研究，坚持南繁北育，选育的“GS 豫玉 5 号”玉米杂交种，是河南省第一个国审玉米品种，累计推广面积 200 万公顷以上，该项目成果获河南省科技进步二等奖。他选育的“豫玉 12 号”玉米杂交种先后通过河南、陕西两省审定，累计推广面积 100 多万公顷，获新乡市科技进步一等奖、河南省科技进步三等奖。2001 年被评为河南省玉米育种首席专家。

程相文(1936—)，河南省浚县农科所所长，兼鹤壁市农科所副所长。1963 年中牟农专毕业后，到浚县农业局从事农业技术推广与研究工作，1977 年主持浚县农科所全面工作。长期从事玉米新品种选育和玉米栽培技术研究推广工作，先后为当地引进、推广玉米新品种 34 个，选育出“浚单五”“浚单六”“浚单七”“豫玉 10”“国审豫玉 11”“豫玉 16”“浚单 18”“浚 98 - 3”“浚 97 - 1”等玉米新品种，使当地玉米单产由原来的 750 多千克/公顷提高到 9 000 多千克/公顷。在玉米品种选育、试验研究和示范推广工作中，他主持的项目获多项科技成果奖，其中国家级 2 项，省部级 6 项。2012 年，他主持的“玉米单交种‘浚单 20’选育及配套技术研究与应用”获国家科技进步奖一等奖，创造了县级科研单位获得国家科技进步奖一等奖的记录。1992 年被授予国家有突出贡献专家，2002 年荣获全国五一劳动奖章。

9. 其他玉米科学家

林季周(1928—1997),玉米育种家,原陕西省副省长。1951 年毕业于西南农学院农学系;1956—1960 年,入莫斯科季米里亚捷夫农学院农学系深造,获副博士学位。回国后在陕西省农科院粮食作物研究所工作,先主持水稻研究课题,继任玉米研究室主任兼杂粮研究室主任、副所长,1979 年起任副院长、院长;1983 年任陕西省副省长。主持选育了玉米自交系“武 105”、杂交种“陕单 1 号”等 10 多个玉米新品种。先后获得 1978 年全国科学大会奖,农业部一等成果荣誉奖,陕西省科技成果一、二等奖,被授予“先进科技工作者”称号。发表论文 30 多篇。

魏建昆(1929—　),1957 年毕业于北京农业大学研究生院,获作物遗传育种专业硕士学位。先后在河北省农垦研究所、河北省农林科学院从事玉米雄花不育和抗病育种研究,历任研究室主任、副所长、院长。1972 年,选育出高产抗病玉米“冀单 1 号”,获 1978 年河北省科技大会奖;1980 年,选育出玉米雄花不育系新类型“冀 1A”,在国内广泛应用,获农垦部科技成果奖;1984 年,选育出玉米抗病自交系“埃 1278C-2”,被中国农业科学院品种资源研究所定为珍贵抗病资源,获省科技成果奖。

赵克明(1930—　),“八五”“九五”计划山西省农科院玉米育种协作攻关组主持人,国家玉米协作攻关组顾问组成员,山西省玉米专家顾问组首席顾问;享受国务院政府特殊津贴,是山西省玉米学科带头人。1953 年毕业于北京农业大学农学专业,自 50 年代开始从事玉米杂交种选育和开发工作,是山西省玉米杂交种最早的开发者之一。60 年代初与同行致力于玉米双交种的推广,促使山西省成为全国最早普及玉米双交种生产的省份。收集整理 1 300 余份早熟玉米种质资源,创建了山西省夏播早熟玉米育种体系,并先后育成推广“临双 5 号”“晋单 6 号”“晋单 11 号”等优良杂交种,1977 年获山西省科学大会育种成果奖。1975 年,在李竞雄指导下,首先在山西省繁殖、试验、示范了“中单 2 号”,该品种在山西省持续推广利用 23 年之久,对山西省玉米生产做出了巨大贡献,1982 年获国家级推广奖。“八五”至“九五”规划期间,组织育成并通过审(认)定的杂交种 19 个,使自育品种覆盖率提高了 30%。攻关组在此期间获省科技进步一等奖 1 项、二等奖 3 项、三等奖 3 项。发表论文 40 余篇,撰写出版著作 4 部。

顾慰连(1931—1990),农业教育家、农学家。1949 年考入上海复旦大学农学院;1952 年全国高校实行院系调整,随农学院迁至沈阳农学院学习;1953 年

8月毕业后留校任教；同年9月进入北京农业大学研究生班学习，在导师李竞雄教授指导下攻研玉米科学；1956年9月研究生毕业，到沈阳农学院任教，先后任农学系副主任，农学院院长、党委副书记，兼任国务院学位委员会农学科评议组成员、农业部科学技术委员会委员、中国农学会副理事长等职。“文化大革命”期间，仍专心致志地从事玉米研究，先后提出“一次饱和深施肥”“大垄双行栽培”“立体栽培模式”等增产措施。主要研究玉米高产生理指标和优化栽培技术，建立计算机模拟系统，提出玉米理想株型育种指标，探讨玉米逆境生理与抗逆栽培技术；坚持教学、科研、生产三结合，为培养高素质的农业人才做出了贡献。

陈国平（1932— ），1955年毕业于南京农学院，1960年毕业于苏联季米里亚捷夫农学院，获副博士学位。回国后到中国农科院工作，1978年调北京市农科院工作，曾任作物所副所长、全国作物栽培研究委员会副主任兼玉米学术组组长。40年来主要从事玉米栽培研究，获全国科学大会奖等省部级科技进步二等奖以上12项。围绕夏玉米广泛开展工作，系统研究了“京早7号”的生育规律，在国内首次研究夏玉米涝害及其防御措施，简化栽培技术，获得国家、部、市级二等奖各1项。出版著作12部，发表论文97篇。

姜惟廉（1940— ），女，享受国务院政府特殊津贴专家。1964年毕业于北京农业大学遗传育种专业，1972年调入沈阳农科所从事玉米遗传育种工作。近40年，为玉米育种工作做出了重大贡献。她选育的“沈单”系列玉米杂交种，有4个获奖，其中“沈单7号”获国家科技进步一等奖，成为我国目前主栽种植的品种之一；参加了国家“六五”“七五”“八五”计划玉米育种攻关，取得优异成绩，受到“三委一部”的奖励，现仍担任国家“七五”计划玉米育种攻关普通玉米专题顾问组成员；选育的自交系“135”“136”“137”等所配组合，正参加各级试验，其中“沈单10号”在我国北方地区大面积试种，表现突出，成为国家在“九五”计划期间推荐的6个品种之一。多次被评为省先进科技工作者、省劳动模范。

郭海鳌（1941— ），1966年毕业于沈阳农学院农学系，历任四平地区农业科学研究所技术员、四平市农业科学研究所所长。主要从事玉米遗传育种工作。作为第一主持人育成的品种有“四单8号”和“四单12号”，其中“四单8号”1986年获国家发明二等奖，“四单12号”1989年获农业部科技进步三等奖。主持育成玉米自交系多个，其中抗螟自交系“404”填补了我国玉米抗螟种质空白，成为我国抗一代玉米螟鉴定的标秆品种。

第三节 典型学术谱系分析——宋同明高油玉米研究学术谱系

世界高油玉米的研究起始于1896年。但由于加工及饲料行业对高油玉米认识不够，直至20世纪90年代，高油玉米在市场上的份额仍然比较小。20世纪90年代以来，随着人们对高油玉米的认识不断深化，高油玉米作为高附加值的玉米，逐渐被市场认可，特别是杜邦公司购买了高油玉米技术的世界专利之后，各大种子公司相继开展了这方面的工作，使高油玉米种植面积迅速扩大。20世纪末，美国高油玉米种植面积已达66.7万公顷左右。

我国从20世纪80年代初开始高油玉米研究，中国农业大学的宋同明教授是我国高油玉米研究领域的开拓者。

1937年，宋同明出生于河南省宝丰县一个农民家庭，1961年在北京农业大学农学系毕业后留校任教，成为我国玉米遗传育种界一代宗师李竞雄教授的助手，从事细胞遗传学教学和玉米遗传育种研究。1981年，宋同明赴美国伊利诺伊大学进修，成为新中国成立后我国最早一批赴美学习玉米遗传育种的学者之一。当宋同明从美国教授那里了解到高油玉米的价值与发展潜力后，他对高油玉米种质创新和育种等有关技术开始产生浓厚的兴趣。从此，他对高油玉米的研究就从未中断过。

经过近20年的努力，宋同明教授所领导的研究小组在通过合法途径引进美国高油玉米种质的基础上，不断改良引进的群体，创造自己的新群体，成功地建立了具有独立知识产权的高油玉米育种技术体系；成功地发展出高油种质的快速选育方法，发明了普通玉米高油化利用技术，培育了多个高油玉米群体。这些种质的育成，改变了我国玉米种质一直依赖于国外种质的状况，对国际高油玉米的发展产生了重要影响，并使我国在这一领域的研究水平迅速超过美国，居世界领先水平。2004年，宋同明教授提出的普通玉米高油化技术获得国家专利。宋同明、陈绍江、苏胜宝、李建生、王守才共同完成的项目“高油玉米种质资源与生产技术系统创新”，获得2006年国家技术发明二等奖。中国农业大学国家玉米改良中心已成为当今世界高油玉米种质的主要发展中心，引起杜邦、孟山都、利马格兰等世界知名种子公司的关注。

中国农大选育的高油玉米基础群体BHO是我国拥有完全独立知识产权的

高油群体，具有优良的农艺性状和经济性状，是知识创新在玉米育种领域的重要体现。高油玉米是我国玉米种质从引进消化到自主创新的经典范例，这一成功范例源于中国农大3代农学家努力拼搏、坚持创新的传统。

中国农业大学的玉米研究有自主创新的传统。自20世纪50年代开始，以中国杂交玉米的开拓者李竞雄教授为学科带头人的研究团队，坚持正确的理论方向，在国内大力推动玉米杂种优势利用研究，由此带动了全国玉米杂交种的推广，为我国玉米研究和粮食增产做出了重大贡献。早在20世纪70年代就通过群体改良这一种质创新方式选育出具有独立知识产权，至今仍在大规模利用的优良自交系“综3”和“综31”。“综3”和“综31”同国内公认的其他主要杂种优势群都有较强的杂种优势，而且遗传基础广泛、综合性状好、自身产量高，应用范围极广。两者先后参配育成6个杂交种，其中，“农大60”“农大3138”和“豫玉22”是全国性广泛栽培的高产、优质、多抗性杂交种。该项研究突破了杂种优势群间不宜进行基因交流的传统组群观念，首次明确提出采用多个杂种优势群的试材组配基础群体，经过充分的基因交流之后再进行群体改良和创造新的杂种优势群材料，并获得了成功。而集多种创新于一体、获得国家科技进步一等奖的“农大108”亲本“黄C”也肇始于1973年。该自交系将我国唐四平头材料同优良亲本种质“自330”以及热带种质合理融合，最终育成配合力高、综合性状优良、与P群自交系有强杂种优势的新自交系，确立了黄改系×P群5杂优模式在我国玉米杂种优势育种中的地位。

20世纪80年代以后，以中国农大第二代玉米科学家戴景瑞、许启凤、宋同明教授为代表的研究团队秉承以往的传统，持之以恒，坚持创新，相继在高产育种、高油玉米等资源创新方向上开展工作。优良自交系“X178”“P138”“1145”以及优良自交系“黄C”相继育成。依托这些自主创新的新材料，选育出国内有很大影响力的“农大3138”“农大108”“高油115”等重要杂交种。迄今为止，以上品种已累计推广近2 000万公顷，增收玉米150多亿千克，创造了巨大的经济和社会效益。

近年来，在第二代玉米科学家的带领下，中国农大的第三代玉米科学家在普通玉米新型种质和骨干种质改良方面相继开展工作，在杂种优势群的分析、骨干种质基础群体改良等方向正在取得新的进展。特别是高油玉米的研究，在宋同明教授的带领下，成功利用高油种质的快速选育方法，培育了9个高油玉米群体，平均含油量超过15%以上，这些种质的育成对国际高油玉米的发展产生了重要影响，直接推动了我国跨国技术合作。同时通过成立高油玉米协作组，使国内各单位的高油玉米育种水平得到了提高。

依托高油玉米研究的优势，宋同明教授的学生、第三代玉米科学家陈绍江带领他的课题组继续开展种质再创新工作，拓展高油玉米的应用领域。

在高油种质资源改良与再创新方面，陈绍江课题组以原有高油种质为基础，开展了高油系与普通系杂交后代直接选育二环系的研究。通过对 2 个高油群体 BHO 和 SYDO 的 10 个高油亲本与 5 个普通亲本所组配的 50 个杂交种后代进行油分高低双向选择，后代得到超高亲高油系 12 个、超低亲自交系 8 个。由此证明，以高油系×普通系杂交后代为基础材料选育高油二环系法是十分有效的，因此，通过种质重组实现高油种质的扩增将可能是实现已有高油种质的高效利用、突破高油玉米种质匮乏瓶颈的又一重要途径。

在玉米单倍体育种方面，以高油玉米为基础选育出玉米孤雌生殖诱导率与含油量均较高的高油型单倍体诱导系，诱导率达到 4%～8%，二代诱导系诱导率可以达到 10%左右。单倍体加倍技术也取得明显进展，加倍率可以达到 30%以上。利用具有独立知识产权的高油单倍体诱导系，开展了玉米单倍体诱导机理和育种方法研究，对单倍体形成与环境和被诱导基因型之间的互作关系进行了试验观察，发现了单倍体诱导过程中父本 DNA 传递的现象。

通过成立单倍体育种协作组和国内外的技术合作，该课题组单倍体育种技术已经处于国际前列，已实现单倍体的规模化生产，为国内近 30 家育种单位以及大型种子公司所采用。

粒秆关系遗传研究方面，利用 EMS 诱变的高油突变体 Ce03005 与 B73 组配 F2 后代群体定位了高油基因 oilc6-m1，该位点定位于玉米的第六染色体，位于 bnlg1422、bnlg107 和 umc2313 三个 SSR 引物位点之间。对 F2:3 家系群体秸秆品质中性洗涤纤维（NDF）、酸性洗涤纤维（ADF）、活体外消化率（IVDMD）和可溶性糖（WSC）进行 QTL 分析，在 10 条染色体上共找到 14 个 QTL，其中在第六染色体 bnlg1422 标记位点均找到共同的主效位点。此结果暗示：籽粒油分的改变可能对秸秆成分产生影响，两者可能存在一定的遗传关系。

在新品种选育方面，陈绍江课题组主持育成的品种有“高油 5580”“高油 669”“青油 1 号、2 号”等。

通过 3 代农学家的持续努力和不断创新，宋同明、陈绍江所在的国家玉米改良中心在高油玉米领域从引进、吸收国外技术与资源到自主创新，今天已处于国际前列。

第五章　中国大豆科学家学术谱系

大豆科学家学术谱系见表 5 - 1 所示。

表 5 - 1　中国大豆科学家学术谱系

	王绶、马育华谱系	王绶、王金陵谱系
学术思想领袖	王绶、马育华	王绶、王金陵
国外的源头	王绶，1932 年获康乃尔大学农学硕士学位；马育华，1950 获伊利诺伊大学博士学位	——
师承关系	略（见下文）	略（见下文）
学术大本营	金陵大学农学院、南京农学院大豆遗传育种研究室	东北农学院农学系
学术传统与研究纲领	大豆数量遗传	大豆育种

第一节　20 世纪中国大豆科学发展概况

20 世纪中国大豆科学的发展可以分为 3 个阶段，每个阶段各有其鲜明的特点。

一、大豆科学的奠基阶段(1913—1949)

这是中国大豆科研的初创阶段，既有理论研究也有实践，育种技术以纯系育种为主，杂交育种的研究与试验也已经开始，对诱变育种已有认识。南京地区是南方的大豆研究中心，大豆研究理论与育种实践兼有，金陵大学农学院、中央大学农学院、中央农业实验所开展的研究较多。虽然在这一时期大豆育成的品种数量还很少，但其理论研究具有开创性意义，对新中国成立后的科研影响很大，尤其是王绶、马育华和王金陵的理论研究和实践，影响最大。

王 绶 中国近现代大豆科学育种第一人，生物统计学在中国农业上应用的重要人物，是民国时期大豆研究成果最多的科学家。毕生从事大豆科研，培养了王金陵、马育华等后一代著名大豆科学家，实为中国大豆科研与改良的开创者、奠基人。

王金陵 民国中央农业实验所唯一的大豆育种工作者，民国时期研究大豆改良基础理论卓有成效的代表人物。在大豆品质、大豆的光期性研究，大豆栽培区划初步研究，大豆育种问题理论研究等方面开创了最新领域，代表当时国内最高水准。

马育华 曾赴加拿大、美国留学，主要研究生物统计学和大豆数量遗传学，其提出的“大豆产量的多基因遗传”在国际上具有广泛影响。新中国成立后，在南京农业大学(原南京农学院)创立了大豆研究所，主攻数量遗传学和田间试验设计，并将其运用于大豆科研，为中国南方大豆科研的崛起并成为国家大豆改良中心做出了重大贡献。数量遗传学在新中国建立后特别是改革开放以后，对中国当代大豆科研起到了重大推动作用，马育华因而被同行们推崇为我国植物数量遗传学的开拓者和带头人。

民国时期金善宝、丁振麟等人进行的大豆研究也具有相当影响。

日伪在东北最早进行大豆育种栽培试验，其科学研究成系统、有组织。1913年建立的吉林公主岭农试场和相继成立的哈尔滨、克山、佳木斯及凤城农试场等均侧重于大豆育种研究。研究以公主岭为中心，所做工作以农事试验为主，基本不研究理论问题，育成并推广了较多改良品种，且率先通过杂交育种技术育成并推广了大豆品种。东北解放后通过恢复、整理日伪时期的研究成果，为新中国东北的大豆科研奠定了基础。

二、大豆科学的快速发展阶段(1949—1978)

新中国成立后，在东北、北京、武昌、南京及大豆产区的农业科学院相继建立起大豆研究机构，研究队伍不断壮大，在大豆理论研究、品种资源、良种选育、栽培技术和推广等方面做出了积极贡献。实践性为这一阶段的主要特征，育种是主要工作，杂交育种是主要手段，辐射育种是卓有成效的新生事物；理论研究有进展，但居次要地位。大豆增花保荚、生理研究、遗传研究等较为深入，为下一阶段研究工作的深入奠定了基础。

这一时期，东北的大豆科研以吉林省农科院为中心，该院某种程度上也是全国大豆科研中心。黑龙江省和辽宁省大豆科研也迅速崛起，成就颇丰。王金陵、张子金、王彬如、翁秀英、王连铮等人是典型代表。关内南京和山西比较重要，北京（中国农业科学院）、河北、河南、山东、湖北（中国农业科学院油料所）、湖南、安徽等省市亦有研究并取得成果。王绶、费家骍、马育华等人为主要领军人物，遗憾的是马育华受政治运动冲击未能充分施展其研究才干。

新中国成立后，有关大豆理论问题研究已取得了较大进展。通过连续数年的全国性大豆生态试验，对不同地区品种在各地区的表现有了较为全面的认识，从而为栽培区划、品种分类、育种目标的确定以及引种工作等提供了科学依据。大豆生态适应型、丰产性以及各类型间演化关系等方面的研究，对大豆育种、栽培均有指导意义。对栽培大豆和野生大豆进行的光周期研究，加深了对大豆生长发育、生育期类型的形成原因和成熟期迟早变化规律的认识。在原有栽培区划的基础上，对全国大豆栽培区划作了适当调整和补充，在栽培大区内补划了若干亚区，使我国大豆栽培区划更臻完善。对大豆落花落荚现象的研究，初步明确了花荚脱落的规律、影响脱落的生理内在原因和栽培技术对花荚脱落的影响。针对我国栽培大豆起源的区域问题，国内学者做了许多有意义的探讨，栽培大豆起源具体地区，有源于长江流域、黄河流域和几个地区的不同观点。在对大豆性状遗传、相关关系、遗传力研究的基础上，提出了杂交材料各世代有重点选择的方法，改善了育种效果。通过大量材料的分析，针对大豆油分和蛋白质含量与品种、环境条件、地理纬度、农业技术的关系，以及油分与蛋白质之间的关系开展了大量研究，提出了规律性结论和一些不同见解。此外，针对大豆丰产规律、射线处理遗传变异、花药培养、激光育种、轮回选择等也做了一些有价值的研究探索。

总之，社会主义计划经济时期在大豆生产栽培、遗传育种以及基础理论研究方面都取得了显著的成绩，积累了宝贵的经验，对大豆生产的发展做出了重大贡献。

三、大豆科学发展的新阶段(1979—)

改革开放以后，我国学者在大豆研究领域中重视理论学习、研究和对外交流，用理论指导实践，实践丰富理论，互相促进，相得益彰。数量遗传、生物统计、田间试验、生理病理研究、抗性育种、生物技术居主导地位。大豆的加工和利用得到重视，大豆蛋白食品、生物制品和蛋白纤维成为大豆经济新的增长点。南京农业大学大豆所成为全国大豆科研、教学和人才培养中心，以南京农业大学国家大豆改良中心及各主要大豆产区的大豆科研单位为分中心的大豆科研网，逐渐形成了大豆科研全国一盘棋的局面。黑龙江省建立了国家大豆工程中心，标志着支持大豆制品开发力度的进一步增大，中外大豆科研交流与合作增多并步入常态。尽管有不少不尽如人意之处，但这一时期仍是中国大豆改良、生产和利用取得成果最多、最好的时期。

这一时期，中国大豆品种选育、种质创新以及育种基础研究在国家的研究机构和高等院校广泛进行。从“六五”计划开始，国家重视并确立全国性大豆研究计划——3 期全国大豆育种攻关项目。“七五”“八五”和“九五”计划期间，国家委托南京农业大学大豆研究所主持“大豆新品种选育技术”攻关课题，3 期分别有 19 个、24 个和 14 个单位参加。针对国内大豆育种的实际情况和国内外差距，大豆育种计划包括新品种选育及相关的基础研究两方面，兼顾近期目标和长远要求。

这项计划从总体上分为 3 个层次：第一层次为直接服务于当前生产的高产、稳产大豆新品种选育，要求选育出分别适于全国各主要大豆产区、综合性状优良、比当地推广良种增产 10%以上的新品种；优质大豆新品种选育与抗病虫大豆新品种选育为第二层次，一方面提供品种、品系直接为生产和进一步选育服务，另一方面旨在强化我国优质、抗性育种的薄弱环节，促成在全国建立针对籽粒化学成分育种及抗病虫育种的较为系统、科学的研究体系及重点单位；第三层次为大豆育种应用基础和技术研究，包括高产品种理想型及其生理特性和主要经济性状的鉴定技术、种质筛选创新及遗传与选育 2 个方面，为远期的高产、优质、多抗育种准备必要的依据和材料。这分别有所侧重的 3 个层次，最终目的在于进一步为将多方面的优良性状综合于一体奠定基础，使未来的育成品种达到更上一层楼的水平。

“八五”“九五”继承了“七五”计划的思路，并在第三层次的大豆育种应用基础和技术研究上增加了高产水平突破的研究、对食叶性害虫抗性的研究、用于杂种优势利用的雄性不育材料的探索、利用核不育基因合成群体种质等内容。“九五”计划期间国家还启动了国家大豆改良中心及分中心的建设计划，前者侧重于系统地进行材料与方法的应用基础性研究，后者侧重于新品种选育与亲本创新的应用性研究。

到 2000 年，国家大豆育种计划已初步形成了育种研究和基础研究相结合的体系。从“七五”计划开始设立优质育种计划，主要以提高大豆脂肪及蛋白质产量为目标，各单位开展了优异资源筛选基础研究及材料创新等系列工作，现已初步在一些单位形成我国大豆品质育种体系，育成油脂含量达 23％及蛋白质含量达 47％的商用品种。中美品种蛋白质、脂肪含量平均值相近而中国品种的高值大于美国品种，但中国品种的平均产量水平比美国品种低得多，因而单位面积蛋白质、脂肪产量仍存在较大差距。在抗病虫育种国家攻关中，各单位针对本地区主要病虫害，在鉴定技术、基因资源及遗传规律等方面开展研究，并选育抗病虫新品种，一些单位初步形成了对两大全国性主要病害(大豆花叶病毒病、大豆孢囊线虫病)、两种地区性病害(灰斑病、锈病)和两种虫害(豆秆蝇、食叶性害虫)的抗病虫育种体系，并育成一批抗大豆花叶病毒、孢囊线虫、灰斑病的品种及一批抗病虫的品系和中间材料。仅“六五”到“八五”计划的 15 年间(1981—1995)就育成大豆新品种 388 个。最具有突破性意义的进展除初步建成上述育种体系外，主要是新疆 5.96 吨/公顷、东北 4.92 吨/公顷、黄淮海 4.84 吨/公顷和南方 3.75 吨/公顷的高产育种记录的创建，同时，创造并实现了质核互作不育系、保持系、恢复系 3 系配套[①]。

20 世纪的中国大豆科研在大豆区划，大豆起源，大豆生理、生态和遗传，特别是数量遗传、大豆增花保荚、大豆理想株型等领域有深入研究；在野生大豆的调查、收集、研究和利用，大豆杂种优势的研究和利用方面世界领先；在以大豆基因组学为代表的生命科学领域奋起直追，成就显著；在大豆育种的理论、方法和技术方面有较多、较先进的储备。大豆育种从农家育种经过纯系育种、杂交育种、人工诱变育种到杂种优势利用和转基因育种，进步显著。正是因为大豆的科技进步，才使得 20 世纪后半叶中国大豆生产在种植面积不断减少的情况下，总产量稳中有升，保障了国内除油脂用以外的大豆需求；特别是创造的大豆小面积高产典型(单产为当今世界大豆平均水平的 2 倍、中国平均水平的 3 倍)，成就巨大，为下一阶段大面积提高中国大豆生产水平，逐步实现以国内供给为主奠定良好的基础。

当然，20 世纪中国大豆科研与稻、麦、棉、玉米等作物相比，还有较大差距，总体上重视不够，研究人员少(只有水稻科研人员的百分之一)、经费少，基础科学理论的研究不够，单产增长幅度较小。

---

① 盖钧镒. 我国大豆遗传改良和种质研究[M]//宋健. 中国科学技术前沿(第 5 卷). 北京：高等教育出版社，2002：631 - 691.

第二节　中国大豆研究机构概况

由全国大豆研究和技术开发机构构成的中国大豆研发体系，包含大豆研究体系和大豆产业技术研发体系两大部分。大豆研究体系是由各级、各类大豆研究机构组成的大豆研究系统。据不完全统计，目前中国已建立由国家级、省级、地(市)级、县级等184家研究机构组成的四级大豆研究体系。大豆产业技术研发体系是指国家发展和改革委员会、科学技术部、农业部以及有关省、市、自治区依托各大豆研究机构投资建立的专业性研发、试验和监测基地，包括改良中心、工程技术研究中心和野外观测台(站)等。

一、大豆研究体系组织结构①

中国大豆研究的主体是由12个国家级、76个省级、50个地(市)级、46个县级和其他类型(公司、协会等)，共184家研究机构组成的四级研究体系。对比农业部科技教育司的统计数据，57个国家级研究机构中有12家从事大豆研究，占总数的17.54%；466个省级研究机构中有76家从事大豆研究，占总数的16.31%；621个地(市)级研究机构中有50家从事大豆研究，占总数的8.05%。上述研究机构分布在全国25个省份，研究领域涉及品种资源、遗传育种、分子生物学、植物保护、栽培、加工、植物营养、生理生化等。

全国大豆研究机构体系见图5-1所示。

1. 国家级大豆研究机构

12家国家级大豆研究机构主要分布在北京、上海、南京等大城市，包括中国农科院作物科学研究所、油料作物研究所，中国科学院遗传与发育生物学研究所，南京农业大学大豆研究所等，其中南京农业大学大豆研究所拥有中国大豆界唯一的中科院院士。

2. 省级大豆研究机构

76家省级研究机构主要分布于东北三省、山东、河南等25个省、市、自治区，

---

① 彭卓.中国大豆研发体系现状研究[J].中国农业科学，2009，42(11).

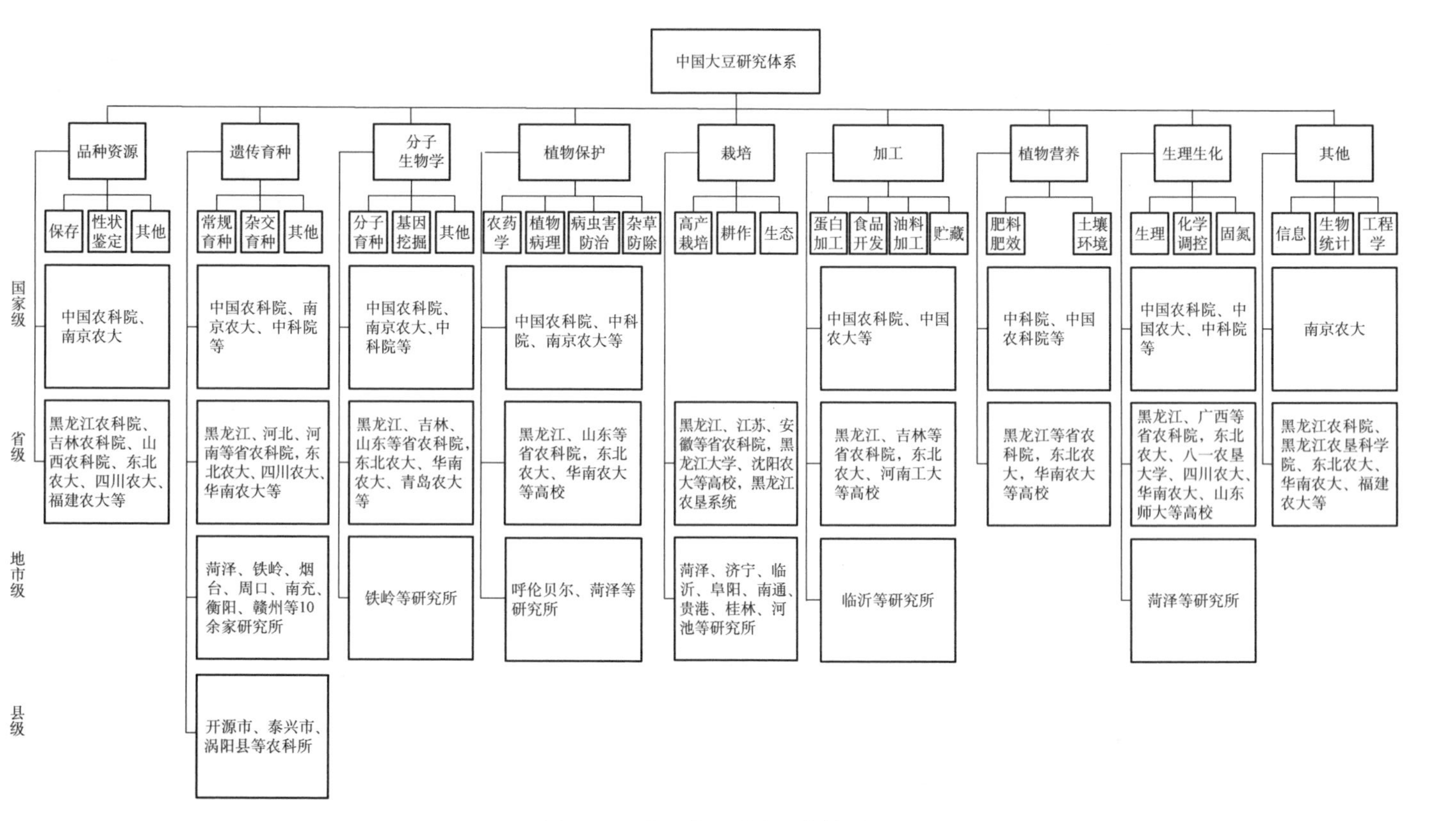

图5-1 全国大豆研究机构体系

覆盖了中国大豆的主产区(见表 5-2)。省级机构在四级大豆研究体系中是最重要的研究力量。

表 5-2 省级大豆研究机构

序号	省份	研究机构数量	序号	省份	研究机构数量
1	黑龙江	21	14	重庆	2
2	山西	9	15	贵州	1
3	江苏	7	16	河北	1
4	山东	6	17	湖北	1
5	吉林	4	18	江西	1
6	安徽	2	19	宁夏	1
7	福建	2	20	陕西	1
8	甘肃	2	21	上海	1
9	广东	2	22	四川	1
10	广西	2	23	新疆	1
11	河南	2	24	云南	1
12	湖南	2	25	浙江	1
13	辽宁	2	合计		76

大部分省级研究机构属于省级农业科学院或农业大学,具有相似的特点。黑龙江拥有 21 家省级大豆研究机构,在各省份中数量最多,分属于省农业科学院、省农垦总局和高校等 3 个系统,省农业科学院是骨干力量。江苏省农业科学院有 7 家研究所从事大豆研究。

3. 地(市)级大豆研究机构

50 家地(市)级大豆研究机构主要分布在河南、山东、广西等 15 个省、自治区,绝大部分主要从事遗传育种研究,所在地为大豆产区。河南省的周口市农业科学院 2001 年被评为“全国重点地(市)级农科所”;山东省的菏泽市农业科学院培育新品种 20 余个,“跃进 5 号”于 1983 年获国家技术发明二等奖和农业部科技改进一等奖,在全国累计推广 530 余万公顷,共增产大豆 16 亿千克;辽宁省铁岭市农业科学院是国务院首批重点扶持的 5 个地(市)级农业科学院之一,也是国家大豆改良中心辽宁省分中心和辽宁铁岭大豆科学研究所,“十五”规划期间育成新品种 8 个。

4. 县级和其他类型(公司、协会)大豆研究机构

20家县级大豆研究机构主要从事遗传育种工作,其中辽宁省开源市农业科学研究所、湖北省仙桃市九合垸原种场、安徽涡阳县农业科学研究所育成品种推广面积较大。此外,还有20余家乡镇农业技术推广站、公司和协会等从事大豆研究活动,并育成多个大豆新品种。

二、大豆产业技术研发体系组织结构

中国大豆产业技术研发体系见图5-2所示。

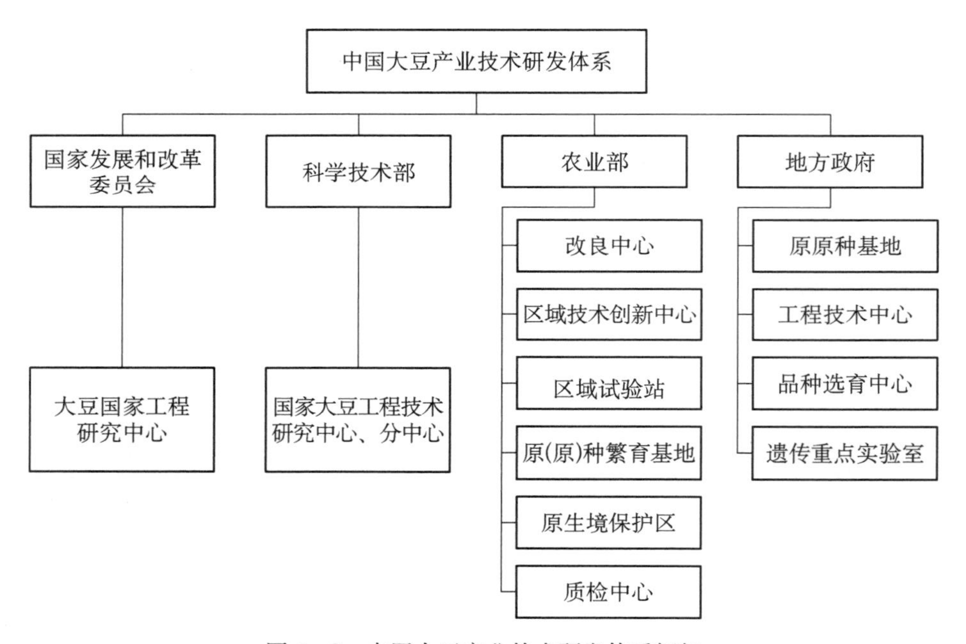

图5-2 中国大豆产业技术研发体系框架

大豆产业技术研发体系主要是国家或省级政府部门依托现有研究机构建立的,目的是促进科技产业化,形成中国科研开发、技术创新和产业化基地。

1. 国家发展和改革委员会建立的产业研发中心

依托吉林省农业科学院建立了大豆国家工程研究中心;依托黑龙江省农业科学院建立了国家优质大豆基地和国家大豆科研基地;依托黑龙江八一农垦大学建立了大豆种质资源改良中心,从事大豆产业化、遗传育种、大豆种质资源改良等工作。

2. 科学技术部建立的产业研发中心

依托黑龙江省大豆开发研究中心建立了国家大豆工程技术研究中心;依托吉林省农业科学院建立了国家大豆工程技术研究中心吉林分中心,主要从事深加工研究推广、大豆育种、资源创新、栽培技术集成等工作,投资规模为600万元;依托吉林省农业科学院设立了国家转基因植物中试与产业化基地(吉林),从事大豆、玉米、水稻转基因的研究,投资规模超过5 000万元。

3. 农业部建立的产业研发中心

建立产业研发中心是以发展育种研发为目的,以大豆改良中心为核心,覆盖野生资源保护、原原种和原种制种、品种改良培育、区域试验、质量检测等领域的较为完整的系统,主要分为国家大豆改良中心、大豆区域技术创新中心、区域试验站、原(原)种繁育基地、原生境保护区及质检中心。

农业部产业研发体系中的核心部分是国家大豆改良中心、分中心。依托南京农业大学大豆研究所建立了国家大豆改良中心,从事大豆基础理论研究和品种选育工作;依托相关研究所在北京、哈尔滨、公主岭、杭州、呼伦贝尔、铁岭、长春、石家庄、郑州等地建立了分中心,主要从事大豆种质创新、遗传育种、病虫害防治及产业化开发等研发工作。

4. 地方政府建立的产业研发中心

黑龙江、山东、四川、安徽、广东等省分别投资建立了大豆原原种基地、工程技术中心、品种选育中心、遗传育种重点实验室。其中,黑龙江省投资建立了6个大豆产业技术研发机构,占全部14个省级产业技术研发机构的42.86%。

三、现行大豆研发体系机构设置的特点

总体而言,在全国大豆研究机构中,四级体系的每一级研究机构不互相隶属,主要是业务和学术上的交流。国家、省、地(市)所属大豆研究机构是由政府部门设立或归属于相关科研院所的公立研究机构,而部分县属的机构已由公立机构改制为民营机构。国家级机构涉及除栽培以外的各研究领域,重点为品种资源、遗传育种、分子生物学等,客观上承担中国大豆研究中科学创新和跟踪世界学科前沿的任务和责任;省级机构研究领域覆盖全面,占有研究资源最多,是中国大豆研究的主体;地(市)级研究机构以遗传育种和栽培技术研究为主,在遗传育种方面成就较大;县级机构主要从事大豆遗传育种研究。中国大豆研究体系以中国行政区划、行政层级设置为依托,形成了由上而下、重点突出的体系,运

行中主要为各级政府部门服务，体现政府意志，满足政府需求，可以相对比较迅速有效地解决农业生产与经济生活中的重点和难点问题。

但中国大豆研究体系对大豆研发本身的特点、经济社会的要求以及研发人员和消费者的需求考虑不多，问题主要表现为：①机构重复。不同部门和地方政府在同一生态区内重复设立研究机构，如在黑龙江省有 3 套体系的 19 个机构从事大豆育种研究，仅黑龙江省农业科学院就有 9 个机构从事大豆育种研究。②布局不合理。基本按行政区划设立，而不是按自然资源特点、生态和农业区划设立，如哈尔滨和长春两地铁路里程 246 千米，是中国大豆研发机构最集中的地区，有 11 家省级、地(市)级研究机构，9 个产业研发机构从事大豆研发；与哈尔滨铁路里程相距 125 千米的绥化市以及与长春市铁路里程相距 128 千米的吉林市均设有大豆研究机构和产业研发机构，局部范围机构设置过于集中。③研究领域重复、分工不明确。四级机构的学科、专业重复设置，基础研究、应用研究和开发研究的方向与分工不明确，如 184 家研究机构中，有 159 家机构从事遗传育种研究，研究领域高度重复。

大豆产业研发体系的逐步建立是对原有研究体系的不断补充和完善，促进了科技成果的推广转化，提高了解决市场需求和实际问题的能力；但由于其出资部门和地方政府间相对独立，主要依托原有大豆研究机构建立，难免存在任务重叠、布局不全面等问题。仅就国家层面而言，国家发展和改革委员会设立的大豆国家工程研究中心、科学技术部设立的国家大豆工程技术研究中心与农业部设立的国家大豆改良中心、大豆区域技术创新中心均有部分职能和工作任务重复，这也是部门各自决策导致的必然结果。整个体系的建设重点依然集中于遗传育种领域，对大豆产业链的各环节覆盖尚不全面。

第三节　中国大豆科学家的主要学术谱系

全国大豆科研人员在 1 000 人左右，规模不大。据有关统计，截至 2006 年底，中国从事大豆研究的副高职称以上或硕士以上学历的专业人员共 521 名。从事大豆研究的高级研究人员占全国农业高级研究人员的 3.90%；具有研究生学历的人员占全国具有研究生学历的农业研究人员的 3.98%。作为中国最主要的五大农作物之一，国家在大豆研究方面科研人员配置比重明显偏低。

从大豆科研队伍的结构与分布来看，13.26%的高级职称人员分布在国家级机构，68.14%分布在省级研究机构，16.74%分布在地(市)级机构。国家级研究机构平均拥有的高级职称人数是地市级研究机构的3.88倍，是省级研究机构人员数的1.54倍。硕士以上学历的研究人员主要分布在国家级和省级研究机构，地(市)级研究机构硕士以上学历人员的总数不到国家级机构的1/3，公司拥有的硕士学历人员不到全国总数的1%，县级机构没有硕士以上学历人员。521名专业人员中，有300人从事遗传育种研究，占总数的57.58%；从事分子生物学、栽培、植物保护、加工、生理生化、植物营养的人员分别占总数的9.40%、8.83%、6.53%、6.53%、3.26%和3.07%；其他领域的研究人员均不足10人，占总人数的比例均低于2%。

学术谱系的形成以人才培养为先决条件。从大豆科研人才的培养来看，全国有三大系统：南京农业大学系统、东北农业大学系统、中国农科院系统；其中，前两个系统为教育系统，是中国大豆人才的主要培养中心。因此，可称为“三大系统、两大中心”。

这“三大系统、两大中心”的源头都可以追溯到中国大豆科学的开创者王绶。由此，构成了中国大豆科学家的主要学术谱系。

中国第一代大豆科学家是中国大豆科学的开拓者王绶。

王　绶(1897—1972)，著名作物育种学家、生物统计学家和农业教育家。他毕生致力于高等农业教育，为我国培育了几代农业科技人才；长期从事大豆、大麦研究，育成了“金大332”大豆、“王氏大麦”(美国定名)等优良品种在生产上应用；对作物田间试验技术也做过系统研究，是我国作物育种学和生物统计学的奠基人之一。1919年到南京金陵大学农学院农艺系学习；1932年由金陵大学派送到美国康乃尔大学作物育种学系深造，次年获农学硕士学位，并被选为美国农艺学会会员；1933年回国后先后任金陵大学农学院教授、农学系主任、农艺研究部主任，直到1940年；1941年执教于西北农学院，继续通过系选培育出“西农506”大豆新品种和“西农509”黑豆新品种，在关中地区小面积推广。1948年，在小豆遗传实验中发现一个花斑隐性基因，受到学术界的注意，后来被国际大豆基因命名委员会定名为“Riri”。晚年，在山西首次开展了大豆品种资源研究和利用，收集了全省大豆农家品种830份和国内外大豆品种300余个进行观察、比较、试验，从中选育出“太谷早”大豆新品种，其含油量高达24.5%，为当时全国大豆品种含油量之冠。中华人民共和国成立后不久，王绶被调往北京，由中央人民政府政务院任命为农业部粮食生产司司长，授予一级农业总技师。在此期间，他参加制定农业发展规划和粮食生产计划，经常到各地进行调查研究，总结地方发展农业和提高粮食产量的经验并加以推广，为发展我国粮食生产做出了贡献。1957年，中国农业科学院作物育种栽培研究所成立，王绶转任该所所长。当时他还被选为中国农学会副理事长，主编《农业学报》。1958年被任命为山西农学院院长、一级教授，讲授"作物育种栽培"和"生物统计"课程。先后担任过第二届山西省人民代表大会代表和第二、三届全国人民代表大会代表。

中国第二代大豆科学家的代表人物是马育华、王金陵。

马育华及其学生盖钧镒开创了南农系统，王金陵开创了东北系统。

一、南农系统的学术谱系

南京农业大学大豆研究机构的设立可以追溯到20世纪20年代王绶教授在金陵大学建立的第一个科学大豆育种计划，此后三四十年代中央大学金善宝教授、金陵大学马育华教授和王金陵教授相继发展了大豆遗传育种研究。50年代初期，马育华在南京农学院开展了对江淮下游地区大豆地方品种研究和大豆数量性状遗传研究，重新建立大豆育种计划。1981年经农业部批准成立南京农学院大豆遗传育种研究室，1985年扩建为南京农业大学大豆研究所，1998年经农业部批准建立农业部国家大豆改良中心。改革开放以后，南京农业大学（南京农学院）国家大豆改良中心迅速成为中国大豆科研、教育中心，在全国范围多学科协作开展大豆科研，从"六五"计划开始，组织"七五""八五""九五"计划全国大豆良种协作攻关。

国家大豆改良中心及其前身大豆研究所的研究方向为种质资源、育种与遗传以及大豆生物技术和基因组学等领域。关于大豆种质资源研究，在IBPGR资助下，搜集保存了我国南方大豆地方品种资源1.3万份，并研究了我国南方大豆地方品种群体特点和优异种质发掘、遗传与选育，获国家科技进步二等奖；研究了中国1923—1995年间育成的651个大豆品种的系谱，追溯到348个祖先亲本，归纳出75份核心亲本，在中美两国出版了《中国大豆育成品种及其系谱分析(1923—1995)》专著；研究了既与国际衔接又符合中国特点的中国大豆熟期组类型划分方法，提出大豆起源于南方野生群体的分子生物学论据。在大豆育种与遗传研究方面，受农业部委托设计并主持我国"七五""八五""九五"计划大豆育种攻关课题，建立了3个层次的课题体系。先后育成"南农493-I"等4代14个粒用和5个菜用大豆新品种在长江中下游地区推广；按育种目标建立了产量、抗花叶病毒、抗孢囊线虫、抗豆秆黑潜蝇、抗食叶性害虫、油脂与蛋白质含量、豆腐含量、雄性不育性等8类性状的鉴定、筛选、遗传和种质创新研究体系;研究出植物数量性状主基因+多基因遗传模型的分离分析方法;进行了大豆地方品种群体遗传潜势及中美亲本配合力分析、大豆育种交配和选择试验方法等的应用基础研究。在育种应用生物技术和基因组学研究方面,与中国科学院遗传研究所合作,利用重组近交系群体NJRIKY建立了含有945个RFLP、SSR、AFLP分子标记,全长5 460.9厘米的遗传图谱;对SMV抗性基因进行分子标记,并利用所作遗传图谱将4个SMV抗性基因定位在同一连锁群N8-(D1b+W)上。研究成果获得多项省部级奖励;在国内外杂志上发表了一大批论文,出版了多部专著和教科书。

国家大豆改良中心所在的作物遗传育种学科是国家重点学科,作物遗传与种质创新国家重点实验室已通过科技部组织的专家评估,先后培养了博士后、博士生数十名。该中心与国际著名大豆研究单位包括国际植物资源研究所、国际原子能机构、美国北卡州立大学、美国伊利诺伊大学、日本北海道大学等建立了合作关系。

按照农业部的规划,国家大豆改良中心的主要任务是组织和协调各分中心的工作;组织全国大豆亲本资源的搜集、引进、鉴评、交流和交换;开展大豆育种理论与方法的研究;以育种材料、方法和种质创新为主,为全国农业科研教育单位提供优良的亲本材料和种质;代表国家同国际相关科研组织和机构开展合作、交流及培训。根据以上任务,中心设立了种质资源、产量品质遗传与改良、抗性改良、育种理论与生物技术4个研究室。经过近几年的建设,国家大豆改良中心已拥有供群体、细胞、分子等研究所需的仪器设备以及冷库、温室、网室等配套设施和专用试验农场。

马育华(1912—1996),大豆遗传育种学家、农业教育家。他在生物统计学和田间试验技术方面造诣很深,较系统地将数量遗传学介绍到国内,并结合大豆种质资源与育种进行应用研究;选育出一批丰产稳产大豆新品种,在长江中下游地区种植;创建南京农业大学大豆研究所,成为我国南方大豆研究中心;培养出一代又一代农学家,为我国高等农业教育和大豆科学的发展做出了重要贡献。

马育华指导的大豆方向的研究生有:盖钧镒、杨德、吕慧能、游明安、杨永华、周新安、宋启建、杨守萍、张志永、刘顺湖、向远道、颜辉煌、汪越胜、刘范一、麻浩、唐善德、罗潮洲、王敏、韦涛、吴天侠、顾文祥、徐宏俊、刘艮舟、马国荣、程融、邢立群、何国浩、翟虎渠、任全兴、吴晓春、严隽析、费贵华、张玉东、于永德、钱大奇等,其中不少是与盖钧镒共同指导的。

盖钧镒(1936—　),中国工程院院士、大豆遗传育种学家、数量遗传学家、农业教育家。1957年毕业于南京农学院农学专业,现为南京农业大学作物遗传育种学教授、国家大豆改良中心主任,兼任中国作物学会副理事长、中国大豆研究会副理事长;曾任南京农业大学校长、第八届全国人大代表、世界大豆研究会第五届常务委员。主要从事大豆遗传育种和数量遗传研究,并致力于国家大豆改良中心的创建。主要成就和贡献为:①搜集、研究以中国南方大豆地方品种为主的资源1.2万份,揭示出该群体主要经济性状的遗传潜势,按产量、抗病虫性、品质、耐逆性、育性等建立目标性状的种质发掘、遗传机制和选育创新的10个研究系列;创造出一批优异种质,获国家科技进步二等奖;将种质研究推进到基因组学领域,合作构建大豆遗传图谱并标记定位6个连锁的抗SMV基因和农艺品质性状的QTL,建立中国大豆育成品种系谱图及遗传基础分析,提出中国大豆品种熟期组划分方法和品种生态区划;针对大豆黄河中下游起源假设,提出支持栽培大豆起源于南方野生群体的分子遗传学论据。②主持国家大豆育种攻关,主持或参加育成"南农73-935""南农88-31"等20多个大豆新品种在长江中下游推广。③将数量遗传多基因假设拓展为主基因+多基因混合遗传模型,建立了能同时鉴别1~3个主基因效应和多基因整体效应的分离分析方法。④培养、合作培养百名以上博士生、硕士生和博士后,为国家输送了一批优秀人才。

图5-3为南农系统的学术谱系图。

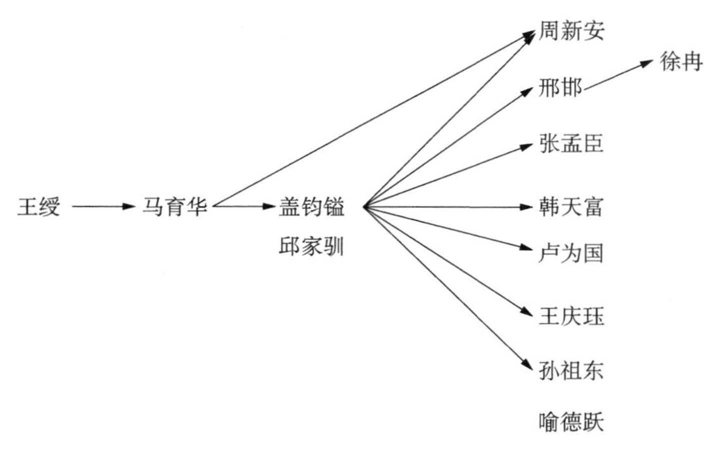

图5-3　南农系统学术谱系图

张孟臣(1956—　),大豆育种专家,1998年获博士学位,导师为盖钧镒。现为河北省农林科学院粮油作物研究所研究员,兼任中国作物学会大豆专业委员会理事、大豆科技与产业化专业委员会副主任委员、国家农作物品种审定委员会委员、河北省遗传学会理事。曾在美国伊利诺伊州大学及澳大利亚联邦科学与工业研究组织做访问学者两年。育成高蛋白大豆品种“冀豆 12 号”,高油大豆品种“冀黄 13 号”,无腥大豆品种“王星 1 号”等,先后获得国家科技进步二等奖、河北省省长特别奖、杜邦科技创新奖等科技奖励 16 项,国家科技攻关后补助奖励 6 项,并受到国家科技部表扬。在国内外重要刊物发表论文多篇。

邱家驯(1940—),南京农业大学大豆研究所副所长、研究员,享受国务院政府特殊津贴。协助和共同主持国家“七五”“八五”“九五”计划大豆育种攻关课题,国家、省部级研究项目 21 项;参加育成大豆新品种“南农 73 - 935”“南农 86 - 4”“南农 88 - 48”“南农 88 - 31”“南农 87C - 38”等及一批特异育种材料,在稻、豆生产中起到重要作用。先后取得成果 15 项,获奖 6 项,其中“我国南方大豆地方品种群体特点和优异种质的发掘、遗传与选育研究”获农业部科技进步一等奖、国家科技进步二等奖,其他省、部委二等奖 1 项,三等奖 3 项。发表论文 60 余篇;参加编写了《江苏旱作科学》《中国大豆育成品种及其系谱分析》《大豆育种应用基础和技术研究进展》等专著。

周新安(1963—),研究员,农业部大豆专家指导组成员,国家农作物品种审定委员会委员,作物学会大豆专业委员会理事、副秘书长。1986 年 7 月至 1987 年 3 月在沈阳农业大学农学系任教;1990 年获南京农业大学博士学位,导师为马育华、盖钧镒;1990 以后在中国农科院油料所从事大豆遗传育种研究工作。现任该所大豆研究室主任、农业部油料作物遗传改良开放式重点实验室副主任、国家油料作物遗传改良中心品质改良研究室主任。先后主持了“八五”“九五”计划、“十五”规划、国家科技攻关和“863”计划、国家自然科学基金、农业科技跨越计划、国家转基因生物新品种培育重大专项等项目,主持育成大豆新品种“中豆 29”“中豆 30”“中豆 32”“中豆 33”“中豆 34”“中豆 35”“中豆 36”“中豆 37”和“天隆一号”、“天隆二号”等,获湖北省科技进步奖 1 项,发明专利 2 项。发表论文 72 篇,主编或参加编写著作 14 部。

邢 邯 1984 年南京农业大学园艺系本科毕业,1986 年获农学硕士学位,1998 年获南京农业大学农学系作物遗传育种专业博士学位,导师为盖钧镒。1986—2001 年在山东省农业科学院从事大豆遗传育种和栽培研究,侧重大豆抗病遗传育种研究。2001 年 6 月调入国家大豆改良中心任研究员,兼任中国作物学会大豆专业委员会理事。主持或合作完成“山东省大豆胞囊线虫生理小种分布、抗源筛选的研究”等项目 10 项。

喻德跃(1965—),南京农业大学作物遗传育种专业教授,教育部“跨世纪优秀人才培养计划”和霍英东青年教师研究基金获得者。现任国家大豆改良中心副主任、作物遗传与种质创新国家重点实验室副主任。1994 年 10 月在法国格勒诺布尔第一大学获得细胞与分子生物学硕士及生物学博士学位;1997 年 9 月到南京农业大学任教,以大豆和菊花为对象开展植物分子遗传与生物技术的研究与应用。主持“973”“863”计划、国家转基因研究与开发专项、霍英东基金等多个课题;申报专利 2 项,新品种保护权 1 项。发表研究论文 40 多篇,被 SCI 引用近 200 次。

南京农业大学是南方大豆研究的中心,也是全国大豆人才培养的中心之一,从第二代马育华开始,十分重视数量遗传学等基础研究理论研究,注重对外交流,基础研究强,学风扎实、严谨;但因为中心不在大豆主产区,对实践重视相对不足,对大豆生产的直接贡献不如东北农大和中国农科院。

二、东北系统的学术谱系

东北系统的学术谱系见图 5 - 4 所示。

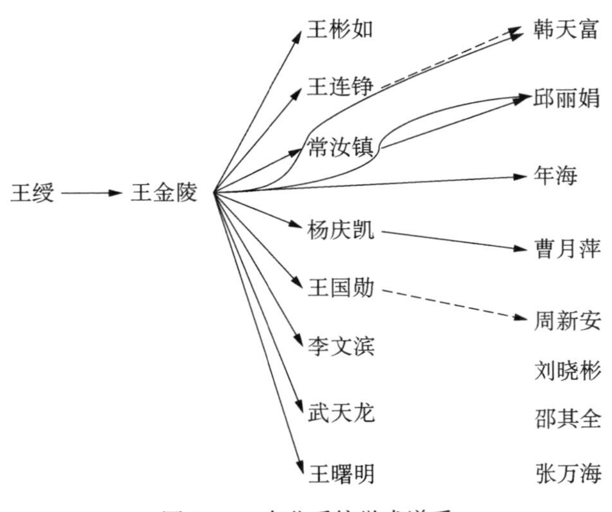

图 5 - 4 东北系统学术谱系

东北农业大学大豆研究所是著名作物遗传育种学家、我国大豆遗传育种学科带头人王金陵教授创立并主持领导的以大豆遗传育种为核心、多学科联合攻关的研究机构。几十年来，该所先后承担并部分主持国家“六五”至“十一五”规划科技攻关课题；主持了国家自然科学基金重大项目及研究课题；主持承担了省部级科技攻关项目及“863”计划研究课题，国际合作研究等50余项。先后选育推广了20多个大豆新品种，其中“东农4号”是高产、稳产适于机械化栽培的品种，累计推广面积400多万公顷，创经济效益10亿元以上，获国家科技大会奖；“东农36号”为超早熟高蛋白品种，打破我国大豆栽培禁区，使我国大豆种植领域北移100多千米，获国家科技进步三等奖；“东农42号”为高蛋白优质品种，评为国家级名牌产品，已成为我国对外纯品种出口的拳头产品。

在基础理论研究方面，大豆研究所主持的野生大豆与半野生大豆产量及蛋白质资源潜力的研究有颇多建树。发表研究论文30多篇，并获得了国家教委和农业部科技进步二等奖2项，使这方面的研究工作处于国际前沿；主持与承担了对大豆灰斑病、花叶病毒病、孢囊浅虫病、菌核病及疫霉根腐病抗性种质创新、抗性遗传、抗性机制的研究，在抗病育种方面取得了系统、全部、深入的进展，发表研究论文60余篇，创新抗源种质14份；育成推广了多抗品种“东农43号”，此项研究分别获得了国家科技进步三等奖1项，省科技进步二、三、四等奖3项。

大豆研究所早在80年代初育种目标就开始以市场为导向，坚持进行多方向、专业化育种目标，因此近年在品质育种、抗病育种、早熟育种、特用育种方面都取得了重大的进展，先后育成高蛋白品种“东农C13”“东农1569”(蛋白质含量在45%以上)，高油品种“东农434”“东农163”(脂肪含量在23%以上)，同时被评为黑龙江省优质品种工程中标品种，将集中繁殖、大力推广，为黑龙江的效益型农业做出应有的贡献。

大豆研究所多年来培养硕士研究生20余名，博士研究生10余名，建立了博士后流动站，在人才培养方面做出了重要贡献。

东北大豆研究的开创者是王金陵。

王金陵(1917—2013)，大豆育种学家、农业教育家、中国大豆杂交育种的开拓者。1941年金陵大学学毕业后留校当王绶助教；1943年离开金陵大学农艺系，应邀到陕西武功农林部省推广繁殖站任技术督导员；其后又转任中央农业实验所技佐、技士；1946年到吉林省公主岭农事试验总场接管该场工作。1948年秋，哈尔滨建立了新中国成立后第一所农业大学——东北农学院，王金陵应聘成为第一批教师，并成为该院农学系的第一任系主任。他在东北地区育成了“东农4号”“东农36号”等优良品种，后者将中国大豆种植北界向北推进100多千米；“东农4号”在1959—1965年间，累计种植面积达200多万公顷，增产大豆折合产值2亿多元，不仅对当时的大豆增产起到了重要促进作用，在广交会和外贸市场上也享有很高声誉。“东农4号”的育成和在生产上的应用是黑龙江省大豆育种工作的一个里程碑，它指明了品种间杂交育种是今后的主攻方向，该品种在1978年荣获全国科学大会奖。王金陵在大豆野生资源利用、生态区划、遗传研究、选择技术等方面颇有建树；从教50年，培养了大批农业科技人才，为中国大豆生产和科学技术的发展做出了重要贡献。

东北系统的第二代有王连铮、王彬如等。

王连铮(1930—)，详见下文“中国农业科学院学术谱系”。

王彬如(1926—2010)，研究员、国家有突出贡献科技专家，享受国务院政府特殊津贴。1951年毕业于山东农学院，先后在原东北农业科学研究所(现吉林省农业科学院)、原黑龙江省农科所作物育种系从事大豆遗传育种研究工作。他是我国大豆辐射育种研究领域的开拓者之一，在大豆有性杂交育种、辐射育种、辐射育种与杂交育种相结合，东北地区春大豆品种区划等研究领域做出了历史性贡献。在30多年的育种工作中，主持育成并推广了27个优良大豆品种。1956—1960年间与东北农学院合作，育成“黑农1号”“黑农2号”和“黑农3号”等大豆品种，其丰产性、抗旱性较好，适应性广。1958年他和翁秀英主持，在国内首先开展了大豆辐射育种工作，育成“黑农4号”等5个品种，这些品种早熟、含油量高，在东部垦区农场发挥了显著作用。1962年开始开展辐射育种与杂交育种相结合的育种途径和方法研究，育成“黑农16号”“黑农26号”“黑农28号”“黑农31号”“黑农32号”“黑农37号”和“黑农38号”7个大豆品种。1980—1990年间，采用有性杂交方法育成“黑农24号”“黑农33号”等品种。其中，他与王连铮共同主持育成的“黑农16号”获得全国科学大会奖；“黑农26号”成为70年代后期至80年代黑龙江省中南部的主栽品种，1984年获得国家发明二等奖；“黑农31号”脂肪含量为23.1%，蛋白含量为41.4%，是当时黑龙江省首先推广的双高品种；“黑农33号”获得国家“七五”计划重大科技成果奖；“黑农37号”自1992年推广以来，在生产上应用15年以上，1992—1997年在黑龙江省内外累计推广面积759.96万亩，1998年获得黑龙江省科技进步二等奖。在核心期刊发表学术论文30余篇，主编《大豆有性杂交育种》一书，参编了《中国大豆育种与栽培》《大豆遗传育种学》等著作。

王国勋 1953年毕业于东北农学院，先后在吉林省农科院、中国农科院作物育种栽培研究所从事大豆研究工作。他到中国农科院油料所工作后，一边整理湖北的大豆品种资源，一边开展杂交育种；同时组织了全国大豆生态试验，目的在于明确中国大豆品种的生态特性。在他和同事们的坚持下继续进行品种选择，先后完成了"中国栽培大豆品种的生态分类研究""中国栽培大豆品种分类的原则、模式、要素及标准"等项目，对了解中国大豆品种生态分布特点、指导引种及品种分类研究有极大的参考价值，其中有关中国栽培大豆品种分类的研究成为以后进行大豆品种分类的依据。在大豆品种资源研究和生态试验的基础上开展育种研究，育成了"鄂豆 1 号""鄂豆 2 号"等长江夏大豆早熟品种，将长江夏大豆品种的成熟期从 10 月中下旬提早到 10 月初，产量也有所提高。"鄂豆 2 号"成为早熟长江夏大豆推广良种，在长江中游及黄淮南部大面积推广，年种植面积近 300 万亩，取得了很大的社会和经济效益，获得国家科技进步三等奖。其后选育了"中豆号"系列品种，如长江夏大豆高蛋白品种"中豆 8 号""中豆 24 号"，黄淮夏大豆"中豆 19 号"等。"中豆 19 号"丰产性和适应性好，先后通过安徽、河南和湖北省审定并通过国家审定，在安徽、河南等省大面积推广，获得国家科技进步奖。

常汝镇　1966 年在东北农业大学研究生毕业后，分配到中国农科院油料所从事大豆育种研究工作，培育出新品种"鄂豆 2 号"。自 1976 年以来一直致力于中国大豆品种资源的收集、评价、研究与利用工作。主持完成"八五"计划国家攻关专题，国家"948""863"和"973"项目。在大豆品种资源由表型分析和基因型鉴定转变方面做出了突出的贡献，选育出一批综合性状优良又各具特点的新品系。在基础研究和应用研究工作中，筛选出大豆耐盐基因标记并定位在分子连锁图上，该标记的获得和应用已获国家发明专利；将大豆抗花叶病毒病"东北 3 号"株系抗性基因的 RAPD 标记转化为 SCAR 标记并定位在 F 连锁群，这些标记已用于分子标记辅助选择。"农作物国外引种研究"获 1979 年农业部科技改进二等奖；"全国野生大豆考察与搜集"，获 1980 年农业部科技改进一等奖；"'鄂豆 2 号'的选育与推广"，获农业部科技进步一等奖和国家科技进步三等奖。发表论文、研究报告、综述等文章百余篇。

杨庆凯　东北农业大学教授、全国政协委员、国家大豆研究会副理事长。1966 年研究生毕业后，参与和主持了国家自然科学基金重大项目"东北大豆种质拓宽与改良"和"大豆灰斑病资源筛选、抗病遗传"等 10 余个，形成了黑龙江省在大豆特用和专用方面的优势。其中，历时 15 年选育出的"东农 163""东农 434"品种，纳入了国家跨越计划、国家发展大豆计划及黑龙江省主要高油大豆良种化工程。荣获国家科技进步奖 2 次，省部级二等奖以上奖项 5 个，被评为"国家有突出贡献专家"。

李文滨(1958—),东北农业大学大豆研究所所长。1978—1982年就读于东北农业大学农学专业,1982—1985年,攻读东北农业大学农学专业作物遗传育种专业硕士学位,1985—1988年攻读博士学位。毕业后曾先后在日本农林水产省农业生物资源研究所、日本科学技术厅、美国密西根州立大学作物科学系、加拿大圭尔夫大学植物农业系生物技术中心从事研究工作;2003至今在东北农业大学农学院大豆研究所工作。近年主持国家“863”目标导向项目、国家自然科学基金重点项目、国家自然科学基金面上项目、大豆抗逆转基因新品种培育重大专项、“973”大豆高产优质分子育种项目、农业部大豆产业技术体系岗位专项、黑龙江省教育厅创新团队项目等多个;先后获黑龙江省科技进步二等奖3项,黑龙江省高校科技奖一等奖1项,申请国家发明专利8个,主持育成品种3个。

该谱系的第三代有韩天富、年海、邱丽娟等,他们有的直接师承王金陵,有的由王金陵及其学生共同培养,有的是王金陵的再传弟子。

韩天富(1963—),详见下文“中国农业科学院谱系”。

年　海(1962—),国家大豆改良中心广东分中心主任、国家大豆产业技术体系岗位科学家、中国农科协大豆协会副理事长、中国作物学会大豆专业委员会副秘书长。1994年12月在东北农业大学获博士学位,1995年2月—1996年12月在华南农业大学博士后工作站工作,1997年到华南农业大学工作。长期从事作物遗传育种学科的科研工作,主要研究方向是大豆、玉米遗传与育种。先后主持省部级以上资助的科研课题20多项,育成大豆品种17个,是其中8个国审大豆和2个省审大豆新品种的第一育成者。

邱丽娟(1963—),女,1989年获东北农业大学农学博士学位,毕业后分配到中国农业科学院作物品种资源研究所工作。1993年5月—1994年6月,先后在美国伊利诺伊大学和爱荷华州立大学从事大豆和玉米的分子遗传研究。现任世界大豆研究会常务理事,中国作物学会理事兼国际学术交流工作委员会副主任,中国大豆专业委员会理事兼副秘书长。自“九五”计划以来,主持和完成多个国家攻关专题、国家自然科学基金等课题,研究内容包括大豆新型分子标记开发和利用、重要性状的新基因发掘与功能定位、大豆品种资源的遗传多样性分析及核心种质构建、大豆育种新方法研究和种质创新等。新克隆并在基因库注册玉米及近缘野生种a1基因序列32个。主持的“大豆耐盐基因分子标记及获得方法和应用”获国家发明专利1项;在品种资源研究和种质创新方面获国家和省部级科技进步奖励5项。参编著作3部,发表论文60余篇。被评为中国农业科学院杰出人才、农业部有突出贡献的中青年专家。

王继安(1956—　),研究员。1980—1985年吉林农业大学农学专业本科毕业,1995年获该校作物遗传育种专业农学硕士学位,2001年获博士学位,2004年从黑龙江省农业科学院博士后流动站出站。研究方向为大豆高产优质新品种选育,大豆分子辅助育种与转基因育种,大豆食心虫抗性分子遗传,大豆优质脂肪酸分子遗传与大豆耐旱性分子遗传等。

刘丽君(1958—　),女,现任黑龙江省农业科学院大豆研究所所长。1977年就读于东北农学院,1982年毕业后分配至黑龙江省农业科学院大豆研究所工作。主要从事大豆生理遗传育种的研究,在大豆抗旱性、抗病性、生化遗传标记、优质育种等方面做出了突出贡献。完成了多项国家重大基金项目等研究课题。自1996年以来,开始探索大豆分子标记聚合育种的研究,利用Ti质粒、根癌农杆菌介导生长素基因、优质基因转化大豆,获得大量遗传群体;对转基因材料进行生化验证和分子验证,利用PCR技术对优质、抗病性状进行分子标记性筛选,获得一批优质、高产、抗病的新品系和进入区域实验的材料。

张淑珍(1972—　),女,现为教育部大豆生物学重点实验室副主任,主要从事大豆抗疫霉根腐病遗传育种工作。师从杨庆凯教授攻读作物遗传育种专业研究生,分别于1999年和2002年获得农学硕士和博士学位;2002年7月博士毕业至今在东北农业大学农学院大豆研究所工作。参加选育了高产、优质、抗病东农号大豆品种12个;主持国家自然科学基金(5项)、教育部新世纪人才培养计划等国家级和省部级课题14项,多次荣获黑龙江省科技进步一、二等奖。发表论文50余篇。

其他东北农业大学学生还有刘晓彬、邵其全、张万海等。

东北农大与黑龙江省农科院在人才培养方面,以王金陵为首,育种、栽培、理论研究等各方向人才结构比较全面,在全国大豆科学研究的机构中规模最大。在大豆科研方面,育成大量大豆新品种。原因之一是研究所在主产区,对生产贡献大;二是王金陵特别强调“一手出品种,一手出论文”,从生产实践出发,注重理论联系实际。

三、中国农业科学院的学术谱系

卜慕华→王连铮→韩天富

中国农业科学院的三代大豆科学家之间虽非直接师徒传承关系,但在同一学术大本营内，学术上有继承，共同促进了该学科的发展壮大，且具备了自己的学术传统。

王连铮(1930—)，1954年毕业于东北农学院农学系；1960—1962年在苏联莫斯科季米里亚捷夫农学院作物遗传育种教研室学习，回国后历任黑龙江农业科学院生物物理研究室副主任，作物育种所、大豆所所长，黑龙江农业科学院院长，黑龙江省副省长，中国农业科学院院长，农业部副部长；1991年5月被选为中国科学技术协会副主席。他长期从事大豆育种研究，曾与王彬如共同主持育成9个大豆品种，其中“黑农26”由他决选，获国家发明二等奖；“黑农16”获全国科学大会奖；“黑农10”“黑农11”和“黑农24”获黑龙江省科学大会奖；主持黑龙江省野生大豆调查、搜集和研究，共采集576份野生大豆材料，蛋白质含量在52%以上的有4份，获农业部技术改进一等奖、省优秀科研成果二等奖。他与邵启全、尹光初等共同主持，研究不同类型大豆品种对脓杆菌的致瘤反应及基因转移问题，获得1986年黑龙江优秀科技成果二等奖。在1981—1989年担任联合国开发计划署资助的大豆项目主任时，对黑龙江大豆科研生产的发展做出了重要贡献，获得联合国开发计划署的赞赏；主持中国农业科学院作物研究所大豆育种课题，率领课题组先后培育成功“中黄13”等一系列大豆新品种，为我国大豆生产做出了杰出贡献。“中黄13”是我国第一个获得国际新品种保护权的农作物新品种，具有里程碑式的重要意义，其品种选育和推广相关成果2011年获国家科技进步一等奖。发表论文40余篇，其中与他人合著30多篇；译著60万字，主编著作多部，其中《黑龙江农作物品种志》获省优秀科技成果三等奖，《农业增产技术》被评为优秀科普作品一等奖。此外，与美国维特瓦教授等合著的《温饱十亿人》一书，由他执笔8章，2位诺贝尔奖获得者为此书写了书评，已先后出版了英文、中文、日文等多个语言版本，在国际农学界产生了较大影响。

韩天富(1963—)，1984年获甘肃农业大学农学学士学位，1988、1994年分别获得东北农业大学农学硕士、博士学位，1997年在南京农业大学国家大豆改良中心完成博士后研究(内容是大豆开花后光周期反应的进一步研究，合作导师为盖钧镒)。现任国家大豆产业技术体系首席科学家、农业部大豆专家指导组组长、中国作物学会大豆专业委员会主任委员、北京国家大豆改良分中心主任、农业部北京大豆生物学重点实验室主任、世界大豆研究大会常设委员会委员等职。先后主持国家自然科学基金等课题30余项。长期从事大豆适应性改良的原理、技术研究和品种选育工作，在大豆光温反应、分子育种、品种选育和技术推广等方面取得一定成绩。截至2012年10月，共主持选育大豆新品种13个，发表论文 113 篇；主编、参编著作、论文集等 21 部，主笔编写国家和行业标准 3 项，申报发明专利 11 项。先后获得“中国农业科学院十佳青年”、农业部“全国农业科技推广先进个人”“先进农业科研人员”等荣誉称号。

中国农科院作物所是国家级农业研究机构，其大豆研究和人才培养虽起步晚于南京农大和东北农大，但后来居上。从大豆科研的成果看，育成推广面积最大的品种、产量最高的大豆品种，发表行业领域内影响因子最大的论文，均属于中国农科院作物所。这缘于国家级机构的资源最全面，有最完善的大豆研究网络，掌握资源丰富，可在全国开展试验；在学术传承和人才培养上海纳百川，虽然科研人员互相之间没有直接的师承关系，但特别注重突出团队的整体作用，在科研工作过程中通过科研项目的实施完成学术继承和创新。

四、其他重要大豆科学家

1. 沈阳农业大学

徐天锡(1907—1971)，农业教育家、作物栽培学家。1925 年秋入南京金陵大学农学院就读；1929 年毕业后赴广西省农务局农艺系任技士，从事稻作改良工作，后在安徽省立乡村师范学校任教员兼农场主任；1930—1934 年在燕京大学作物改良试验场任技师，负责高粱、玉米育种改良；1934—1935 年赴美国明尼苏达大学深造，获农艺与植物专业硕士学位；1935 年再次南下广西省，任省农事实验场技正兼农艺组主任，研究全省的稻作改良；1936—1938 年在浙江大学任副教授、教授，主讲麦作学并主持水稻、小麦研究；1938—1940 年就职于广西大学农学院、广西农事实验场，以技正的身份主持水稻研究和技术推广；1944—1947 年任上海圣约翰大学植物生产系主任、代院长；1949 年秋受聘于上海复旦大学农学院教授；1952 年全国高等学校院系调整，北上沈阳农学院任教，担任作物栽培教研室主任、耕作与作物栽培原理教研室主任。曾任辽宁省农学会理事长、第三届全国人民代表大会代表。

董　钻(1935—　)，沈阳农业大学教授，主要从事作物栽培学和大豆产量生理教学和研究工作。主持的科研项目“建平县科技扶贫综合项目开发”“大豆产量程序设计及措施优化”“大豆产量潜力研究和生产技术规程研制推广”分别获辽宁省政府科技进步二等奖、三等奖和一等奖。发表研究论文 40 余篇；主要著作有《作物栽培学概论》(策划、参编)、《作物栽培学各论(北方本)》(副主编)、《作物生物化学》(主编)、《农学俄语》(主编)、《大豆栽培生理》(编著)、《大豆产量生理》(著),并有译著《作物育种的生物学原理》等多部。

谢甫绨(1966—),1985 年毕业于江西农业大学农学系;1988 和 1993 年先后在沈阳农业大学获硕士和博士学位,师从杨守仁和董钻。现为沈阳农业大学教授、农学院副院长。主要致力于大豆育种与栽培方面的研究,主持育成大豆新品种 7 个,在国内外刊物上发表学术论文 90 余篇。先后获农业部“中青年有突出贡献专家”“辽宁省高校骨干教师”等荣誉,入选“辽宁省百千万人才工程”百人层次,享受国务院政府特殊津贴。

2. 黑龙江省农科院

张永库(1928—),1949 年于黑龙江省农业专科学校肄业。先后任黑龙江省克山农业试验站、黑龙江省农业科学院黑河农业科学研究所技术员、助理研究员、副研究员、研究员。专长大豆育种,主持选育出大豆新品种“黑河 3 号”,1985 年获国家发明奖二等奖。荣获“黑龙江省特等劳动模范”“全国优秀科技工作者”称号,全国五一劳动奖章。

刘忠堂(1939—),1981—1984 年在黑龙江省农科院合江农科所工作,历任黑龙江省农科院合江农科所副所长、所长;1996—2003 年先后任黑龙江农科院总农艺师、国家大豆工程技术研究中心(省农科院、东北农大)主任。育成大豆品种 19 个,1987 年获黑龙江省科技进步一等奖、国家科技进步三等奖。在国内首先成功进行了抗灰斑病育种,育成的高抗灰斑病大豆新品种“合丰 30”1992 年获黑龙江省技术进步二等奖。荣获黑龙江省优秀专家、全国先进工作者、国家有突出贡献中青年专家等荣誉,享受国务院政府特殊津贴。

郭　泰(1963—),毕业于东北农业大学农学专业,现任合江大豆研究所所长、研究员。1984 年开始从事大豆育种工作,导师为刘忠堂。先后主持完成国家“863”计划、农业部科技跨越计划与农业重大结构调整研究专项、科技部成果转化基金项目、省级育种攻关和良种化工程等研究项目 25 项,是“十五”期间国家“863”计划东北大豆育种专题主持人。参加育成“合丰号”系列大豆新品种 5 个(合丰 27 号～31 号),主持育成“合丰号”系列大豆新品种 21 个(合丰 32 号～52 号),年推广面积 66 万公顷以上,累计推广面积 800 万公顷;品种推广范围由黑龙江省扩大到吉林、内蒙古、新疆、安徽等全国 12 个省(自治区),使黑龙江省大豆品种更新换代 2～3 次,单产提高 300～375 千克/公顷。主持育成的高产、广适应性品种“合丰 35 号”,年最大种植面积 56.7 万公顷,1994—2005 年累计推广面积 433 万公顷,增产大豆 11.0 亿千克;为窄行密植高产栽培技术的大面积推广应用提供了核心技术,使大豆亩产提高 30～40 千克,有力地推动了大豆栽培技术的变革。先后获得省部级以上成果奖励 8 项。

3. 吉林省农科院

吉林省农科院学术谱系见图 5－5 所示。

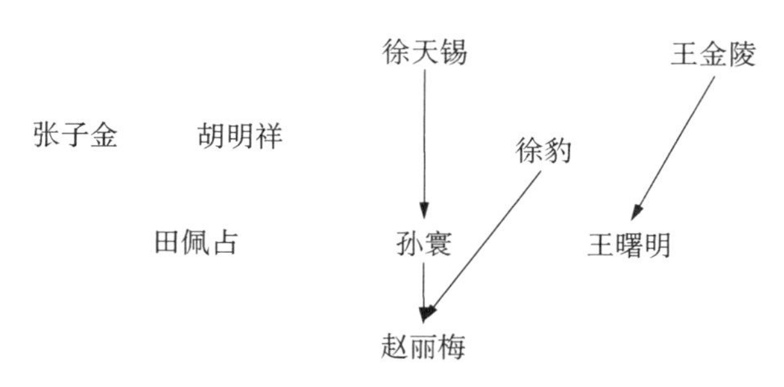

图 5－5　吉林省农科院学术谱系

第一代的大豆科学家有张子金、徐豹、胡明祥等。

张子金(1918—2006)，吉林省农业科学院大豆研究所研究员，曾任大豆组组长、大豆研究室主任、大豆所副所长，以及任吉林省大豆研究会副理事长，中国大豆研究会副理事长，农业部大豆专家顾问组组长，吉林省农作物品种委员会常委兼大豆、油料专业组组长。1944 年毕业于中央大学农艺系，1945 年在中央农业实验所从事小麦育种和栽培工作，1949 年 3 月以后一直在吉林省农科院从事大豆研究工作。在选育适合于东北地区和吉林省的大豆优良品种，提高大豆产量和品质的研究上做出了重要贡献。他先后选育出 7 批 32 个新品种，其中多数成为主要推广品种，累计推广面积达 1 400 多万公顷。其中，“吉林 3 号”获全国科学大会奖，“吉林 20 号”获吉林省科技进步一等奖和国家科技进步三等奖。在品种资源方面，他长期以来注意收集和集中研究国内外大豆品种资源 2 000 多份，筛选出一些抗源系列和优良种质材料，为育种提供了杂交亲本；同时，还明确了全国大豆品种生态类型的地理分布规律。在大豆栽培方面，他通过大豆增产调查和丰产总结，明确了“肥地宜稀，薄地宜密”的大豆密度基本原则，并明确了东北三省各地大豆的密植幅度。

第二代大豆科学家主要有孙寰、田佩占、王曙明等。

孙　寰(1939—　)，吉林省农业科学院学术委员会主任、首席研究员，中国作物学会大豆专业委员会副理事长，曾任吉林省农科院副院长、省作物学会理事长。1963 年大学毕业后，考取了我国第一批全国统招的硕士研究生，主攻耕作栽培专业。1982 年被派往美国，师从美国大豆细胞遗传学家帕尔默。这期间，他全面掌握了世界大豆科学研究动态,掌握了许多先进技术,为杂交大豆的研究奠定了坚实基础。回国后,选用不同类型栽培大豆与野生大豆广泛杂交,终于发现地方品种“汝南天鹅蛋”(代号 167)含有不育细胞质。经过五代回交,1993 年育成世界上第一个大豆细胞质雄性不育系 OA 和同型保持系 OB,1995 年又育成栽培豆不育系 YA 和 YB,并找到恢复系,实现“三系”配套;同时,还证明不育系属配子体不育,育性稳定。不育系的育成,为大豆杂种优势利用打开了突破口,此项研究成果达到了国际领先水平。经过 20 多年坚持不懈的努力,攻克了杂交大豆这一世界性难题。先后获得国家技术发明二等奖、农业部科技进步二等奖、首届吉林省科技进步特殊贡献奖等。

田佩占(1943—),1966 年毕业于吉林农业大学农学专业,1972 起在吉林省农科院作物育种研究所及大豆研究所从事大豆遗传育种研究,1996 年起在吉林省农作物新品种引育中心继续从事大豆遗传育种研究。历任吉林省农科院作物育种研究所大豆研究室副主任,大豆研究所副所长、所长。主要从事大豆遗传育种研究、大豆生态理论研究和农作物高产理论研究,主持育成“吉林 20～50”“吉豆 1”“吉豆 2”等 33 个大豆新品种。先后获国家科技进步三等奖 1 项,省科技进步一等奖 1 项,省科技进步三等奖 4 项;1988 年被评为国家级有突出贡献的中青年科技专家。发表论文 90 余篇。

第三代以赵丽梅为代表。

赵丽梅(1964—),1988 年研究生毕业后到吉林省农科院大豆所从事大豆杂种优势利用研究。与导师孙寰同为世界上第一个大豆细胞质雄性不育系和第一个大豆杂交种的育成人,为杂交大豆研究及产业化技术开发做了大量细致、具体的工作,同时也取得了重要的原创成果。先后获国家技术发明二等奖 1 项,吉林省科技进步一等奖 2 项,农业部科技进步二等奖 1 项,均排第 2 名;获中国和美国发明专利各 1 项,入选国家“百千万人才工程”。先后主持了国家“863”计划重大专项、“十五”“863”计划专项、国家“973”计划、国家支撑计划及省重大专项和农业部重大专项等近 20 项,参加主持 21 项。发表论文 40 余篇。

4. 山西省农科院

山西省农科院大豆研究的学术传承和代际关系为:王绶→吕世麟、程舜华→刘学毅、李桂权、魏保国。

5. 其他大豆科学家

孙醒东(1897—1969),农学家、农业教育家,我国研究大豆、牧草及绿肥作物的先驱者之一,对我国的大豆、牧草、绿肥的资源和分类进行过开拓性的研究。

1924年赴美深造，1927年6月获波士顿依曼纽尔大学理学学士学位，1928年获普渡大学农学学士学位，1930年获普渡大学农学硕士学位，1934年获伊利诺伊大学博士学位(博士论文是关于大豆育种的研究)，1933年6月—1934年4月在美国万国农具公司专攻农业机械专业课程。1934年4月归国，先后在河北省立农学院、中央大学农学院、福建省立农学院任教授兼系主任。中华人民共和国成立后，他欣然接受河北省立农学院(1958年易名河北农业大学)之聘，在该校任教授、教研室主任、校学术委员会委员等职。1952年，在大豆品种的分类研究中，不但提出了分类方法，而且对我国大豆的重要品种资源做出了总结，并于同年发表了《大豆的品种分类》一文。此间，还兼任中国科学院植物研究所研究员，分别在保定、北京主持近10项科研课题。搜集豆类原始材料数百份，从中选育出富含蛋白质的大豆新品种"保定青皮青"。撰写论文20余篇，编著、译著10余部，其中《大豆》《重要牧草栽培》《国产牧草植物》《重要绿肥作物栽培》等专著于1954—1958年相继出版，均为我国最早版本。

丁振麟(1911—1979)，农业教育家、农学家。早年从事大豆遗传、生态和大麦区划研究；抗日战争胜利后，为恢复、发展浙江大学农学院(浙江农业大学)和创办浙江省农业科学院倾注了全部心血。1930年考入浙江大学农学院农艺系；1934年毕业后在中央大学农学院大胜关农场任技术员，一面继续学习农业科学理论，一面在金善宝等专家、教授指导下从事农场工作和科学试验；1939年在云南大学农学院筹建农场，并担任农场技士，兼农艺系助教，1944年晋升为农艺系副教授。1945年1月，考取公费赴美留学实习，先后在美国爱荷华州立农学院、康奈尔大学学习"作物遗传育种学""群体遗传学""玉米育种"等课程，回国后受浙江大学竺可桢校长的聘请任农学院农艺系教授兼农场场长。1952年院系调整时，浙江大学农学院独立成为浙江农学院，丁振麟被委任为副院长兼农学系教授，其后历任浙江农业大学副校长、校长，浙江省农业科学院院长等职。他重视生态研究，20世纪五六十年代，广泛收集全国各区的大豆品种，分别在有代表性的地点试验，以研究我国大豆不同基因型的气候适应性规律。1959年发表论文《气候条件对大豆生长发育的影响》，1965年发表论文《气候条件对大豆化学品质的影响》，这2篇论文对指导大豆科研和生产者正确进行大豆引种和提高大豆的品质具有重要的参考价值。

王国栋 1943年毕业于哈尔滨农业大学农学科，曾任吉林省建设厅技士。新中国成立后，历任锦州农业科学研究所技师、铁岭农业科学研究所高级农艺师。长期从事大豆育种研究工作，先后参与主持育成"铁丰3号""铁丰8号""铁丰 18 号”等大豆新品种，其中“铁丰 18 号”1983 年获国家发明奖一等奖。

段贵娥(1936—)，女，研究员，曾任河南省农科院经作所大豆研究室主任、国家农作物品种审定委员会委员。1961 年河南农学院农学系毕业后分配到黄泛区农场工作，1963 年调河南省农科院，1996 年退休。从事大豆品种资源、育种研究和国家品种区域试验 30 多年，主持、参加选育出认定和审定新品种 11 个。1968 年开始杂交育种，育成“早丰一号”“郑州 135”“郑州 126”“豫豆 2 号、3 号、7 号、8 号、10 号、12 号、13 号、16 号”等新品种。在获奖的 11 项成果中，由她作为第一主持人完成的“GS 豫豆 8 号”获省科技进步一等奖、国家科技进步三等奖；作为主持人之一完成的“郑州 135”“早丰一号”分别获省重大科技成果二等奖和省科学大会奖；主要完成的“豫豆 2 号”、《中国大豆品种资源目录》分别获农业部一、二等奖。1993 年被国务院授予“有突出贡献专家”称号。

李卫东(1947—)，1982 年毕业于河南农业大学农学系，曾任河南省农业科学院棉花油料作物研究所大豆研究室主任、研究员。从事大豆育种 20 余年，主持育成“豫豆 12 号”“国审豫豆 19 号”“豫豆 25 号”和“郑 92116”等优质高蛋白大豆品种，参加选育出“豫豆 2 号、8 号、10 号、16 号”等 10 余个品种。曾主持或参加国家攻关大豆育种项目、国家攻关大豆品种资源研究项目、农业科技成果转化基金项目等多个。2000 年作为国家“跨越计划”首席专家，主持“优质高蛋白大豆‘豫豆 25 号’和‘郑 92116’生产技术”项目。获省部以上成果奖 11 项，其中二等以上成果奖 9 项。在国内外刊物发表论文 30 余篇。

第四节 典型学术谱系分析——韩天富学术师承谱系

韩天富的学术师承谱系见图 5-6 所示。

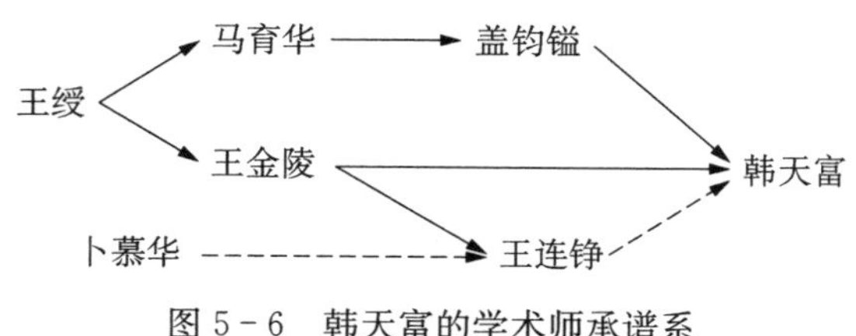

图 5-6 韩天富的学术师承谱系

韩天富 1984 年获甘肃农业大学农学学士学位，1988、1994 年分别获东北农业大学农学硕士、博士学位，导师为王金陵教授，博士学位论文为《不同生态类型大豆品种开花后光周期反应的研究》。1997年，他在南京农业大学国家大豆改良中心完成博士后研究，合作导师是盖钧镒教授，研究内容为“大豆开花后光周期反应的进一步研究”；其后到中国农科院工作，在研究方面受到王连铮的指导和影响。因此，韩天富对大豆科学的三大谱系均有传承。

生育期是大豆最重要的生态性状。大豆品种生育期长短主要由该品种对日照长度（光周期）和温度的反应特性所决定。因此，大豆光周期反应特性研究对于认识大豆生理、生态、遗传特性和开展育种工作都具有重要意义。从王绶于20世纪20年代开创性的研究开始，大豆光周期反应这一重要研究方向在该谱系中得到传承和发展。

1925年，金陵大学王绶教授将北起哈尔滨、南至浙江嘉兴的106个大豆品种种植于南京，以播种至开花所需天数作为各品种的生长期，这是中国学者首次进行大豆光周期反应的实验研究。结果发现：大豆品种原产地越靠北，于南京开花越早，甚至不到开花时间即死；原产南京以南地方的大豆品种，情况则相反；与南京纬度相近的湖北宜昌，虽距南京2 000余里，然而来自宜昌的大豆生长情形与南京本地大豆无大差别。王绶认为这种现象主要是缘自不同纬度地区日照长度不同。大豆生长期间，北方的日照比南方长，已适应长日照的大豆种移至日照短的南方后，即被感应而提早开花，但生长极为不良；南京以南地区的大豆，长期适应较短日照的环境，北移至南京后，会延长生长期。至于宜昌之大豆能于南京生长正常，主要是因为日照相差不大。如果将南京之大豆移种北方，等到短日照来临而被感应开花后，则因天寒已无法结实。

20世纪40年代初，王金陵开始研究大豆光周期反应，1941年发表题为《大豆之光期性》的论文，全面介绍了国外大豆光周期反应研究的最新进展，并将光周期性特征运用于品种分类和生态类型的划分。1947年，王金陵提出：根据大豆光期性研究之成果，应重新调整大豆品种早迟之观念。若以大豆对光期之反应为准，可将大豆品种之早迟作粗概划分。他用种皮色、开花期及种粒大小分类大豆品种：种皮色可分为黄、青、褐、黑、双色5种；开花期分为极早（于北纬34°之平原地带，5月底播种，播种至开花少于30日者）、早（31～45日）、中（46～60日）、晚（61～75日）、极晚（76日以上）5种；种粒大小则分为大（百粒重20克以上）、中（百粒重10～20克）、小（百粒重10克以下）3类。大豆种先依皮色分为5种，每种再依开花期分为5类，每类再依种粒的大中小分为3类，这样可将大豆分为75种。此后，王金陵对栽培大豆和大豆的光照生态类型进行了更深入的研究，其中，于1956年发表的《中国南北地区大豆光照生态类型的分析》一文，成为我国大豆科技界引用次数最多的论文之一。

韩天富跟随王金陵攻读博士学位期间，王金陵提出以“大豆开花以后的光周期反应”作为博士论文选题，这一选题具有开创性的意义。因为已有的国内外学者对大豆光周期反应的研究，主要集中在开花及以前阶段对光周期的反应方面，对大豆花荚期至成熟期的光照反应研究很少。国内的作物科学工作者由于受阶段发育学说的影响较深，认为光周期反应只在花芽分化以前，因而更少涉及这一领域。在王金陵的指导下，韩天富在前人成果的基础上，选用具有广泛代表性的材料、严格的人工控制手段和较先进的检测方法，进一步寻找开花后光周期反应的证据，比较不同基因型开花后光周期反应的差别，探讨开花后光照长度对大豆产量和品质性状的影响，并研究开花后光周期反应的生物化学基础。结果表明：不同成熟期的大豆品种开花后普遍存在着对光照长度的反应，这种反应属于典型的光周期现象，而不是由温度的替代作用、光合时间的改变或前期短日后效应引起的。开花后光周期反应不仅存在于大豆的花荚期，而且存在于鼓粒期至近成熟期。韩天富提出了“泛光周期假说”（Hypothesis of Pan-Photoperiodism），认为：作物开花结实对光周期的需求是一个连续过程；光周期对发育进程的调控作用存在于开花至成熟的全过程；光周期诱导开花和促进成熟的作用有一定的共同性；光周期诱导效果具有持效性和可逆性。该观点对经典的光周期学说和阶段发育学说提出了补充和修正，拓宽了作物发育生理学研究的领域。

此后，韩天富在南京农业大学国家大豆改良中心进行博士后研究，在盖钧镒教授的直接指导下，以遗传育种理论为指导，继续从事大豆开花后光周期反应的研究，1997年完成博士后研究。在此期间，他进一步研究了大豆开花后光周期反应的证据和品种间的差异，并从内源植物激素入手，探讨了开花后光周期反应的生理机制。结果表明，晚熟大豆品种的光周期反应存在于出苗至成熟的全过程，在摘除花荚的条件下光周期仍可调控大豆叶片的衰老。通过研究发现了大豆的花逆转和花序逆转现象，提出了整株逆转的新概念。

到中国农业科学院工作后，他又借助分子生物学手段，对控制光周期反应的基因进行了分析，并将光周期反应的基础研究成果应用于育种、品种成熟期组划分和生产指导等方面。几代学者在大豆光周期反应研究方面不断深化，使我国在这一重要研究领域整体上处于世界先进水平。

从上述谱系的传承内容可以看出：重大的学术成就需要建立在传承的基础上，是吸收前人研究成果加以不断深化的结果。即使在新科技日新月异的今天，一流科学成果的形成仍离不开对传统学术、技术的继承。从育种技术上看，尽管今天已逐步进入分子育种阶段，但仍需要将分子育种等新技术与传统育种技术相结合。任何创新皆须建立在继承的基础之上，创新与继承相统一，才能形成一流的成果，培养出一流的人才。

第六章　中国棉花科学家学术谱系

冯泽芳开创的中国棉花科学家学术谱系见表6－1所示。

表6－1　冯泽芳开创的中国棉花科学家学术谱系

	冯泽芳谱系
学术思想领袖	冯泽芳
国外的源头	1933年获美国康奈尔大学博士学位
师承关系	略(见下文)
学术大本营	南京农学院及其前身中央大学农学院,中国农业科学院棉花研究所
学术传统与研究纲领	棉花遗传育种

第一节　20世纪中国棉花科学发展概况

20世纪中国棉花科学技术有着很大发展。新中国成立前的半个多世纪,发展曲折,缓慢提高,主要成绩是引入陆地棉种较大幅度地替换了传统的亚洲棉,在植棉技术及相关基础性研究方面也做了工作。新中国成立后,尤其改革开放以来,我国现代棉花科学技术发展迅速。棉花品种改良取得显著成效,主要是陆地棉完全取代了亚洲棉和我国自育品种基本取代引进品种;此外,棉花耕作栽培、病虫防治及基础研究与生物工程技术等高新技术紧密相结合,使得我国棉花整体科技水平获得全面提升,取得巨大成就。

一、清末民初中国棉花引种概况①

新中国成立前的半个多世纪中，我国植棉业的进步以棉品种的改良最为突出，主要是由传统栽培的亚洲棉（中棉）改种陆地棉（美棉）。

清末民初陆地棉逐步大量引入我国，棉花品种的改良也开始萌芽。19 世纪末 20 世纪初，一方面由于鸦片的禁种，另一方面由于中国和日本纱厂对原棉的需要，刺激了中国的植棉事业。同时，由于我国原先栽培的亚洲棉产量较低，纤维粗短，只能纺 20 支以下的粗纱，不能供机纺细纱之用；而社会需要的细纱、细布与日俱增，每年要进口大批的美棉和印度棉，以补其缺。因为陆地棉产量高、品质好、衣分高、纤维细长，可供机纺厂纺织细纱、细布之用，为了减少损失、挽回利权，热心的实业家和有志之士提倡引种陆地棉。

最早把陆地棉引到中国来的很可能是西洋传教士，他们来华传教，把带来的少量陆地棉籽赠给传教地方的农民试种。大量输入陆地棉从湖广总督张之洞开始，自此以后我国屡次大量引入陆地棉推广种植。

1903 年，清廷设农工商部。该部于 1904 年从美国购买大批美棉种籽分配给长江流域及黄河中下游地区产棉各县，鼓励农民栽培。另外，山东省于 1905 年从美国买得 5 个品种的棉种 1 500 磅，在鲁西一带发给棉农试种；1907 年，又从美国购得棉种 60 包，大部分分配给山东各产棉县试种，小部分由河南省购去在豫北几个县散发。

进入民国后，1913 年上海棉纺企业领袖郁翰屏也曾从美国输入棉种在浦东沿江一带试种。1914 年，实业家张謇任北洋政府农商部总长，他主张大力发展我国植棉业，曾于 1915 年聘美国棉作专家乔勃生（H. H. Jopson）为农商部顾问，希望改进我国植棉业；还分别在直隶（今河北）正定、湖北武昌、江苏南通和北京开办 4 个农商部直属的棉业试验场，1916 年又在河南彰德（今安阳）办棉业试验场，选育和推广良种是各棉业试验场的主要任务。农商部亦曾从美国输入棉种发给试验场试验栽培。总之，引种美棉是当时发展农业中最为政府所重视的事情；但这一时期的引种和推广美棉，都以失败告终。失败的原因在于当时引种和推广美棉没有采用科学的方法，如从国外购买棉种时，不注意种籽的纯度优劣，不考虑该品种的生长习性；在散发给农民以前，不经驯化手续，散发以后不指

① 章楷．我国近代棉品种改良事业述评[J]．古今农业，1988(2)：22－27．

导农民繁育保纯。

二、1918年至1930年前后的棉花品种改良工作

1918年，北洋政府的农商部从国外输入“脱字棉”“金字棉”等种籽，委托冀、鲁、豫、苏、皖、鄂等省官厅配售给棉农，并编印美棉栽培、选种等方法的说明书，随种散发；同时规定：农民栽种美棉收获的棉花，视棉质优劣，得比中棉高一二成的价格收买。农商部拟订的《推广美棉章则》比以前颁发的办法更具体周密，以鼓励农民改种美棉为目的。

这一年，上海华商纱厂联合会成立，该会讲求用科学方法引种推广美棉。也是从这年起，我国引种推广美棉工作进入一个新的时期。联合会内设植棉委员会，作为改良我国棉花生产的单位，由穆藕初主持其事。穆氏曾在美国攻读棉作学和棉纺工程，1914年回国。穆藕初主持联合会的植棉委员会后，即于1919年在长江和黄河流域的重要棉区设了7个棉场，作为试验和推广美棉的据点。1919年，联合会和金陵大学农林科合作，从美国引进8个美棉的标准品种，在全国26处同时举行品种试验，观察其生长习性，借以决定引种推广哪些品种。这年秋，联合会聘请美国棉作专家顾克博士(O. F. Cook)来华指导工作。顾克到长江及黄河中下游各棉场调查考察后，确定“脱字棉”最适宜于中国栽培，“爱字棉”次之。他又认为东南沿海一带，气候潮湿，种植中棉较为适宜。原来栽培的中棉品种则应加以改良。顾克后又提出“隆字棉”亦可在中国推广。在20年代至30年代初的10多年中，我国以“脱字棉”和“爱字棉”为推广美棉最主要的两个品种。黄河流域大面积的推广“脱字棉”，苏、皖等地则推广“爱字棉”。

1920年，上海华商纱厂联合会在南京设植棉总场，聘江苏省立第一农业学校校长过探先为总场场长。该会设在各棉区的棉场则为分场，各场都以试验、繁殖和推广“脱字棉”“爱字棉”及“隆字棉”等为主要任务。这年，该会又从美国采购“脱字棉”及“隆字棉”10吨运往河南、陕西推广；农商部又向朝鲜购进“金字棉”种籽在北方棉区推广。

1921年，南京高等师范学校的农业专修科改组为东南大学农科，江苏省立第一农业学校也并入东南大学农科。联合会乃将南京植棉总场及各地分场全部委托东南大学农科管理，每年补助经费2万元。东南大学农科接管联合会的各地棉场后，裁并成上海、江浦、砀山、郑州、武昌5个棉场，作为南京总场的分场，从事棉花栽培、品种选育及繁殖推广等工作。东南大学农科又参考外国育种方

法，根据本国具体条件，拟定棉花育种程序，厘订记录表式，制定统一标准。后来又在此基础上和金陵大学农林科多次开会讨论，斟酌损益，订立《暂行中美棉育种法大纲》。此大纲为国内从事棉作育种工作者所采用，使我国棉花育种工作逐步走上正轨。

在1921—1922年的这两年中，华商纱厂获利较丰，联合会补助东南大学农科经费增为3万元，东南大学农科又在河北、湖北增设2个棉场，这几年植棉业的改进工作颇为顺利；但1923年华商纱厂营业失利，1924年联合会只补助东南大学农科1万元，次年华商纱厂更不景气，终于停止补助。所幸1926年又取得"庚子赔款"的补助，改良棉品种的试验得以继续进行。

20年代东南大学农科除驯化和推广"脱字棉""爱字棉"等美棉外，又开展中棉的品种选育。该校农科先后育成"江阴白籽""孝感长绒"等数种，均于1924年开始推广，但面积不大。

1919年金陵大学农林科聘美国棉作专家郭仁风(J. B. Griffing)任教，主持该校的棉作改良工作。他们既驯化推广美棉"脱字棉"和"爱字棉"等，又育成中棉"百万华棉"，并在20年代中叶开始推广。东南大学农科又将中棉"江阴白籽"和"北京长绒"杂交育成"过氏棉"，用"江阴白籽"和"鸡脚棉"杂交育成"大茹棉"，用印度"多毛鸡脚棉"和孝感"长绒棉"杂交育成抗病"长绒棉"等，开我国棉花杂交育种的先河。当时推广的各种改良棉基本上都是东南大学和金陵大学2所大学农科驯化选育的，南京是当时棉花改良事业的重心。在此期间，南通大学农科育成中棉"南通鸡脚棉"。

三、20世纪30—40年代棉花品种改良的进一步发展

从1919年起，我国棉品种改良工作依靠科学取得明显的效果。1931年，美国棉花育种专家洛夫来华，受聘为实业部顾问兼中央农业实验所总技师，又使我国棉品种改良工作更提高一步。洛夫认为我国20年代推广的"脱字棉"和"爱字棉"是顾克根据他丰富的棉作育种工作经验确定的。当时各试验场对从美国引进的8个美棉标准品种的试验，仅只1年的时间，没有比较系统的试验数字记录可资依据。到30年代初，"爱字棉"和"脱字棉"在我国推广了已10多年，很少再引进新的品种，渐次退化，他建议举行新的棉品种试验。1932年成立中央农业实验所，该所接受洛夫的建议，决定举行方法比较周密的"中美棉区域试验"。随后从国内外征集了31个中、美棉品种，于1933年在全国12处举行联合试验，由

洛夫主持其事。1934 年洛夫回国，这时国民政府设立中央棉产改进所，上述的中美棉区域试验便作为中央农业实验所和中央棉产改进所合作的试验项目，由我国的棉作专家冯泽芳继续主持，试验点增至 17 处。该项试验至 1937 年因抗日战争爆发而中止，前后历时 5 年。在这 5 年的试验结果中发现："斯字棉 4 号"和"德字棉 531 号"2 个美棉品种的产量和品质均优于"脱字棉"和"爱字棉"。"斯字棉"适宜于黄河流域栽培，"德字棉"适宜于长江流域栽培。

1935 年，中央棉产改进所又从美国输入"斯字棉"种籽用以繁殖，1936 年再购得"斯字棉"种籽 42 000 磅扩大繁殖，次年开始在北方各省推广 2 667 公顷。抗日战争期间以陕西为此棉推广中心，在豫西及关中一带推广，栽培面积每年达 6.7 万公顷以上。

关于"德字棉"，1935 年从美国购进这一品种的种籽 2 000 磅，先在南京繁殖，1936 年起又在江浦棉场扩大繁殖，1937 年开始在豫西推广。江浦棉场繁殖的"德字棉"，于日军侵华战争中全部丧失，所幸豫西推广的一部分得以保存，以后用于在西南各省推广。"德字棉"从 1938 年起在川、康一带推广，1940 年又在云南等地推广。

"斯字棉"和"德字棉"是 30 年代中期后 10 多年中我国推广的主要棉花品种。这 2 个品种遍布于抗战时期大后方的西北、西南各省，抗战胜利后又在收复区内大面积推广，逐步取代了原来栽培的"脱字棉"和"爱字棉"以及一部分中棉。

在开展引种、育种驯化工作的同时，也进行了有关的应用基础研究，具有代表性的研究工作有：冯泽芳、孙逢吉(1923)和冯肇传(1926)先后研究了亚洲棉的性状遗传；冯泽芳(1935)研究了陆地棉与亚洲棉种间杂种的细胞遗传学特征；俞启葆(1939、1940、1948)报道了棉花花青素遗传的复等位基因系，并根据亚洲棉 2 对基因的交换值，确定了黄化苗致死与花青素、卷缩叶与鸡脚叶分别属于 2 个连锁群。

四、新中国成立前的棉花栽培科技研究

我国棉花栽培技术的研究工作起始于 20 世纪 20 年代初期，以东南大学农科开展得最早，此后有关单位陆续进行各项试验，取得有效的成果，为棉花栽培技术的研究奠定了初步基础。

(1) 棉田耕作与整地试验。东南大学农科等经过试验表明：长江流域冬耕甚为重要，仅春耕不行冬耕时，棉花产量减低；黄河流域棉区则以春耕为重要，冬

耕如不得宜,反而减产。对于耕地深浅的试验表明:长江流域植棉宜于深耕,黄河流域因冬季常年干旱,冬耕过深,土壤水分易于散失,不利保墒,故冬耕不宜过深,此在砂质土壤更为重要。

(2) 种子处理。东南大学农科(1931)用"爱字棉"进行浸种试验,以测定棉苗防病效果,结果是以冷水浸种及温水浸种两处理防病效果好,产量高。

(3) 播种时期试验。从20年代初起,长江流域各省棉花试验场及大专院校进行了较多的棉花播种时期试验。综合各地试验结果,大体上有如下几点结论:①长江下游棉区的棉花播种适期,陆地棉在4月下旬,中棉在5月上旬;四川省因季节较长,棉花播种时期早于长江下游,常年陆地棉、中棉播种时期以4月上旬为宜。②棉花播种过早棉苗易感染病害而死苗,同时棉地老虎危害也较烈;播种期过迟,因缩短营养生长期,开花较少,导致减产;四川省棉花迟播、迟熟,烂铃严重。黄河流域的多数地区均以陆地棉为试验材料,综合各地试验结果认为,以4月下旬为播种适期。黄河流域无霜期比长江流域短,棉花迟播、迟熟,减产情况比长江流域更为突出。

(4) 肥料施用。施肥是栽培技术中一项重要的增产措施。这个阶段,棉田施用肥料以富含有机质的农家肥料为主,使用化学肥料还不普遍。中央棉产改进所(1935—1937)对我国主要棉区的土壤理化性状和氮、磷、钾三要素肥力开展普查和检定,结论为:黄河、长江两流域棉区的土类主要为细砂壤土和壤质细砂土,宜于植棉;多数地区施用氮肥增产显著,表明缺氮,而磷、钾多数地区并不缺乏。中央棉产改进所与南京永利化学公司合作,于1937年在全国主要棉区7省51县试验硫酸铔(即硫酸铵)增产效果。结果表明,追施化肥棉花增产20%左右。中央大学农学院(1934)对化学肥料与有机质肥料做了比较试验。30年代和40年代,中央农业实验所土壤肥料系、中央棉产改进所及陕西农业改进所合作在陕西泾阳进行大量的棉花肥料试验,其中有三要素肥效的测定、氮肥施用数量、农家肥料的效果比较、有机肥及无机肥比较以及施肥方法等。关于施肥效果与其他因素间关系,也进行了研究。

此外,东南大学农科以及浙江、江西、江苏、湖北、河北、河南、山东等省还对棉花种植的行距和株距进行了试验研究。在田间管理方面,进行了中棉、陆地棉掐心试验,认为掐心无明显增产效果;江苏、浙江、陕西等省先后进行棉田中耕深度、中耕次数、五齿中耕器畜力农具的中耕效果等试验;冯肇传等进行了棉田中耕培土试验。

(5) 棉花栽培的应用基础研究。新中国成立前,棉花科技工作者在开展栽培技术研究的同时,也进行了相关的应用基础研究。在棉籽生理方面,杨守珍等人1934年在南京对11个中棉品种和1个陆地棉品种进行了棉籽化学成分的测定;冯肇传(1927)在南京中央大学农学院进行棉籽寿命试验;中央棉产改进所以陆地棉"德字棉531"为材料,检定酸度及盐分对棉籽发芽及棉苗生长的影响;中央大学农学院俞启葆(1936)、冯肇传(1937)等还研究报道了不同棉种生长发育与光照长短的关系;南京东南大学农科(1926)、中央农业实验所棉作系(1938—1940)等对温度与棉花生长发育的影响进行了研究;过兴先在江苏太仓进行了氮肥对于棉花生长发育影响的试验。针对棉花蕾铃脱落现象,中央大学农学院1931年在南京调查了"脱字棉""爱字棉"及中棉"江阴白籽"和孝感"长绒棉"的蕾铃脱落率;中央农业实验所棉作系1938—1940年在四川遂宁进行调查,结果表明:棉株开花前的落蕾率和开花后的落铃率,因地点、年度间而有差别。

五、新中国成立以来棉花科研的主要成就

新中国成立以来,我国棉花科技工作一直紧密结合生产而进行:一方面将传统植棉技术与现代科学技术结合起来;一方面吸取国外先进科技成果,结合我国国情加以应用。新品种选育及先进实用栽培、植保技术的推广应用,有效地促进了我国棉花生产的发展。

60多年来,科学技术在发展我国棉花生产中的重大作用,主要集中于以下几方面:

1. 品种改良

品种是棉花增产的内因。一般认为,在正常情况下,良种占增产份额的20%~30%。新中国成立以来,我国主要棉区进行了6次大规模的品种更换或更新,每次都使棉花单产提高10%以上。自20世纪50年代末到70年代末,我国自育棉花良种种植面积由8.8%上升到80%以上,到21世纪初更达到95%以上,这对促进我国棉花单产和总产提高有重要作用。

20世纪80年代以来,由于纺织工业改进、棉区耕作制度改革和棉花病虫害发生蔓延等原因,相应地育成了一批优质、早熟、抗病虫及低酚等棉花品种,一定程度上满足了纺织工业和棉区生产发展的要求。我国自育棉花品种的丰产性和抗枯萎病性在国际上处于较高水平,纤维品质居中等水平,抗黄萎病性则属中等偏下水平。90年代以来,转基因抗虫棉、杂种棉获得新的进展,彩色棉正在兴起。90年代后期,种子产业化获得飞跃发展。1998年全国棉花优良品种

推广率达90%以上，统一供种率达70%以上，脱绒包衣棉种种植面积占51%。

2. 耕作制度改革

我国主要棉区人多地少，在自然条件适宜棉区实行间、套、复种一年两熟栽培，是克服粮棉矛盾，发展棉花生产的有效措施。20世纪50年代长江流域棉区实现了粮(油)棉两熟制栽培，到了70年代开始在黄河流域棉区(约北纬37°以南)水肥条件较好的地区，逐步实现麦棉两熟栽培。到20世纪末，我国两熟棉田已约占全国棉田面积的2/3，且已经有了较为完善的两熟棉花种植技术体系。这在世界各产棉国是少有的，也是具有中国特色的我国独有的先进植棉技术体系，在国际上受到普遍重视。

3. 栽培技术的改进

棉花合理密植有一个发展过程，从新中国成立初的稀植(约2 000株/亩)，逐渐改为适当密植(3 500～4 000株/亩)；新疆棉区密度较大，为10 000～13 000株/亩。结合生长调节剂的广泛应用，逐步发展成为“密、矮、早”的种植技术体系，这对确保棉花早发早熟和增产稳产有重要作用。

棉田科学施肥是棉花增产的一项重要措施。据统计分析，棉花亩产量与化肥亩用量的相关系数高达0.86，达统计学上显著水平。特别是80年代以来，棉田施肥量有很大提高，施肥技术也有改进，一些先进产棉省、自治区正在逐步推广根据不同条件和生产要求的平衡施肥、配方施肥等科学施肥措施。

棉花育苗移栽与地膜覆盖是我国棉花栽培技术的又一大特点。育苗移栽是克服粮棉两熟栽培的矛盾、争取粮棉双丰收的重要措施。移栽棉比直播棉一般增产20%左右。目前，全国育苗移栽棉田面积已占40%以上。地膜覆盖植棉在20世纪70年代发展起来。由于覆盖的增温和保墒效应有利棉花生育，从而达到早熟增产的目的，一般每亩增产皮棉10～20千克。目前，全国地膜覆盖棉田约占59%，在新疆棉区已基本普及。近年来新疆棉花生产发展与地膜覆盖的推广密切相关。我国棉花育苗移栽和地膜覆盖植棉技术研究和应用均居世界领先地位。

20世纪80年代中期以来，在总结棉花增产经验和成果示范基础上，制定出适于各类棉区的棉花高产栽培技术规范，逐步推广应用，效果良好。据四川、江苏、湖南等地的调查，规范化栽培比常规栽培每亩净增皮棉15～20千克。

4. 病虫防治技术的进步

棉花受病虫为害较为严重，常常造成棉花产量的重大损失。20世纪五六十年代主要推广化学防治，取得了应有防效；70 年代开展综合防治研究，并将化防与生防结合起来；80 年代以来，逐步建立了综合防治技术体系；90 年代以来，着重对抗性棉铃虫治理，取得良好成效，其主要技术策略为“综合防治，统一防治”；90 年代中后期，转基因抗虫棉育成与推广取得巨大成效。

经多年研究和实践，我国在防治棉花枯萎病和苗病方面成绩显著，在防治黄萎病及铃病等方面尚待努力。由于棉花病虫防治技术的进展，棉花因病虫损失由 20%以上，下降到 15%左右。

5. 现代高新技术的应用

直到 20 世纪末，现代生物技术和信息技术在我国棉业领域的应用尚处于初始阶段，但也取得了重要进展。现已培育出具有推广价值的转基因棉花新品种，各地若干棉花生产决策支持系统也正逐步完善和推广。

第二节 中国棉花研究机构概况

一、20 世纪上半叶中国棉花研究机构的创立与变迁①

从民国北洋政府设立棉业试验场起，20 世纪上半叶棉花试验研究相关机构的发展经历了以下 4 个阶段：

（一）初创阶段（1914—1919）

清末民初实业家张謇有鉴于国家经济衰败，提倡“棉铁救国”，即发展棉花和钢铁生产，以挽救国家的危亡。1914 年，他任北洋政府农商总长后，即积极提倡植棉。1915 年设部立第一棉业试验场于直隶（今河北）正定，第二棉业试验场于江苏南通，第三棉业试验场于湖北武昌。1916 年又在河南彰德（今安阳）设模范植棉场，1918 年设第四棉业试验场于北京。这是我国最早成立的棉花科研机构。试验场的重点任务是引进陆地棉试种，也做少量的栽培试验；但由于缺乏专业技术人员、经费不足，均无明显成效。

---

① 倪金柱. 中国棉花栽培科技史[M]. 北京：农业出版社，1993：169 - 172.

（二）以学校为主体的科研阶段(1920—1931)

第一次世界大战(1914—1918)以及战后的数年间，英、美等帝国主义棉纺织业停顿，我国棉纺织业界乘此机会扩建纱厂。因国内原棉供应不足，遂于1918年在上海成立华商纱厂联合会，试图发展棉花生产。于是从美国引进大量改良陆地棉，在各地试验示范，并补助大专院校经费，开展棉花科学研究。该阶段对棉花科研贡献较大的有东南大学农科、金陵大学农林科及南通大学农科。

东南大学农科于1920年在南京高等师范学校农科基础上建立，主任邹秉文。1921年起，华商纱厂联合会给予经费补助，用以从事棉花改良事业，如选育并示范推广良种及进行棉花耕作、栽培试验。东南大学农科于1927年改建称第四中山大学农学院，1928年称国立江苏大学农学院，同年复改名国立中央大学农学院。1949年南京解放后，改中央大学农学院为南京大学农学院。1952年全国高等院校院系调整，原南京大学农学院与金陵大学农学院合并，加入浙江大学农学院部分系科，成立南京农林学院，1955年改称南京农学院，1984年扩建成立南京农业大学。

金陵大学1910年成立于南京，1914年创办农科，1915年增设林科。1916年农、林两科合并称“农林科”，科长芮思娄。科内设立棉花部，由纱厂补助经费，重点进行棉花选种、示范推广，研制轧花机械及棉业经济调查研究等。1930年在农林科基础上，建立金陵大学农学院，直至1949年南京解放。1951年金陵大学由私立改为公立。1952年金陵大学农学院与南京大学农学院合并建立南京农林学院，1955年改称南京农学院。

南通学院农科1919年在南通甲种农业学校基础上建成，校址江苏省南通市，王善佺任第一任主任。由纱厂补助经费，着重中棉育种及盐垦棉区的棉作改进事业。1952年全国高等院校院系调整，以南通学院农科为基础，加入无锡江南大学农学系及江苏文化教育学院农艺教育系，成立苏北农学院，校址江苏省扬州市。

上述3所大专院校，在棉花教学和科研上各有专长，其中东南大学农科的棉花研究成绩最显著。

这一时期，前述北京北洋政府部立第一、二、三、四棉业试验场仍继续运作。到1927年，第一棉业试验场改为实业部部立棉业试验场，直至1937年抗日战争爆发而停办；第二棉业试验场由江苏省接管；第三棉业试验场由湖北省接管；第四棉业试验场停办。

这一阶段,长江流域、黄河流域重点产棉省也先后建立棉业试验场,但由于政局动荡,人才及经费短缺,多数地方试验场的试验没有结果。

(三)政府统制棉业阶段(1932—1937)

南京国民政府为了挽救农业的衰落,促进经济建设,于1933年组建"全国经济委员会",下设各专门委员会,其中有棉业统制委员会。棉业统制委员会集金融、农业、工业的力量,意图促进我国棉花生产及棉纺织工业的发展。棉业统制委员会成立后,开展了多方面的工作,其中和棉花科研有关的是建立中央棉产改进所及省级棉产改进所。

中央棉产改进所成立于1934年4月,所址南京柳营,所长孙恩麟,副所长冯泽芳。该所的任务,除担任各省共同需要及各省不能单独举办的工作外,还组织领导各省从事棉花研究、推广工作。所内设植棉、棉业经济及棉花分级3个系,系又分设股,分别开展棉花育种、栽培技术、病虫害、纤维分级、棉作化学及棉产合作运销等研究工作。该所兼办江苏省棉产改进事业,附设东台、盐城、徐州、江浦等植棉指导所。

棉业统制委员会又与各省合作,成立省级棉产改进所。河北、山西、河南、陕西、湖北、江苏6省称"棉产改进所";山东、甘肃2省称"植棉指导所";浙江、江西、安徽、湖南、四川等省称"棉作试验场"。

中央农业实验所成立于1932年1月,所址南京孝陵卫,隶属南京国民政府实业部,所长钱天鹤。该所棉作研究事业始于1933年春,设在农艺系,重点举行全国中美棉区域试验及棉花育种。1934年中央棉产改进所成立,两所密切合作,棉花的试验研究在整个计划下,分工合理不重复。

(四)抗日战争及战后阶段(1937—1949)

1937年抗日战争全面爆发,南京国民政府西迁重庆。同年11月,中央农业实验所亦迁往重庆。前述的棉业统制委员会于1938午2月撤销,其棉产改进工作划归中央农业实验所接管。中央农业实验所接收中央棉产改进所各项研究业务,于1938年1月设立棉作系,系主任孙恩麟。抗日战争期间,中央农业实验所棉作系科技人员分布于四川、陕西、云南等省继续工作。

抗日战争胜利后,1946年1月中央农业实验所返回南京原址。1949年4月南京解放,该所由南京军管会接管。不久后,以中央农业实验所为基础,成立华东农业科学研究所。

抗日战争胜利后，南京国民政府为发展棉花生产，特于1947年1月成立农林部棉产改进处，隶属农林部，处址在南京孝陵卫，处长孙恩麟，副处长冯泽芳、胡竟良。该处的主要任务是统筹全国棉产改进事宜，如棉花良种的示范、推广与繁育，棉花加工与检验，人才培养以及与有关单位合作，进行必要的棉花试验研究。在全国重点产棉区设立植棉指导区24处，棉场20个，棉纤维检验所18处，轧花厂18个，机构相当庞大。1949年4月南京解放后，该处职工即被分配到各省有关单位。

二、20世纪下半叶中国棉花研究机构的发展

新中国成立后，20世纪50年代初，全国各大行政区先后成立了大区农业科学研究所，由所下的作物系(室)承担棉花的科学研究工作，在各产棉省、市、自治区陆续建立了棉花试验场(站)和以棉花为主的农业试验场(站)50多处。

1957年中国农业科学院成立；当年8月，成立了面向全国的棉花研究所，由著名棉花专家冯泽芳任所长，胡竟良等任副所长。1958年后，山西、陕西、辽宁、山东、江西、江苏、湖南、湖北、四川、河南、新疆、河北等主要产棉省区，相继成立了省区的棉花研究所或以棉花为主的经济作物研究所。上述地区的农业院校也开展了棉花的科学研究，产棉区的地区、专区农业科学研究所都把棉花的试验研究列为主要工作；加上产棉县普遍设置的示范农场和农业技术推广站，建立起了比较完整的全国棉花科学研究体系。

(一) 中国农业科学院棉花研究所

中国农业科学院棉花研究所于1957年8月在北京成立，1958年3月迁到河南安阳。建所初期，设立棉花品种和棉花栽培2个研究室，后陆续增加品种资源、棉花遗传、植物保护、情报资料4个研究室，并在海南建立野生棉种植园。

经过50多年的发展，现设有品种资源研究室、生物技术研究室、遗传育种研究室、栽培研究室、植物保护研究室、小麦玉米研究室及情报资料研究室。依托棉花研究所的有：棉花生物学国家重点实验室、农业部棉花品质监督检验测试中心、农业部转基因植物环境安全监督检验测试中心(安阳)、农业部棉花生物学与遗传育种重点实验室、河南省棉花生物学重点实验室、国家棉花改良中心、国家

转基因棉花中试基地等。在海南三亚建有国家农作物种质棉花资源圃和南繁基地;在新疆阿克苏、石河子和安徽望江等处还建有棉花育种生态试验站。

作为唯一的国家级棉花专业科研机构和全国棉花科研中心,棉花研究所以应用研究和应用基础研究为主,组织和主持全国性的重大棉花科研项目,着重解决棉花生产中的重大科技问题,开展国际棉花科技合作与交流,培养棉花科技人才,宣传推广科研成果与先进的植棉技术,编辑出版全国性的棉花专业期刊。

研究所现有在职职工 417 人,其中科技人员 201 人,包括研究员 24 人,副研究员 57 人,中国工程院院士 1 人,国家级专家 1 人,国家级"百千万人才工程"人选 2 人,享受国务院政府特殊津贴专家 5 人,省部级专家 11 人。建所至今,主持或参加研究项目(专题)近 300 项,获国家级奖励 22 项,省部级以上成果奖励 64 项。其中国家一等奖 4 项:"抗病高产优质棉花新品种中棉 12"获得国家技术发明一等奖,"全国棉花品种区域试验及其结果应用""适合麦棉两熟夏套棉花新品种中棉所 16"和"高产优质多抗棉花新品种中棉所 19"分别获得国家科技进步一等奖。先后培育出 82 个棉花新品种,"中"字号的棉花良种种植面积曾占全国棉田面积的 50%,为促进我国棉花生产发展做出了积极贡献。20 世纪 90 年代,率先在国内培育出转 Bt 基因抗虫棉品种,较大程度解决了棉铃虫为害的难题,使国产抗虫棉种植面积由 1998 年的 5%,上升到目前的 80%以上;建成棉花种质资源中期库,收集保存 8 300 多份种质材料,被国内有关单位广泛应用,使用率占全国 400 个育成棉花品种的 50%以上;在海南岛三亚建有国家农作物种质棉花资源圃,宿生保存 40 多个野生棉种,占世界上现有野生棉种数的 80%以上;建立的棉花高产栽培、平衡施肥、病虫害综合治理等技术和棉花良种繁育推广体系,为我国棉花优质、高产、稳产提供了有力的科学技术保障。在农业部对全国 1 200 多个农业科研单位进行的综合科研能力考核评估中,中国农业科学院棉花研究所位列第 2 名。

(二) 省(市)级农业科研机构

1. 河北省农林科学院

河北省农林科学院于 1958 年建立,隶属河北省农委,院址石家庄。院属经济作物研究所于 1976 年建立,设有棉花、蔬菜、烟草、红麻等专业研究室。

2. 山东省农业科学院

山东省农业科学院 1958 年建立于济南,隶属山东省农委。院属山东省棉花研究所于1973年建立，所址临清市。研究重点是选育棉花新品种，设有棉花研究室、土肥研究室、植保研究室。

3. 河南省农林科学院

河南省农林科学院1958年建立于郑州，隶属河南省农委。院属经济作物研究所于1980年建立，主要任务是开展棉花等作物新品种选育及栽培技术研究，设有棉花育种、栽培、纤维测试及芝麻、花生、大豆、油菜等7个研究室。

4. 陕西省农林科学院

陕西省农林科学院是在原西北农业科学研究所基础上建立的。西北农业科学研究所于1954年建立于陕西省武功杨陵镇，1958年改为中国农业科学院陕西分院，1973年改名为陕西省农林科学院。院属陕西省棉花研究所于1958年建立，所址陕西省三原县。重点从事棉花新品种选育、耕作栽培技术及棉花抗枯、黄萎病性能的研究，设有棉花育种、栽培等研究室。

5. 山西省农业科学院

新中国建立初期为省农业试验场，1955年改为省农业科学研究所，1959年扩建为省农业科学院，院址太原市，隶属山西省农委。院属棉花研究所是在原山西运城农业试验站基础上建立的，1978年定名为山西省农业科学院棉花研究所。重点任务为选育棉花新品种、研究旱灌棉田增产技术及改革耕作制度等，设有棉花品种、棉花栽培、土壤肥料、植物保护、粮食作物等研究室。

6. 新疆维吾尔自治区农业科学院

该院于1965年在原新疆农牧科学研究所基础上成立，院址乌鲁木齐市，隶属自治区农委。院属经济作物研究所成立于1979年，设有棉花、油料、甜菜、遗传生理等研究室。

7. 甘肃省农业科学院

该院1958年在原农业试验总场、省农业科学研究所的基础上成立，1969年被撤销，1972年又恢复，定名甘肃省农业科学院，院址兰州市。院属经济作物研究所建立于1958年，所址甘肃省武威市，设有胡麻、油菜、甜菜、棉花等4个专业组。

8. 辽宁省农业科学院

该院前身为辽宁省农业科学研究所，1959年扩建为中国农业科学院辽宁分院，1973年改称辽宁省农业科学院，隶属于辽宁省农业局，院址沈阳市。院属辽宁省棉麻科学研究所于1960年建立，所址辽阳市，设有棉花育种、棉花栽培、植物保护、麻作等研究室。

9. 上海市农业科学院

上海市农业科学院建立于 1960 年。院属作物育种栽培研究所设有水稻、旱粮、棉花、油菜、粮作栽培、组织培养、农业气象、农业物理等 8 个研究室。

10. 浙江省农业科学院

该院于 1960 年在浙江省农业科学研究所基础上扩建，隶属浙江省农委，院址杭州市。院属作物育种栽培研究所重点从事大麦、小麦、油菜、大豆、棉花、黄麻等作物的育种与栽培技术研究，设有耕作制度、麦作、油料、旱粮、棉麻等研究室。

11. 江苏省农业科学院

该院前身是创立于 1932 年的原中央农业实验所，新中国成立后，又并入原中央畜牧实验所、原中央林业实验所和原棉产改进处等单位，建成华东农业科学研究所。1958 年改为中国农业科学院江苏分院，1977 年改称江苏省农业科学院，隶属江苏省农委，院址南京市。院属经济作物研究所以棉花、油菜、大豆为对象，选育高产、优质、抗病的新品种，并进行高产栽培技术研究，设棉花育种、棉花栽培、油料等 3 个研究室。

12. 安徽省农业科学院

安徽省农业科学院是在原安徽省农业试验总站基础上建立的。1958 年命名为安徽省农业科学研究所，1960 年扩建为安徽省农业科学院，院址合肥市，隶属安徽省农委。院属安庆棉花研究所于 1957 年在原淮北棉花试验站基础上建立，1964 年隶属安徽省农业科学院，所址安庆市。该所主要任务是棉花新品种选育、棉花高产栽培技术及植物保护的研究，设有育种、栽培、植保 3 个研究室。

13. 江西省农业科学院

江西省农业科学院于 1975 年在原江西农业科学研究所基础上建立，院址南昌市，隶属江西省农业局。院属棉花研究所于 1975 年在江西省棉花试验站基础上建成，所址九江市，设有棉花良种选育、杂优利用、栽培和植保 4 个研究组。

14. 湖北省农业科学院

湖北省农业科学院于 1978 年由原湖北省农业科学研究所、湖北省畜牧特产研究所、湖北省蚕种场等单位合并建成，隶属湖北省农委，院址武昌。院属棉花研究所是在原湖北省农业科学研究所经济作物系基础上建立，所址武昌。该所研究领域包括棉花和麻类作物的品种改良、丰产栽培技术、杂种优势利用等，设有棉花育种、棉花丰产栽培技术、棉花杂种优势利用 3 个研究室。

15. 湖南省农业科学院

湖南省农业科学院于 1964 年在原湖南省农业科学研究所基础上建成，隶属湖南省农委，院址长沙市。院属湖南省棉花科学研究所于 1978 年在前湖南省棉花试验站基础上建成，隶属湖南省农业厅，所址常德市。该所主要任务是选育棉花良种、棉花高产栽培技术及病虫害综合防治研究，设有育种、栽培、植保、情报资料 4 个研究组。

16. 四川省农业科学院

四川省农业科学院 1964 年在原四川省农业科学研究所基础上建立，隶属四川省人民政府，院址成都市。院属棉花研究所于 1978 年在原四川棉花试验站基础上建立，所址简阳。该所重点开展棉花新品种选育、栽培技术、病虫害防治等研究，设有棉花育种、栽培、植保 3 个研究室。

（三）高等农业院校的研究机构

农业高等院校本着教学与科研相结合的方针，积极开展科学研究，是中国农业科学技术研究中十分重要的力量。

新中国成立初期，高等农业教育十分薄弱。高等农业院校全国仅有 18 所，专任教师 937 人，在校生 1 万余人。经过不断发展，到 1988 年，高等农业院校达到 67 所，专任教师 2.14 万人，在校本、专科学生 12 万余人；为国家输送本、专科毕业生 43 万余人，研究生 7 000 余人。

高等农业院校着重应用基础研究和应用技术研究。根据各自学科的优势，均建立了科学研究机构。根据 1986 年统计：全国农业高等院校中共建立科研机构（研究所、室）224 个，其中部属院校的 140 个，省属院校的 84 个；研究与开发人员 2 000 余人，其中具有高级职称的 400 余人，中级职称的 600 余人。在这些农业院校中，中国农业大学、南京农业大学及各重点棉产区的高等农业院校，如河北、山东、河南、山西、西北、沈阳、新疆、上海、浙江、江苏、安徽、华中、江西、湖南、四川，均设有相关的棉花科学研究机构。

（四）其他科研、教学及企业单位的棉花科研

其他一些科研、教学单位的下属部门，先后开展以棉花为对象的研究工作，并取得成效。改革开放以来，各地种业公司和专业棉种公司更是蓬勃兴起，它们多设有棉花科研机构或聘有技术专家开展工作。

中国科学院遗传与发育生物学研究所，先后开展棉花远缘杂交及品种选育、转基因棉花研究。

中国科学院上海植物生理研究所先后开展了棉花生理、棉花发育与施肥和转基因棉花等研究。

中国科学院上海生物化学研究所开展了外源 DNA 导入棉花(即花粉管通导法)培育良种的研究。

北京大学生物系先后开展了棉花形态与解剖和棉花分子生物学研究。

华东师范大学(上海)生物系开展了棉花耕作栽培、营养钵育苗移栽及棉花综合利用等研究。

20 世纪末以来,全国已有上百个涉及棉花的种子企业设有科研机构,拥有众多的专家和技术人员,如"创世纪"(深圳)、"惠远"(石河子)、"国欣"(河北)等。公司主要从事棉花新品种选育及棉种加工、种子产业化等研究与开发。

第三节　中国棉花科学家的主要学术谱系

一、以冯泽芳院士为核心的棉花科学家学术谱系

冯泽芳院士是中国现代棉作科学的主要奠基人,也是中国棉花科学界最重要的教育家和导师。1956 年前,他在南京农学院及其前身中央大学、南京大学农学院执教,培养了潘家驹、孙济中等杰出的弟子。在主持中央棉产改进处、中央农业实验所的棉花改良工作期间,俞启葆、奚元龄、陈仁在工作中得到他的指导,学术上深受他的影响。他到中国农业科学院筹办并主持棉花研究所后,以此为中心,培养了黄滋康、蔡荣芳、汪若海等一批棉花科研人才。可以说,中国第二代棉花科学家多数都受到他的影响,或是在学术研究方面,或是因人格垂范。冯泽芳院士是中国棉花科学研究传统的构建者,是中国棉花界最重要的一代宗师。

(一) 冯泽芳院士学术经历与学术成果简介

冯泽芳(1899—1959),中国科学院生物学部委员(院士),毕生致力于棉花科研、技术推广、农业教育,是我国著名的棉花科学家、农业教育家,中国现代棉作科学的主要奠基人。在划分中国棉区,倡导推广"斯字棉""德字棉",鉴定与发展"离核木棉",培养人才等方面,做出了重要贡献。他一生的成就,是一个时代中国农学发展进步的标志和缩影。

1899年2月20日，冯泽芳出生在浙江义乌赤岸村。1913年，冯泽芳考入位于金华的浙江省立第七中学。1918年冬，他和同学周拾禄(1897—1979，著名水稻专家)一同报考南京高等师范学校农业专修科，双双被录取。在读农业专科的3年中，冯泽芳既博学理论，又注重实践。他在报刊上发表了6篇关于农业的文章和1篇译文，在农学生涯中迈出了坚实的第一步。1921年毕业时，适逢学校升格并改名为东南大学。按学校条例规定：原专科学生，在继续补读满学分以后，可获本科毕业文凭。冯泽芳因经济拮据，只好一边工作，一边补读学分。在半工半读过程中，他先后做过东南大学助教、江苏省立第三农校和第一农校教员。4年时间里，他又发表了7篇论文，1篇译文，还编著了1本中专教材《中等棉作学》(中华书局出版)。其中有2篇论文，水平尤高：一篇是《中棉之形态及其分类》，这是历时两年多，观察了112种中棉排列成的完整的中棉分类系统表的成果。此文发表后，国内外学者才比较系统全面地了解到中棉究竟有多少种性状和类型，由此奠定了中国亚洲棉分类的基础；另一篇是《中棉之孟德尔性初次报告》，这是在孟德尔定律发表后首次应用于中棉研究，此文是中国亚洲棉遗传研究的先导。

1925年6月，经过4年努力，冯泽芳毕业于东南大学农科农艺系。老师中对他影响最大的是农科主任邹秉文教授和棉作学教授孙恩麟(玉书)、王善佺等人；在同学中，有周拾禄、金善宝(小麦专家)、胡竟良(棉花专家)等农业界俊彦。

1927年，冯泽芳经孙恩麟教授推荐，到江苏省立通州(现南通)棉作试验场任整理员，后升任场长。这时期内，他发表了《中棉纯系育种方法之研究》等2篇论文。1930年秋，冯泽芳考取美国康奈尔大学研究生。在美国康奈尔大学的3年，他潜心研究，坚持理论创新必须有实验为证。寒冷的冬季，他继续在温室里栽培棉花；充分利用美国实验室的先进设备，在显微镜下仔细观察棉花染色体。1932年，获得硕士学位。1933年夏，他又因论文优异获得哲学博士学位，并获得了颁发给优秀毕业生的金钥匙。他的博士论文《亚洲棉与美洲棉杂种之遗传学与细胞学的研究》发表在权威的美国《植物学报》上，解开了当时中外学者都不知何故的中棉与美棉种间杂交很难成功以及杂交成的第一代皆不育之谜，为棉花研究开辟了一个新的方向，引起国际植物学界的重视。

1933年秋，冯泽芳学成归国。由邹秉文推荐，在南京就任棉业统制委员会技术专员。1934年，棉业统制委员会成立中央棉产改进所，由孙恩麟任所长，冯泽芳任副所长兼植棉系主任，主管棉花研究和推广；同时，兼任母校中央大学(由东南大学等校合并而成)农艺系教授。冯泽芳把科学技术带进棉花生产的田间地头，不到 10 年时间，使我国棉花的产量和质量都大幅提高，这是中国棉作改良史上辉煌的一页。

1932 年，中央农业实验所成立之初，聘请美国康奈尔大学教授洛夫来华任总技师，主持中国棉花改良工作。中国棉区广大，各地气候、水质、土壤条件差异很大，什么地区种植什么品种最好，尚缺乏系统的理论指导，因此过去引进的"脱字棉""爱字棉"等美国良种，产量和质量均不理想。1933 年，洛夫征集了中棉、美棉品种共 31 个，在中国南北各棉区进行区域试验。次年，洛夫回国，改由棉改所副所长冯泽芳主持这项工作。他到各省棉区调查研究以后，将试验方法加以改进，在黄河流域和长江流域的 10 个产棉省，选择水、土、气候有代表性的地点共 18 处作为品种区域试验的基地。每年棉株生长季节和收花之后，他都要到这些试验点详细考察、记载、总结、指导。经过 4 年的辛苦试验，得到令人欣喜的结果。他的论文《适于中国栽培之美洲棉新品种》《再论"斯字棉"与"德字棉"》等，就是对全国广大棉花科学工作者集体参与的这项重大工作的总结。论文指出：在黄河流域棉区美棉"斯字棉 4 号"平均增产 11%～67%，品质也比"脱字棉"为优，是高产优质的最佳品种，但在美国老家却从未有过如此的高产；在长江流域棉区，最优质高产的品种则是美棉"德字棉 531 号"，平均增产 15%。此外，两者的纤维长、售价高，都会使棉农增加收益。反之，美国最著名的良种、种植面积最广的"爱字棉"，在中国各棉区表现都不理想。这充分说明棉花品种区域试验的重要性。在国内各个主要农作物中，棉花率先实行了全国性的品种区域试验，这一课题在国际上也处于领先地位。中国与苏联并列为最早实行国家级棉花品种区域试验的国家。全国棉花品种区域试验的成功，"斯字棉"和"德字棉"2 个新品种获得肯定，不但超过了以往所有良种的成绩，而且使大家懂得了"棉区"这个概念和棉区划分之重要，这对以后的品种试验和良种推广具有重大的指导意义。抗日战争时期，全国棉花品种区域试验一度中断，直到 1956 年才恢复，仍由冯泽芳主持，当时他任南京农学院农学系教授。1956—1957 年的试验结果，又肯定了"徐州 209""彭泽 4 号"等著名良种。这项工作至今已延续了 80 多年，并成为国家评选良种的严密体制与重要依据。

筛选出了适宜不同棉区的良种以后，从 1937 年起，冯泽芳把主要精力转移到棉花良种和植棉技术的推广上。他以惊人的耐性和细心，用事实来说服农民。在一大批有志青年、各地棉产改进所和农业改进所人员的共同努力下，"斯字棉"和"德字棉"的推广工作获得巨大成功。最成功的地区是陕西省，尤其是泾阳县。陕西省推广美棉历史甚久，冯泽芳经过调查研究，认为过去引进良种成效不显著的原因:一是未经品种区域试验,二是管理不善。有鉴于此,冯泽芳提出严格的棉种管理区制度。这项工作1936年即开始着手,委派当时正在美国留学的棉花专家胡竟良,亲赴“斯字棉4号”的原产地——密西西比州的斯东维尔种子公司,选购纯种,运到南京中央农业实验所,由昆虫专家吴福祯督率技术人员施行燻种手续,以杀灭种子内的害虫。收获后,农户的轧花车也一律在管制之列,“斯字棉”与其他棉分别轧花。全省设有42位督导员、推广员,严格监管和技术指导。实行结果是:“斯字棉”生长茁壮,叶枝少而果枝多,自基至顶,结铃累累;再加上棉花质优,售价高,收入增加极为明显。农民们争相种植,并愿意遵守统制管理。于是,“棉种管理区”迅速扩大。1936年起步时,“斯字棉”种植近333公顷,1937年为2 667公顷,1940年达5.7万公顷,棉农增收3 400万元。“斯字棉”推广工作之顺利而迅速,不仅为民国以来棉业史上前所未有,即使在我国农作物改良史上亦属罕见。其成功之经验,堪为以后棉作改良推广之借鉴。到1941年,“斯字棉”在陕西关中和豫西一带达到6.7万公顷,“德字棉”在陕南和四川达到4.7万公顷。既支援了抗日战争,也为新中国成立初期华北发展棉花生产打下了基础。

1936年9月,冯泽芳来到云南考察。他惊喜地发现,在开远县等地零散生长着的称为“木棉”的小树,竟是全国都没有的、可纺成50支纱的优质长绒棉。于是他怀着极大的兴趣,对木棉进行了研究,认为其中的离核木棉是埃及棉迁入云南后,因气候暖热而变为多年生所致。冯泽芳认为,在云南离核木棉极具开发推广价值。理由有三:第一,可以高产;第二,云南山多田少,草棉(云南对一年生棉之称呼)难以推广,而木棉则可种于山坡、墓隙、田边、屋角及一切荒地,不与水稻、甘蔗争地争水;第三,离核木棉的纤维长度超过中棉和美棉,可纺出50支以上高档细纱。中国还没有这么高品质的棉花,需求极其迫切。1937年,抗日战争爆发后,我国主要棉区大部分沦陷,原棉缺乏,尤缺优质长绒棉,在云南生长的离核木棉,正是宝中之宝。

1938年,中央棉产改进所撤销,并入中央农业实验所,冯泽芳任中农所技正、棉作系主任、云南工作站站长。冯泽芳在云南工作了2年,从事“离核木棉”(以下简称“木棉”)推广。他的学生奚元龄和陈仁等人,是他得力的助手。在冯泽芳的主持下,仅几年间,云南一省的木棉就发展到4 667公顷。冯泽芳推广木棉,不遗余力,倾注了全部心血。他在致友人的信中写道:“斯字棉、德字棉、木棉是我的三个孩子,木棉是我新生的小女儿,我爱木棉同爱我的小女儿一样。”木棉的成功推广是冯泽芳理论联系实际、科研与生产相结合的又一范例。

关于中国棉区划分的研究和关于中国棉工业区合理分布的研究是冯泽芳在学术上的又一重大贡献。冯泽芳是我国最早从事中国棉区划分和棉工业布局研究的专家之一。他平均每年有一半时间在全国各地调研,足迹踏遍产棉地区。从1934年开始,冯泽芳经过20多年反复研究后,于1956年在其所著的《中国的棉花》一书中,提出中国棉区宜划分为黄河流域、长江流域、特早熟、西北内陆、华南五大棉区。某一棉区之良种,移到另一棉区种植,效果将变差。此研究成果,对棉花育种和良种推广及种植技术具有重要的指导意义。

1940年夏,冯泽芳调回已迁到四川省荣昌县的中央农业实验所本部,主持棉作系工作。1942年,冯泽芳应中央大学校长罗家伦之聘请,回到母校担任教授、农学院院长,遂又举家迁到重庆沙坪坝。冯泽芳治学严谨,提倡教师要联系生产实际,要从事科学研究工作。他聘定各系系主任和教授时,都是选择具有民主进步思想、堪为师生表率的各专业知名学者。在他们的共同努力下,中大农学院成为学子们向往的著名学府。冯泽芳讲授"棉作学""农学概论"等课程。在做过近10年的科研、生产推广工作之后再来教书,讲课联系实际,深入浅出,条分缕析,言简意赅,着重启发学生自己开动脑筋,深受学生欢迎。他要求学生绝不可只限于老师在课堂上所讲的内容,要求学生自觉求知,独立思考,尤其鼓励学生要有独到见解。他十分注重实验和田间实习,每学期都亲自带领学生到农场学习,手把手地示范。指导学生做实验时,强调要收集第一手资料,查阅原始文献;而不要图省力,借鉴于二三手资料,人云亦云。对实验报告,强调逻辑性强,数据翔实,结论有据。他对每份报告都认真修改,甚至错别字都给予订正。

冯泽芳指出,农业是深受地域限制,亦即"地方色彩非常浓厚"的一门学科,因此显著不同于另一些自然科学和理论科学。他告诫学生,不仅外国的东西不能照搬,就是国内某地的经验,也不能简单照搬。冯泽芳常说:"我一生最爱的,一是棉花,二是青年。"他经常介绍以往毕业生的成就来激励学生。他在《科学》杂志上著文赞誉青年学者俞启葆在短期内发现亚洲棉的2个连锁群(前人研究棉花遗传,30年才发现1个);发现奚元龄踏实好学,就鼓励他钻研棉花细胞学,为他关于棉属细胞研究之专著写了一篇重要的序言,并帮他申请名额赴英国深造;见徐冠仁的水稻遗传工作很出色,推荐他晋升副教授,也帮他申请奖学金去美国深造。这样的例子不胜枚举。在他的言传身教下,培养出了一大批德才兼备的农业科技人才,后来的历茬棉花科技骨干,许多都是他的学生。

1947年,农林部又恢复成立棉产改进处,仍由孙恩麟任处长,冯泽芳任副处长。1949年初，棉产改进处经费无着，人员分散，实际上已停止工作。4月初，他又回到中央大学任教授。新中国成立后，中央大学改名南京大学。1952年，高校进行院系调整，冯泽芳随之成为南京农学院教授、图书馆馆长，被评定为一级教授。1954年8月，冯泽芳当选为江苏省第一届人民代表大会代表。1955年6月，中国科学院学部成立，冯泽芳被聘为生物地学部学部委员。1956年，参加我国12年(1956—1967)长期科学规划的制定工作，并受到党和国家领导人毛泽东等的亲切接见。

1957年，中国农业科学院在北京成立，冯泽芳出任农科院棉花研究所研究员、所长。1958年3月，棉花研究所搬迁到河南安阳白壁乡新址，冯泽芳率先举家离开条件优裕的首都，来到这个条件艰苦的农村。他不计较个人得失，一心一意地工作，又被选为河南省人民代表大会代表。当时创办了安阳棉花学院，冯泽芳任院长。他作为名专家、大教授，并以花甲之年仍亲自编写讲义，上台讲课，还带学生到田间观察实习，此种精神殊为难得。当时亩产万斤水稻、万斤小麦的浮夸风盛行，有人提出亩产万斤棉的口号，冯泽芳坚决予以抵制。他说："最多只能660斤。再多，绝不表态。"这表现了他严肃、求实的科学态度。1959年庐山会议批判"彭德怀集团"以后，全国开展了反右倾拔白旗运动，冯泽芳的日子就更加难过了。1959年9月22日，这位在国内外享有威望的专家过早地离开了我们，这是中国棉花科技界的一大损失。1980年1月9日，中国农业科学院在北京八宝山革命公墓礼堂补开了冯泽芳追悼会。在追悼会上，中国农业科学院院长金善宝致悼词，对冯泽芳一生作了高度评价，平反了以前对他的一些不实之词。

冯泽芳毕生致力于棉花科研、生产和农业教育。他的理论研究以棉花遗传育种为主，对中棉的形态、分类和遗传，亚洲棉与陆地棉杂种的遗传学及细胞学均有深入的研究。他的试验研究着眼于发展生产，立足于推广应用。当品种试验有结果时，立即安排良种繁殖，为大面积推广作准备。他根据研究的结果，积极提倡在黄河流域棉区种植"斯字棉"，在长江流域棉区种植"德字棉"，在云南种植"木棉"。他提出的中国五大棉区的划分，一直沿用至今，这对于扩大我国棉区，提高棉花的产量和品质，都起了积极的作用。

（二）学术谱系的构成

以冯泽芳为核心的棉花科学家学术谱系见图6-1所示。

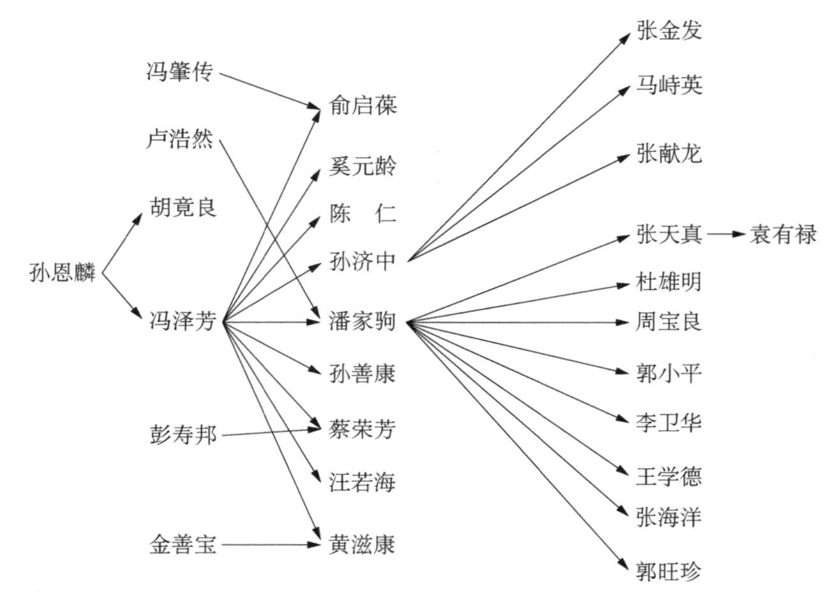

图 6-1 以冯泽芳为核心的棉花科学家学术谱系

1. 第一代

孙恩麟(1893—1961),农业教育家、棉花专家、中国棉产改进事业先驱和早期领导者。1911—1914 年在清华学校学习;1914—1918 年赴美国留学,获得伊利诺伊大学农学院学士学位、路易斯安娜大学农学研究所棉花专业硕士学位,是我国第一位留学美国专攻棉花的学者。回国后,一直从事棉花科教事业,历任江苏第一农校教员、校长,东南大学、中央大学、南通农学院教授,中央棉产改进所所长,中央农业实验所棉作系主任,湖南农业改进所所长及农林部棉产改进处处长。中华人民共和国成立后,历任农业部工业原料司司长、农业生产总局副局长,兼任华北农业科学研究所代理所长,并参与中国农业科学院的筹建工作。他培养了一批棉作科学家,冯泽芳、胡竟良等知名学者都是他的得意门生。他领导中国棉花改进事业,大力推广陆地棉,用以取代中棉,并以此为基础,研究制定适合我国棉花生产的栽培技术和耕作制度。对早期美棉栽培,陆地棉—小麦两熟栽培和旱地植棉做出了重要贡献。

冯泽芳(1899—1959),中国科学院学部委员(院士)、中国现代棉作科学主要奠基人。曾任南京农学院教授,中国农业科学院棉花研究所研究员、首任所长。1925 年毕业于东南大学,1933 年获美国康奈尔大学博士学位。早年对亚洲棉的形态、分类和遗传，以及亚洲棉与美洲棉杂种的遗传学及细胞学，均有深入的研究。20世纪三四十年代主持全国棉花品种区域试验及云南木棉的调查研究等，提倡在黄河流域棉区种植“斯字棉”，在长江流域棉区种植“德字棉”，对提高中国棉花产量和品质起到了积极作用。最早在中国从事植棉区划及棉工业区域的系统研究，提出中国划分五大棉区的意见，至今仍为科技界所沿用。在划分中国棉区，鉴定和发展离核木棉，培养棉花科技人才等方面，做出了重要贡献。1955年选聘为中国科学院学部委员(院士)。

胡竟良(1897—1971)，见下文。

2. 第二代

俞启葆(1910—1975)，农学家、棉花遗传育种专家。1934年毕业于中央大学农学院农艺系，毕业后留校任冯肇传助教，1945年留学美国。曾任中央农业实验所技正；新中国成立后，历任西北农林部技术研究室主任，西北农业科学研究所所长、研究员，中国农业科学院陕西分院副院长，陕西省农学会第一届理事长，陕西省科协第一届副主席，第三届全国政协委员。毕生从事农业科学研究和科研管理工作，对棉花研究尤深。早年潜心棉花黄苗、棕絮、卷缩叶等遗传研究。20世纪40年代育成“鸡脚德字棉”，并指导育成“泾斯棉”，为西北地区农业科研的发展以及开发河西走廊和新疆内陆棉区等做出了贡献。发表了《中棉黄苗致死及其连锁性状的遗传研究》《亚洲棉花青素的复等位基因》等多篇重要论文。

奚元龄(1912—1988)，棉花遗传生理学家。1935年毕业于中央大学农学院农艺系，曾任中央农业实验所技士；1950年获英国剑桥大学细胞遗传学博士学位，同年回国，历任华东农业科学研究所和江苏省农业科学院研究员，农业生物遗传生理研究所所长，中国遗传学会第一届副理事长，中国棉花学会第一届理事长，中国植物生理学会第三届学务理事，江苏省科协第一届副主席，第三、五届全国人大代表。1932年起，从事棉花遗传生理研究。1948年与俞启葆合作进行棉花远缘杂交试验，从细胞学上证明了杂种后代的孕性与双亲染色体密切相关。50年代后期通过对棉花的施肥试验，修正并充实了棉株糖、氮代谢有规律变化的理论。1973年研制成功S7-1号棉花花药基本培养基，获得分化叶茎、根和苗原基(胚状体)，在国际上居领先地位。译著有《农业原理》《棉属之进化》等。

潘家驹(1921—2013)，农业教育家、棉花遗传育种学家、南京农业大学教授。1948年中央大学农学院毕业，留校任教，并兼读农艺系研究生，新中国成立后任冯泽芳的助教。1956年，主持南京农学院棉花遗传育种工作，倡导修饰回交法改良棉花品种；开展陆地棉突变性状遗传研究，鉴定出4个新的芽黄突变基因并转育成相应的近等基因系；将该指示性状与杂交种子生产相结合，开辟棉花杂种优势利用新途径；培养了大批作物遗传育种专业人才。曾任农业部教材指导委员会组长，主编全国高等农业院校本科生教材《作物育种学总论》《棉花育种学》，参与统编教材《遗传学》等多部著作。《作物育种学总论》获1996年农业部优秀教材一等奖。

孙济中(1926—1998)，农业教育家、棉花遗传育种学家，曾任华中农业大学校长、中国棉花学会理事长、国务院学位委员会学科评议组成员、农业部科教委员会委员、湖北省科协副主席、湖北省棉麻学会理事长等职务。1948年毕业于中央大学农学院农艺系，先在武汉大学农学院任助教，1952年院系调整时，到华中农学院农学系任讲师；1956年10月被选派赴苏联塔什干农学院学习，获得副博士学位。曾培育出"华棉4号""华棉101"等棉花新品种；提出克服棉花远缘杂交不亲和性的技术；开展棉花抗虫育种，体细胞胚胎发生的理化调控，抗枯、黄萎病遗传以及抗病突变体的离体筛选等应用基础研究，并取得相应进展。有关研究先后获得农业部科技进步二等奖、国家科技进步三等奖、国家教委科技进步二等奖。

第二代中的孙善康、黄滋康、蔡荣芳、汪若海均为中国农业科学院棉花研究所重要农学家，关于他们的介绍见该所学术谱系。

3. 第三代

潘家驹传承的学生有张天真、杜雄明、周宝良、郭小平、王学德、李卫华、郭旺珍、唐灿明等。

张天真(1962—)，1982年毕业于浙江农业大学；1992年7月毕业于南京农业大学作物遗传育种专业，获博士学位；1992年9月获居里夫人奖学金赴德国鲁尔大学从事农业生物技术博士后研究；1999—2000年赴美国农业部南方平原研究中心作高级访问学者，从事棉花基因组研究。现任南京农业大学农学院教授、作物遗传与种质创新国家重点实验室主任，兼任中国农学会棉花学会副理事长、江苏省遗传学会理事长、国际棉花基因组计划(ICGI)协调委员会委员、国际棉花基因组计划结构基因组工作组第一主席等。2000年获国家杰出青年科学基金，主持的"棉花杂交种选育的理论、技术及其在育种中的应用"获2003年国家科技进步二等奖；成功选育出南农系列转基因抗虫杂交棉和高优势杂交种，并在长江流域棉区推广133万公顷。2004年被评为"全国优秀教师"。发表作物遗传育种论文80多篇。目前主要从事棉花种质创新、杂种优势利用、基因组学和分子育种的研究。

杜雄明(1963—　),见中国农业科学院棉花研究所学术谱系。

周宝良(1963—　),1985年南京农业大学农学系作物遗传育种专业本科毕业,获学士学位;1988年该校研究生毕业,获硕士学位,毕业后在江苏省农业科学院从事棉花重要性状基因的发掘利用、优质棉的种质创新和细胞遗传等研究,2003年9月调至南京农业大学从事棉花基因资源发掘与种质创新研究;2008年获博士学位。国家"百千万人才工程"首批培养对象(1997年)、江苏省"333人才工程"首批第二层次培养对象,1998年获国务院政府特殊津贴。主要从事棉花基因资源发掘与种质创新研究,主持国家转基因重大专项、国家自然科学基金、江苏省自然科学基金等课题多个,参加了国家"973"计划、国家支撑计划等项目研究。

郭旺珍(1970—　),女,南京农业大学教授。承担国家"863""973"计划,国家自然科学基金,科技部转基因专项等国家级项目及教育部、江苏省等省部级项目近20项。先后构建了国际上第一张含功能标记最多的四倍体栽培棉种遗传图谱,并基于该图谱,系统进行了不同棉种标记可转移性及比较基因组学研究和D基因组棉种的分化研究;标记定位了大量棉花育种目标性状基因/QTLs并用于分子标记辅助选择研究;克隆和验证了一批高品质棉纤维优势表达的基因或全长cDNA,为优质棉种质创新提供了重要的基因资源;建立了MAS的基因叠加育种体系,显著提高了育种效率,获得"南农85188"等一批棉花抗虫、优质的创新种质;利用MAS育种体系培育出高产、优质、抗虫的棉花杂交种2个,并进行产业化开发。获国家、省部级科技成果奖6项,获授权专利5项。发表论文130多篇,其中SCI论文50余篇;参编论著3部。荣获中国青年科技奖、教育部新世纪优秀人才及中国农学会青年科技奖等奖项。

孙济中传承的学生有马峙英、张献龙、张金发等。

马峙英(1958—　),1986年获河北农业大学农学专业硕士学位,1998年获华中农业大学作物遗传育种专业博士学位;1996年任河北农业大学农学院院长,2001年任河北农业大学副校长,兼任中国棉花学会常务理事、河北省棉花学会副理事长、中国遗传学会理事、河北省遗传学会副理事长等职。河北省重大科技攻关项目"高产优质抗病虫棉花新品种选育"首席专家,主持完成国家育种攻关项目、教育部重点科学研究计划、国家留学归国人员基金项目等多项省部级以上科研项目。育成并审定4个棉花品种——"冀棉19号"(低酚棉)、"冀棉26号"、"农大94-7"和杂交棉"农大棉6号",获河北省科技进步二等奖1项、三等奖4项;主持的"棉花抗黄萎病育种基础研究与新品种选育"获2009年国家科学技术进步奖二等奖。发表论文90余篇。被评为全国优秀教师。

张献龙（1963— ），1990年获华中农业大学农学系博士学位并留校任教，曾在加拿大、美国和英国做访问学者或进行合作研究。现任华中农业大学植物科学技术学院院长、作物遗传改良国家重点实验室副主任、国家农作物分子技术育种中心副主任、中国棉花学会副理事长。长期从事棉花生物技术及应用基础研究，建立了一套高效的棉花体细胞胚胎发生与植株再生的技术程序；在国际上首次从野生棉原生质体获得再生植株，并且首次通过细胞融合获得杂种植株。先后主持国家高技术"863""973"计划，国家"948"计划等科研课题，在国内外学术刊物上发表论文80余篇。2000年入选教育部"骨干教师"培养计划，2004年入选教育部新世纪人才支持计划。

二、中国农业科学院棉花研究所学术谱系

中国农业科学院棉花研究所是中国棉花研究的第一重镇，冯泽芳正是该所棉作事业的开创人，也是该所第二代棉花研究者学术上的导师。因此，该所主要农学家大多属于冯泽芳谱系，是冯泽芳谱系的一部分，也是最重要的一部分。由于该所研究人员多、研究方向全面、成果丰富、影响广泛，且形成了较稳固的学术特点和传统，因此，有必要对该所以冯泽芳为核心的谱系作单独分析。

（一）中国农业科学院棉花研究所科研成果简介

中国农业科学院棉花研究所的机构设置情况已见前文。在科研成果方面，自建所以来，共育成棉花新品种84个。中早熟育种课题育成"中棉所12、19、17"等棉花品种，其中"抗病高产优质棉花新品种中棉12"获得国家技术发明一等奖，"高产优质多抗棉花新品种中棉所19"获得国家科技进步一等奖，"适于麦棉套种的棉花新品种中棉所17"获得国家科技进步二等奖。早熟育种课题育成"中棉所16、20、24、27、36、45"等早熟棉花品种，其中"适合麦棉两熟夏套棉花新品种—中棉所16"获得国家科技进步一等奖，"适合麦棉两熟的夏套低酚棉花新品种—中棉所20"获得国家科技进步二等奖，"生化辅助育种技术选育优质、多抗丰产系列棉花新品种——中棉所24、27和36"获得国家科技进步二等奖。中熟育种课题育成"中棉所21、30、41、43"等棉花品种，其中"高效广适双价转基因抗虫棉中棉所41"获得国家科技进步二等奖，"棉花新品种中棉所43选育及推

广应用”获得新疆维吾尔自治区科技进步二等奖。杂种优势利用课题组育成“中棉所29、38、39、47”等杂交棉品种,“高产优质多抗广适棉花杂交种——中棉所29选育及推广应用”获得国家科技进步二等奖,“高产、优质、抗病虫、不育系制种杂交棉——中棉所38选育及推广”获得河南省科技进步二等奖。抗逆棉花育种课题育成“中棉所25、33、44、46、49”等棉花品种,其中“中棉所44”填补了我国未有抗盐棉花品种的空白,“中棉所49”被推荐为“十一五”规划重点推广品种。长江育种课题成立于2003年,主要针对长江流域棉区开展棉花新品种选育工作,育成“中棉所53、55、63、66”等杂交棉品种。棉花分子育种课题育成优质棉杂交棉品种“中棉所70”。

在耕作栽培研究方面的科研成果主要有:参与主持完成的“黄淮海平原农业综合治理与开发”获国家科技进步一等奖,“棉花地膜覆盖增产机理及其栽培体系研究”获农牧渔业部科技一等奖。主持完成的“全国不同生态区优质棉高产技术研究与应用”获国家科技进步二等奖;总理基金项目“黄淮地区棉麦综合高产技术研究与示范”和“河南省盐碱地植棉增产技术开发研究”获国家科技进步三等奖;“黄淮海平原盐碱地植棉技术研究”“棉花优质高产结铃模式调节新技术”“棉花生产管理模拟与决策系统”获农业部科技进步二等奖;“棉花叶枝利用机理及其高产简化栽培技术的研究与推广应用”获湖北省科技推广二等奖;还有“黄淮海平原两熟配套技术研究”“我国主要棉区棉花经济施用氮肥关键技术”等4项成果获农业部科技进步三等奖。

棉花植保研究方面的科研成果主要有:参与主持完成的“棉花枯萎病综合防治研究”获全国科学大会奖,“控制棉花主要病虫害综合防治对策及关键技术”获国家科技进步二等奖,“棉花病虫害大面积综合防治技术研究”获河南省科技进步二等奖,“中国棉花枯黄萎病菌种及生理型鉴定”获农牧渔业部科技进步二等奖,“棉铃虫大发生应急综合配套防治技术研究与应用”获河北省科技进步奖。

(二)学术谱系的构成

50多年来,中国农业科学院棉花研究所在取得大量科研成果的同时,还培养、锻炼、造就了大批棉花科技人才,从而成为我国棉花科学研究人才培养中心。该所首任所长冯泽芳是中国科学院院士,而现任所长喻树迅是中国工程院院士,中国棉花界仅有的2名院士都出自棉花所,看来并非偶然巧合。由此,50多年来更多的棉花专家、学者、科技人员成才在该所亦是在所必然了。

中国农业科学院棉花研究所先后发展阶段科研传承的代表人物谱系见图 6－2 所示：

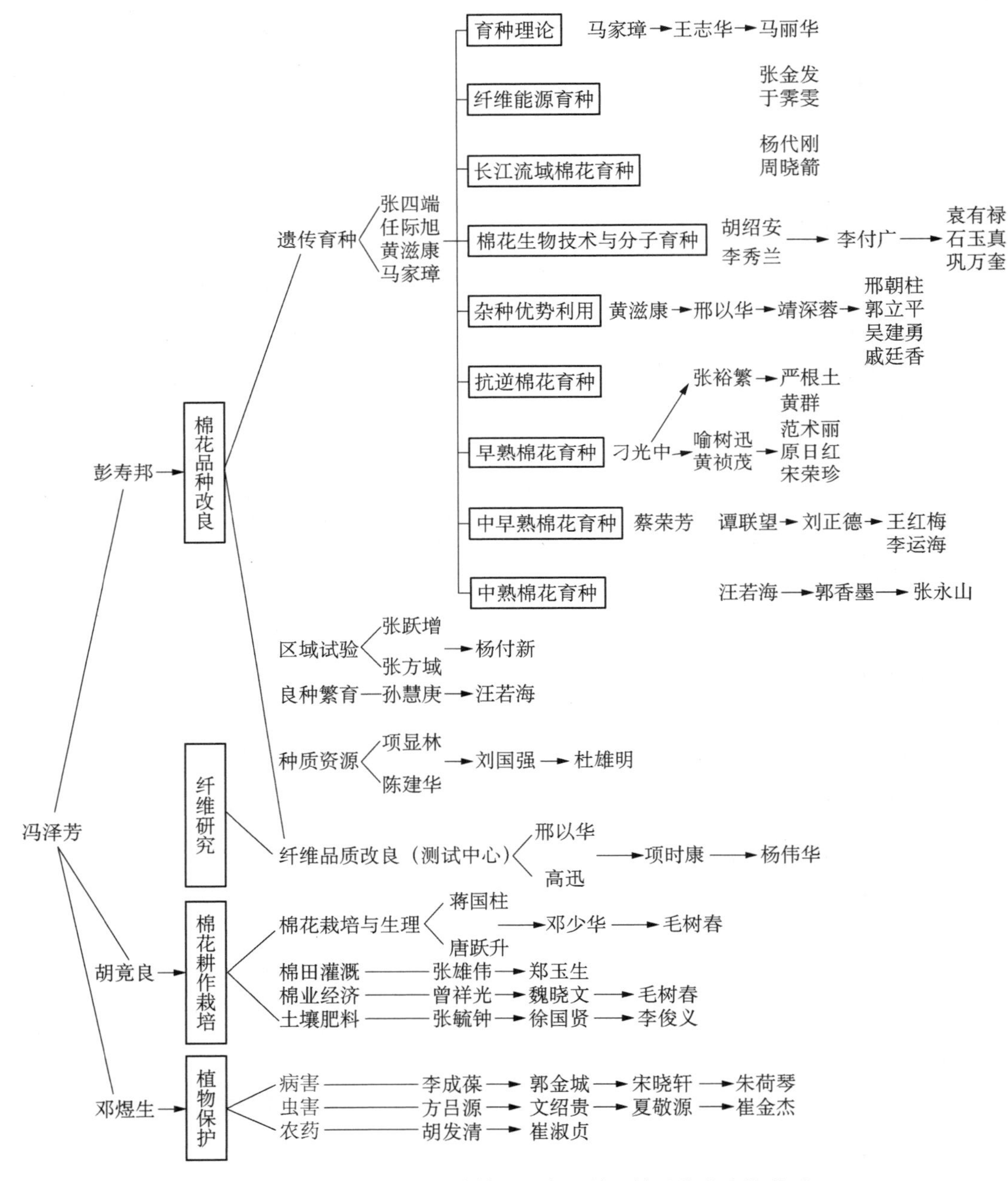

图 6－2　中国农业科学院棉花研究所科研传承代表人物谱系

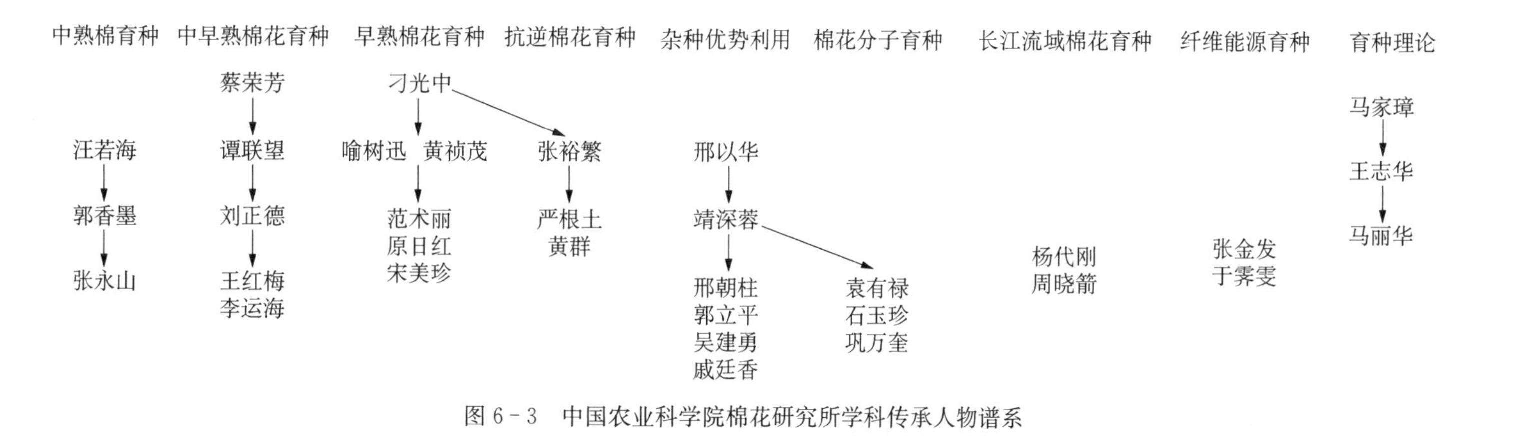

图 6-3 中国农业科学院棉花研究所学科传承人物谱系

第一代:开创者为冯泽芳,胡竞良同为该所第一代农学家。

冯泽芳(1899—1959)(见上文)

胡竞良(1897—1971),棉花科学家,中国棉产改进事业开拓者之一。1921年毕业于南京高等师范学校农业专修科,1936年获美国得克萨斯州农工大学科学硕士学位。曾任广西省农务局技师、河南省棉产改进所所长、中央农业实验所棉作系主任、中央大学农学院、四川大学农学院教授、四川省农业改进所副所长、国民政府经济部农林署署长;中华人民共和国成立后,任华东农林部特产处处长。为尽早恢复棉花生产,从美国引入"岱字棉15",胡竞良为主办人之一。这批棉种集中在3省6县繁殖,为我国发展"岱字棉"奠定了基础。1952年,调任农业部经作局高级农艺师。为了加强我国棉花科学研究工作,1957年中国农业科学院成立了棉花研究所,由冯泽芳任所长,胡竞良任副所长。胡竞良在该所连续工作了14年,为新中国棉花事业献出了后半生。早期倡用劝导与合作方式推动植棉事业,为推广"德字棉""岱字棉"做出了贡献。他毕生致力于棉花的科学研究与技术推广工作,出版了《中国棉业复兴纲领》《中国棉产改进史》《棉花生理研究综论》《胡竞良先生棉业论文选集》等著作,其中《中国棉产改进史》一书填补了抗日战争时期棉花生产史料的空白。

第二代:主要有彭寿邦、张方域、孙善康、邓煜生等。

彭寿邦(1905—1974),棉花育种家。1930年毕业于南京金陵大学农艺系,毕业后留校任教;1935—1936年在湖南长沙高级农校任教;1936—1948年先后在中央棉产改进所、山西棉产改进所、北平农事试验场任副技师、总技师、所长和技正等职;1945年6月赴美国康奈尔大学进修;1949—1957年在华北农业科学研究所任技正、副研究员;1957年中国农业科学院棉花研究所成立后,即到棉花研究所工作,1962年任品种研究室主任。毕生从事棉花教学和科研工作,在华北所任职期间,主持育成早熟棉花新品种"华北21""华北113号",曾在北京市郊和河北省推广应用。在棉花所工作期间,主持棉花品种区域试验,推荐了一批优良棉花新品种,为我国棉花生产的发展做出了贡献。在主持棉花品种资源研究工作中,对棉花品种资源的搜集、保存、研究与利用起了重要作用。

邓煜生(1919—2008?),棉花病理专家、研究员。1943年毕业于中央大学农学院,曾在四川巴县高级农业职业学校和农林部棉产改进处任职,新中国成立后,先后在中南军政委员会农林部、华中农业科学研究所和中国农科院棉花研究所从事研究工作。曾任棉花研究所学术委员会副主任、植保研究室主任和情报资料室主任,以及河南省植物保护学会副理事长等职。长期致力于棉花病害的研究工作，主持了“棉花枯、黄萎病综合防治研究”项目，1978年获得全国科学大会奖，对棉铃疫病的研究具有开创性意义。在恢复或创办《中国棉花》《棉花文摘》等专业期刊中起到积极作用。

张方域(1922—1986)，棉花育种专家。1945年毕业于国立中正大学农学系，曾任江西农学院、农林部棉产改进处技士；1949年后在华东农林部特产处上海棉场和中国农业科学院筹备组研究计划科工作；1961年调中国农业科学院棉花研究所工作，历任棉花区域组试验长、良种繁育研究室副主任、品种研究室副主任。主持“黄河流域棉花品种区域试验”，鉴定出“徐州209”“徐州1818”“鲁棉1号”等良种，在黄河流域广大棉区推广，获1979年中国农业科学院技术改进三等奖。以后，鉴定并推广比“鲁棉1号”丰产和纤维品质好的“冀棉8号”。主持的“全国棉花品种区域试验及其结果应用”获1985年国家科技进步一等奖，该成果系统地总结了中国30多年棉花品种区域试验所取得的成绩和经验，指出了区域试验既是育种工作的继续，又能促使育种工作的提高。发表科研论文40余篇，合译著作1部。

孙善康(1922—2010?)，1946年毕业于中央大学农学院农艺系。曾在国民政府农林部棉产改进处工作，新中国成立后历任华中农业科学研究所、中国农业科学院棉花研究所研究员、品种研究室室主任、农业部棉花品质检测中心副主任、棉花研究所学术委员会主任等职务，是第六、七届全国人大代表。他在棉花品种繁育保纯、种子质量控制方面取得显著成绩，主持5次全国棉花品种纯度调查，使有关单位及时了解到主管区域的棉种纯度情况，为提出改进措施提供了依据；提出《二圃制棉花种子繁育操作规程》，对提高种子质量起到明显效果。20世纪60年代在全国棉花种子无标准检测方法情况下，提出《棉花种子检验技术操作标准(草案)》，解决了各地棉花种子检测方法不统一问题。1979年率先建成我国棉花种子硫酸脱绒、精选、药剂包衣的机械作业生产线等。著作有《中国棉花品种及其系谱》等14部(含合著)，发表论文70余篇。曾获农业部技术改进一等奖(1980)，国家进步二等奖(1993)，国家进步三等奖(1987)及省、市级奖励10余项。

刁光中(1923—　)，棉花育种专家。1947年至1950年任原农林部棉产改进处技佐，1950年至1952年任汉口中南农业部技术员，1952年至1958年在南京华东农科所任助理研究员，1959年后在中国农业科学院棉花研究所工作任研究员。发明营养钵进行棉花育苗移栽，获1956年农业部二等奖；主持培育的“中棉所10号”，获得1980年农牧渔业部三等奖，“黄淮海平原盐碱地植棉技术”获

1984 年农林牧渔业部二等奖,“全国棉花品种区试”获 1985 年国家科技进步一等奖。出版了《棉花优良品种——中棉所 10 号》等专著。

马家璋(1926—),棉花遗传育种专家。1950 年毕业于金陵大学农艺系,1961 年南京农学院研究生院毕业后分配到中国农业科学院棉花研究所工作。曾任研究室主任,科研处处长,所学术委员会副主任,中国棉花学会常务理事、秘书长等职。1965 年率团赴苏丹考察棉花,1980—1981 年作为访问学者赴美国进行棉花遗传育种合作研究。在棉花高产栽培技术及其理论、棉花遗传育种、棉花生产发展决策等方面从事研究。80 年代以后主要从事棉花育种理论方法研究,提出了“混选混交育种体系”;总结出的“棉花杂交育种集成模式”,为开拓新的更有成效的棉花杂交育种科学方法提出了比较系统的新思路和新构想。研究成果曾获全国农业区划委员会农业区划成果一等奖、中国农科院技术改进三等奖等。

黄滋康(1927—),棉花育种专家。1985 年至 1989 年任棉花研究所所长,兼任农业部棉花专家顾问组成员、“九五”计划国家科委重中之重棉花科技攻关课题顾问、中国棉花学会副理事长、中国农学会常务理事等职。主要从事棉花遗传育种工作,主持或参加选育“中棉所 3 号、7 号、12 号”“渤棉 1 号”“渤优 2 号”“鲁棉 5 号”等棉花品种,共取得 6 项成果奖励,其中,“中棉所 3 号”于 1978 年获全国科学大会奖,“中棉所 12 号”获农业部科技进步一等奖。发表科技论文 30 余篇,主编《中国棉花品种及其系谱》等著作 10 多部。

蒋国柱(1929—),棉花栽培专家。1953 年于北京农业大学农学系毕业后分配到华北农业科学研究所作物系棉作室,后转入中国农科院棉花研究所。曾任栽培研究室秘书长、副主任、主任,研究所学术委员会委员,《棉花学报》主编,中国地膜研究会棉花学组副组长,短季棉高产技术协会副理事长。长期从事棉花高产栽培及其理论研究,取得多项科研成果。主持“棉花优质高产结铃模式调节新技术研究”试验项目,1990 年获农业部科技进步二等奖等。发表科研论文 30 余篇,参编著作 10 余部。

谭联望(1930—2011),棉花育种专家。1952 年和 1960 年先后毕业于湖北农学院和河南农学院,1960 年到中国农业科学院棉花研究所从事棉花育种工作。承担国家“六五”“七五”计划攻关棉花抗病育种专题,突出成就是育成棉花品种“中棉所 12”,首次将抗枯、黄萎病和高产优质以及适应性广集于一身,1989 年获农业部科技进步一等奖,1990 年获国家技术发明一等奖。该品种先后通过豫、鲁、浙、鄂、新等 8 省区审定及国家审定,在我国黄河、长江流域及南疆三大棉区增产显著,对控制枯黄萎病蔓延起到重大作用,累计推广约 1 067 万公顷,成为我国累计推广面积最大、适应性最广的自育棉花品种，年度最大推广面积占全国棉田面积的 1/4。主编《棉花优良品种汇编》，参编《中国农业百科全书》《中国棉花遗传育种学》等著作，发表论文近 30 篇。先后获中国农业科学院和河南省、安阳市“优秀科技工作者”称号，享受国务院政府特殊津贴。

项显林(1930—1998)，女，棉花品种资源专家。1956 年于贵州农学院农学系毕业后分配到中国农业科学院筹备组工作，同年 10 月到江苏省农科院经作所进修棉花品种资源，1958 年初到中国农业科学院棉花研究所从事棉花品种资源研究工作，直到退休。她对我国棉花品种资源的研究和发展做出了重要贡献，参加和主持过的棉花品种资源研究工作取得了多项重大科技成果，1987 年获国家科技进步三等奖。曾赴海南、贵州等省进行中棉考察，组织了对全国各地亚洲棉的收集，挽救了一批濒危的亚洲棉资源；同时，对我国栽培亚洲棉进行了系统的分类、鉴定和总结，该项成果 1989 年获国家科技进步二等奖。

蔡荣芳(1931—　)，棉花育种专家。1956 年毕业于福建农学院，学术师承自冯泽芳、彭寿邦。先后主持国家“六五”“七五”计划棉花育种攻关等重点科研项目 20 余项，主持或共同主持育成“中棉所 7、9、12、14、15、17、19、23”和“中 6331”等 9 个各具特色的棉花优良品种。其中，“中棉所 12”和“中棉所 17”在全国年度最大种植面积分别达到 198 万公顷和 233 万公顷，均占全国当年棉花种植面积的 30%以上。先后获国家技术发明一等奖 1 项，国家科技进步一、二等奖各 1 项，省部级成果奖 6 项；发表学术论文 30 余篇，出版专著 2 部。

邢以华(1931—　)，女，棉花育种家。1954 年于北京农业大学毕业后分配在农业部工作，1957 年调到中国农业科学院棉花研究所，先后从事棉花纤维、育种和杂交优势利用研究。通过试验肯定了棉花杂种二代的利用价值，选育出二代具有优势的新杂交种“中杂 019”和“中棉所 28”，并在生产上建立了人工制种利用二代的杂交棉生产体制。“棉花新杂交种中杂 019 的选育利用”获 1990 年农业部科技进步三等奖。1991 年 1 月退休后连续 6 年坚持在山东惠民县生产第一线蹲点，从事将科研成果转化为生产力的工作，最终建成了一个棉花杂交制种技术熟练高效、种子纯度优良并有一个健全的杂交棉生产体制的制种基地，为当地创造了较高的经济效益和社会效益。1997 年被国家科委授予“科技扶贫先进工作者”。

张雄伟(1932—　)，棉花栽培专家。1954 毕业于福建农学院农学系，曾任中国农业科学院棉花研究所栽培研究室主任，兼任中国农业大学客座教授，是国家级有突出贡献的中青年专家，享受国务院政府特殊津贴。长期从事棉花耕作栽培研究，对棉花需水与棉田灌溉研究颇有专长，1988 年他参与主持的“黄淮海平原农业综合治理与开发”项目获国务院授予的一等奖。先后主持多项棉花科研与推广植棉技术项目，取得了突出成绩，为我国棉花科技事业做出了重要贡献。

黄祯茂（1935— ），棉花育种专家，享受国务院政府特殊津贴。1960 年毕业于江西农学院，同年分配到中国农业科学院棉花研究所。主持和参加了国家“七五”“八五”“九五”计划棉花育种攻关项目，育成“中棉所 14、16、18、20、24、36”和“中棉所 50”等 12 个短季棉新品种，累计推广 1 333 万公顷。先后获国家和农业部科技进步奖 5 项，其中“中棉所 16”获 1995 年国家科技进步一等奖，“中棉所 20”和利用生化辅助育种技术育成的“中棉所 24、27 和 36”系列棉花新品种，均获国家科技进步二等奖。

汪若海（1936— ），中国农业科学院棉花研究所研究员，享受国务院政府特殊津贴。1958 年毕业于南京农学院，同年到中国农科院棉花研究所工作。曾任育种研究室主任、科研处处长，棉花所所长，兼任农业部科学技术委员会常务委员、农业部种植业专家顾问组成员、中国棉花学会副理事长、中国农业科学院学术委员会委员等。长期从事棉花品种改良、棉花生产宏观发展等研究，对中国植棉史的整理研究亦颇有所获。主持承担“六五”“七五”“八五”计划国家重大科技攻关、总理基金“黄淮地区棉麦高产技术研究与示范”等重大科研项目。参加或主持培育棉花新品种 7 个，在生产上取得了良好的社会经济效益；主持制定我国第一个农作物原种生产技术标准——《GB 棉花原种生产技术操作规程》；曾多次向国家有关部门和中央领导提出发展棉花生产与科技的意见和建议，多被采纳。获国家科技成果奖励 7 项；撰写棉花专著 18 部，发表学术论文和科技文章 300 余篇。

项时康（1937—2011），中国农业科学院棉花研究所研究员，享受国务院政府特殊津贴。1955 年考入北京大学生物系植物学专业，后在该系植物实验胚胎学研究生毕业；1965 年分配到中国农业科学院棉花研究所，曾任该所副所长，并在农业部挂靠的棉花品质监督检验测试中心任主任，兼任中国棉花学会秘书长。主持全国棉花育种攻关第三专题“棉花种质创新和新品种选育”，参与育成“中棉所 9 号、12 号”，分别获农业部科技进步二等奖、一等奖和国家技术进步一等奖；主持“全国优质棉科技服务”项目，其中“全国不同生态区优质棉生产技术的研究和应用”1993 年获国家科技进步二等奖。参与编写和翻译的专著有《中国棉花遗传育种学》《棉花遗传育种研究》《中国农业百科全书·农作物卷·棉花分册》

等7部；发表有关棉花遗传育种、良种繁育、种子加工、综合利用和质量标准等方面的论文70余篇。

靖深蓉(1938—　)，女，享受国务院政府特殊津贴。1965年毕业于武汉大学生物系植物遗传专业，同年分配到中棉所工作，主要从事棉花杂种优势利用研究。主持全国棉花杂种优势利用育种攻关、国家攀登计划、国家自然科学基金、中华农业科教基金等棉花有关科研项目，先后与同事们共同选育出高产优质抗虫杂交棉新品种"中29""中38""中39"，以及显性无腺体陆地棉新种质和抗虫双隐性核不育系等。其中，"中29"是国内外第一个转基因抗虫杂交棉新品种，也是目前国内推广面积最大、适应性最广、推广时间最长、经济效益最大的杂交棉品种。获科技奖6项，其中，中国农科院成果奖一等奖2项、二等奖1项，农业部科技一等奖2项，河南省科技进步一等奖1项。发表论文30余篇，出版著作《抗虫杂交棉的制种与栽培技术》等4部。

张裕繁(1942—　)，1966年毕业于沈阳农学院农学系遗传育种专业。长期从事棉花育种工作，对选育优质、抗逆棉花新品种，长绒棉、陆地棉、短季棉、耐旱碱棉花新材料创造、新品种的选育技术，提高棉花早熟性、抗旱性、抗病性以及棉花抗旱的生理机制有深入研究。先后主持国家"六五"到"九五"计划攻关项目以及农业部农发基金项目，选育出棉花新品种"中棉所10号、14号""中棉所25号""中棉所33号"。其中，"中棉所10号"是我国第一个适于麦棉两熟的棉花新品种，对黄淮棉区的两熟改制起了重要作用，1985年获农业部科技进步三等奖。发表学术论文30余篇。

第三代：以喻树迅为代表。

郭香墨(1949—　)，1975年毕业于河南农学院，1982年硕士研究生毕业后到中国农业科学院棉花研究所工作，后任该所遗传育种研究室主任。先后主持或承担国家"863"计划、科技攻关等重大科研项目，主持和参加选育"中棉所17、19、29、30、31、32、41、43、57、69"等10个新品种。其中，"优质多抗棉花新品种中棉所19"获国家科技进步一等奖，"高效广适双价转基因抗虫棉中棉所41"获陕西省科技进步一等奖、其他省部级成果奖5项。发表论文40余篇，出版著作7部。1999年获国务院政府特殊津贴。

喻树迅(1953—　)，中国工程院院士、国家级专家，曾任棉花所所长兼党委书记，兼任中国棉花学会理事长、农业部棉花生产专家顾问组首席专家、"十五"规划"863"现代农业技术主题专家组组长、"十一五"规划"863"主要农作物功能基因组学研究重大专项专家组副组长、国家农业创新体系棉花创新体系首席专家、“973”项目“棉花纤维功能基因组学研究与分子改良”首席科学家。享受国务院政府特殊津贴，先后被评为农业部“神农计划”提名人、人事部“百千万人才工程”人选、国家级有突出贡献中青年专家、中原学者，2006年获农业部“首届中华农业英才奖”。1998年，他领导的课题组获“全国五一劳动奖章”。1979年自华中农业大学毕业后一直在中国农业科学院棉花研究所从事短季棉育种工作，2003年获博士学位。主持或参加育成短季棉新品种13个，缓解了我国粮棉争地矛盾，累计推广种植1 867万公顷。共获得成果奖励12项，其中国家科技进步一等奖1项，二等奖3项，省部级奖8项。他提出的“我国短季棉三大生态区的划分”“早熟性状遗传分析及遗传力确定早熟性状高效选择方法”“生化遗传辅助育种对早熟不早衰性状的有效选择”等研究成果得到同行认同与采用。发表论文88篇，出版著作6部，合著《中国短季棉概论》，主编《中国短季棉育种学》。多次参加或主持国内外学术交流，曾任国际棉花基因组计划指导委员会遗传资源委员会共同主席，中美陆地棉基因组测序共同主持人，在国内外棉花界具有较高的声誉。2011年当选中国工程院院士。

毛树春(1956—　)，1979年毕业于华中农业大学，同年到中国农业科学院棉花研究所工作，现任该所栽培与耕作研究室主任。长期从事棉花栽培学、信息学、棉花发展战略研究，参与主持总理基金棉花项目、国家科技攻关项目和全国优质棉科技服务等重大项目。常年深入农业生产第一线，在“麦棉两熟可持续生产的理论和实践”方面有较深的造诣，提出麦棉两熟“弱光照、低热量和间隙式干旱”机制，科学解释促进早发栽培的理论基础，进一步建立麦棉两熟“以棉为主”和“粮棉并举”的双高产技术；研究形成棉花工厂化育苗和机械化移栽新技术；创建中国棉花生产景气指数(CCPPI)和中国棉花生长指数(CCGI)，主笔撰稿《中国棉花生产景气报告》。共获得国家、省部、院级成果奖励8项，国家授权专利5项；发表论文与文章250余篇，主编和参编学术著作18部。

王坤波(1956—　)，1982年毕业于华中农业大学，迄今一直在中国农业科学院棉花研究所工作。现任该所副所长，兼任农业部棉花检验测试中心主任、棉花遗传改良重点开放实验室常务副主任、中国棉花学会常务副理事长兼秘书长，第十届全国人大代表。长期从事棉花野生资源和生物技术研究，主持国家科技攻关、“863”计划、国家自然科学基金、国家科技平台计划等重点项目多项。在海南建成国家棉花种质资源圃，收集保存了大量棉花种质资源材料，开展了棉花染色体-核酸原位杂交的前沿性研究。获奖成果7项，其中“野生棉资源研究”于2006年获国家科技进步二等奖。发表论文100余篇，申报国家专利11件，联合主编、参编著作 4 部。

杨付新(1957—),1982 年毕业于华中农业大学,同年到中国农业科学院棉花研究所工作,现任棉花区域试验站站长、研究员。长期从事国家棉花品种区域试验工作,先后主持国家自然科学基金、国家棉花品种四大类型区域试验、中美棉花品种区域联合试验等项目。其中,“全国棉花品种区域试验及其结果应用”获国家科技进步一等奖,为主要参加人;主持鉴定推荐棉花品种 112 个,其中在生产上种植推广 6.7 万公顷以上品种 9 个。2001 年被评为农业部有突出贡献的中青年专家。发表论文 44 篇,研究报告 12 份,合编著作 2 部。

杨伟华(1957—),中国农业科学院棉花研究所棉花质量标准学科首席专家、中国棉花学会副秘书长。1982 年毕业于山东大学化学系,同年到中国农科院棉花研究所工作至今。相继从事棉花生理生化、遗传育种、棉副产品综合利用、全国优质棉基地科技服务、全国棉种质量抽查、全国棉花产品质量安全普查、棉花产品质量全程质量控制等科研与技术工作,主持和参加多项国家级和省部级科研项目,获农业部科技进步三等奖 1 次。发表论文与科技文章 50 余篇,参与编写著作 4 部;主持或参加制定国家与行业标准 8 项。

刘正德(1958—),研究员、国家级有突出贡献的中青年专家。1982 年毕业于华中农业大学。参加选育出我国棉花新品种“中棉所 12”,于 1990 年获国家技术发明一等奖。针对黄河流域棉区麦棉两熟和新疆棉区的需要,率先进行棉花生态育种工作,育成早熟、高产、广适应的棉花新品种“中棉所 35”,该品种的育成解决了黄河流域麦套棉和新疆中熟棉区品种的晚熟问题。为了培育更好的品种,在新疆和长江棉区设立了生态育种试验站,初步建成面向全国的生态育种体系。

杜雄明(1963—),1986 年毕业于四川农业大学农学系,1998 年获南京农业大学作物遗传育种专业博士学位,导师为潘家驹。现任中国农科院棉花研究所品种资源研究室主任、研究员。长期从事棉花性状遗传和分子生物学特性鉴定,基因资源和生物多样性以及棉花种质创新和优异基因资源发掘等研究。主持培育了“中棉所 48”“中棉所 51”“棕絮 1 号”等新品种(系)。其中,大铃、优质杂交棉“中棉所 48”已成为我国主推棉花新品种之一;“中棉所 51”是我国第一个国审的抗虫彩色棉品种;“棕絮 1 号”“绿絮 1 号”等彩色棉新品种(系)的开发,促进了我国彩色棉的产业化发展,获中国农科院科技进步二等奖 1 项。参与的“中国农作物种质资源收集、保存评价与利用”项目,2004 年获国家科技进步一等奖。发表论文 90 余篇,参加编写论著 6 本。被誉为“中国新棉之父”。

杨代刚(1965—),1984年华中农学院荆州分院毕业,同年被分配到湖北省荆州地区农业科学研究所工作;1992年华中农业大学研究生毕业,获农学硕士学位;2011年中国农业科学院研究生院博士研究生毕业,获农学博士学位。国家棉花产业技术体系遗传改良功能研究室首批岗位科学家,"十二五"规划育种与种子研究室岗位科学家,中国农业科学院长江中下游棉花野外观测试验站站长。长期在棉花遗传育种第一线工作,主持和承担国家棉花转基因专项、国家农业科技成果转化资金项目等课题及子专题30余项。作为第一完成人育成"鄂杂棉4号、15号、24号"和"中棉所53、55、63、65、66、71"等10个通过国家或省级审定的杂交棉新品种,其中"中棉所63"被国家农业部列为"主导品种",在长江流域大面积推广。获得省部级以上成果奖励6项,发表科技论文30多篇,出版著作1部。

李付广(1966—),1989年毕业于中国农业大学,同年到中国农业科学院棉花研究所工作,现任该所副所长、研究员。主要从事棉花生物技术研究,先后主持"863"计划、"973"计划、国家转基因植物专项、"948"计划等10多个重大科研项目;建立了"棉花规模化转基因技术体系",达到年产转基因植株1万株以上的生产能力,该研究成果2003年获河南省科技进步一等奖,2005年获国家科技进步二等奖。利用该技术已选育出"中棉所41、45、47、50"等10多个转基因棉花新品种,并在生产上大面积推广应用。发表论文20多篇,主编或参编著作5部。

邢朝柱(1967—),1991年华中农业大学毕业,后到中国农业科学院棉花研究所工作,2002年任该所育种室副主任、研究员。一直从事棉花杂种优势利用研究工作,先后主持"863"课题、国家支撑计划、转基因专项等国家重大课题多项。率先开展我国转基因抗虫杂交棉选育和棉花杂交制种技术研究,主持培育"中棉所47、52"等国审杂交棉种6个,累计推广达267万公顷,取得了显著的社会经济效益。获国家和省部级成果奖励6项,其中,国家科技进步二等奖1项、河南省科技进步一等奖、二等奖和农业部丰收一等奖各1项;主持完成"棉花抗虫不育系创制"等鉴定成果3项,获国家发明专利1项。发表论文30多篇;主编著作2本,参编3本。

袁有禄(1967—),1990年毕业于中国农业大学,同年到中国农业科学院棉花研究所工作,2000年获得南京农业大学作物遗传育种专业博士学位,现任生物技术研究室副主任、研究员。主要从事棉花分子育种研究,参与选育具有推广前景的"中棉所28、29、38、39和70"等5个杂交棉品种。从群体、个体以及分子3个层次上系统研究棉花纤维品质性状遗传，标记到多个与棉花纤维品质性状有关的主效QTL，多环境表现稳定，正在进行标记辅助聚合育种研究。参与育成“中棉所29”，于2005年获河南省科技进步一等奖，2006年获国家科技进步二等奖，其他成果奖励6项。发表论文40余篇，被SCI收录6篇。

范术丽(1969—)，女，1996年西北农业大学硕士研究生毕业，同年到中国农业科学院棉花研究所工作，现任该所遗传育种研究室主任。主要从事短季棉育种和分子标记工作。先后主持和参加“九五”计划攻关，“十五”规划“863”课题、国家重大转基因专项、国家“973”和“948”等重大项目。通过对短季棉材料生化物质的遗传及其与早衰关系的研究，建立了生化辅助育种技术体系，初步构建了短季棉分子标记连锁图谱，找到与早熟性相关的重要分子标记12个。参加选育早熟棉品种7个、特早熟棉花新品系1个，获国家科技进步二等奖2项、部院级奖4项，2003年获第七届河南青年“五四”奖章。发表论文25篇，出版著作1部。

三、其他重要棉花科学家及其学术谱系

(一) 中国科学院、农业部等单位棉花科学家

杨显东(1902—1998)，棉花专家、农学家、农业行政管理专家、社会活动家。1923年考入南京金陵大学农科，主攻棉花和蚕桑专业；1927年毕业后，在河南训政学院任教；1928年任湖北省棉业试验场技士兼代场长；1934年赴美国康奈尔大学留学，1937年获博士学位；1937年，离美途经苏联考察后回国，同年11月参加革命队伍，与陶铸等在湖北应城汤池举办农村合作人员训练班；1938年在襄阳举办鄂北棉业讲习所，以后又任国民政府经济部农本局特派员兼福生总庄樊城分庄主任、行政院农产促进委员会湖北推广专员、四川省农业改进所技正以及重庆美国经济作物局农业顾问等职；1945年10月，任国民政府行政院善后救济总署湖北分署副署长、代署长；1948年，任上海粮食紧急购储会特别顾问；1949年任武汉大学农学院院长，同年9月赴北京任农业部副部长。曾任中国科学技术协会副主席，中国农学会会长、名誉会长。新中国成立前，对于改进我国棉花生产、发展农村合作事业、支持革命事业都有重大贡献；新中国成立后，对我国农业科学事业的组织领导、建立新的农业科教体制、发展粮棉生产、控制蝗虫危害等发挥了关键作用，特别是对我国农业学术团体的组织建设，开展国内外学术活

动，推进我国东北、西北、黄淮海地区和上海经济区农业现代化建设做出了重大贡献。

孙逢吉(1904—?)，棉花科学家、农业教育家。1926 年从南京东南大学毕业后任教于江苏省第一农校；1927 年任教于杭州第三中山大学(浙江大学前身)；1933 年在江苏省无锡教育学院任教；1934 年担任中央大学植棉训练班主任，主持植棉技术人员培训工作；1936 年去美国留学，获美国明尼苏达大学硕士学位；1937 年后抗日战争期间，在浙江大学任副教授、教授，兼农场主任；1944 年去昆明云南大学任教授，兼农艺系主任；抗战胜利后，1947 年去台湾糖业试验所任正技师，兼任种艺系主任，从事甘蔗研究工作；1950 年起兼任台湾省台中农学院教授，直至 1966 年退休。他很早即从事棉花研究工作，1928 年曾与冯泽芳共同发表论文《中棉之孟德尔性初步报告》。1934 年任植棉训练班主任时，就着手编写《棉作学》讲义。赴美进修时，更广搜博采，在浙江大学、云南大学授课期间又多次修改补充，1944 年定稿，1948 年由国立编译馆出版。该讲义被当时教育部定为大学用书，是我国第一部完整的棉作学著作，在教学和科研上具有重要的参考价值。

过兴先(1915—)，农学家、棉花专家。1938 年浙江大学农艺系毕业；1945 年至 1946 年先后去美国农业部棉花生理研究室和康奈尔大学进修，回国后曾任浙江大学副教授、教授，浙江农业科学研究所所长；1954 年后历任中国科学院生物学部副主任，中科院、国家计委自然资源综合考察委员会研究员，国家人与生物圈委员会副主席，中国农学会常务理事。对棉花生理生态和栽培技术进行了深入研究，阐明了气温、光照对棉株现蕾、开花蕾铃脱落和棉铃发育的一些关系，提出一系列栽培技术促进浙江省棉花增产增收；全面分析了新疆棉区气温条件的优势和秋季降温的特点，提出促使棉株早发育、棉桃早成熟的有效措施。

郭三堆(1950—)，作物遗传育种专家、中国农业科学院生物技术研究所研究员。1975 年毕业于北京大学生物化学专业；1975—1984 年在中国科学院微生物研究所工作；1986—1988 年赴法国巴斯德研究所从事合作研究，从事杀虫基因结构与功能研究；现为中国农业科学院生物技术研究所作物分子育种研究中心主任。多年来，在分子生物学研究和基因工程技术领域中，对抗虫棉的研究取得重大成果。首次在国内合成杀虫蛋白基因，培育成功双价基因抗虫棉、三系杂交抗虫棉，为国产抗虫棉占领 90%以上国内市场做出了贡献。作为第一发明人，先后获得国家发明专利授权 11 项，并且 2 项分获国家专利金奖和优秀奖；获技术发明和科技进步奖 11 项，其中国家技术发明二等奖 1 项，国家科技进步二等奖2项。发表学术论文80余篇，合著和主编专著4部。1997年被授予国家级“有突出贡献中青年专家”称号，2005年被评为“全国优秀科技工作者”，2007年获何梁何利基金产业创新奖，2009年被授予“全国五一劳动奖章”。

（二）南京农业大学棉花科学家

南京农业大学的前身东南大学（中央大学）农学院和金陵大学农学院是中国近代早期最重要的棉花研究中心。中国棉花科学研究事业的开创者过探先、孙恩麟、冯泽芳、胡竞良均授课或受教于此，并在此开拓中国最早的棉花研究事业。他们的薪火代代相传，以潘家驹为代表的第二代棉花科学家和以张天真为代表的第三代科学家在棉花遗传育种领域继承传统、不断创新，为中国的棉花科研事业和人才培养做出了重要贡献。

过探先（1886—1929），农学家、农业教育家。20世纪20年代创办了东南大学农科和金陵大学农林科，造就了一批我国早期的农林科技教育人才，还在开拓我国棉花育种工作方面做出重要贡献。他积极参与中国科学社和中华农学会的创建工作，是我国现代农业教育和棉花育种事业的开拓者之一。1915年获得美国康奈尔大学育种学硕士学位，回国后被任命为江苏省立第一农业学校校长。1915年冬他发起创设江苏省教育团公有林，为全省教育之基产，中国近代大规模造林自此肇始。1916年，过探先奉命筹备省立第一造林场，今之南京中山陵园即其一区。1917年初发起成立中华农学会，并将中国科学社由海外迁回南京。1919年，过探先应上海华商纱厂联合会之聘，主持棉花育种事宜，遂辞去江苏一农校长职务，于南京洪武门外开辟植棉总场，输入新种，改良栽培，选出首批棉花新品种，极大地推动了我国现代植棉事业的发展。1921年南京东南大学农科成立，过探先被聘为该校教授，仍兼管棉产改进事宜，旋又兼任农艺系主任，1923年复兼任农科副主任，1924年再兼任推广系主任；1925年，过探先辞去东南大学教授一职，改任金陵大学农林科主任；1929年3月23日逝世。

冯肇传（1895—1943），第一位将遗传学术语译成中文介绍到中国的学者，在棉花的遗传、改良、推广方面都做出了巨大的贡献，是我国20世纪30年代四大棉业专家之一。1918年在清华学校毕业后赴美留学，入佐治亚大学专攻棉作，后转康奈尔大学攻遗传学，获硕士学位。1921年学成归国，在南通大学农科系任教5年；1927年任中央大学农学院教授；1933年秋任浙江省立棉业改良场场长，兼浙江大学教授；1938年底，从武汉到达重庆，再次任中央大学农学院教授；

1942 年初组成康南农业考察团，并任团长，赴当时西昌所属各县实地调查；1942 年秋应复旦大学之聘，任教授兼农学院代院长；1943 年 10 月去世。

高　璆(1934—　)，1961 年南京农学院毕业留校工作。1976 年至 1982 年期间，结合教学需要，开始进行棉花应用基础理论方面的研究。1982 年以后，连续主持省科委"六五""七五""八五""九五"计划棉花重大攻关项目，取得显著的社会效益和经济效益。他主持的"六五"棉花攻关课题"棉花高产栽培技术开发研究"在全省五大棉区 11 个试验基地进行试验、示范，推广面积达 28.7 万公顷，占全省棉花生产面积近二分之一。以外，还主持国家自然科学基金项目、省科委项目等多项。从"六五"计划攻关以来，共发表科研论文 27 篇，撰写或合写专著 4 部。先后荣获省、部级科技成果奖 4 项，获国务院、省、部授予的光荣称号 5 项；1992 年获国务院政府特殊津贴，2003 年被授予全国"星火计划先进个人"称号。

（三）浙江农业大学重要棉花科学家

浙江农业大学谱系见图 6－4 所示。

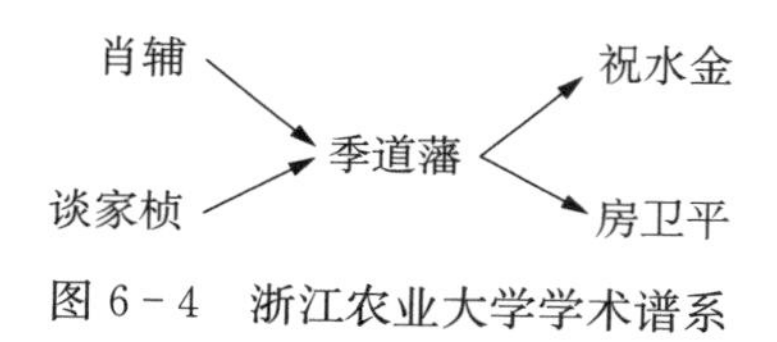

图 6－4　浙江农业大学学术谱系

肖　辅(1905—1968)，棉花科学家、农业教育家。1929 年毕业于南京金陵大学农学院，1933 年获美国明尼苏达大学硕士学位。先后任浙江大学农学院副教授兼农业植物学系作物组主任和农艺系主任、浙江省棉业改良场场长；抗日战争期间，历任广西省农事试验场技正、广西大学农学院教授兼农艺系主任；1944 年日本侵占广西，他重回浙江大学(在贵州)任教授兼农艺系主任；1952 年全国高等院校院系调整，浙江农学院独立建校，他任浙江农学院教务长、副院长；1960 年后任浙江农业大学副校长，兼任中国作物学会浙江省分会理事长、浙江省农学会理事长。长期从事棉花科学研究与教学工作，先后发表《关于考查纤维长度取样之试验》《棉作田间技术研究》《百万棉与浙江本地棉之比较观察》等论文。他在我国棉花科学研究中是最先应用生物统计学进行资料分析的学者，编著有《生物统计学》，并主编了《作物遗传选种及良种繁育学》等教材。

季道藩(1923—　)，农业教育家、作物遗传育种学家、棉花科学家。1946 年毕业于浙江大学农学院，毕业后留农艺系任教，1978 年 8 月任农学系主任；先后兼任农业部科学技术委员会第二、三、四届委员，中国遗传学会常务理事、教育委员会主任，浙江省遗传学会理事长，中国棉花学会副理事长、名誉理事长，是全国人民代表大会第六、七、八届代表。长期从事高等农业教育和棉花遗传育种研究，编写了《遗传学基础》《遗传学》《遗传学实验》等教材，主编著作《中国农业百科全书农学卷——棉花》。20 世纪 50 年代以来，对陆地棉品种间杂种优势、陆地棉与海岛棉种间杂种优势，以及与其亲本配合力的关系等开展了一系列的研究；70 年代末，进行棉花色素腺体遗传研究，选育出了由一对隐性基因控制的棉铃无色腺体的遗传材料。先后主持并完成了国家“六五”“七五”和“八五”计划攻关项目中的“棉花优异新材料创造”，以及国家自然科学基金、浙江省科委项目等多项研究课题；主持育成“陆地棉钱江 9 号”“短季棉浙 506”以及海陆种间杂交组合“浙长 1 号”等品种。

祝水金(1962—　)，浙江大学农业与生物技术学院教授，兼任农业部棉花专家组顾问、中国棉花学会常务理事兼副秘书长。从事棉花分子育种与种质创新、植物生物技术与基因工程的研究。1996 年获浙江农业大学遗传育种专业博士学位，导师为季道藩；1982 年到中国农科院棉花研究所工作，从事棉花遗传育种研究；1997 年到浙江大学生物医学工程系做博士后研究；1999 年起历任浙江大学作物遗传改良与种子工程研究所副所长、作物科学技术研究所副所长。主持国家自然科学基金、“863”项目子项目、国家“973”项目、国家重大成果推广项目等多个；参与亚洲棉(A)与比克氏棉(G)人工合成[AG]复合染色体组新棉种研究，并获 1995 年国家发明三等奖；育成“中棉所 22”“浙 905”“浙大 3 号”等棉花新品种。主编面向 21 世纪课程教材《遗传学实验指导》。

(四) 中国农业大学(原北京农业大学)棉花科学家

何钟佩(1935—　)，女，1957 年毕业于北京农业大学农学系并留校任教，曾任中国农业大学作物化控研究中心主任、教授。长期从事作物栽培学、植物生长调节剂应用技术和机理方面的教学科研工作，20 世纪 70 年代后致力于农作物生育化学信息调控规律与新技术领域的开拓与发展。曾获得国家级奖励 3 项，省部级一、二等奖励 5 项，国家自然科学科学基金优秀成果 2 项等。其中，棉花化学控制技术推广应用已达到全国棉田面积 90%左右，为保障棉花优质高产创造了显著的经济效益和社会效益。80 年代末在国内外首次提出作物生育信息的“定向诱导”和“双重调控”(化学信息和环境)理论，革新传统栽培技术体系，建立安全高产化控栽培工程，倡导和建立了整株水平揭示作物生育周期激素变化规律及其调控机理的研究方法和技术。主编《作物化学控制论文集》《农作物化学控制实验指导》《作物激素生理及化学控制》等著作，发表学术论文近百篇。被评为农业部有突出贡献的中青年专家。

李召虎(1967—)，教育部“长江学者”特聘教授，现任中国农业大学党委常委、副校长。1987年毕业于北京农业大学农学系作物栽培专业，获学士学位；1990年7月获该校硕士学位，毕业后留校工作；1995年9月—1999年8月在美国奥本大学攻读杂草学与作物生理学博士研究生，获博士学位；1999年9月—2001年5月在美国北达科他州立大学从事杂草生物学方向博士后研究。主持的“棉花化学控制栽培技术体系的建立与应用”获2007年度国家科技进步奖二等奖，“转基因抗虫棉丰产高效化学控制栽培技术体系的建立与推广”获2006年年教育部高等学校科学技术奖一等奖；1993年参与完成的“棉花系统化控栽培技术体系在早熟优质高产栽培中的应用”获教育部科技进步二等奖。荣获2002—2003年度“李氏基金杰出成就奖”，是2004年度教育部“新世纪优秀人才支持计划”入选者。

华金平(1966—)，中国农业大学植物遗传育种学系教授，主要从事棉花遗传育种与基因组研究、杂种优势的遗传机理研究。1982年9月至1988年7月在华中农业大学作物遗传育种专业读本科和研究生；2003年获华中农业大学生物化学和分子生物学专业博士学位；2003年12月至2004年12月在法国勃根第大学从事博士后研究；1988年7月至2005年8月，除学习期间外在湖北省农科院从事棉花遗传育种工作；2005年8月，作为优秀学术人才调入中国农业大学。参与育成新品种2个，获国家科技进步奖二等奖1项、湖北省科技进步二等奖2项。发表论文30余篇，其中SCI论文6篇。被评为湖北省有突出贡献中青年专家，2006年入选“教育部新世纪优秀人才支持计划”。

(五) 江苏省重要棉花科学家

华兴鼐(1908—1969)，棉花遗传育种学家。1933年毕业于中央大学农学院农艺系，1945年去美国康奈尔大学进修。曾任中央农业实验所技正；新中国成立后，历任华东农业科学研究所研究员、特种作物系主任，中国农业科学院江苏分院研究员、经济作物系主任，是第三届全国人大代表。长期从事棉花研究，倡导发展陆地棉更替亚洲棉，推动指导“岱字棉15”在江苏省普及种植，并扩大到长江和黄河流域;研究提出棉花营养钵育苗移栽技术,缓解了棉麦两熟栽培矛盾;制定江苏省棉花种植区划,为因地制宜发展棉花生产提供依据;研究长绒棉和海岛棉及陆地棉品种间杂种优势利用,并在长江流域棉区域试验示范。此外,在江苏省棉花区划方面也做出了贡献。他也是中国蚕豆遗传研究的先驱,搜集、创造了大量变异材料,研究其遗传规律,特别是连锁遗传。

李玉才(1920—　),江苏徐州地区农科所研究员、全国先进科技工作者,享受国务院政府特殊津贴。1943 年毕业于湖南省立农业专科学校农艺专业;新中国建立前,相继在湖南衡阳棉场、贵州江口农校、徐州植棉指导区等处任技佐、高级农艺科主任、植棉指导员等职;1948 年后在徐州农科所长期从事棉花育种工作;1988 年离休。曾任中国棉花学会第一、二届理事兼棉花纤维改良委员会委员、全国农作物品种审定委员会委员。先后主持育成"徐州 209"等 9 个棉花新品种,1962—1985 年累计推广面积 1 000 万公顷,其中"徐州 209""徐州 1818""徐州 142"等品种,成为黄河流域棉区当家品种,分获国家技术发明奖、全国科学大会奖和农业部一等奖。通过长期育种实践,探索出一条提高棉花育种成效、缩短育种周期、加速繁殖扩大利用和良种保纯延长使用年限的途径。发表论文 30 余篇,参与撰写专著 2 部。

张柱汉(1932—　),江苏徐州地区农科所研究员、国家级突出贡献中青年专家,享受国务院政府特殊津贴。先后育成棉花品种 11 个,大面积推广 9 个,其中"优质棉品种苏棉 2 号的选育及其大面积推广应用"于 1991 年获国家科学技术进步奖三等奖。1991 年获"全国优秀棉花科技工作者"称号。

黄骏麒(1934—　),1956 年 8 月毕业于南京农学院农学系,长期在江苏省农科院经济作物研究所工作,历任副所长、所长,兼任中国棉花学会常务理事、名誉理事长,江苏省作物学会常务理事兼棉花专业委员会主任等职。自 20 世纪 70 年代末以来致力于棉花生物工程的育种工作,运用"花粉管通道法",先后将外源的 DNA 和杀虫基因、抗病基因分别导入棉花中,从而培育成转基因抗枯萎病、抗黄萎病的棉花新品种和转基因抗棉铃虫棉花新品种以及杂交棉组合,并应用于大生产,成为我国生物工程育种的一项重大进展。此后,他把转基因育种研究又拓宽到了其他农作物,取得了新的进展。在棉花遗传育种方面,他长期进行棉属野生种的收集工作,并成功克服了棉属野生种在我国自然条件下不能开花结实的难题,还通过种间杂交技术培育出了一批优异新品种。在海陆杂交优势利用方面,肯定了强优势组合,并将芽黄指示性状用于 F1 制种,为解决我国长绒棉生产开辟了新途径。发表论文和科技类文章 90 余篇,出版专著《中国棉作学》

《江苏棉作科学》等10余本。先后获得国家级、部级、省级科技成果进步奖11项。1990年被国家人事部授予“国家级有突出贡献的中青年专家”称号，1991年获国务院政府特殊津贴。

谢麒麟(1935—2010)，棉花栽培专家。1959年毕业于江苏农学院农艺专业，后到中国农科院江苏分院经作室工作，曾任江苏省农业科学院院长、江苏省科协副主席、中国农学会常务理事、江苏省农学会理事长等职务。长期从事棉花科学研究工作，取得丰硕成果。培育了抗病高产棉花品种“苏杂16”、棉花新品种“徐州142”等。从事棉花栽培研究，在棉区耕作制度、品种、病虫害防治等方面提出了棉花栽培技术体系理论。多次主持国家和省重点课题，取得多项科技成果奖，其中“棉花营养钵育苗移栽技术研究”获1982年农业部科学技术进步奖一等奖，“江苏滨海盐土植棉技术体系研究”获1983年江苏省科学技术进步一等奖。

狄文枝(1935—)，棉花专家。1959年毕业于苏北农学院农学系，曾在盐城农业专科学校任教，历任盐城地区农业科学研究所技术员、厂长、科研组长，江苏沿海地区农科所副所长。20世纪70年代，主持选育出抗枯萎病棉花新品种“76-75”，初步解决了枯萎病区棉花出苗难、易死苗的症结；率领课题组科技人员经过5年努力，选育出优质、抗病、高产的棉花新品种“盐棉48”，累计推广200多万公顷，成为我国第二大推广的抗病棉品种；1989年主持育成抗病新品种“苏棉6号”，为“盐棉48”较理想的接替品种。主持的“棉花枯黄萎病综合防治技术”获1987年江苏省科技进步二等奖；“抗枯萎病棉花新品种盐48”获省科技进步二等奖，1990年获国家科技进步三等奖；“优质棉花新品种苏棉2号”获1990年省科技进步二等奖，1991年国家科技进步三等奖。发表学术论文26篇，参与编著《江苏棉作科学》一书。荣获“江苏省有突出贡献的中青年专家”“省劳动模范”称号，享受国务院政府特殊津贴。1992年当选为中共十四大代表。

俞敬忠(1938—)，棉花育种专家、农业技术管理专家、教授级高级农艺师。曾担任农业部棉花专家顾问组组长、江苏省农林厅厅长。多次向有关部门提出重要的技术与政策性意见，为我国农业科技推广服务体系建设、促进科技成果转化做出了贡献。1961年毕业于南京农学院，毕业后到江苏省泗阳县棉花原种场从事棉花育种工作。育成的“泗棉1号”“泗棉2号”“泗棉3号”等品种相继成为长江流域棉区的主体品种，其中“泗棉3号”最大年度推广面积达70万公顷，并于1997年获得国家科学技术进步奖二等奖。在水稻、小麦、油菜等育种工作方面都取得了一定成果。他强调育种的田间工作，认为“功在田间，难在眼力”。

（六）新疆维吾尔自治区重要棉花科学家

王桂五(1907—1992)，棉花专家、农业教育家。从事棉花科研和高等农业教育工作长达55年之久。1926—1928年在济南山东大学学习；1929年考入南京国立中央大学文学院历史系，一年后转入农学院农艺系学习，并进行了“中棉杂交育种”的科学研究；1933年9月留校任棉作学课助教(冯泽芳教授主讲)；1935—1936年在山东省建设厅负责农场筹建工作；1937年1月赴美国得克萨斯州农工学院留学一年，攻读棉花育种与栽培学，并进行“棉花苗期病害方法”研究，获硕士学位；之后，转至美国明尼苏达州大学农学院农学系继续攻读，进行“玉米杂交种杂交优势研究”，获博士学位；1940年9月回国，在农业部中央农业实验所棉作系任研究员；1946—1948年任北平农事试验场棉作研究室主任，兼任中央棉产改进处名誉技正和该处北平分处主任；1949年1月，在农业部华北农业改进所作物系任技正兼主任。1952年3月，响应党的号召，负责筹建新疆八一农学院。为此他长途跋涉，对新疆全部棉区进行了大量实地考察，为新疆棉花生产打下了良好基础。1956年7月至1957年1月受农业部委托，与俞启葆、陈仁等赴苏联考察棉花，带回少量长绒棉新品系种子，经分类选择及多次连续定向选择，通过鉴定和示范，于1965年将其正式定名为“新海棉”，这一重大科研成果对全疆长绒棉生产起了很大作用。

王彬生(1914—　)，棉花专家、农业教育家，曾任新疆农垦科学院首任院长、研究员，享受国务院政府特殊津贴。1937年于金陵大学农学院本科毕业后，在陕西华县农业职业学校任教3年；1940年转到金陵大学西北农事试验场工作；1952年院系调整后，任南京农学院副教授；1953年来到新疆，先后在新疆八一农学院和兵团农学院从事教学工作，为生产建设兵团培养造就了一大批农业科技和生产管理人才。期间，在玛纳斯河流域的石河子垦区与奎屯垦区部分团场试种棉花获得成功，打破了苏联专家所说的北纬44°以北不能种植棉花的断言。同时，在新疆积极推行棉花高产栽培措施，在他的大力推广下，棉花种植已成为兵团乃至新疆的主要经济作物。在职期间，曾当选新疆维吾尔自治区第五、六届人民代表大会常务委员会委员，第三、五、六届全国人民代表大会代表以及新疆维吾尔自治区农学会第一届副理事长兼作物学会理事长，中国棉花学会第一届理事会理事。

韦全生(1937—　)，1958年考入西北农学院农学系，1962年毕业，同年分配到新疆维吾尔自治区生产建设兵团，长期从事农业管理和农业技术工作，曾任1991—1995年农业部棉花专家顾问，中国棉花学会第四届副理事长，第五届、第六届名誉理事长是，是新疆棉花学会创始人之一。他结合新疆农业生态实施沃土计划，制定用地养地制度；提出发展农业 10 项主体技术，组织编写和使用粮、棉、油、糖四大作物栽培模式；开展农业丰产攻关活动，使农业生产的科技含量不断提高，实现了小面积上出经验、大面积上夺高产、总体上增效的目标。参加和主持国家、兵团重大科研课题项目，其中“棉花铺膜播种机研制与推广”获国家科技进步一等奖。发表论文 20 余篇。

姚源松，1965 年毕业于湖南农业大学农学专业，1978 调入新疆农业大学农学院任教，曾任中国棉花学会副理事长、新疆棉花学会理事长。主持自治区课题以及国家科技部重中之重课题等多项。与他人合作选育出新疆高强力优质高产抗病中长绒陆地棉新品种“新陆中 13 号、15 号”及“新陆中 19 号”，获自治区科技进步一等奖、二等奖各 1 项，三等奖 3 项，为新疆棉花生产的持续发展做出了贡献。2001 年被评为全国优秀农业科技工作者。发表论文 50 余篇。

李尔文（1942— ），曾任新疆农一师农科所党委副书记、所长，农一师三团、农科所等单位农业技术员、棉花研究室主任、所长等职。主持的棉花育种科研成果曾多次获农业部、兵团奖励。培育出长绒棉“新海 13 号”“新海 15 号”“新海 21 号”3 个品种和陆地棉“新陆中 7 号”“新陆中 14 号”2 个品种，获省部级科技进步一等奖 1 次，二等奖 3 次，三等奖 3 次。发表论文 20 多篇。2003 年获首届中国科技部西部开发突出贡献奖，2007 年获兵团重大科技奖。

孔庆平（1963— ），1985 年毕业于新疆农业大学，同年分配至新疆维吾尔自治区农业科学院经济作物所工作，一直从事棉花育种和栽培技术研究。现任新疆农科院经作所副所长、国家棉花产业技术体系长绒棉科研项目首席专家。长期在科研第一线开展研究与技术推广工作。在新疆维吾尔自治区“八五”重点攻关项目中主持长绒棉品种选育工作，培育出优质、丰产长绒棉品种“新海 12 号”，已成为南疆长绒棉主栽品种之一；参加“塔里木盆地绿洲双百斤皮棉配套技术推广”项目，该项目全面提高了南疆植棉技术水平，获 1998 年度国家科技进步二等奖；作为首席专家，承担了自治区种植业领域第一个国家农业科技跨越计划项目——“新 K-211 超级优质长绒棉生产技术体系试验示范”，该项目的实施对于新疆优质超级长绒棉生产发展意义重大。

（七）河北省重要棉花科学家

韩泽林（1916— ），高级农艺师、棉花育种家。1946 年毕业于西北农学院农艺系，先后在河北省农业科学研究所、河北省农林科学院经济作物研究所、棉花研究所从事棉花育种工作，历任研究室主任、河北省棉花学会理事长、中国棉花学会常务理事、农牧渔业部棉花专业组顾问。1958 年，在国内首先肯定了“单株选择，分系比较，混系繁殖”生产棉花原种的方法。30 多年共选育出 8 个新棉种。其中，“石家庄 353”获 1957 年河北省农业厅奖，“石短 5 号”“冀邯 3 号”“冀邯 5 号”获 1978 年全国科学大会奖；特别是“石短 5 号”，棉纤维品质适合纺织要求，种植历史上长达 22 年之久；开创了河北省棉花杂种优势利用的研究与推广工作，筛选出杂优组合，提出了后代利用的方法，1979 年获河北省科技成果奖。著有《棉花良种繁育技术》一书。

杨家凤(1921—　)，河北省邯郸市农业科学研究所(现邯郸市农科院)研究员，第三、第六届全国人大代表，河北省第五届人大代表，河北省第四届政协常委，中国棉花学会第一届理事。1943 年秋考入南京国立中央大学农学院农艺系，1947 年获得农学士学位；后到全国棉产改进处主办的上海棉花纤维分级检验高级班学习 3 个月，结业后以成绩优异分配在南京棉产改进处任技佐；1950 年初从南京调河北保定、邯郸等地，长期从事棉花科技工作；1950—1952 年在河北保定满城县良繁区驻村工作，负责“斯字棉 2B”的良种繁殖和技术推广。1988 年主持研究成功麦棉一体化栽培体系，突破了麦棉两熟国内外限于北纬 34°以南的界线，达到北纬 36°～39°，居国内外领先地位，1990 年获国家科技进步三等奖。发表论文 30 多篇。

王福长(1937—　)，河北省邯郸市农业科学研究所(现邯郸市农科院)研究员。1962 年于河北农业大学农学系本科毕业，长期从事棉花育种和棉花品种资源研究工作。主持育成“冀棉 12 号”棉花新品种，鉴定棉花新种质 1 500 份，创造棉花新种质 20 个，其中“早熟高产稳产优质抗逆棉花新品种冀棉 12 号及推广应用”获 1991 年国家科技进步三等奖、河北省科技进步一等奖，“棉花优质丰产新品种选育”获河北省“科技兴冀”省长特别奖。河北省首批省管优秀专家、河北省劳动模范，享受国务院政府特殊津贴。主持编写《河北棉花品种志》。

刘景山(1938—　)，河北省邯郸市农业科学院研究员，毕业于河北省保定农业学校。主持育成的“冀邯 3 号、5 号”棉花良种，曾是全国推广百万亩以上的 15 个国内自育品种之一，1978 年获全国科学大会奖；主持完成的“GS 冀棉 11 号”育种研究，在冀、鲁、豫、皖等地大面积推广，1992 年获国家科技进步三等奖；参加“七五”计划期间河北省农科院棉花育种协作研究，主持人之一，共育成 9 个品种，1988—1990 年累计种植 198.5 万公顷，1990 年获“科技兴冀”省长特别奖；主持河北省“八五”重点攻关项目“150 kg 皮棉配套栽培技术体系研究”，率先突破单产 2 250 千克/公顷皮棉大关，获邯郸市科技进步一等奖，列为省重点推广项目。

赵国忠(1950—)，河北省石家庄市农林科学院棉花研究所研究员、所长，全国“五一劳动奖章”获得者，国家级有突出贡献的中青年专家。1973 年石家庄农业学校毕业后到石家庄地区农科所工作，先后主持育成 14 个省级以上审定的棉花新品种，其中 5 个通过国家级审定，获国家科技进步二等奖 2 项、国家技术发明三等奖 1 项和省长特别奖 3 次。他主持选育的“冀棉 8 号”、棉花远缘杂交新品种“石远 321”，分别获得 1987 年和 2000 年国家科学技术进步奖二等奖；育成国际上第一个双价抗虫棉品种“SGK321”，已被列入国家高技术产业化示范工程项目，成果累计推广面积 533 万公顷。

刘永平(1956—)，沧州市农林科学院农田高效所所长、研究员。主研方向为棉花品种选育、栽培技术创新、棉田资源高效利用、优质棉产业化，连续 4 个五年计划主持国家及河北省科技攻关项目，先后获国家科技发明奖 1 项、河北省科技进步二等奖 1 项，主持的“棉花开心株型高产技术体系”获 1999 年国家技术发明奖四等奖。发表研究论文 30 余篇。

林永增(1963—)，河北省农林科学院棉花研究所栽培及生理生态研究室主任，河北省棉花学会副理事长。主要从事棉花高产优质、棉田高效复种等栽培技术研究，曾主持省(部)级农业科研项目多项，完成 10 余项科技成果、2 项专利技术；发表论文 30 余篇，获得各种奖励 10 余项。

翟学军 优质棉育种专家，国家半干旱农业工程技术研究中心主任兼党委书记、中国棉花学会常务理事、河北省棉花学会副理事长。1983 年北京农业大学硕士研究生毕业；1986 年前往苏联塔什干农学院遗传室攻读博士学位，主攻陆海棉种间杂种优势的遗传控制研究；1990 年 12 月毕业回国，先在北京农业大学博士后流动站工作，后任河北棉花所所长、河北省农科院院长助理。育成中长绒棉新品种“冀棉 22 号”“新陆中 8 号”，在优质棉生产中发挥了应有作用。承担国家“十五”规划“863”优质棉选育项目，已选育出产量达到生产品种水平或略高、可纺 60～80 支棉纱的新品系；选育出的矮秆、超早熟、中短绒棉新品系在宁夏试种成功。发表论文 30 多篇，英俄译文 40 多篇；合作出版棉花方面的专著 3 部。

（八）河南省重要棉花科学家

刘保华 棉花育种专家。1940 年毕业于中央大学农学院农艺系，1950 年获美国伊利诺伊大学哲学博士学位。历任武汉大学、华中农学院副教授，河南省农业科学院棉花育种研究室主任、研究员，河南省棉花学会第一届副理事长。1966年起，主持育成“河南69”“河南77”和“河南79”等棉花品种，在我国主要棉花产区推广种植。

谈春松(1933—)，1958年于南京农学院农学系毕业后到河南安阳中国农业科学院棉花研究所工作，主要从事棉花耕作栽培研究；后调到河南省农业科学院，任河南省农科院经作所研究室主任、研究员，兼任河南省棉花学会理事。国家级有突出贡献专家，享受国务院政府特殊津贴。主持的“丰产优质棉花的栽培技术规范”和“棉花纤维发育生理及规范化栽培技术”，均获国家科技进步二等奖。1991年组建成棉花株型栽培计算机管理系统，开创了将计算机应用于棉花生产的先例，获河南省科技进步一等奖；“棉花生态区划及类型区划”，获河南省科技进步二等奖。主要著作有《棉花丰产栽培技术》《棉花优质高产栽培》等，发表论文和科技文章50多篇。

王家典(1940—)，河南省农科院棉油所研究员。1963年毕业于河南农学院农学专业，参加工作后作为第一主持人育成的“优质抗病高产高效棉花新品种豫棉19号”科研成果获得国家科技进步二等奖、省科技进步一等奖。曾被国务院授予“有突出贡献专家”称号，享受国务院政府特殊津贴。

王惠萍(1941—)女，研究员。1963年毕业于河南百泉农专农学专业，同年8月到河南省农业科学院从事棉花研究工作。先后育成“河南7602”“河南70”“河南79”“河南90”等高产优质棉花新品种，其中“河南79”高产、稳产、优质，累计推广面积66.7万公顷以上。她通过杂交育种和南繁北育，又育成“GS豫棉9号”“GS豫棉12号”“GS豫棉15号”“豫棉18号”“GS豫棉22号”等棉花新品种，其中“GS豫棉12号”1999年获国家科技进步二等奖，“GS豫棉9号”1997年获国家科技进步三等奖。发表论文38篇。先后被评为“国家有突出贡献中青年专家”“全国优秀农业科技工作者”“全国三八红旗手”等。

房卫平(1963—)，河南省农业科学院研究员、副院长，兼任河南省政协常委，河南省棉花学会副秘书长、常务理事，中国棉花学会常务理事。1983年毕业于河南农业大学农学专业，1986年7月获南京农业大学硕士学位，2001年6月获浙江大学作物遗传改良专业博士学位。主持承担国家农业科技成果转化基金、农业部发展棉花生产专项基金、河南省杰出青年科学基金、河南省杰出人才创新基金、河南省重大攻关等课题。先后培育了8个棉花新品种，累计推广200多万公顷；在棉花抗黄萎病遗传机制、分子标记等方面的基础研究达国际先进水平，首次发现棉花抗黄萎病的 RAPD 和 AFLP 分子标记。获省部级以上科技成果奖 5 项；发表学术论文 30 余篇，出版著作 1 部。享受国务院政府特殊津贴。

（九）四川省重要棉花科学家

王善佺（1895—1988），农学家、棉花育种学家、农业教育家，中国棉花育种学学科的先驱者之一。1916 年在清华学校高等科毕业后赴美国佐治亚大学求学，先后获得农学学士学位和科学硕士学位。1920 年回国后，历任东南大学农科作物学教授兼农艺系主任及稻麦改良主任技师、江西省农业专门学校农科主任兼教员、国立浙江大学农学院副教授兼湘湖农场主任、国立中央大学农学院副教授兼院长、国立北平大学农学院教授兼农艺系主任、国立河南大学农学院教授兼院长、南通学院农科教授兼农艺系主任、国立四川大学农学院教授兼院长、国立云南大学农学院教授、四川省农业改进所所长等职。中华人民共和国成立后，他曾出任四川省农业改进所所长、西南军政委员会农林部副部长、重庆市农林水利局局长、四川省农业厅副厅长等职。长期致力于高等农业教育和农业科学研究工作，始终坚持教学与科研、推广相结合的方针。最早从美国引进了棉花新品种进行中美棉远缘杂交育种工作，先后改良、选育出 2 个优良品种。不遗余力地指导推广棉花高产栽培技术，为发展四川省的棉花生产做了很多开创性工作，是四川省近代棉花生产的奠基人之一。他学识广博、治学严谨、著述丰富，主要论著有《棉花纯系选种》《棉花品级鉴定学》（译著）《植物地理学》（译著）《中国棉作病理之研究》等。

戴铭杰（1918—1966），1935 年进入国立中央大学农科学习；抗日战争期间南京沦陷后随校入川，备尝艰辛；1939 年考入西南联大研究生院，孜孜不倦地从事农业科研工作，后公费出国去美国康奈尔大学深造；1946 年拿到硕士学位后回国，到贵州大学农学院任农艺系主任；新中国成立后在四川省农业改进所从事植保科研。1952 年四川棉区暴发了大面积棉花枯萎病害，他深入棉区，从选育抗病棉株入手，不断改良优化品种。经过 3 年研究，获得优良抗病植株，使防治工作得以突破，为棉花抗枯萎病课题开辟了通道、奠定了基础。后奉调去渝，任西南农科所植保室主任。棉花抗高枯萎病的抗源品种研究则与棉花所协作继续进行乃至最后完成，为我国棉花生产做出了重大贡献。后来，他作为农业专家被农业部派到越南，回国后改调云南省农科所，曾任所长；此后又被调到林业部林科院景东紫胶研究所任病虫害室主任。1966 年“文革”期间被迫害致死。

谭永久（1936—　），毕业于西南农业大学植物保护专业，历任四川省农科院经济作物研究所(原棉花研究所)副所长、西南植病学会理事和省植保学会理事。主要从事棉花抗病育种及遗传机理研究。先后主持“六五”至“九五”计划的国家及省育种攻关课题研究，参与培育我国第一个高抗棉枯萎病抗源 52 - 128、57 - 681，并获国家技术发明一等奖；主持培育的我国抗棉黄萎病多菌系抗源种质“川 737”“川 2802”，获国家技术发明三等奖；研究的“四川棉黄萎病菌系致病性及抗性机理”等先后获部、省科技进步一等奖、三等奖共 8 项次；还主持选育出“62 - 200”“川73 - 27”“川 414”“川棉 243”“川棉 239”等 6 个抗病棉花品种。主笔撰写科技论文 59 篇，主编《棉、麻、烟、蔗、花生病虫识别及防治》，合作编著《中国棉花抗病育种》专著。1991 年获国务院政府特殊津贴，2001 年获“四川省农业科技先进工作者”称号。

毛正轩(1958—　)，四川省农业科学院经济作物研究所研究员、所长。1982 年毕业于西南农学院农学系农学专业，1987 在四川农业大学进修作物遗传育种专业硕士研究生，1982 起在四川省农业科学院棉花研究所(后更名为经济作物育种栽培研究所)从事棉花栽培和遗传育种、杂种优势利用研究。曾任四川省科学技术带头人、国家棉花改良中心四川分中心主任、国家农作物品种审定委员会委员、中国棉花学会常务理事。主持国家及省育种攻关、“948”“863”等项目 13 项，主研成果获省科技进步一、二、三等奖 3 项，申报专利 3 项；主持培育出一系列抗病虫优质白棉杂种和彩棉杂种；首次报道了主基因和多基因系统共同控制作物不育性的遗传新模式，研制出棉花简化制种新方法。发表论文 22 篇。

卢云清(1935—　)，女，棉花育种专家，四川省南充市农科所副研究员。1960 年毕业于西南农学院(现西南大学)农学系。她与同事经过 30 多年的努力，在国内首先培育成功棉花“洞 A”核雄性不育种质。该种质具有不育性稳定、遗传性好、易于转育的特点，国内有关科研单位利用“洞 A”不育种质进行基础研究，培育出了 12 个衍生不育系，通过其中 6 个衍生不育系又配制出 16 个运用“一系两用”的方法供生产应用的高产优质的杂交棉新品种。在这些衍生不育系和杂交棉种中，南充市农科所培育了 7 个新品种，并提出了一套繁殖制种方法和高产栽培技术，在四川、江苏、山东等 5 省推广应用，创造了可观的经济效益，1997 年获国家技术发明奖三等奖。1991 年获国务院政府特殊津贴。

(十) 山东省重要棉花科学家

秦　杰(? —1984)　毕业于浙江大学，曾任山东农业科学研究所副所长，兼任中国棉花学会副理事长，第三届全国人民代表大会代表。

杨绍相 山东省农科院试验农场副研究员，主持育成的“鲁棉6号棉花新品种”，获国家科技进步二等奖。

宋沛文（1928— ），1951年于山东农学院农学专业毕业后，曾在山东省棉花生产技术指导站工作；1960年5月至1961年7月在苏联全苏棉花研究所学习；1981年晋升高级农艺师。曾先后担任全国农作物品种审定委员会委员、农业部棉花专家顾问组副组长、中国棉花学会常务理事。一直从事棉花生产技术的研究和推广工作，为发展山东棉花生产做出了重要贡献。他曾先后获国家、部、省级成果奖7项，其中“高产稳产棉花新品种‘鲁棉一号’”，1981年获国家发明一等奖（参加者）；“棉花害虫综合防治技术开发研究”，1985年获国家科技进步三等奖（第二位）。在国家级学术刊物上发表论文6篇。

庞居勤（1932— ），山东棉花研究中心研究员，国家级有突出贡献的中青年专家。1961年7月毕业于山东农学院农学系农学专业，留校任教。1962年2月调山东省棉花研究所，历任山东省棉花研究所育种室副主任、主任、副所长、所长。主要从事棉花育种工作，先后主持耐盐品种选育、高产优质抗病新品种选育、棉花雄性不育系选育、棉花杂种优势利用研究等多项国家攻关项目和省部级重点课题，鉴定出一批耐盐品种资源，为耐盐品种选育奠定了基础。主持“1526”新品种的中后期选育；主持育成“鲁棉1号”棉花新品种，在山东省及华北地区推广种植，1981年获国家发明一等奖；主持育成“鲁棉3号”“343”棉花新品种，曾创单产皮棉161千克的高产纪录；主持育成新杂交种“H28”“H123”等。发表论文20余篇。

李汝忠（1959— ），山东棉花研究中心副主任、研究员。1982年7月毕业于莱阳农学院毕业后至今在山东棉花研究中心工作。其间，1987年7月至1988年9月赴美国得克萨斯州农工大学学习；1999年6月获山东大学生命科学学院理学硕士学位。参加或主持完成国家“六五”至“九五”计划棉花育种攻关、“十五”规划“863”计划项目等几十项省部级以上课题研究。主持选育抗虫杂交棉“鲁棉研15号”、常规抗虫棉“鲁棉研21号”和特早熟短季抗虫棉“鲁棉研19号”等多个新品种；主持完成黄淮棉区33万公顷抗虫杂交棉新品种及高效栽培技术示范推广。发表论文50多篇。2003年获全国农牧业丰收一等奖，2006年获国家科学技术进步奖二等奖（第一完成人）。

王留明（1960— ），山东棉花研究中心主任、研究员。1982年于山东农学院毕业后分配到棉花研究中心工作至今。2007年以来被聘为国家棉花产业技术体系岗位科学家。近10年来，一直担任山东省棉花专家顾问团团长和“省农业良种工程”棉花项目首席专家。主持培育了10个棉新品种，其中“鲁棉研28号”连续被农业部定为黄河流域主导推广品种，成为目前黄河流域棉区主栽抗虫棉品种，主导了山东省棉花生产的又一次重大品种更新。作为主持人和主研人，共获得7项科技成果奖励，其中“转Bt Cry1A基因系列抗虫棉品种和抗虫棉生产技术体系”2007年获国家科技进步二等奖；“高产稳产多抗棉花新品种鲁棉研28号”2010年获山东省科技进步一等奖。参编专著3部，发表文章40多篇。

董合忠（1965— ），山东棉花研究中心副主任、研究员。1985年7月毕业于莱阳农学院获学士学位；1988年7月毕业于北京农业大学获硕士学位；1993年3月获北京农业大学博士学位，博士生导师王树安、陈志贤；1991年3月在山东省农业厅参加工作，1995年11月调入山东省农业科学院工作至今。兼任山东省棉花栽培生理重点实验室主任、国家棉花产业技术体系岗位科学家。长期从事棉花栽培学与耕作学研究，对棉花组织培养与遗传转化、植物诱导抗病性、棉花育种和棉花种子学等领域也有涉猎。先后主持完成国家和省（部）级科研项目20余个，获国家和省部级科技成果奖励16项，其中国家科技进步二等奖2项、山东省科技进步一等奖1项、部级科技成果一等奖2项。研究成果推广近亿亩，获得授权专利11项，其中，发明专利8项。在国内外学术刊物发表论文110篇，其中SCI论文30篇；编著《优质棉生产的理论与技术》《棉花种子学》《盐碱地棉花栽培学》等著作10部。入选首批“新世纪百千万人才工程”国家级人选，荣获第五届山东省青年科技奖、山东省首届青年科技创新奖、山东省有突出贡献中青年专家、山东省优秀科技工作者等荣誉。

施　培（1930— ），棉花耕作栽培专家、山东农业大学教授。1951年毕业于山东大学农学院农艺系。长期从事高等教育的管理和作物栽培学的教学与科研工作，专长棉花高产栽培和棉麦两熟栽培的理念与实践，著有《棉麦两熟双高产理论与实践》。曾任山东农学院副院长、山东农业大学校长，兼任中国农学会理事、中国棉花学会和山东棉花学会副理事长、山东省棉花顾问团团长、山东省棉花良种产业化开发首席专家等职。自1984年以来，先后获国家科技进步二等奖、国家教委科技进步一等奖、山东省科技进步一等奖各1项。1988年和1995年2次被评为山东省专业技术拔尖人才。1989年获国务院政府特殊津贴。

沈法富（1965— ），山东农业大学教授、山东遗传学会秘书长、国家棉花产业技术体系试验站站长。主要从事棉花遗传育种和转基因研究工作。自1989年以来，主持或作为主要参加者完成国家“九五”计划攻关、“十五”规划“863”项目、国家转基因研究与产业化专项、山东省科技厅重点项目、山东省“三零”工程和国家及山东省自然科学基金项目12项，获得山东省科技进步二等奖等多项奖励，申请国家发明专利2项。发表论文35篇。2000年获“山东省优秀科技工作者”称号。

（十一）湖北省重要棉花科学家

周咏曾（1909—1986），1935年毕业于中央大学农学院农艺系，曾任中央研究院动植物研究所助理研究员、农林部棉产改进处和湖南省农业改进所技正。新中国成立后，历任武汉大学农学院副教授，湖北省农林厅棉产改进处处长兼湖北省农学院教授，湖北省农业厅副厅长，农工党第八届中央委员、第九届中央常委，湖北省第五届政协副主席，中国棉花学会副理事长。专于棉花栽培，对植物病理也较有研究。第三、四届全国人大代表，第五、六届全国政协委员。

余传斌（1913—2002），1945年毕业于中央政治大学高等科。历任湖北省人民政府农林厅徐家棚棉场技师、技术股长兼湖北农学院讲师，湖北农业综合试验站技术室副主任，湖北省农科所经作系副主任、副研究员、研究员，湖北省农科院棉花所所长、研究员，1985年5月退休。从事棉花科技工作近50年，先后参与和主持选育了“鄂棉1号”“鄂棉2号”“鄂棉3号”“鄂棉4号”“鄂棉5号”“鄂棉6号”“鄂棉10号”和“鄂棉11号”等优良品种。1978年被评为“省科学技术先进工作者”，并获全国科学大会奖，1983年获省科技三等奖，1985年获国家科技进步一等奖。1984年获第一批国务院政府特殊津贴。第三届、第五届全国人大代表。

闵乃扬（1916—1967），1940年毕业于西北农学院；1940—1949年在中央农业实验所任技佐，其间被派往陕西泾阳棉场从事科研工作，与棉花专家俞启葆合作育成“泾斯棉”在当地推广，获大面积增产；新中国成立后至1951年，任华东农科所技佐、技士；1951年6月调中南农科所工作，任作物系技正、副主任。1958年带领鄂东棉区植棉工作组，深入麻城、新洲、黄陂等县产棉区，调查总结大面积丰产和办丰产试验田的经验，为协助当地提高植棉技术付出了艰苦劳动。曾主持中南和湖北的棉花品种区域试验，通过区试评选出来的“岱字15号”“彭泽1号”“鸭棚棉”等品种，在生产上发挥了增产作用；特别是“岱字15号”在华中地区得到普遍推广。在长期科研工作中，针对棉花栽培技术研究、品种的推广及存在的问题，先后发表《陕西泾惠渠4号斯字棉之现状》等10余篇论著。

唐仕芳　主要从事棉花高产优质规范化栽培技术研究及棉花生产管理系统的研究。1962 年毕业于北京农业大学，留校工作；1964 年 7 月到湖北省农业科学研究所工作，1978 年 11 月任湖北省农业科学院经济作物研究所所长。参与的项目“全国不同生态区棉花高产技术规范与应用”，1993 年荣获国家科技进步二等奖。

别　墅（1964—　），1985 年毕业于华中农业大学农学系；1989 年获中国农业大学硕士学位，后在湖北省农科院经济作物研究所从事棉花科研工作；2003 年获中国农业大学博士学位。现任国家棉花产业技术体系岗位科学家，湖北省农科院经济作物研究所副所长、湖北省棉麻学会秘书长、中国棉花学会副秘书长。主持和参加的项目先后获农业部科技进步一等奖、中国农科院科技进步二等奖、湖北省科技进步二等奖等奖项。发表研究论文 30 多篇。

（十二）湖南省重要棉花科学家

杨芳荃（1953—　），研究员、享受国务院政府特殊津贴专家，曾任国家杂交棉新品种技术研究推广中心主任、中国棉花学会副秘书长、湖南省棉花学会理事长等。1981 年 12 月毕业于湖南农业大学农学系。从事棉花科研及其管理工作近 30 年，先后主持或参与研究国家和部省重大课题 10 余项，取得科研成果 13 项，其中 9 项获国家、部省级奖励 12 次。参与完成的“棉花杂交种选育的理论、技术及育种中的应用”获国家科学技术二等奖，主持完成的“湘杂棉 1 号推广”获湖南省科技进步二等奖。研究成果为湘杂棉短期内大面积推广应用提供了重要的技术保证，使湖南杂交棉研究与推广居国内领先地位，省棉科所因此被国家确定为全国唯一的“国家杂交棉研究推广中心”和“国家棉花改良分中心”。发表论文 30 余篇。

陈金湘（1955—　），1979 年毕业于湖南农学院农学系；1982 年获江苏农学院农学专业硕士学位，毕业后一直从事作物栽培、育种教学与科研工作；2002 年至今任湖南农业大学棉花研究所所长。主要从事棉花栽培、育种和农业系统工程的科研和教学工作，发表研究论文 148 篇，其中 SCI 收录 5 篇，出版教材和专著共 11 部；获国家和省部级教学、科研成果 15 项，二等奖及以上的成果 4 项；选育棉花新品种 4 个，获得国家发明专利 1 项，申请国家发明专利 4 项；在国内首创棉花规范化栽培技术及棉花温敏雄性不育两系法杂种优势利用新方法。

李育强（1963—　），1986 年 7 月毕业于湖南农业大学茶叶专业，1989 年

7月于新疆石河子大学棉花遗传育种专业研究生毕业，获西北农业大学农学硕士学位。现任湖南省棉花科学研究所研究员、总农艺师，国家棉花改良中心常德分中心主任。长期潜心于棉花杂种优势利用研究，主持选育的“湘杂棉2号”是全国推广面积最大的杂交棉品种、国家棉花区试对照品种，2003年获国家科技进步二等奖(排名第二)。发表专业论文20多篇，出版了专著《湘杂棉制种与高产栽培》。

(十三) 山西省重要棉花科学家

黄率诚(1916—1969)，1939年毕业于金陵大学农艺系获学士学位；1945—1946年赴美国留学，在美国康奈尔大学专攻摩尔根遗传学；1950—1969年任山西农学院农学系主任。长期从事棉花遗传育种研究，为国内棉花遗传育种工作奠定了基础，出版了《作物育种学》《作物育种及良种繁育学》《棉花育种学》《遗传学中争论的几个主要问题》等专著。

陈奇恩 山西省农业科学院棉花专家、旱农专家，原山西省农科院副院长。1953毕业于福建农业大学园艺专业。先后被评为山西省劳动模范、国家级有突出贡献中青年专家；1991年省政府授予“省优秀专家”称号，1994年省科技大会授予“山西省科技功臣”称号；1979—1997年先后获得国家、省部级科技成果奖16项，其中一等奖5项，特等奖1项。主持的“棉花叶龄模式栽培”获1991年国家科学技术进步奖三等奖。出版有关棉花著作5部，发表论文70多篇。

刘惠民(1957—)，山西省农业科学院院长、研究员，兼任中国棉花学会副理事长，享受国务院政府特殊津贴。1982年山西农业大学农学专业本科毕业，曾获“全国先进工作者”“山西省科技功臣”和“山西省劳动模范”称号。主持完成国家“863”和省部级重大科技项目12项，育成并推广高产、优质、抗病棉花新品种3个，转基因抗虫棉花新品种2个，累计推广2 750亩。研究成果获得山西省科技进步一等奖、二等奖各2次。发表科技论文33篇，出版译著1部。

(十四) 辽宁省重要棉花科学家

刘福音(1912—1991)，棉花育种家、农业教育家。1934年毕业于东北大学农学院农艺系，历任湖北省棉业改良试验总场技佐、技士兼武汉大学农学院及湖北省乡村教育学院讲师，四川省农业改进所技正，台湾省农林处技正兼台南棉场场长，农林部棉产改进处技正等职；1950年任辽东熊岳农事试验场技正、研究室主任、总技师，并主持棉花研究工作；1954 年调任辽阳棉作试验场研究室主任，1957 年改任棉花育种研究室主任直至 1985 年退休。毕生致力于棉花育种、技术推广和农业教育工作，开创了我国特早熟陆地棉新品种选育工作。先后主持育成“辽棉 3 号”“辽棉 4 号”“辽棉 5 号”“辽棉 6 号”“辽棉 8 号”“辽棉 9 号”和“低酚棉辽棉 11 号”，为辽宁省实现棉花 5 次换种和发展棉花生产做出了重要贡献。其中，“辽棉 4 号”“辽棉 5 号”于 1978 年获辽宁省科学大会重大成果奖，“辽棉 9 号”推广面积接近 133.3 万公顷，于 1991 年获农牧渔业部科学技术进步二等奖。

王子胜(1965—)，1986 年毕业于沈阳农业大学；2005 年在南京农业大学攻读作物栽培与耕作方向博士学位，导师为周治国；2000 年破格晋升研究员；2003 年起担任辽宁省经济作物研究所副所长，兼任国家棉花产业技术体系辽河综合试验站暨中国农业科学院棉花研究所辽河生态育种试验站站长、中国棉花学会副秘书长。自 2000 年任职研究员以来，主持(参加)国家转基因生物新品种培育科技重大专项“特早熟棉区转基因早熟棉新品种培育”、国家“863”计划项目等省部级以上重大课题 23 项；主持或参加经省级审定的“辽棉 20 号、21 号、22 号”品种，获国家二等奖 2 项，省部级二等奖 1 项。发表论文 10 余篇，主编(参编)著作 5 部。

(十五) 江西省重要棉花科学家

周祥忠(1909—2003)，江西省棉花生产科研事业的开创人。1933 年毕业于国立中央大学农学院；新中国成立前曾在该农学院、山东省第一区农场、江西省农产物检所、福建省农业改进所、财政部贸易委员会江西办事处、行政院善后救济总署江西分署、农林部棉产改进所、赣北植棉指导区等机构担任助教、技术员、技师等职；新中国成立后在彭泽棉场、江西省农业局经作处、江西省棉花研究所先后任工程师、农技师、高级农技师、顾问和《江西棉花》期刊第一任主编。1980 年 3 月，当选为江西省棉麻学会第一届理事会理事长。在新中国成立初期，向江西省政府提出在赣北大力发展棉花生产和从国外引进“岱字棉 15 号”良种的建议，得到重视与采纳，使江西的棉花生产得以起步和发展。出版了《怎样种好改良棉》《百斤皮棉技术汇编》《棉花生产技术问答》等著作，荣获多项科技成果奖。

100 多年来，中国棉花科学技术发展很快，成就巨大。与此同时，棉花科技队伍人员众多，贡献甚巨，而且薪薪相继，传承壮大。鉴于本章篇幅所限，加之信息不足等原因，一些优秀学者、专家、教授等未能尽行录入。谨致歉意，并请谅解。

第七章　中国现代农学家谱系的形成、特点及发展的制约因素

中国现代农学学科的形成与发展基于近现代西方科学的基础之上，与传统的经验农学有着本质的不同。自清代末年国门大开之后，随着实验农学的引进和留洋学生陆续学成归国，中国的现代农学从无到有，虽历经艰辛，但在农学学人和有识之士的努力付出之下逐渐建立。与此相应，现代农学家谱系也依次经历了初期的引进、移植到重构和本土化，再到体系化的几个发展阶段。在一个多世纪里，中国现代农学的各学科次第创设，从零散到比较完备，乃至于部分学科已达到世界先进水平，取得了举世瞩目的成就，这其中与几代农学家的艰苦奋斗、创业奉献是密不可分的。同时，农学家谱系也不断壮大发展，并形成了自己的特色。中国的农学家谱系和现代农业科学彼此联系，互动发展，共同经历了从无到有，不断壮大的过程，形成了相对独特的特点。

第一节　中国现代农学家谱系形成背景与概况

一、中国现代农学家谱系的缘起

中国现代的农学是在国门开放后从西方移植和发展起来的，谱系的形成与发展也深受西方影响。比如，西方最早、最有名的农学家学术谱系当属“李比希学派”。19 世纪的德国著名科学家尤斯图斯・冯・李比希(Justus von Liebig)发现了氮对于植物营养的重要性，他最重要的贡献在于农业化学肥料方面，因此也被称为“肥料工业之父”。李比希 1824 年从法国留学回德，任吉森大学化学教授。随后，他着手创建了当时世界上最先进的化学实验室以培养科学人才，并制定有组织的研究计划以开辟学科新领域，这标志着德国科技史上最著名的流

派——李比希学派(吉森学派)的形成。李比希在吉森大学大胆实施新的教育体制,改革教育方法,培养优秀人才。他在研究方面,以身作则,坚持首创精神,改进科学分析方法和设计新仪器,开辟科学新领域。由于李比希言传身教的示范作用,以及吉森实验室的创建和教学大纲的编制,使得新的化学教育运动在德国以比其他地方更大的势头和更深远的影响开始发动起来,与此同时也吸引着四面八方的学生们成群地来到吉森大学,聚集在李比希的门下。在李比希的精心指导下,通过实验室中的系统训练,他们互相切磋,共同提高,形成了科技史上著名的"吉森学派"。李比希培养了一大批后来闻名于世的学者,如凯库勒(Kekule, 1829—1896)、霍夫曼(Hofmann, 1818—1892)、费林(Fehling, 1812—1885)等等。在1901年到1910年最早的10次诺贝尔化学奖获得者中,李比希的学生占有7位。李比希学派在农业化学领域获得空前成功,带动了整个西方近代农业的大发展。李比希其人以及带有其深深烙印的"李比希学派",以其共同的追求和大致相同的学术思想与方法名垂青史,成为西方近代农业科学中影响最大的学术谱系。

相比于西方的学术谱系,我国的农学学术谱系起步较晚,最早可以追溯到民国时期。第一代谱系创建者大多有海外留学背景,西方这一时期的学派和学术谱系的培育直接或间接影响了中国的第一代现代农学家。带着振兴中国农业科学的理念和思想,他们归国后有意识地以培育谱系为己任,陆续培育了第二代弟子,谱系得以发展壮大。改革开放后,国门再次打开,因此第二代末和多数第三代弟子也大多有海外求学经历,中外结合、西为中用,逐渐形成了较有特色的中国农学家学术谱系。

二、中国农学家学术谱系的引入与本土化——以王绶大豆学科谱系为例

中国大豆学科谱系中最著名的"王绶谱系"带有深深的西方背景和科学理念,同时进入中国之后其创建者王绶又能结合中国国情和具体情况,开展了大量的本土化工作,使得该谱系又拥有很大的中国特色。王绶先生与李比希拥有极为相似的个人风范与魅力,都是身体力行、言传身教的典范性人物,从其个人学术经历大体可窥一斑。1919年,少年王绶由山西省用贷金办法保送到南京金陵大学农学院农艺系学习。他勤奋学习、刻苦钻研,成绩总是名列前茅,深得师友敬重。毕业后留校任助教,后升为讲师。王绶在金陵大学一面授课,一面深入农村调查农民保存与繁育优良品种的方法,并采集大豆单株,开始系统育种。1932

年，王绶由金陵大学派送到美国康乃尔大学作物育种学系深造。次年，他就被选为美国农艺学会会员。1933 年回国后，王绶历任金陵大学农学院教授、农学系主任、农艺研究部主任，他认真负责、以身作则、勤俭节约，使各项工作协调进行，井然有序，为该系的建设做出了贡献。他为全院讲授的“作物育种”“生物统计”“田间技术”等课程，深受学生欢迎；主持了多个大豆、大麦育种研究课题，培育出几个新品种在生产上示范推广。那时，多数教授从事稻麦棉三大作物的研究，对于“小作物”则无暇顾及，唯有他看中了大豆和大麦，并为这两个作物的遗传育种研究打下了良好的基础。特别是在大豆方面，由于王绶先生的带头与引路，培养造就了一批接班人，其中以马育华和王金陵最为出色，成就最高。

下面仅以王绶的第二代弟子马育华在该谱系传承中的作用为例进行说明。马育华出身贫寒，在众亲友和师长们的帮助下才得以读完大学。1935 年 1 月获得金陵大学农学士学位，毕业后留任农艺系王绶教授的助教。他夏天搞大豆育种，冬天从事大麦研究，从校部到农场，由温室至田间，四季奔忙，年复一年。除此之外，他还参加当时在农艺系学生中认为最难学的“生物统计”和“田间试验设计”课程的教学工作。王绶出版的《实用生物统计法》一书，也包含了他的一份辛劳。由于他的工作表现突出，1939 年被晋升为讲师，1942 年又升为副教授。由于抗战期间物质生活和卫生条件很差，工作又辛苦，他积劳成疾，患了肺结核病。由于王绶教授坚持要求校方继续发给聘约，方得以维持生计。马育华以坚强的毅力战胜了病魔，1945 年考取了赴美考察实习。在伊利诺伊大学的一年时间里，他一方面完成了规定的考察任务，另一方面又抓紧时间选修必要课程并从事大豆研究。根据当时的规定，考察人员是不能转读学位的，但由于他完成了考察和硕士学习的双重计划，竟被伊利诺伊大学破例地授予科学硕士学位。回国后，经俞大绂、戴芳澜等人的举荐，被北京大学农学院聘为副教授，代理系主任。一年后，再经俞大绂推荐赴加拿大萨斯卡切温大学与哈林顿(J. B. Harrington)教授进行合作研究，并协助指导研究生。一年后经哈林顿介绍和伊利诺伊大学伍德沃斯(C. M. Woodworth)教授的支持，获得伊利诺伊大学奖学金，到该校攻读博士学位。在攻读博士学位期间，他只用 2 年的时间，便完成了学习和研究任务，学业成绩优秀，并于 1950 年 9 月回到祖国。

回国后，马育华应母校金陵大学农学院之聘，任农艺系教授兼系主任。2 年后全国高等院校调整将金陵大学农学院与中央大学农学院合并成为南京农学院，他被任命为农学系主任。1980 年，马育华派出他的主要助手盖钧镒赴美开展合作研究工作。与此同时，课题组又陆续调进多位研究人员，并接受联合国粮农组织和国际植物遗传资源委员会合作研究课题，开展国际协作与交流。1981年8月，在南京农学院成立大豆遗传育种研究室，确定了新品种选育、种质资源、数量遗传、病虫抗性以及栽培生理生态5个研究方向，形成了老、中、青三代结合的科研学术梯队。

大豆学科第三代杰出领军人物盖钧镒1957年于南京农学院农学专业毕业，1968年从该校作物遗传育种在职研究生毕业后担任马育华教授助手，1980—1982留学美国。回国后先后任国家大豆改良中心主任、中国大豆研究会理事长、南京农业大学校长等职。他设计并主持国家"七五"至"九五"计划大豆育种攻关计划，促进全国大豆遗传育种研究水平的提高；同时还主持或参加育成"南农73-935"等25个大豆品种，在长江中下游累计推广面积200多万公顷。2001年当选为中国工程院院士。盖钧镒重视人才培养和研究梯队的建设，强调教研结合。经多年努力建成"国家大豆改良中心""农业部转基因大豆检测中心(南方)""江苏省特色大豆种质基因库"等学术科研中心。目前，他领导下的国家大豆改良中心已成为我国大豆遗传育种研究和人才培养的一个重要基地，迄今共培养博士生50余人、硕士生100余人，另有博士后多名。

第四代传人中以韩天富、张孟臣等为个中翘楚。

我国近现代大豆学科学术谱系见图7-1所示。

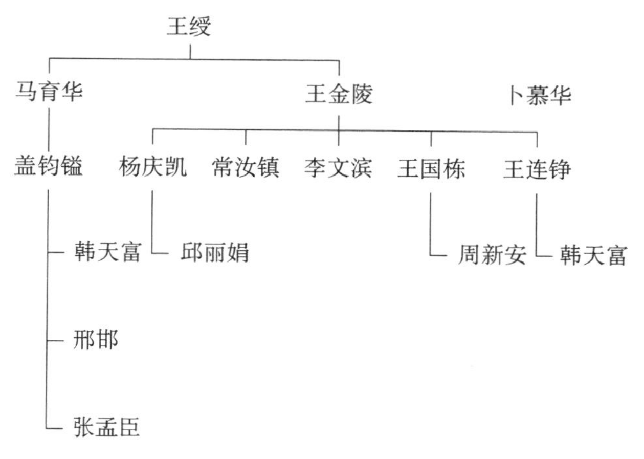

图7-1　我国近现代大豆学科学术谱系

综上所述，中国近现代农学家学术谱系中，王绶的大豆学科学术谱系较为典型，能基本代表农学其他学科发展的一般情况，囿于篇幅，诸学科恕不一一赘述。但是，我们也要看到，虽然大豆学科学术谱系发展较为完善，成果丰富，但就整体而言，我国的学术谱系由于国情等原因，还是受到很多因素的制约，未能发挥其最大化作用。

第二节 中国现代农学家学术谱系的特点

一、学术谱系的开创者大多具有海外求学背景

由于近代中国整体科学水平不高，为救亡图存，对于当时的有志青年来说，海外求学是大势所趋和时代要求。在国家、民族和西方先进科学的感召下，包括周恩来、钱学森、王绶、杨守仁等的一批批青年学子奔赴海外，寻求救国富强之道。所以，我国大多数农学谱系的第一代开创者都有海外求学的背景，学成之后又能够出于民族大义，积极回国效力，传授知识，培育弟子，该学科学术谱系随之奠基并不断壮大，这其中尤以我国东北水稻谱系的开创者杨守仁和西南玉米谱系的创立者杨允奎最为典型。

杨守仁(1912—2005)，江苏丹阳人，1933 年 9 月考入国立浙江大学农学院。1937 年 6 月以全院唯一甲等生毕业，进入中央农业实验所稻作系工作，后随所西迁长沙，又转迁四川。曾兼任湖南省衡阳稻场主任，参加湘米改进委员会工作，主持“南特号”水稻良种的大面积推广工作。在成都，他主持西南 5 省水稻良种的区域试验，参与川南地区双季稻制度的创建工作。1944 年，杨守仁离开中农所，参加了设在中央训练团的台湾班。1945 年抗日战争刚结束，他便由重庆乘轮东下，转赴台湾参加接收工作。先是陪同卢守耕先生接管台湾省糖业试验所，后又去嘉义支所，并被任命为该支所所长。第二年即 1946 年他在该支所发现高抗稻瘟病的粳稻品种“光复 1 号”，这在粳稻品种中还是第一例。

国内的理论学习和大量的实践经验为他的进一步发展奠定了扎实的学科基本功。1947 年，杨守仁考取公费留美，于该年年底到达美国威斯康星大学深造。一年后因成绩全“A”而免试获硕士学位，又因提出“田间试验缺区估计新方法”较当时生物统计界权威耶茨的方法更为简便而被托里教授留为助教，同时攻读博士学位。在 3 年紧张的学习生活中，他读完了为研究生开设的以农艺为主系、植物生理和植物病理为辅系的高级课程，并完成了题为《某些气象因素对大麦产量和品质的影响》的博士论文。

1951 年 1 月，杨守仁获得博士学位，他的导师托里教授曾希望他能继续留在美工作，但他认为“梁园虽好，不是久恋之家”，终于 1951 年春取道香港归国。回国后先在位于青岛的山东大学农学院任教授，1952 年院系调整后转至济南的山东农学院。1953 年春奉命支援边疆，被调到今天的沈阳农业大学任一级教授，并被国家批准为首批可招收作物栽培专业博士研究生的导师，成为我国东北水稻科学家学术谱系的开创者。

杨允奎(1902—1970)，四川安岳人。自幼勤奋好学，小学、中学成绩优异。每晚母亲纺线到深夜，他也读书到深夜。1921 年，品学兼优的他考上了北京清华学堂留美预备部，1928 年获“庚子赔款”资助留美。杨允奎从小便为祖国的贫穷落后痛心，因此他为国求学的目的十分明确。最初他想学医，以治病救人，但后来有人劝他：“在今日之中国，请得起医生的还是少数的有钱人，广大的中国人吃饭穿衣都有问题，还是学农吧！”这话对他震动很大，家乡农民们一年到头辛勤劳作，但仍食不果腹的景象深深地印在他的脑子里，经过深思熟虑后，他改变了初衷，进入俄亥俄州立大学农学系学习。

俄亥俄州立大学优越的学习条件使他欣喜若狂，他大部分时间都泡在图书馆和实验室里，但在玉米生长季节，他常开着一辆旧车不远千里到美国玉米带实地考察，老师们非常喜欢这个来自东方聪慧勤奋的青年。因此，1932 年当他获得博士学位后，他的导师尽力挽留他在美国从事科研和教学工作，但杨允奎婉谢了导师的好意，怀抱为国兴农之志，毅然回到贫穷的祖国。

回国后，他应聘任河北省立农学院教授；1935 年应任鸿隽之聘任国立四川大学农艺系教授至 1937 年；1936 年应四川省建设厅厅长卢作孚之请，创办四川省稻麦试验场，任场长，不久后该场易名为四川省稻麦改进所，任所长。

杨允奎重视将西方农业科技与我国实际相结合，十分注意引进国外优良品种的研究与应用。1936 年，他从美国农业部莫里森教授那里得到一批原产路易斯安那州、得克萨斯州的优良玉米品种，如“可利”(Creole)、“得克西”(Dexi)等；1944 年 6 月，美国先锋种子公司创建人、美国副总统华莱士访华时送给他一批玉米育种材料，这些引进品种或种质都在其后的玉米育种中发挥了作用。他了解到四川盆地以小农经济为主，贫穷落后的农村社会经济技术条件限制了某些先进技术的推广。以玉米品种改良而论，当时欧美已在广泛推广效益高的双交种，但他从当时四川农村实际出发，认为在农民贫困、缺乏技术人员、没有健全的良种繁育推广系统的条件下，配制综合杂交种比双交种更有实用价值。因为综合种可由农民自行留种，不需要技术人员辅导制种。此外，他考虑到川中丘陵区实行间套作多熟制需要早熟丰产品种，便以“201”自交系(“江油玉米”/“可利”的杂种后代选育而成)为母本，用来自川中丘陵区地方品种自交分离或地方品种间杂交后代或地方品种与引进种“可利”杂交后代选育的 9 个优良自交系为父本，进行混合授粉，育成了秋玉米综合杂交种“川大 201”。该品种在成都东郊种植，春播生育期 94 天，秋播 84 天，其单产分别比当地主栽品种增产 19%和 40%，为我国西南地区的玉米发展事业做出了卓越的贡献。

表 7-1　我国主要农学谱系开创者的求学经历简表

开创农学谱系	姓名	国内毕业院校	海外求学机构	海外师承
棉花	冯泽芳	东南大学农科农艺系	美国康奈尔大学(硕士、博士)	不详
水稻	杨守仁	国立浙江大学农学院	美国威斯康星大学(硕士、博士)	托里
	杨开渠	杭州甲种工业学校	日本帝国大学农学部	近藤万太郎
	丁颖	国立广东高等师范学校博物科	日本帝国大学农学部	本科毕业、学士学位
小麦	金善宝	南京高等师范农业专修科	美国康奈尔大学、明尼苏达大学	不详
	沈宗瀚	北京农业学校	美国佐治亚大学(硕士)康奈尔大学(博士)	洛夫
玉米	杨允奎	清华大学	美国俄亥俄州立大学(博士)	不详
	李先闻	清华大学	康奈尔大学(博士)	埃默森
大豆	王绶	金陵大学农学院	康奈尔大学(硕士)	不详
	徐天锡	金陵大学农学院	明尼苏达大学(硕士)	不详

当然，我们也要看到，海外求学背景(见表 7-1)是农学谱系开创者们大多所具备的，但也并不是唯一条件。在当时的条件下，能够走出国门的学子毕竟是少数，因此我国的农学学科中也有不少谱系的开创者并未留过洋；但他们也通过学习掌握扎实的现代农学理论，把握国外先进的农业科学技术，同时一心扎根于

国内大量的田野调查和种植试验，取得了丰硕的成果，培育了成熟的学术谱系，开创了属于自己的学派，这其中以湖南农科院水稻学术谱系的创建者袁隆平最有代表性。

二、农学家学术谱系多依托科研机构成长壮大

农业科学研究机构在学术谱系的培育壮大和推动农业技术进步中起着基础性和决定性作用。如前所言，中国的近代农学是在西方影响下，从"经验农学"走向"实验农学"的，因此，和西方学科类似，我们的农业科研活动也从农事操作中独立出来，逐渐专业化、规范化、体系化，各种农学研究机构随即出现。从清末开始，民间和官办的各类农业试验机构开始出现。早期有 1898 年在上海成立的育蚕试验场，以及 1899 年在淮安成立的饲蚕试验场等。光绪二十七年(1901 年)，湖南省在长沙北门外先农坛设农务局，辟文昌阁、铁佛寺一带官地为农务试验场，这是我国最早设立的官办农事试验场。

20 世纪 20 年代农业院校在农业科技研究与推广中发挥了更大的作用。各类农业院校一般均设有实验和推广基地。1919 年南京高等师范(东南大学、中央大学前身)农科在南京成贤街设农场，1920 年设小麦试验场，1921 年设棉作改良推广委员会，从事水稻、小麦、棉花等作物的改良与推广。金陵大学农科 1920 年成立棉业推广部，从事棉花育种和美棉驯化工作。1930 年代中央农业实验所和全国稻麦改进所的成立，标志着近代农学进入了新阶段。此后，政府从中央到地方构建起较为完善的试验与推广网络，健全、统一的全国农业科研体系开始形成，全国农业改进开始走上有组织、有规划的发展轨道。

新中国成立后的棉业机构设置最能说明这个问题。新中国成立后，20 世纪 50 年代初，全国各大行政区先后成立了大区农业科学研究所，由所下的作物系(室)承担棉花的科学研究工作，在各产棉省、市、自治区陆续建立了棉花试验场(站)和以棉花为主的农业试验场(站)50 多处。1957 年中国农业科学院成立，当年 8 月成立了面向全国的棉花研究所，由著名棉花专家冯泽芳担任所长，胡竞良等担任副所长，由此形成了以冯泽芳为领袖的中国棉花研究最重要的谱系。1958 年后，山西、陕西、辽宁、山东、江西、江苏、湖南、湖北、四川、河南、新疆、河北等主要产棉省区，相继成立了省区的棉花研究所或以棉花为主的经济作物研究所。上述地区的农业院校也开展了棉花的科学研究，产棉区的地区、专区农业科学研究所都把棉花的试验研究列为主要工作，加上产棉县普遍设置的示范农

场和农业技术推广站，建立起了比较完整的全国棉花科学研究体系。

此外，农业高等院校本着教学与科研相结合的方针，积极开展科学研究，是中国农业科学技术研究中十分重要的力量。

新中国成立初期，高等农业教育十分薄弱。高等农业院校全国仅有 18 所，专任教师 937 人，在校生 1 万余人。经过不断发展，到 1988 年高等农业院校已经发展到 67 所，专任教师 2.14 万人，在校本、专科学生 12 万余人。新中国成立以来的 40 多年间，高等农业院校为国家输送本、专科毕业生 43 万余人，研究生 7 000 余人。

高等农业院校着重应用基础研究和应用技术研究，根据各自学科的优势，均建立了科学研究机构。根据 1986 年统计，全国农业高等院校中共建立科研机构（研究所、室）224 个，其中部属院校 140 个，省属院校 84 个；研究与开发人员 2 000 余人，其中具有高级职称的 400 余人，中级职称的 600 余人。在这些农业院校中，中国农业大学、南京农业大学及各重点棉产区的高等农业院校，如河北、山东、河南、山西、西北、沈阳、新疆、上海、浙江、江苏、安徽、华中、江西、湖南、四川等地，均设有相关的棉花科学研究机构。

有了科研机构的支撑，尤其是大批青年学生的进入，谱系的后备发展就有了保证。冯泽芳在任中央大学农学院院长和中国农科院棉花研究所所长时常说："我一生最爱的，一是棉花，二是青年。"在他的言传身教下，培养出了一大批德才兼备的农业科技人才，后来的历届棉花科技骨干，许多都是他的学生，为中国棉花科学谱系的建立和大发展打下了坚实的基础。

三、农学家学术谱系对促进农业科学发展贡献卓越

中国的农学家学术谱系其核心理论虽然源自西方，但是很快在中国大地落地生根，并与多级农业科研机构相配合，既洋为中用，又土洋结合，开创了富有中国特色的农学家学术谱系系统，在农业科学领域做出了卓越的贡献，创造了用世界 7%左右的耕地养活全球五分之一人口的奇迹。

（一）粮食产量持续增长

在世界 7%的耕地上，中国养活了世界 22%的人口，堪称创造了人类历史上的伟大奇迹。翻开中华民族厚重的史册，饥饿几乎在每一页上都留下了挥之不

去的阴影。旧中国被外国人称为“饥荒大国”，因为那时是“三岁一饥，六岁一衰，十二岁一荒”。据统计，旧中国粮食最高年产量只有 1 500 亿千克。新中国成立之初，我国政府把土地改革作为发展农业生产的当务之急。三年土地改革，解放了生产力，激发了劳动热情，农业生产快速发展。1952 年粮食总产量达到 1 639 亿千克，比 1949 年增产 45%。60 年间，在一代又一代农学家的科技支持与艰辛付出之下，我国的粮食生产虽然有过坎坷，但是成果卓越；尤其是改革开放 30 多年来，我国书写了世界粮食史的辉煌篇章，实现了供求总量基本平衡、丰年有余的新的历史性跨越。粮食总产量由 1978 年的 3 048 亿千克，增长到 2008 年的 4 950 亿千克以上，年均增长达3.3%，比 1949 年增长 3.3 倍。到 20 世纪末，我国主要农产品总产量居世界位次为：粮食居第 1 位，其中小麦、水稻居第 1 位，玉米居第 2 位，大豆居第 3 位；棉花居第 1 位；油料居第 1 位；猪牛羊肉居第 1 位；禽肉居第 1 位；水产品居第 2 位。我国农业的高速发展，为世界农业做出了重要贡献。据国家统计局公布的粮食产量数据显示：2011 年全国粮食总产量已达 57 121 万吨，创造了新的历史纪录，比 2010 年增产 2 473 万吨，增长 4.5%。这一期间，党中央和国务院进一步加大粮食生产扶持力度，各级政府积极开展粮食稳定增产行动，科技支撑力度明显加大，我国粮食生产再获丰收，粮食总产量登上 5.5 亿吨新台阶(见表 7 - 2)。

表 7 - 2　新中国主要年份粮食总产量与人均数值①

年份	粮食产量/万吨	人口数/万	人均粮食产量/千克
1950	13 213	55 196	239
1951	14 369	56 300	255
1955	18 394	61 465	299
1959	17 000	67 207	253
1960	14 350	66 207	216
1964	18 750	70 499	265
1970	23 996	82 992	289
1974	27 527	90 859	303
1978	30 477	96 259	317

① 据历年《中国农业统计年鉴》整理汇总。

（续表）

年份	粮食产量/万吨	人口数/万	人均粮食产量/千克
1980	32 056	98 705	324
1983	38 728	103 008	376
1990	44 624	114 333	390
1996	50 453	122 389	412
2000	46 217	126 743	364
2003	43 070	129 227	333
2005	48 402	130 756	370
2008	52 850	132 802	398
2011	57 121	137 053	417

以著名农学家袁隆平为例。我国水稻杂种优势利用研究始于1964年袁隆平发现雄性不育株。1970年，李必湖在海南崖县南红农场发现一株花粉败育的野生稻，为我国水稻雄性不育系的选育打开了突破口。1973年我国成功实现籼稻杂交水稻三系配套，1976年籼型杂交稻开始在全国大面积推广，成为世界上第一个将杂种优势应用于水稻生产的国家。从首次成功育种开始，袁隆平在培育杂交稻领域不断取得突破。2011年8月，袁隆平指导的“Y两优2号”百亩“超级稻”试验田达每公顷13 899千克，创造了中国大面积水稻单产的最高纪录。

在袁隆平和他的学术谱系成员的大力推动下，目前我国的杂交稻种植面积已占总水稻面积的57%，比常规稻能增产20%，为解决中国粮食问题发挥了关键性作用。“到我90岁时，要争取实现超级杂交稻亩产1 000千克的目标。”中国“杂交水稻之父”袁隆平曾在长沙一个杂交稻技术国际论坛上的豪言壮语，在许多中国人听来如同吃了一颗定心丸。如果年近八旬的袁隆平实现这一“诺言”，10年后每年种植杂交稻所增产的粮食能多养活7 000多万人口。

（二）农学人才培养逐年增多

我国的农学人才培养始自1897年5月林迪臣创办的浙江蚕学馆。1898年，张之洞在武昌创办湖北农务学堂，这是最早的农务学堂，内设农、蚕两科，兼办畜牧。1905年，清政府取消科举，批准建立京师大学堂农科大学，这是中央设立农科大学的开端。据1910年5月清政府学部奏报，1907—1909年，全国已有农业学堂95所，学生6 068人，这些学校包括高、中、初等级别，含农、林、蚕、渔、兽医各科。农业学堂的建立，在传播近代农学知识、培养近代农业技术人才方面起了极为重要的作用，也为近代农业教育奠定了基础。1916年，除农商部中央农事试验场外，省以上的综合试验场已有18处。1917年时，中央、省、县各级农事试验场共有113处①。1912年至1927年各地共设立试验场约251处。1930年代中央农业实验所和全国稻麦改进所的成立，标志着近代农学进入了新阶段。此后，政府从中央到地方构建起较为完善的试验与推广网络，健全、统一的全国农业科研体系开始形成，全国农业改进和人才培养工作开始走上有组织、有规划的发展轨道。

新中国成立后，政府十分重视农业科技事业，开始大力整顿和改组原有农业科研机构，分别隶属于国务院各部门和地方各级政府。属于农业部的大区级研究所有7处，部直属的专业所7个、试验场2个、筹备处2个。同时，还设立了省（直辖市、自治区）级试验场（站）193处，业务由大区行政领导。除农业部外，教育部所属高等农业院校、中国科学院、林业部、农垦部、食品工业部、水产部、第一机械工业部、水利部、化学工业部、粮食部都有所属农业科研机构和农业科研人员。为了适应经济发展需要，统一领导全国的农业科研工作，1957年3月1日中央在北京成立了中国农业科学院。中国农业科学院是在华北农业科学研究所和原农业部领导的6个大区研究所以及11个专业研究所基础上建立的。与此同时，50年代初，各省（直辖市、自治区）还普遍建立了省、地两级农业科研机构。有些省和自治区还建立了省、地两级的林业和水产科学研究所。到1965年时，中国农科院的研究机构已增加到33个，职工人数达6 364人，其中科技人员达3 284人。

到1985年，我国的农业科研单位共计1 428个，科技人员达到10.2万人。此后，伴随经济体制改革的步伐，农业科研单位开始探索农业科技成果市场化，促进农业科技与经济相结合，并于1984年后进行了试点工作。1995年5月，中央作出《关于加速科学技术进步的决定》，要求按照“稳定一头，放开一片”的方针，大力推进农业和农村科技进步。各地农业科研机构根据国家需求和国际农业科技发展趋势，调整、改建和新建一批新兴学科、交叉学科和综合学科的科研机构。

---

① 唐启宇. 近百年来中国农业之进步[M]. 国民党中央党部印刷所，1933.

2005年,全国地市级以上(含地市级)国有独立的农林科技和文献信息机构共计1 432个。按机构服务的行业划分,种植业607个、林业203个、畜牧业69个、渔业81个、农林牧渔服务业354个、农林牧渔水利机械制造业90个、农业科学研究与试验发展业15个、环境管理业4个,其余9个散布在农林产品加工业和其他农林相关行业。按机构所属层次划分,主要的农业科研机构为:部属的所级农林科研机构87个、省属(自治区、直辖市)的所级科研机构472个、地市属的农林科研机构811个。全国农林科研机构从业人员11.53万人,其中从事科技活动人员7.19万人,科学家和工程师4.58万人。全国普通高等农业院校共74所,其中大学、专门学院32所,专科学校42所。普通农业高等学校中,教学与科研人员共计39 145人,其中科学家和工程师36 906人。农学在校人数30万人,研究生近3.6万人。

第三节 中国现代农学家学术谱系发展的制约因素

一、农学科研机构设置与分工的制约

在我国的各农学研究机构中,每一级研究机构不互相隶属,主要是业务和学术上的交流。国家、省、地(市)所属的研究机构是由政府部门设立或归属于相关科研院所的公立研究机构,而部分县属的机构已由公立机构改制为民营机构。国家级机构涉及各研究领域,重点为品种资源、遗传育种、分子生物学等,客观上承担中国农学研究中科学创新和跟踪世界学科前沿的任务和责任;省级机构研究领域覆盖全面,占有研究资源最多,是中国农学研究的主体;地(市)级研究机构以遗传育种和栽培技术研究为主,在遗传育种方面成就较大;县级机构主要从事具体的技术推广工作。这种模式在建国初期发挥了积极的作用,但是,随着时间的推移,随着我国科学研究领域的不断拓宽、科学研究内容的不断深化、科研活动规模的不断扩大,这种模式越来越显示出其弊端。我国的农学研究布局一般以行政区划、行政层级设置为依托,形成了由上而下、重点突出的体系,运行中主要为各级政府部门服务,体现政府意志,满足政府需求,可以相对比较迅速有效地解决农业生产与经济生活中的重点和难点问题。

但是,在数十年的发展与不断壮大中,我国的农学科研体系对研发本身的特

点、经济社会的要求以及研发人员和消费者的需要考虑不多。下面以大豆学科为例来分析。中国大豆研究的主体是由 12 个国家级、76 个省级、50 个地(市)级、46 个县级和其他类型(公司、协会等)共 184 家研究机构组成的 4 级研究体系。对比农业部科技教育司的统计数据,国家级 57 个研究机构中有 12 家从事大豆研究,占总数的 17.54%;466 个省级研究机构中有 76 家从事大豆研究,占总数的 16.31%;621 个地(市)级研究机构中有 50 家从事大豆研究,占总数的 8.05%。上述研究机构分布在全国 25 个省份,造成了以下 3 个方面的主要问题:

(1) 机构重复。不同部门和地方政府在同一生态区内重复设立研究机构,如在黑龙江省有 3 套体系的 19 个机构从事大豆育种研究,仅黑龙江省农业科学院就有 9 个机构从事大豆育种研究,这不仅导致资源的浪费和人员机构的重叠,也不利于本区域科研体系的健康发展。

(2) 布局不合理。现有科研体系基本上都是按照按行政区划设立,而不是根据自然资源特点、生态和农业区划设立。如哈尔滨和长春两地铁路里程仅有 246 千米,但这里是中国大豆研发机构最集中的地区,有 11 家省级、地(市)级研究机构,9 个产业研发机构从事大豆研发;与哈尔滨铁路里程相距 125 千米的绥化市以及与长春市铁路里程相距 128 千米的吉林市均设有大豆研究机构和产业研发机构,局部范围内机构设置过于集中。

(3) 研究领域重复、分工不明确。4 级机构的学科、专业重复设置,基础研究、应用研究和开发研究的方向与分工不明确。如 184 家有关大豆的研究机构中,有 159 家机构从事遗传育种研究,研究领域高度重复;而一些其他亟须发展和建设的研究机构和学科却受关注不高,人才和设备缺乏。

因此,可以说大豆产业研发体系的逐步建立是对原有研究体系的不断补充和完善,促进了科技成果的推广转化,提高了解决市场需求和实际问题的能力;但由于其出资部门和地方政府间相对独立,主要依托原有大豆研究机构建立,难免存在任务重叠、布局不全面等问题。仅就国家层面而言,目前国家级的大豆研发中心有:国家发展和改革委员会设立的“大豆国家工程研究中心”、科学技术部设立的“国家大豆工程技术研究中心”和农业部设立的“国家大豆改良中心”“大豆区域技术创新中心”,这几家业界领军机构均有部分职能和工作任务重复。当然,这是我国各部门之间互不统属、缺乏协调、各自决策导致的必然结果;而且目前大豆科研队伍整个体系的建设重点依然集中于遗传育种领域,对大豆产业链的各环节覆盖不全面,这种瘸腿现象和科研力量分散的状况影响了我国大豆科研事业和农学家谱系的进一步长足发展。其余各农学学科的情况也大体类似。

有鉴于此，对原有体制进行改造，根据科学发展的客观要求，构建一个开放、高效、具有活力的新体制已势在必行。随着经济的全球化和知识经济的来临，世界主要发达国家都意识到国家创新体系在经济社会持续发展中的重要作用，均相继加强了本国创新体系的研究和建设。以知识和技术创新为主要功能的国家科研机构，作为国家创新体系的核心部分，在知识经济时代到来之际，更显示出其重要地位和作用。就当代科学界而言，要更多地依靠权威管理而不是权力管理。权力管理与权威管理具有本质的差异：权力管理体现的是一种强制性关系，它可以不顾及被管理者的意愿而把管理者的意志强加于他；而权威管理体现的是一种民主、平等的关系，其基础在于权威的确立和认同，这种关系的维系与运行依靠的是权威的影响力和人际关系的沟通，多以提议和协商的方式实现。

在当代，学术谱系已成为一个具有复杂内在结构和联系的有机生命体，科学劳动具有了高度的协作性、社会性和最高程度的专业性，传统的行政集权管理模式已根本不能适应大科学时代的这种变化，而需要建立由科技专业人员为主导的科学管理体制，实行权威管理，由能够站在当代科学发展前沿、高瞻远瞩的学术权威，根据科学发展的内在需要独立自主地去组织科研工作。我国大学中按“校、院系、教研组或实验室”传统模式建立的科层制组织结构，已越来越不能适应现代科学技术交叉、汇聚式的发展趋势。我们认为：要提高大学的创新能力，就必须改革这种金字塔式的组织体制，采取更加灵活的形式，发挥多学科的优势。比如，设置跨院系、跨学科的研究中心或创新团队，协调好行政权力与学术权力的关系，将决策的重心适当下移，建立有利于创新的二维矩阵组织模式。这样才能打破原来的各种人为的局限，实现资源的合理配置，形成国家科技发展中的某种规模优势和积累效应，从而为农学家学术谱系的形成创造更好的条件。

二、传统文化陋习的制约

中国是世界文明古国中唯一一个文明未曾断绝的国家，五千年文明源远流长，讲求的是中庸之道、是“智者求同、愚者察异”的社会哲学。因此，这种根深蒂固的文化传统存在着许多与现代科学精神相背离的成分，更有着许多不利于学术谱系建设的陋习。具体体现在以下 4 个方面：

(1) 学而优则仕。这种传统文化观念表现了学习知识的极强功利主义色彩，它把社会的知识分子导向追逐功名利禄，进阶官宦之途，做学问的最终目的成为要出人头地、封官加爵。在当前的科学界，由于这种传统思想的影响，对一些在学术上有所造诣、有所成就的人往往被委以官职头衔，有些人甚至身兼数职。由于我国科学界目前正处于一个十分需要大师而鲜有大师的时代，这种做法不仅不利于大师的形成，也导致大量的行政事务占据了科学家极其宝贵的学术研究时间。这可以从大豆农学家学术谱系中看出这个问题，无论是第一代的谱系开创者王绶，还是第二代的马育华，抑或第三代的盖钧镒，都先后担任了较为繁重的领导职务，甚至是各自所在单位的行政一把手。这些行政职务的兼理，分散了他们的研究精力，使他们在学术上难以投入更多，否则也许会有更为辉煌的成就。

(2) 不为天下先。我国传统文化中中庸之道的思维方式，禁锢了人的思想，泯灭了人的创造天性，因此缺乏刨根究底、穷物极理的追问方式，以及"鸡蛋里面挑骨头"的精神。事实上，这也是我国包括农学界在内的整个科技界长期奉行跟踪模仿战略的一个恶果。创新已经成了一个民族昂扬向上的旋律，科技竞争和知识经济时代迅速将各个国家推进了创新战略博弈之中，而原始创新思想的提出是一个优秀的科学家学术谱系形成壮大的先决条件。当前，我们在科学精神方面更为缺乏的是创新精神。值得欣慰的是，我们已经意识到了知识创新的重要性，并开始建设知识创新工程。知识创新被认为是技术创新的基础，新技术和新发明的源泉，促进科技进步和经济增长的革命性力量。由于学派的自身结构、运作方式之间的争鸣，在一定程度上，建设知识创新工程对一个国家的知识创新的影响是十分深远的。也就是说，我们的科学研究和创新工程需要学派的创新精神存在，这对于我国科学学派精神层面的发展极为重要。

(3) 外来的和尚好念经。对自己所不熟悉的人及其工作盲目推崇，而对自己熟悉的同事或同行则百般挑剔、贬低攻击，这是传统文化心理和民族习惯中的一大陋弊。要克服上述狭隘以至病态的民族心理，关键是要实施"走出去，请进来"战略；要建立一个开放的谱系，不仅要广泛参与国际交流与合作，还要积极采纳国外先进的科研管理模式，以至于让国外先进的思想理念在我国科学界扎根发芽。

(4) 原创精神不够。我们对科学的功利性导向太强，往往希望它能产生即时效用；我们对科学的期望很高，常常提倡把握前沿、赶超世界先进水平，但我们忽视了一个基本的事实，这就是：科学就像一棵大树，无论前沿的东西还是新的发现，都是枝叶，而雄厚的理论基础才是根，才是这些枝叶繁茂的依据。简单地说，学派是能够提出系列理论、系列主张的一些人所在的团体，如果没有这个根，那么系统的东西就难以形成。在急功近利思想的影响下，我们过于追求这些没有深厚基础的东西，从这一点可以说，我国学术谱系在科学精神的培养方面过于浮躁和功利了。从目前情况看，我国学习型和跟踪型的科研工作甚多，原创性的工作较少。比如，截至 2010 年我国的论文发表数量已达到全球第 2，仅次于美国，但是我国科研论文的被引用率却较低，仅在全球第 10 位之后。导致这一现象的主要原因有如下两点：一是科研评价标准不合理。我国大部分科研单位把发表 SCI 论文数量作为评价个人学术水平的主要标准，把 SCI 论文杂志影响因子作为评价论文质量的评价标准，但是却没有把论文的引用率这种常用标准作为评价指标。虽然论文引用频次高不一定代表着高质量，但是这在大部分情况下是有关联的。有人说得好，科技论文中 90%以上都是垃圾，也就是没有什么价值。学术评价要设法能辨别出那些真正有价值的 10%的论文，引用情况至少可以作为一个重要依据。二是过去积累少且论文数量增加速度太快。这些年，论文的数量以 15%～25%的速度增加，这已经远远超过国际上学术论文增加的平均速度。主要原因是由于我们的科研水平有所提高、科研规模逐步扩大和科研投入不断增大。由于学术论文从发表到被引用有一定的规律（一般而言，发表越早，引用的几率越高），但是如果不重视学术论文之间的引用率，就难以有效地评价学术论文的实际价值，而且也不利于整个学术氛围的构建，从而影响学术谱系的培育和健康成长。

三、一流实验室与科技期刊的制约

我国的国家重点实验室计划始于 1984 年，经过将近 30 年的发展，现已建成 159 个国家重点实验室，基本上覆盖了我国基础研究的大部分学科，共有人员 19 659 人（其中固定人员 5 654 人，客座人员 14 005 人），平均每个实验室拥有约 124 人。与美国相比，我们在实验室数量和人均拥有量上还有很大差距。美国从 1946 年第一座国家实验室建成到现在，已拥有 850 个国家实验室，共有约 20 万科学家和工程师，平均每个实验室拥有约 235 个科研人员①。

目前，我国正在运行的国家重点实验室，基本上覆盖了我国基础研究的大部分学科，已经发展成为代表我国基础研究较高水平的科学研究基地，成为吸引、

① 杨少飞，许为民. 我国国家重点实验室与美国的国家实验室管理模式比较研究[J]. 自然辩证法研究，2005(5).

培养人才的基地和国内外学术交流的中心。部分实验室在其优势学科方向做出了国际先进水平的科研成果，个别实验室整体实力达到国际水平；但是，由于体制和机制的原因，近年来国家重点实验室学科单一、研究领域偏窄、规模较小、“开放、流动、联合”的运行机制还不够完善等问题日益凸显，并表现为对国家重大任务的服务能力以及对学科发展的整体带动作用明显不足，已经不能很好地适应现代科技发展的需要，必须进行改革。

再看科技期刊方面。目前，全世界有十几万种科技期刊，我国就有 5 000 种左右。从数量上看，我国是仅次于美国的科技期刊大国；然而，庞大的数字掩盖不了难堪的现实：影响力广、具有品牌效应的中国科技期刊非常少[①]。而世界上最著名的科技文献索引，如《科学引文索引》(SCI)、工程引文索引(EI)、美国《剑桥科学文摘》(CSA)、会议引文索引(ISTP)则几乎全被美欧等国所垄断，我国在这些方面尚不能望其项背。

“缺乏优秀编辑人才，导致国内科学期刊长期处于‘潜伏’状态，而体制的制约，更使得优秀人才不愿意从事编辑职业。”《细胞研究》(*Cell Research*)杂志常务副主编李党生如是说。科学期刊在国内长期被置于科研附属行业的位置，不太受重视，支持力度和科研不可同日而语，拥有深厚学术背景的科研人员基本不愿从事编辑行业，这造成了国内很少有科学家编辑，对期刊学术水平的提高很不利。

李党生还认为，国内科学期刊与国外优秀科学期刊的差距，主要体现在论文的学术水平及期刊的学术影响力上。这两方面又是相辅相成的，论文的学术水平低，必然导致期刊学术影响力弱，反之亦然。

自然出版集团亚太区副总裁安托万·博奎特在《中国科技期刊的未来在哪里》一文中为中国科技期刊支招：“对中国科学期刊来讲，最大的难题是如何升级，而不是如何做‘大’。不要试图成为一本内容很泛的‘大’期刊，而要力图成为小而精的期刊，在细分领域形成很强的影响力。[②]”

因此，从科学发展的规律来看，学术谱系的发展和壮大必须要有好的期刊做支撑，中国科技期刊应该做大做强，提升自身影响力，方能与国际大集团抗衡；而“强大”的前提是中国科技期刊首先要在国际上站稳脚跟。这就要求从国家层面上严格控制科技期刊的设立，成立像 *Nature* 这样强大的出版集团，将国内资源

---

① 杨新美. 中国科技期刊如何走向世界　文章学术水平还需努力[N]. 科学时报，2011-9-16.
② 《环球科学》杂志社. 中国科技期刊的未来[N]. 光明日报，2011-09-03(8).

和力量整合在一起，以此提升中国科技期刊的竞争能力。同时，不能简单认为国际合作能够拯救中国科学期刊，论文学术水平的提高还得靠自己努力。只有当中国的科研实力进一步加强，中国科学家取得更多创新性成果，中国科学期刊的水平才可能水涨船高，出现更多的名刊，从而有更多科学期刊走向世界。

四、政治因素的制约①

新中国成立后，由于受国家政治体制、计划经济体制、科学背景和经济基础的影响，我国在科学技术管理上实行全面与直接的政府干预，在科技政策上，主要采取计划推动、行政安排。

在特定的历史条件下，这种高度集中的计划管理模式依靠强大的行政力量，以高层的集中领导和严密组织，对全国有限的人力、物力、财力及自然资源进行全面的调配和使用，能使有关国计民生的重大科技问题得到尽快解决，并促进相关分支学科、方向在短期内取得显著进展。农业科技成果中，中国杂交水稻的研制成功无疑是计划科研体制下最有代表性的硕果。

杨凌农科城小麦研究学术谱系的壮大是一个典型事例。在党中央的精心决策下，陕西杨凌聚集有农、林、水等多学科的高中等农业院校和部（院）、省属科研院所十几所，被称为“中国的农科城”，其中近一半单位设立有小麦研究机构。这些小麦研究机构以常规育种为主，同时进行遗传机理、生理基础、材料创新、病虫抗性、杂种优势利用、耕作栽培等方面的探索。除采用多种常规鉴定与选育方法外，还利用染色体工程，花药培养，远缘杂交，杂种优势利用的三系法、两系法、化学杀雄等多种方法，形成了大量重要的科研成果。新中国成立以来，陕西杨凌培育出小麦优良品种 50 余个，年种植面积超千万亩的品种有 7 个。与此同时，利用远缘杂交、组织培养等方法的材料创新，利用染色体工程的单缺体培育及系列配套，利用三系、两系及化杀等手段的杂优利用研究等，也都取得了重要的或阶段性的成果。杨凌小麦改良科研工作的丰硕成果和显赫成就，就是几代人通过辛勤的工作，不断积累、不断传承的结果。

中国科学院院士、著名小麦育种专家赵洪璋教授，是杨凌小麦育种队伍的早

① 夏如冰，王思明，杨宗武. 试论政治因素及政府政策对中国现代昆虫学发展的影响[J]. 中国农史，2003(3).

期领军人物。他带领西北农学院的宋哲民、张海峰等选育了以“碧蚂1号”“丰产3号”“矮丰3号”为代表的3批上台阶品种，被誉为黄淮麦区小麦品种的3个里程碑；他敏锐地预测生产发展趋势，领导课题组持续培育出多批突出早熟、综合抗病等特色的小麦品种，为及时解决小麦生产发展中不断出现的新矛盾做出了贡献；他总结并发展了精湛实用的小麦育种方法论，即一个基本理论（生物进化论）、两个基础学科（遗传学和生态学）、三个重要环节（育种目标、亲本选配和综合选择）、四个选择策略（据育种目标培养和稳定试验条件；据优性遗传力分析精留组合；据累代系谱考核优选家系；据早拔优多试点生产检验决选品种），这一方法论对我国小麦育种学的发展产生了重大影响；他指导培养了一批又一批小麦科技人才，在全国数十个科研单位发挥过或正在发挥着骨干和带头作用。如今，赵洪璋的学生王辉教授正带领新一代小麦育种家李学军、孙道杰、闵东红、冯毅等，不断继承和发展着小麦育种事业，一批批新的优良品种正在涌现。

原陕西省农业科学院的宁琨研究员是杨凌又一个小麦育种的多产大师。80年代至今，他在继承王玉成、许志鲁等研究员多年研究的基础上，快速创新改制，主持选育品种10余个。他用不拘模式的育种实践，形成了独树一帜的技术路线，即多元化育种目标，多抗源亲本选配，多背景材料积累，多世代阶梯利用，多组合小群体早代筛选，多类型大群体后代选留。他的思路和方法在王怡、高翔等下一代育种工作者那里得到继承和发展。

然而，片面地依靠政府和政治因素的调节，在农学学术谱系的培育中也存在诸多问题。

首先，科技规划及科技政策的制定，主要是以政府的意志为转移。政府决策者需要科研活动产生直接和迅捷的经济效益，注重科技的功利性和实用性，难免在科技发展中存在急功近利的现象，尤其是一些不具备短期效应的基础性研究容易受到忽视，使科技的长远发展和学术谱系的培育缺乏后劲。

改革开放以来，尽管我国科技研究开发经费（R&D）的绝对值在逐年增加，但其占国内生产总值（GDP）的比重却呈下降趋势。即使在90年代后期这一比重有所上升，在2000年达到了1%，但这一比重仍远低于发达国家甚至是新兴工业化国家的水平。总的来说，我国科技投入的强度不足。从图7-2中可知，在总量不足的研究发展经费中，还突出地存在内部结构比例不当的问题，尤其是基础研究的投入比重过低，多年来一直徘徊在5%左右的水平。以2000年为例，我国的研究与发展经费中，应用研究占总经费的比重为26.39%，试验发展经费占68.43%，基础研究的比重仅为5.18%，而发达国家当中基础研究所占的比重一般在15%以上。在中国农学家学术谱系中，从事应用研究和试验性发展的农学家比例最大，而从事基础研究的学术谱系十分缺乏，这与决策者的政策取向有密切关系。

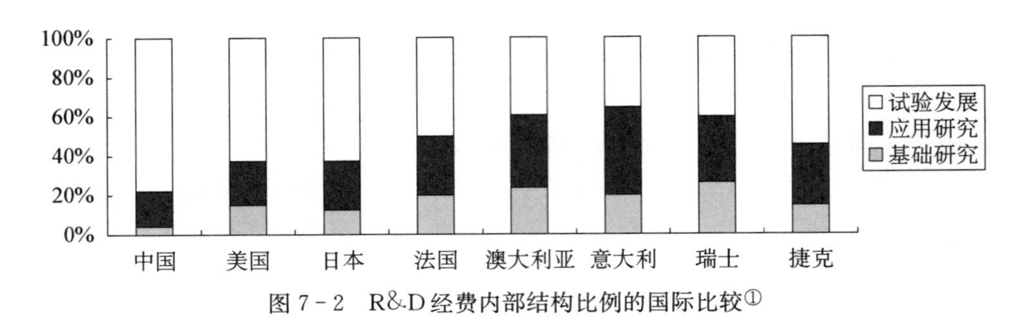

图7-2 R&D经费内部结构比例的国际比较①

其次，科学政治化还表现为以政治手段干预科学争论。50年代李森科事件对我国整个农学界和生物界的影响是一个典型事例。20世纪30年代，苏联遗传学界出现了李森科学派同持摩尔根遗传学观点的科学家之间的争论，在苏共中央和斯大林的直接干预下，这场争论后来发展为意识形态批判和政治批判。新中国成立初期，在全面学习苏联的过程中，苏联的这套做法被引入中国，出现了以行政手段支持李森科学派、压制另一派的情况。摩尔根学派的遗传学在我国也被扣上了种种政治帽子，持摩尔根遗传学观点的科学家大都遭到批判。从1952年秋季开始，摩尔根学派遗传学课程在各大学基本停止讲授，明显地以摩尔根学派理论为指导的研究工作也全部被迫停顿。在多数农业系统的院校和研究机构中，已有显著成就的杂交育种工作也被视为"摩尔根主义的碰运气的方法"而全部中断。

中共中央提出"百花齐放，百家争鸣"这一发展艺术和科学的根本方针后，1956年8月在青岛召开的遗传学会议使这种"一家独鸣"的局面有所改观；但此后不久，我国农学界又被卷入接连不断的政治运动和政治批判之中。当中国的遗传学研究受到重创的同时，在世界范围内，遗传学正取得迅速发展。40年代以后，孟德尔、摩尔根的遗传学理论已越出动植物界，在微生物界也得到证实，从而打开了利用微生物研究遗传学的大门。生化遗传学也取得了重大成就，"一个基因一个酶"的相对应关系已经得到公认；多年来寻找基因的有机化学实体找到了答案，这就是脱氧核糖核酸(DNA)的发现；1953年建立起DNA双螺旋结构

① 国家统计局，科学技术部．中国科技统计年鉴(2001年)，北京：中国统计出版社，2002.

的分子模型,此后又掀起了探讨遗传密码的热潮,而由于李森科事件的影响,中国的遗传学乃至农学为此付出了沉重的代价。

五、国际学术交流缺乏的制约

国际学术交流与合作是一种在智力和财力上的资源共享,是互惠互利的科学活动,但在我国学术谱系的科学发展中,十分缺乏与国际同仁的互动,导致了我国学术谱系发展得相对缓慢。学术交流的缺失是我国学术谱系发展的普遍瓶颈之一。当然,在改革开放之前这一点是受客观外在环境的影响,但是在当前国门开放的今天,我们的各高校或科研单位,学术交流活动较少、质量较低,各自为政的研究模式较为普遍,大大影响了学术谱系的更新功能与协作能力。即使在国内的学术交流会上,与会者也不太愿意将自己的科研思想表述出来,交流时常是相互恭维的多、表扬与自我表扬的多,学术之间难得的争论,也常是争而不鸣,或是鸣而不争。造成这种现象的原因之一是研究者对通过学术交流来激发创造的迫切性不够,这一点在科研论文中体现较为明显。众所周知,论文被引用的本质往往并不是学术水平,更本质的是被关注度。事实上,大部分学术论文被人冷落简直就是常态,被引用比较多的都是另类,或者说是精品。在学术同行交流时,大家一般不说引用率,因为那显得很庸俗、很商业,大家都说重复性好不好,就是你的工作是否可被别人重复出来。设想一下,如果你的论文本来就是无中生有的谎言,或者是无法被别人重复出来的胡思乱想,那么这样的论文被引用的可能性有多大?学者引用文献大部分都喜欢引用熟悉的,最熟悉的就是有自己名字的论文,或者自己认识的作者的论文。设想你的论文有许多合作单位和合作作者,那么就因为这一合作关系就会吸引更多眼球,增加不少引用。由于各种原因,我国学者实质性学术合作相对比较少,合作的范围比较小,这也是论文引用比较差的一个重要原因。

因此,虽然我国大豆、水稻、小麦等农学家学术谱系的创始人大多有过海外求学的背景或者合作研究的经历,但由于20世纪六七十年代的国门封闭等因素,较之国外科学家学术谱系而言,我国农业科学界的对外交流仍然显得不足。值得庆幸的是,改革开放以来,学术界自身也逐渐认识到各国科学家之间互动的重要性。经过30年的有益尝试,目前,在农业院校教育体制的改革、学术带头人的培养以及参与国际交流与合作中都陆续获得成果,取得了很大的进步。但是,必须清醒地认识到我国农学家谱系和各农学科研机构与国际一流的学术谱系和科研院所相比，还有相当的距离。但是，在党和政府的大力推动和学术界的不断努力下，我国和世界各国农业科学家之间的互动功能将得到更为充分的发挥，使我国农学高校与农学科研院所能既出成果又出人才，国际一流的农学学术团体也会在我国开花结果，从而使得我国的农业科学水平和农学家学术谱系得到长足发展。

第八章　国外农学家学术谱系的培育及对我国的启示

学术谱系是源自"谱牒学"的一个概念。对于家谱理论而言，其所依赖的结构基础是"物种遗传学"，最大的特征不是"同一性"，而是"相似性"。正是基于这种非同质化的、非"必然一律性"的特征，后世学者将谱系引入其他学科的传承、积累和发展的研究之中。中国学术有几千年的历史，特别是文史哲的学术传统源远流长，春秋战国时期的诸子百家影响至今深远；但是自鸦片战争以来，由于社会动荡、传统沦丧，在这样的时空背景之下，学术谱系无从谈起。近年来，盛世中国能否出现学术大师的议论甚嚣尘上，把学术谱系的问题再次凸显在公众面前。本章拟从国外农学谱系的培育入手，厘清其学术体系构建的一般规律和成功经验，以他山之石为我国农学谱系的发展和完善提供一定的借鉴与启示。

一、谱系开创者的个人领袖魅力

所谓领袖魅力是指："当领导者奉行某种行为准则时，表现出的非凡的领导能力或使追随者做出崇高贡献的能力"[①]。任何一个学术派别的缘起，都必须有一个伟大的学术领袖。伟大的科学家不一定都具有领袖魅力，但学术派别的开创者一定是位学术、道德诸领域的巨人，他们是该学科的灵魂，其学派的工作方法和精神都带有他本人鲜明的特点。这一点在农学学术谱系的培育中表现得非常典型。

19世纪的德国著名科学家尤斯图斯·冯·李比希，他最重要的贡献在农业化学肥料方面，他发现了氮对于植物营养的重要性，因此也被称为"肥料工业之父"。李比希1824年从法国留学回德，任吉森大学化学教授；其后，他着手创建

① 斯蒂芬·P. 罗宾斯. 管理学[M]. 北京：中国人民大学出版社，2004.

了当时世界上最先进的化学实验室以培养科学人才，以及制定有组织的研究计划来开辟学科新领域，这标志着德国科技史上最著名的流派——李比希学派(吉森学派)的形成。

李比希在吉森大学大胆实施新的教育体制，改革教育方法，培养优秀人才。他在研究方面，以身作则，坚持首创精神，改进科学分析方法和设计新仪器，开辟科学新领域，这对他的学生起到很好的楷模作用。

李比希站在当时化学领域的最前沿阵地，对于化学研究迅速发展的形势具有敏锐的洞察力，并能够高瞻远瞩随时掌握学科发展的新动向，这样就能够使他的学生紧跟时代的脉搏去思考自己未来的研究课题。李比希在教学中除了讲授基础的化学知识，还亲临实验室指导学生做实验。他的指导相当严格，其美国学生霍斯福特(Horsford，1818—1893)曾指出："他走进实验室，那里有许多人在做各不相同的研究。他走到一个在研究某种新物质的人面前，叫他拿来几十支试管，取来十几种试剂，教他怎样做。于是一会儿工夫，那个未知新物质就分布在试管里，只等起化学反应了。之后他又走到另一个人面前，就这样他一个接一个地指导他的学生做实验。"李比希正是这样身体力行，时而督导学生实验操作、回答和解决实验中出现的疑难问题，时而向学生们提问，因此他的学生总是能迅速地从李氏那里获取行之有效的科研方法，并转化到自己的学习中去。

李比希为他施行新的教育理想而编制了新的《教学大纲》。该《大纲》没有照搬他在巴黎学习的课程，而是让学生在实验室进行实际操作。李比希尤其强调实验的重要意义，他规定：学生在学习讲义的同时，要先进行定性分析和定量分析，然后再进行无机合成和有机合成；学完这一课程后，在导师指导下进行独立的研究作为毕业论文项目。为此，他设立了世界上首座公共实验室，为科学研究和人才培养奠定了重要基础。

由于李比希言传身教的示范作用，以及吉森实验室的创建和《教学大纲》的编制，使得新的化学教育运动在德国以比在其他地方更大的势头和更深远的影响开始发动起来，同时吸引着文明世界四面八方的学生们成群地来到吉森大学，聚集在李比希的门下。在李比希的精心指导下，通过实验室中的系统训练，他们互相切磋，共同提高，形成了科技史上著名的吉森学派。李比希培养了一大批后来闻名于世的学者，如凯库勒、霍夫曼、费林等等。在1901年到1910年最早的10次诺贝尔化学奖获得者中，李比希的学生就有7位，在诺贝尔奖史上，这个成就是空前的(见图8-1)。

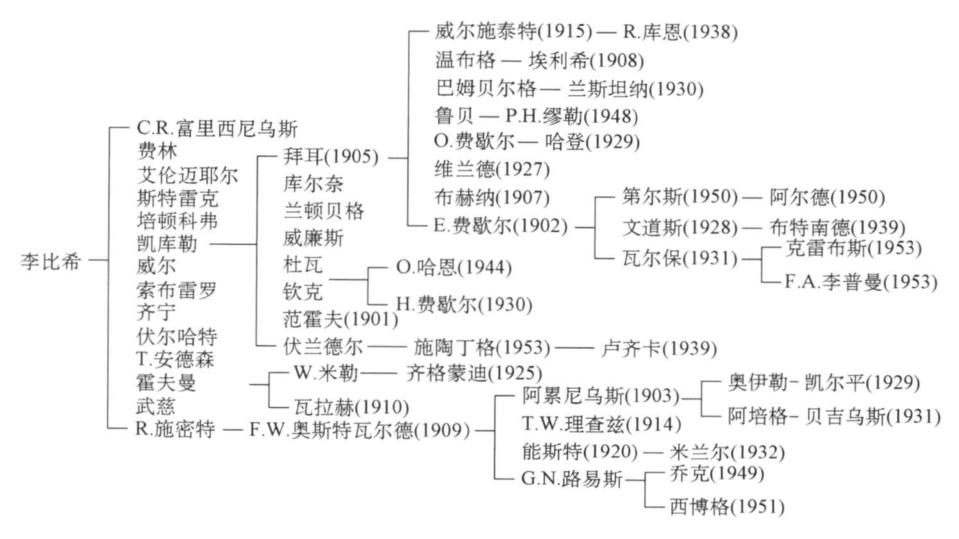

图 8-1　李比希的吉森学派

注：图中括号内的数字是获得诺贝尔奖的年代。

20 世纪最伟大的农学家之一，以绿色革命的卓越贡献荣获 1970 年诺贝尔和平奖项的诺尔曼·艾·布劳格，其个人领袖魅力也是非同小可。1944 年，已在杜邦生化实验所从事领导科研工作且小有成就的布劳格，应洛克菲勒基金会之邀，毅然辞别娇妻爱女和舒适的工作环境来到墨西哥开展良种小麦育种工作。当时的墨西哥贫穷落后，贫富差距悬殊。当地农民对知识分子和外国人士认识有误差，不肯和外国人合作，甚至向他们借农具都遭到拒绝，无法播种和开展实验。布劳格不畏艰辛，自己从废料堆里找来一张破犁，亲自肩拉手拽，开荒播种。经过多日辛勤劳作，布劳格的劳动得到了越来越多人的认可，当地农场主卡姆波艾、侨居墨西哥的美籍女士琼斯太太等人陆续加入了他的团队。布劳格带领工人播种施肥、除草、灌水，以惊人的毅力一干就是 5 年，终于在 1949 年培育出了小麦新品种，随后在墨西哥得到推广。他的试验田对农民起了示范作用，试验地面积也在不断扩大。

与此同时，布劳格还积极地为墨西哥培养大批农业技术人才。20 世纪四五十年代的墨西哥教育制度长期脱离实际劳动，学校毕业生大多看不起农民，轻视体力劳动。墨西哥农学院曾给布劳格派来一些大学生，当他们西装笔挺、皮鞋锃亮地来到地里时，布劳格十分震惊。布劳格说："先生们，你们想过没有，为什么你们的同胞们长期以来吃不饱肚子？为什么你们的人民中存在着严重的对立而不能团结？要想使他们尊重你们，那你们必须迈开双脚到田地里去和农民一起劳动。要看看你播种的作物长得怎么样，你只能靠自己获得第一手材料，才能判断试验的结果。[①]”布劳格以身作则在烈日下与雇工们一起劳动的情景和谆谆教诲给大学生们上了生动的一课。这些人跟着布劳格，学会了如何播种、如何施肥、如何杂交、如何提高良种的单位面积产量，成为布劳格在墨西哥的第一批学生和具有真才实学的农技工作者，他们与农民的关系也逐渐得到了改善。

在布劳格的大力推进和协助下，1960年，墨西哥成立了自己的农业科研机构。在此基础上，1966年国际玉米和小麦改良中心在墨西哥的埃尔·丹巴正式成立，布劳格担任该中心小麦育种计划的负责人，他更加致力于第三世界的农技人员的培养。据统计，从1966年到1974年的8年间，中心一共培训了第三世界的农技人员904人。这些人回到本国后，从事农业科学研究、农业教育和农业技术推广的工作，并和国际玉米和小麦改良中心保持经常性的联系，互通有无，共同提高。

由此可见：谱系的开创者必须是科学导师权威，要求他不仅是知识的创造者，同时还必须执行传播、扩散学派理论纲领，培养其事业接班人的任务。这种导师权威不仅表现在对其直接学生的培养，而且表现在对间接学生的吸引，这是一个谱系日益壮大的根本保证。科尔认为，“权威的本质和它的有效作用在于被统治者的接受”[②]。因此，这种权威实质上是权威社会化的结果，社会化是学术谱系形成的必要条件。数学史上的典型事例，哥廷根数学学派的领袖希尔伯特一生中有69名数学家在他的门下获得过学位，间接学生更是不计其数，其中40名是在其学派形成之时的1900—1914年间获得的，使得他的学术谱系代有传续。相反，布单奇曼的个人学术造诣不在希尔伯特之下，可惜他只选择一个约翰·巴丁作为学生，虽然他大名鼎鼎，但他孤独的科学风格使他没有形成自己的学术谱系。

值得一提的是：学派学术权威的影响是两方面的，既可能将科学引向真理和进步，也可能导致谬误和退步。一般成员对学术带头人过分崇拜或过多地依赖，容易由权威发展成“学阀”“学霸”，甚至出现借助于政治干预而导致的科学蒙难现象，这在科学史上屡见不鲜，苏联生物学界李森科集团对摩尔根学派的迫害就是这方面的典型例子。

---

① 任本命，袁定华. 世界农业科学家小传[M]. 陕西：陕西科学技术出版社，1985：319.

② J. 科尔，S. 科尔：科学界的社会分层[M]. 北京：华夏出版社，1989：90.

二、稳定的活动场所与学术阵地——实验室和学术期刊

实验在现代科学和教学中是非常重要的，但在19世纪以前，最早的大学化学实验室的出现是在中世纪炼金术士息尔微斯(Sylvius，1614—1672)那里，其设备之简陋是可想而知的。在近代，许多著名科学家诸如波义耳(R. Bugle，1627—1691)、拉瓦锡、贝采利·乌斯和盖·吕萨克等的实验室也是私人实验室，仅供他们自己及其助手使用。实验室主要是为了搞科研，很少应用于教育；而实验室也都属于私人所有，且大部分规模较小，一般只能接纳1～2名学生或助手。1822—1824年，李比希在巴黎留学期间担任盖·吕萨克的实验室助手，在这里，盖·吕萨克在其实验室中表现的纯熟的实验技能和培养人才的方法吸引了李比希，他看到了实验室对科学研究的重要性，尤其是实验对化学显得更为重要；同时他又感到，当时只有少数有条件的化学家才拥有自己的私人实验室，而大多数有志于科学事业的青年都被拒之于实验室门外。

1824年李比希回到德国后，在科学家洪堡德的推荐下，21岁的李比希就成了吉森大学的教授，这时他产生了在吉森大学筹建公共化学实验室的想法。为此，李比希向当时德国的黑森政府提交了建立化学实验室的报告，但迟迟得不到答复。他并没有被挫败，而是以自己勇往直前的精神和勤于动手的热情，不惜倾其800盾的私蓄开始建造实验室。不久，政府批下了一笔补助经费，使建造的速度加快了。1828年，吉森大学化学实验室终于落成了，像这样一个专门用于教学的实验室在当时来说是空前的。由于学派的成功和李比希的影响，此后，吉森实验室多次扩建，规模和设备都得到了改善；而且，充足的资金来源使李比希在实验室中接受了更多的学生从事研究工作。于是，当该学派投入农业化学研究后，在开始系统地研究有机化学同农业、生理学的关系的4个月内，便收集了所有有关的实验数据，只用不到2年时间便出版了农业科学史上最重要的著作之一《有机化学在农业和生理学上的应用》，从而奠定了农业化学这门新学科的基础。

李比希创建的吉森实验室在科学史上是现代实验组织和教育相结合的开端，也是德国科学和工业振兴的一个坚实而又光辉的起点。著名科学史家丹皮尔曾说："1826年，在吉森建立了一个实验室。从那时到1914年，学术研究有系统的组织工作，在德国异常发达，远非他国所及。"(丹皮尔，1979)通过吉森实验室中的系统训练，培养了一大批后来闻名于世的化学家——凯库勒(Kekulo，

1829—1896)、霍夫曼(Hofmann, 1818—1892)、弗雷泽纽斯(Frezenius, 1818—1897)、费林(Fehling, 1812—1885)、弗兰克兰(Flankland, 1825—1899)、热拉日(Gerhardt, 1816—1856)、武慈(Wurtz, 1817—1884)等。至此,李比希学派已初具雏形。

李比希的成功迅速在德国其他大学得到效仿,哥廷根(1836)、马堡(1838)、威斯巴登(1848)、海德堡(1855)、波恩(1865)等大学先后建立了类似的化学教学与研究实验室,所有这些实验室都和李比希的"吉森系统"一样,直接附属于开创者的正教授的教席。实验室的工作人员,除了教授任指导外,还包括取得了教学与研究资格的助手以及来自四面八方的学生,他们借助课堂研讨班的形式相互作用,既是一个教学相长的师生群体,又是开展实际研究项目的工作组织。在这个过程中,科学家的职业角色在大学教师的身份中得以实现,大学变成了以实验研究为主的新型大学,直至现今。

在德国大学实验室的促动下,英国老牌名校剑桥大学于1871年建立了自己的实验室——卡文迪什实验室,并很快以此为基础形成了物理史上著名的卡文迪什学派。以英国卡文迪什实验室为基地的汤姆逊学派、卢瑟福学派已培养了17位诺贝尔奖获得者;以哥本哈根理论物理研究所为基地的玻尔学派有7人获奖;以美国费米实验室为基地的费米学派有6人获奖;在分子生物学领域,仅德尔布吕克的"噬菌体小组"就培养了近30位诺贝尔奖获得者,这些成就的取得不容置疑地证明了实验室在研究学派中的巨大作用和创造力①。

与当时欧洲的实验室不同。作为哥本哈根学派的主要活动场所——玻尔研究所,在这里,理论物理学家、实验物理学家及研究所的领导和后勤人员都同住一个楼里,使他们之间的接触与联系不受专门时间的安排和形式的约束。由于有一个固定的实验场所,形成了方便研究的活动环境,为其学派的形成与发展提供了良好的硬件环境。

当然,先进的科研设备是实验室的必需品,但除此之外更重要的是凝聚在实验室之上的科学精神,这一点与先进的科研设备同等重要。日本在20世纪中叶的物理学领域数获诺贝尔奖,仁科芳雄及其学术谱系功不可没。在这一谱系传承过程中,仁科研究室的成立具有十分重要的意义,对此,汤川的弟子内山龙雄曾评价说:"仁科博士将玻尔研究所那种现代的,而且是创造性的、具有探求精神的研究精神带回了日本。这种氛围和传统是旧的帝国大学所没有的,这种精神

---

① 赵万里.现代"炼金术"的兴起——卡文迪什学派[M].武汉:武汉出版社,2002:38.

被接受过仁科博士教诲的人们传遍了日本”①。

现代科学成就的取得是基于大量科学精确的实验基础之上的，凭空想象是不可能在现代科学中取得进步的，这就需要一个稳定的活动场所以供科学研究之需。当然，先进的科研设备是必不可少的，而学术刊物的创办，更为学派学术思想的传播与推广提供了喉舌，纵观古今中外的学术谱系的形成与壮大莫不如是。

17世纪，科学交流主要还是依靠口述、私人信件、手稿和印刷作品，随着科学学会的建立，又出现了研究报告或记录的印刷品。这种交流方式几乎盛行于所有科学学科领域②。在19世纪初期的欧洲，李比希学派兴盛之前，世界化学研究的中心并不在德国，而是在法国和瑞典。作为吉森学派的创始人，李比希深深地认识到为了促进科学发展和培养人才，创办科学刊物是如何重要。为此，他于1832年创办了《药物学年鉴》，1840年更名为《化学与药物学年鉴》。在他去世后，为了纪念这位伟大的农业化学家，杂志改名为《李比希化学年鉴》。时至今日，该刊物至今还是世界化学领域的学术权威性刊物之一。李比希在教学、科研、实验室工作之余，还耗费大量精力从事《年鉴》的编辑工作，亲自撰写文章，评论他人的化学论文，与其他科学家进行学术交流和争论，也鼓励学生发表他们的研究工作。李比希通过科研与《年鉴》的编辑工作，能够及时了解世界各国化学研究的进展和动向，扩大自身的学术影响，对于人才的培养和学术传承起到了极大的推动作用。

我们再来看国内方面成功的类似例子。兰州大学任继周院士的学术谱系也与刊物的创办具有密切的关联。任继周先生一手创建的草地农业科技学院，其前身为1981年他创办的甘肃草原生态研究所，2002年4月并入兰州大学，成立了草地农业科技学院。建所30年来，该单位取得一批国家级标志性成果，诞生了2位中国工程院院士，拥有国家草业科学重点学科、草业系统国家重点实验室等，主持“973”计划首席科学家项目，并获得多项国家科技进步奖和全国唯一的草业领域教学成果特等奖，发展出自己独具特色的科研团队，并代有传承，形成学术谱系。以任继周先生为首的草地农业科技学院学术谱系的奠定和形成，其背后的重要助力之一来自于该院主办的2个期刊，即《草业科学》和《草业学报》。

《草业科学》和《草业学报》期刊为我国草业科学领域重要的高级学术刊物、中国科技核心期刊和中国核心期刊，是中国核心期刊（遴选）数据库、中国科学期

---

① 内山龙雄.汤川博士大阪大学[J].适塾，1982(15)：19-26.

② 李三虎.“热带丛林”苦旅——李比希学派[M].武汉：武汉出版社，2002：29.

刊文献数据库、英国CABI、中国期刊网、中国学术期刊(光盘版)、中国科技期刊数据库的固定源期刊,其内容以中国草业科学为主,兼顾世界草学精华,设有草地资源及利用、牧草研究、种子科技、草地畜牧业、草地农业、草地保护、草坪园艺、综述与专论、经验交流、学术活动、机构与人物、书刊与评价等栏目。期刊旨在沟通国内外草业科学信息,推进草业科学研究,推广草业科学技术成果,培养草业科学人才,主要刊登代表我国草业科学学术水平的最新研究成果和主要应用与生产方面的学术论文,自创办伊始就致力于成为草业科技与信息交流的重要窗口、青年科技工作者成长的园地。《草业学报》目前在全国1 500种自然科学期刊中影响因子排名第4,在畜牧兽医类排名第1(影响因子1.676);《草业科学》在畜牧兽医类排名第2(影响因子0.328)。

我们可以清晰地看到:无论是李比希学派还是国内的任继周及其团队,都各自创办了自己的学术期刊,并在其上发表了一大批代表其标志性学术成果和最新进展的论文。期刊的创办极大地扩大了该谱系的学术影响,促进了学术思想的传播。同时,该学术谱系的成功也进一步推动了刊物的学术影响力,成为该领域最为重要的学术期刊和阵地,形成了良好的学术马太效应。

三、稳固的师徒关系与富有启发的谱系精神

一个学术谱系的形成大多有其稳固的师徒关系和富有启发的合作精神。丹麦的哥本哈根学派由著名物理学家玻尔(1885—1962)所创设。1916年,玻尔回到哥本哈根大学任教,筹划和创立了哥本哈根大学理论物理研究所。研究所的创建,为各国有才能的物理学家提供了一个国际性的研究场所,而丹麦政府的资助基金又为各国有困难的学者来所进行专心致志的研究提供了可能。随着玻尔研究所的影响不断扩大,许多年轻物理学家被吸引到哥本哈根,在玻尔的直接领导下形成一种研究原子理论的稳固的师徒关系。这是一种师徒彼此成为智力伙伴和社会伙伴的人人教我、我教人人的关系;而不是单纯的教与学的关系,更不是成员对权威观点的绝对认可和唯命是从的服从关系,正是这种关系构成了哥本哈根学派之所以形成和发展的基本实体结构。哥本哈根学派所依附的这种师徒关系,是该研究所的一种潜在财富,从而形成一种特殊的科研气氛。哥本哈根学派这种以稳固的师徒关系为实体,在研究中彼此成为动力源的合作方式,开创了理论物理研究的新风气;与此同时,这一学术群体也形成了比较稳固的时空团体。

李比希学派更是建立起了一种新型的师生关系,它不同于传统的“师傅带徒

弟”的模式，也有别于当时英、法及瑞典等国的“导师＋助手”的形式。李比希学术谱系中，导师和学生既是教与学的关系，也是集体从事科研的合作者，他们互相学习、共同研究、互相质疑、共同讨论。这样，李比希学派的化学研究便不再是化学家单枪匹马的实验工作，而是以李比希为核心的有组织计划的集体劳动。这种集体研究的特点，我们可以引用李比希自己的话来说明，“我规定选题，并监督他们的完成情况。这样一来，大家就像圆的半径一样都汇集到同一个中心来，并不存在什么狭义上的指导。每天早晨我都要单独听取每个人的汇报，前一天他们做了什么以及对自己工作的见解，最后我对他们的汇报表示赞成或反对，并让每个学生去寻找自己的出路。由于朝夕相处，交往甚密，相互一起工作，因而每个人都能向大家学习，大家也能向每个人学习。我每周都要对当时的问题做2次简评，主要是总结我自己和我学生的工作，以及别的化学家的研究情况”①。

一个学术谱系得以延续和扩大，还表现在研究纲领的历史继承关系和学派共同体的区域扩散关系，这是一般的科研集体很难具有的。从时间和空间来看，学派虽然不是一成不变的，但一个学派的学术传统、学派精神却能保持一定的稳定性，学术思想得以源远流长。这种继承性更多地表现在学派精神的移植和学派组织的繁衍，卢瑟福学派、玻尔学派、信息学派、朗道学派等都是典型的例子。另外，即使学派的个别主要成员脱离了学派，新的成员又进来了，而这一学派的精神并未改变；显然，这也是与学派精神的继承性分不开的。

汤姆森和卢瑟福有关的师徒关系图谱见图 8－2 所示。

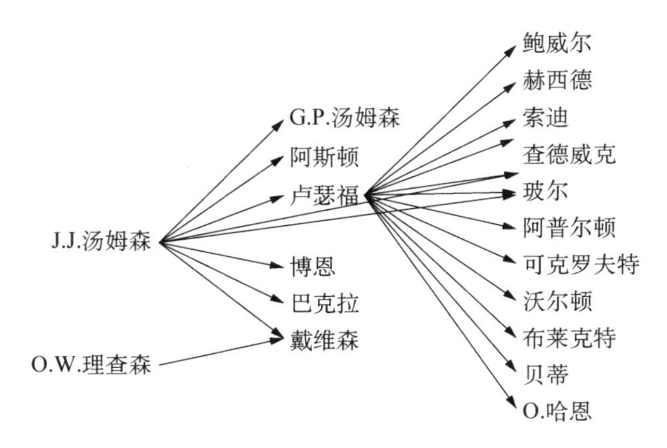

图 8－2　J. J. 汤姆森和卢瑟福有关的获奖师徒关系图谱

① 科学学派(俄文版). 1977:263。

在科学学派内部，以学术进展为最高目标，领袖与成员之间畅所欲言，学术上不分孰先孰后；成员间精神上、目标上统一和谐，智力上互相匀补，既有合作又有竞争，你追我赶，这一切都造就了科学学派浓烈的学术气氛。这是一般科研集体望尘莫及的，是学术谱系的又一个重要特征。这种精神带来的显而易见的好处是，它将科学中个人的创造活动转化成为群体创造活动，从而可大大提高科研效率，加快科学发展的速度。学派中形成的良好关系和气氛，不仅会激发其成员的创造性思维，而且形成适宜新思想成长的小环境。由于朝夕相处和不同形式的思想交流，各种标新立异的新思想在学派内既得到精神支持也得到补充和完善。那些经受了充分讨论和苛刻挑剔的理论、思想、方法，才最后作为研究成果与科学界的同行交流。这种研究合作的有效性，使研究学派在解决特定问题的过程中显示出巨大的群体优势。在一次访问哥廷根时，闵可夫斯基被哥廷根数学学派那种浓烈的创造气氛所打动，他说："一个人哪怕只是在哥廷根作一次短暂的停留，呼吸一下那儿的空气，都会产生强烈的工作欲望。①"

李比希学派在研究工作中采取共同的研究方法，坚持统一的研究风格和科学思想。李比希及其学生志同道合、相互团结，为共同目标而不惜努力。在吉森实验室，他们每天勤奋、高效而紧张地工作到黄昏，浪费时间和玩忽职守在吉森是没有的。常常听到的唯一抱怨就是管理员奥贝尔(Aubel)晚上要打扫实验室时，无法把在里面工作的人赶走。数十年来，李比希学派始终恪守这些作风，并保持一种集体精神。对此，霍斯福特详细地描写道："他们每天 5 点 30 分起床，匆忙吃完早餐后，6 点听弗雷泽纽斯讲课，7 点听柯普讲课，8 点 15 分进实验室做实验，然后去图书馆阅读化学杂志。午餐后，下午 1 点再进入实验室一直工作到黄昏，晚上点灯(当时还没有电灯)完成作业，并阅读专业性杂志。"这种集体精神的结果是，李比希学派的科学成果和科学人才大量涌现。

我国的现代高等教育和科学研究产生于内忧外患之际，这使中国的学者从一开始就因肩负着"强国"的使命而具有工具理性色彩，在"博学穷理"和"学以致用"之间只能选择后者。新中国成立后，百废待兴，再次要求学者们担负起建设国家的使命。院校调整、建立单科院校，其目的都在于迅速培养能够直接参与国家建设的实用人才，这在取得一定成效的同时，也进一步增强了中国教育和科研的功利性色彩。20 世纪 90 年代，我国的市场经济体制基本建立后，我们在强调科研为社会服务时，忽视了对市场经济进行理性思考，出现了急功近利、实用性

---

① C. 瑞德・希尔伯特[M]. 上海科技出版社，1982：110.

凌驾于学术性、学术目标不高等不良倾向。具体表现为:政府对待科研项目的态度是功利的,更多地资助有实用效益的科研项目;高校对待学科发展与教育的态度是功利的,热衷于创办短平快的热门专业,而全然不顾自己的学术传统与学科发展的内在规律;学生的选择也是功利的,报考的热点从自然科学的基础学科转向挣钱多的热门专业等。这种日甚一日的对待学术与教育的功利性态度,不仅造成了我国高校综合不综合、理工难有理、重大基础研究成果少、科研储备和科研人员后备力量减弱、科研水平滑坡等泡沫现象,更为严重的是,它彻底地侵蚀了学术与科研中"学术自由"的品格与精神,造成一流科研人才和大师的短缺,遗憾之际更显危机。

四、有组织的研究计划和先进的管理理念

任何科学学派要取得成绩,必须维持一个有效的研究计划,然后才可以按部就班地研究每个问题。李比希学派最初的研究计划是通过李比希的燃烧装置对有机化合物作系统的分析。由于学派未来的成功部分地取决于早期取得可靠结果的速度,因此李比希让他的学生熟练地掌握他那套快速、简便而又可靠的有机分析实验程序,以及充分地理解他的研究计划,然后再让他们从学习转入独立研究。李比希学派的研究计划成功地得到了执行,他们在有机化学中获得的成果是当时任何一个化学学派或者化学家都不能相比的。

当李比希的研究方向转向应用研究时,该学派的研究计划也随之扩大,即运用化学方法对植物的营养和发育进行研究。显然,原来的分析方法是远远不够的,于是李比希指定其学生弗雷泽纽斯和威尔等从事改进分析方法的研究,从而促使了他俩在以后分别出版了《定性分析和定量分析》及《吉森实验室定性分析课程大纲》2 部经典著作。李比希学派采用新的分析方法,对大量植物的灰分作了详细的分析,使李比希在几个月内就总结出了农业化学的基本观点,从而对土壤和植物的矿质成分获得了可靠的知识。

李比希学派按照有组织的研究计划从事科学活动,产生了较强的科学效应。他们有条不紊地进行工作,不论是对实验方法的改进,还是设计新仪器;不论是实验上的新发现,还是提出新理论,都是实施研究计划的结果,并构成了李比希学派的全部财产。可见,李比希作为一派之首能够依照自己的研究方向制定出长远的计划,并且能够一步一步地付诸实现,这的确是李比希学派成功的部分因素。

在选择研究课题时,学术派别不仅要结合主客观实际情况,同时也要有长远眼光,要有点冒险精神。学派初期工作主要是关于光谱学和原子物理学方面的,但是到了1929年,费米学派大胆地选择了核物理这个崭新的领域作为主攻方向,这在当时是需要很大的勇气,也正是这种正确的抉择为之后学派在短短的几年内取得辉煌成就开辟了道路。1938年,因费米离开意大利去美国学派解体后,留下来的阿玛尔迪(E. Amaldi)在意大利物理学处于一盘散沙的状态下,经过认真研究,选择了宇宙射线作为研究课题,使得罗马物理研究所重新恢复了生机,取得了卓越的成就,这也是费米学派的科研管理方式的延续。我们从中可以得到如下启示:第一,一定要选准课题,既要考虑到实际情况,又要密切注视国际科学界的最新进展,集中人马,努力攻关;第二,要学会分析和观察学科发展方向,在该转向的时候要勇于转向。费米学派的作风值得我们学习①。

再看培育一个学术谱系所必需的科研机构的管理方面。美国的科研机构可分为3种类型:一是联邦政府所有的政府管理类,比较典型的这类科研单位有隶属卫生部的国立卫生研究院(NIH)、隶属商务部的国家标准技术研究院(KIST)以及隶属农业部的农业研究中心等;二是联邦政府所有、委托公司或大学管理类,如阿贡国家实验室就是由能源部委托芝加哥大学来管理的,芝加哥大学专门成立了一个理事会来指导阿贡实验室的管理;三是私营公司所有并管理类,比较典型的这类实验室有AT&T的贝尔实验室等。

美国上述3种实验室大多实行主任负责制,其决策机构也即最高领导机构是主任办公室。主任办公室负责制定实验室的总体发展战略,计划、管理和协调实验室的研究项目和各种其他活动。实验室有预算委员会、教育委员会、管理委员会、人力资源委员会等几个执行机构,具体负责人事管理、项目管理、预算管理和对外交流等。以上3种类型的研究机构,其主管副职及中层管理人员均由院(所)长或实验室主任直接任命,不受外界的干扰,不同的是对任命对象的要求有所差别。如MIST就要求中层管理人员(研究室主任或部门负责人一级)至少要有5年的管理或技术经验,基本上是从本研究机构内的技术人员中逐级提升。各单位都有一套非常完整的关于人员晋升及工资待遇的文件。

从根本上来说,美国科研机构领导体制的特点就是各负其责,基本上不受政治因素的影响。院(所)长或实验室主任是唯一的权威人士,能够决定整个单位的所有重大事项,并向主管部门负全责。

---

① 夏青.科学学派的成长机制与发展策略研究[D].天津:天津大学社会科学与外国语学院,2007.

德国科研机构实行理事会决策、监事会监督、院所长负责日常管理的领导体制。德国马普学会，其最高决策机构是理事会。理事会职责包括确定科研方向，审议预算和经费分配方案，审议年度工作报告和财政决策报告，任免科研中心总主任，负责中心重大问题的决策。科研中心总主任是最高行政主管，是中心的法人代表，对中心的科研、行政和财政等事物进行管理，对理事会负责。

科学的、有组织的研究计划和科学的管理对学术谱系的形成和壮大有十分重要的作用，国外杰出谱系的成功就是最好的说明。

五、积极深入的国际学术交流

美国著名科学社会学家普赖斯曾说："人们通过互送未定稿、通信交流信息，或者进行教学和科研上的互访或合作来加强联系，形成所谓'无形学院'。在科学的前沿，往往是由'无形学院'通过少数人的非正式交流系统创造出新知识，然后由大范围的正式交流系统来评价、承认和传播。[①]"

科学史实证明：许多科学家并不满足于正式的学术会议，或通过期刊发表文章来交换研究信息，而是有选择性地在科学家之间建立个人联系，互相交换尚未最后定稿的论文和研究进展，甚至寻求各种途径，有目的地进行学术访问和合作，以提高科学研究的效率。科学社会学家克兰在对美国数学的分支领域（如有限群理论）的科学组织进行社会学调查和研究后发现："51%的数学成员认为他们的非正式渠道的联系对于他们的研究是非常重要的"[②]。

李比希学派活动近30年来，广泛地开展学术和人才交流活动，焕发出一种集体创造的光芒。不仅在内部组织讨论会，在相互尊重各自信仰、风格和学术观点基础上进行科学思想交流，而且还与其他国内外大学和科研机构建立关系，特别是与同行科学家相互访问或通信来往，进行充分的学术和人才交流活动。李比希和韦勒的科学交往是一个成功的范例。他们刚开始是就雷酸和氰酸的组成进行讨论，并确认这两个化合物是组成相同但性质不同的同分异构体，此后关于苯甲酰基和尿酸的合作研究则成为化学史上的经典研究。李比希和杜马无论在实验、理论还是在新事实的优先权等问题上都是论敌，但他们也曾合作并表明了相同见解。同时，李比希也把自己最出色的助手派往其他地方，霍夫曼就是这样

---

① S. Price. Little Science Big Science [M]. Columbia University Press, 1963.

② （美）克兰. 无形学院[M]. 北京：华夏出版社，1988.

到了英国皇家化学院教授化学的，结果使得该学院成了培养英国职业化学家的摇篮之一。

费米学派的成功在很大程度上也取决于他们善于进行国际交流。费米从一开始就注意到物理学的国际化特征，自学了法语和德语。后来在哥廷根、哥本哈根、美国、南美洲的工作和访问，则更加强了他心目中物理学家属于国际社会的这种感觉，并使他在后来组建学派的过程中很好地利用了这种科学国际化所提供的便利，积极开展国际学术交流。具体如下：

首先，费米学派注重派遣成员出国学习。在学派创建初期，为全面提高成员综合素质，学派成员分头去世界上不同的著名实验室学习先进知识和实验技术。在转向初期，为了尽快获得核物理领域的最新知识和核物理实验技术，学派成员再一次出国学习。这样，学派成员不仅成长快，而且能紧跟国际物理的最新进展。后来在从事中子物理研究期间，为加快交流，更经常派遣成员出国，同时也扩大了学派的知名度。

其次，费米学派还很注意参加和组织国际会议，热情接待来访客人，彼此加强交流。参加和组织国际会议给学派在知识储备和影响方面作了准备，同时成功地组织国际会议也为费米学派进行国际交流创造了条件。

再次，费米学派还积极利用国外的杂志发表文章。学派了解到意大利语的杂志在国外阅读的人不多，为了扩大影响，他们除了在国内发表文章外，同时也用德语和英语在一些国际知名杂志上发表。

哥本哈根学派的玻尔为了扩大研究所的影响，为了以实际行动表明自己在科学研究中广招贤才、不拘一格的科学态度，在当时德国科学家还被拒之于重大科学会议之外的情况下，勇敢地邀请了 1938 年以前一直在德国工作的女物理学家梅特涅来做有关 β 辐射和 α 辐射的讲座。除了邀请著名的物理学家来讲学以外，玻尔还利用大陆国家的大学和研究所放假的机会，邀请他们来哥本哈根进行学术讨论，以提高学派成员的科研素质，同时抓住一切机会，真诚地招募新成员。

追求揭露原子内在的奥秘是哥本哈根学派成员共同的愿望和志向，这种志同道合的忘年之交，使他们彼此吸引、促膝交谈。在玻尔的指导下，研究所的研究人员可以进行无拘无束的理论争论，玻尔的学生和参加讨论的其他人开诚布公、无所顾忌地探讨共同感兴趣的话题，往往不受地点和时间的约束。他们渴望朝夕切磋与冷静思考，而且脚踏实地的热情工作，形成了以玻尔研究所为中心的研究原子物理学的国际网络。

六、启示与借鉴

针对我国农学学术谱系发展过程中存在的制约因素，借鉴国外谱系发展经验，为促进我国农学学科质量提高和一流农学人才培养的影响，实现建设人才强国和创新型国家的目标，研究得出了以下4点启示与政策建议：

第一，着力培育适合农学家谱系成长发展的环境。通过调节各种微观机制，实现科技资源的合理集中，形成科学研究的规模优势，增强原始创新能力，这样才有望营造出属于自己的学术发展空间。在科学发展中要坚持“百花齐放、百家争鸣”的方针，对发展中的不同观点，只要在我国当前的条件下不违背科学理论、农学家的方法和行为不违背科研规范和道德，尽管其理论可能不成熟并带有片面性，也应该允许其存在，必要时还可扶持其发展和完善。

任何一个新理论都有一个由潜到显、由弱到强的生长过程。在它弱小的时候，往往经不起风吹雨打，如果一开始就把它置身于雨点般的批评、抵制之中，就可能被扼杀在萌芽阶段。因此，新理论的生长迫切需要适合其发展的“小气候”。农学家谱系作为一个具有强烈的内聚性和排他性的科学社会组织，尤其需要适合学术理论生长的“小气候”环境。当某一理论尚未获得社会承认时，能够在学派内部得到充分理解和支持，得到孵化发育，然后再逐渐走向科学社会。农学家谱系对外往往具有强竞争性，它的存在客观上在科学社会里造成了一种“群体竞争”的态势，这种态势激发了人们的创造力，加快了农学科学发展的速度，这就从另一个角度造就了加速科学理论生长的“小气候”，对农业科学的发展起着有力的推动作用。

在农学家谱系的发展过程中，应该在物质上和组织上给予大力支持。无论哪种形式的学派联盟，都需要有关部门和本单位提供物质上的和组织上的支持。一个学派必须有一批热心的追随者，这就需要把他们组织起来，如果缺乏一定的物质基础和必要的组织手段，就无法真正形成一个有影响力的谱系。关于这一点我们也可以借鉴其他国家的方法，贝尔纳在《科学的社会功能》中提到科研经费的筹措方式，部分可以由工业界和国家来提供经费，另一种方法是建立某种科学基金，通过这种方式可以把现有的科学财源集中起来，达到服务科学的功用。同时，也要考虑到在科学事业中能否做到自给自足，这也是非常重要的一个方面。我们如果能从众多方面考虑我国农学事业的资金供给问题，那么，对于我国农学家学术谱系的发展乃至整个科学事业的发展都是有益的。

第二，改革科研体制。对原有体制进行改造，应当根据科学发展的客观要求，构建一个开放、高效，具有活力的新体制。就当代学术谱系而言，要更多地依靠权威管理而不是权力管理。权力管理与权威管理具有本质的差异：权力管理体现的是一种强制性关系，它可以不顾及被管理者的意愿而把管理者的意志强加于他；而权威管理体现的是一种民主、平等的关系，其基础在于权威的确立和认同，这种关系的维系与运行依靠的是权威的影响力和管理关系的沟通，其多以提议和协商的方式实现。在当代，科学已成为一个具有复杂内在结构和联系的有机生命体，科学劳动具有高度的协作性、社会性和最高程度的专业性，传统的行政集权管理模式已根本不能适应大科学时代的这种变化，而需要建立由科技专业人员为主导的科学管理理体制，实行权威管理；由能够站在当代科学发展前沿、高瞻远瞩的学术权威，根据科学发展的内在需要独立自主地去组织科研工作。这样才能打破原来的各种人为的局限，实现资源的合理配置，形成国家科技发展中的某种规模优势和积累效应，从而为学术谱系的发展壮大创造必要的条件。

第三，强化农学科研工作者的谱系意识，倡导与鼓动各种谱系的创建与发展。我国的农业科学研究工作者一定要敢于和善于创建中国农学家学术谱系，在鲜明、强烈的"学派"意识支配下自觉地进行研究、探索和实践，着意形成鲜明独特的研究特色和研究风格。

学术谱系相对个人研究而言，可贵的是它拥有强大的集团研究能力，而不是一盘散沙。它的成员们通过共同的导师、信仰、观点和风格紧密地联系在一起，相互配合、相互支持，充分发挥各自的才能和长处，产生智力上的协同，使这个谱系在整体上表现出单个成员所不具有的集团效应。正因为谱系具有强大的集团研究能力，它往往能够成为我国农学事业的振兴者。在一个急需科学或科学相对落后的国度里，创建和培育科学学派也许不失为一种可供选择的战略措施，对于我们这样一个飞速发展的国家来说，更加应该形成强大的集团研究能力，促进农学家学术谱系的良性发展。在研究中要有宽阔的视野，博采众长、兼容并蓄，要强调交叉效应、渗透效应和共振效应，加强合作；因为一个谱系的创建与发展绝不是某个人的研究就能达成的，但又不能抹杀谱系创始人和关键人物的关键作用。要处理好相互借鉴与走自己路的关系，特别要处理好从我国国情出发，总结自己的理论和经验与借鉴、吸收西方科学学派的理论、方法和研究成果的关系，着重在创建与发展中国特色的科学学派上下功夫。如果忽视了这个最主要、最根本的目标，只是盲目地追随西方的学术传统和规范，不愿意执着于自己的学术立场，不能结合中国农业与科学的实际，锲而不舍地钻研下去，将其透彻地消化、吸收，那么，我们在农业科学上的努力很可能只是成为某外国谱系的“中国支部”，这样做恐怕只能一辈子跟在外国人或别人后面爬行，很难在学术上实现真正的创新与突破，更谈不上创建与发展中国的农学家学术谱系。

第四，积极开展国际学术交流。这是农学学术谱系及其科研工作取得成功所不可缺少的一个重要方面。新中国成立初的几十年，我国能在各科研领域取得举世瞩目的成绩与大批海外学子的回归有很大关系，这一点不容否认。在“两弹一星”的研制中如此，在农学领域也是如此。从目前来看，我国农学学术界与国际上的各种交流日益增加；但是，在科技事业中要真正做好与国际学术界的交流，还需进一步的努力。首先，要加大国际交流资金的投入。有些农学科研管理部门，一味追求短期效益，目光短浅，不舍得把资金用于国际交流，致使科研人员出国培训机会少，无经费参加国际会议，无法和国际同行进行有效的交流。其次，要为农学科研人员创造出国交流的机会。有许多出国开展学术交流的机会被行政人员任意夺走，研究人员对此无可奈何。再次，农学科研人员本身要提高素质。不仅在专业上要努力进取，而且要学会利用外语这门工具去更好地加强国际交流。如果自己外语不好，即使有国际学术交流的机会也会白白溜走。

参 考 文 献

1. 刘纪麟. 玉米育种学(第一版)[M]. 北京:农业出版社,2002:144－145.
2. 信乃诠. 50年中国农业科技成就[J]. 世界农业,1999:7－11.
3. 唐启宇. 近百年来中国农业之进步[M]. 国民党中央党部印刷所,1933.
4. 商公报(1914)
5. 沈鸿烈. 全国之农业建设[J]. 中农月刊,1943,4(1):1－7.
6. 赵连芳. 全国农业建设技术合作运动[J]. 中华农学会,1935,(139):10－19.
7. 唐旭斌. 中国农业科技组织体系60年[J]. 科学学研究,2010,28(9).
8. 夏如兵. 中国近代水稻育种科技发展研究[M]. 北京:中国三峡出版社,2009.
9. 白鹤文,杜福全,闵宗殿. 中国近代农业科技史稿[M]. 北京:中国农业科技出版社,1996.
10. 李文治. 中国近代农业史资料(第一辑)[M]. 生活·读书·新知三联书店,1957.
11. 郭文韬,曹隆恭. 中国近代农业科技史[M]. 北京:中国农业科技出版社,1989.
12. 夏如兵. 中国近代水稻育种科技发展研究[M]. 北京:中国三峡出版社,2009.
13. 周拾禄. 三十年来之中国稻作改进(上)[J]. 中国稻作,1948,1.
14. 孙仲逸. 本校改良水稻"1386"[N]. 农林新报,1935－12－14.
15. 咸金山. 我国近代稻作育种事业述评[J]. 中国农史,1988,1.
16. 赵连芳. 抗战下我国稻作建设[J]. 农业推广通讯,1942,7.
17. 孙义伟. 本世纪前五十年我国水稻育种的产生和发展[J]. 中国农史,1987,3.
18. 郭文韬,曹隆恭. 中国近代农业科技史[M]. 北京:中国农业科技出版社,1989.
19. 沈志忠. 近代中国水稻品种改良探析[J]. 江海学刊,2010,6.

20. 洪锡钧. 四川省解放前的遗传育种研究[J]. 中国农史,1990,2.
21. 周少川,王家生,李宏,黄道强,谢振文. 我国水稻育种的回顾与思考[J]. 中国稻米,2001,2.
22. 中国科学技术协会. 中国科学技术专家传略(农学编)(综合卷 1)[M]. 北京:中国农业科技出版社,1996.
23. 庄巧生. 中国小麦品种改良及系谱分析[M]. 北京:中国农业出版社,2003.
24. 李振声. 我国小麦育种的回顾与展望[J]. 中国农业科技导报,2010,12(2):1-4.
25. 朱荣. 当代中国的农作物业[M]. 北京:中国社会科学出版社,1988.
26. 赵广才. 我国小麦栽培研究的进展与展望[J]. 作物杂志,1999,3.
27. 李宗智. 我国小麦品质现状及改良[J]. 种子世界,1986,5.
28. 庄巧生. 环境与小麦的品质[J]. 农业科学通讯,1951,9.
29. 陈新民,等. 关于小麦品质育种的认识[J]. 北京农业科学,2000,4.
30. 何中虎,等. 中国小麦品质区划的研究[J]. 中国农业科学,2002,4.
31. 何中虎,等. 中国小麦品种品质评价体系建立与分子改良技术研究[J]. 中国农业科学,2006,6.
32. 信乃诠. 半个世纪的中国农业科技事业[M]. 北京:中国农业出版社,2000.
33. 佟屏亚. 20 世纪中国玉米品种改良的历程和成就[J]. 中国科技史料,2001,22(2):113-127.
34. 王乐宝,付东波. 我国玉米栽培理论的研究进展及发展趋势[J]. 现代化农业,2011,(11):14-15.
35. 徐艳霞,等. 建国以来我国玉米育种技术的发展与成就[J]. 黑龙江农业科学,2009(6):165-168.
36. 佟屏亚. 为杂交玉米做出贡献的人[M]. 北京:中国农业科技出版社,1994.
37. 宋健. 中国科学技术前沿(第 5 卷)[M]. 北京:高等教育出版社,2002.
38. 彭卓. 中国大豆研发体系现状研究[J]. 中国农业科,2009,42(11).
39. 章楷. 我国近代棉品种改良事业述评[M]. 南京农业大学中国农业遗产研究室,1980.
40. 倪金柱. 中国棉花栽培科技史[M]. 北京:农业出版社,1993.
41. 杨少飞,许为民. 我国国家重点实验室与美国的国家实验室管理模式比较研究[J]. 自然辩证法研究,2005,5.
42. 杨新美. 中国科技期刊如何走向世界 文章学术水平还需努力[N]. 科学时

报,2011－9－16.
43. 夏如冰,王思明,杨宗武.试论政治因素及政府政策对中国现代昆虫学发展的影响[J].中国农史,2003,3.
44. 国家统计局、科学技术部.中国科技统计年鉴[M].北京:中国统计出版社,2002.
45. 斯蒂芬·P.罗宾斯.管理学[M].北京:中国人民大学出版社,2004.
46. 任本命,袁定华.世界农业科学家小传[M].西安:陕西科学技术出版社,1985.
47. J.科尔,S.科尔.科学界的社会分层[M].北京:华夏出版社,1989.
48. 赵万里.现代"炼金术"的兴起——卡文迪什学派[M].武汉:武汉出版社,2002.
49. 内山龙雄.汤川博士大阪大学[J].适塾,1982(15):19－26.
50. 李三虎."热带丛林"苦旅——李比希学派[M].武汉:武汉出版社,2002.
51. C.瑞德·希尔伯特[M].上海:上海科技出版社,1982:110.
52. 夏青.科学学派的成长机制与发展策略研究[D].天津大学社会科学与外国语学院,2007.
53. S. Price, Little Science Big Science, Columbia: Columbia University Press, 1963.
54. [美]克兰.无形学院[M].北京:华夏出版社,1988年//何亚平.科学社会学教程[M].杭州:浙江大学出版社,1990.

人名索引

D

H

J

K

L

M

N

O

P

Q

T

W

X

Y

机构索引

C

D

E

F

G

H

J

K

L

M

N

P

Q

R

S

T

W

X

Y

Z

后　记

中国是农业大国，农业科技源远流长。中国古代经验农学讲求“天、地、人”的三层理论，“天、人”合一属于哲学层次，“天、地、人”合一属于科学方法、认识论的层次，“天、地、人、物”则属于技术层面问题。系统的现代实验农业科学起源于西方，最典型的三个代表是孟德尔、李比希和布劳格，他们把统计、化学和矮秆引入到农业科学中。中国现代农业科学以及当代交叉综合农业科学也主要是从西方引入，从事农学家学术谱系研究的本质就在于探究西方科学传统在中国扎根成长的过程，梳理农学家学术传统形成以及传承过程。

农学以解决人类吃饭为首要己任，是偏重于应用的学科。农业生产对象的多样性和生产条件的复杂性，决定了农业科学的范围广泛和门类繁多。由于研究条件所限，课题组带着初探的敬畏感，从水稻、小麦、玉米、大豆、棉花五大主要作物入手，以机构为立足点进行了大量资料收集和采访工作，对当代农学家学术谱系进行了认真梳理，整理出一批具有典型谱系特征的传承关系，并在此基础上展开了相关分析。研究发现，谱系的传承与学科的兴旺密切相关，开创者的个人领袖魅力、稳定的活动场所或学术阵地、稳固的师徒关系和富有启发的谱系精神、先进的管理方法以及深入的国际交流合作都对谱系的形成具有重要意义。结合当前国家实施的“千人计划”“农业科研杰出人才计划”等人才规划，可以看出科研团队建设意义重大、功勋不凡。

一百多年来，中国农业科学技术发展迅猛，成就巨大；农业科研人才队伍不断壮大，贡献甚巨。鉴于本课题组水平有限、人力有限，加之信息不足等原因，一些优秀学者、专家、教授等未能尽行列入，即便列入也存在薄厚不均等现象，在此谨致歉意，并请谅解。

谱系传承若能引起业内重视，并以此为基点展开研究，当是本书的最大贡献。

编著者

2015 年 3 月